STADTVERKEHR

gestern, heute und morgen

Bearbeitet von

J. W. Hollatz - Essen · J. W. Korte - Aachen
R. Lapierre - Aachen · F. Lehner - Hannover
P. A. Mäcke - Aachen · Enno Müller - Essen
B. Wehner - Berlin

Herausgegeben von

J. W. Korte

o. Professor an der Rhein.-Westf. Technischen Hochschule Aachen
Direktor des Instituts für Stadtbauwesen und Siedlungswasserwirtschaft

Mit 212 Abbildungen

Springer-Verlag Berlin Heidelberg GmbH

1959

Ursprünglich erschienen bei Springer-Verlag OHG., Berlin/Göttingen/Heidelberg 1959
Softcover reprint of the hardcover 1st edition 1959

ISBN 978-3-642-49082-8 ISBN 978-3-642-94763-6 (eBook)
DOI 10.1007/978-3-642-94763-6

Vorwort

Das Institut für Stadtbauwesen und Siedlungswasserwirtschaft der Technischen Hochschule Aachen veranstaltete am 29. und 30. März 1957 zusammen mit dem Haus der Technik Essen die Tagung *Stadtverkehr gestern, heute und morgen*.

Ziel dieser Vortragsreihe war es, die jüngste Entwicklungslinie des Städtebaues und des modernen Stadtverkehrs aufzuzeichnen und deren komplexe Zusammenhänge aufzudecken, um daraus Ziel und Weg für die verkehrsstädtebauliche Arbeit von heute und morgen zu finden.

Die Tagung stellte sich damit die Aufgabe, in Fortsetzung der Tagung vom Januar 1954[1] einen Rechenschaftsbericht über den heutigen Stand unseres Wissens zu geben, die neuen Erkenntnisse und Veränderungen im Gesamtverkehr der Stadt zu vermitteln, um damit zur Gesamtkonzeption eines optimal entwickelten Stadtkörpers, der in städtebaulicher und verkehrlicher Hinsicht den Gegenwarts- und Zukunftsbedürfnissen entspricht, zu gelangen.

Das Kriterium ist ein gesundes Raumleben der Stadt und ein sicherer, leistungsfähiger und wirtschaftlicher Verkehrsablauf.

Untersucht werden daher: Die verkehrsgerechte Stadtstruktur und -entwicklung, die zugehörigen Verkehrsnetze und ihre Lage im Stadtkörper, die Organisation des Stadtverkehrs, die Aufgaben des öffentlichen Massenverkehrs, die verkehrstechnische Berechnung von Straße und Knoten, die Fragen und Bedürfnisse des fließenden, arbeitenden, vor allem des ruhenden Verkehrs, der Stand und die Aufgaben der verkehrstechnischen Forschung und schließlich die Sicherung des Stadtstraßenverkehrs.

Heute noch liegt die Bundesrepublik Deutschland mit der Zahl von 42 Kraftwagen auf 1000 Einwohner weit hinter Frankreich mit 75, Großbritannien mit 80 und den USA mit 350 zurück. Dennoch ist unser städtischer Straßenverkehr schon jetzt eines der größten Sorgenkinder. Aber es liegt kein Grund für die Annahme vor, daß sich der Kfz.-Bestand in Deutschland nicht dem Niveau der Nachbarländer angleichen wird.

Diese Entwicklung zu steuern heißt, ihr mit geeigneten Mitteln entgegentreten. Eine gewaltige Aufgabe, die *vorsorglich* gelöst werden muß und nicht erst in der *Heilung* des erkrankten Stadtkörpers ihr Ziel sehen darf.

Rückblickend auf die vergangenen drei Jahre seit unserer letzten Tagung gilt auch heute wieder die gleiche Feststellung: Es wurde Vieles und Bedeutsames in den letzten Jahren getan, um der Verkehrsnot in den Städten Herr zu werden; aber die Auswirkung der unaufhaltsam fortschreitenden Motorisierung zeigt, daß noch mehr und noch Besseres geleistet werden muß.

Es konnte daher nicht die Aufgabe dieser Vortragsreihe sein, verkehrstechnische Ideallösungen zu konstruieren; wem wäre damit gedient? Wir müssen zu den *akuten* Tagesbedürfnissen Stellung nehmen, die Verkehrsprobleme so sehen, wie sie uns täglich entgegentreten und eine Lösung verlangen, die im Bereich des Möglichen, d.h. des in wirtschaftlicher und finanzieller Hinsicht Realisierbaren liegt.

Hier den *Hebel anzusetzen* ist nicht nur unsere Aufgabe, sondern unsere Pflicht; ist doch die Stadt unser erweiterter Lebensrahmen und das bauliche Gehäuse für die jeweilige Gesellschaftsform. Stadt und Verkehrsplanung sind damit ein öffentliches Anliegen. *Schaffung eines gesunden Stadtorganismus* heißt demnach, das vielfache und vielschichtige Bedürfnis der Stadtbewohner befriedigen.

---

[1] s. Stadtverkehr heute und morgen. Düsseldorf: Droste-Verlag 1954.

Ein ganzes Wissensgebiet des Verkehrsstädtebaues und der Straßenverkehrstechnik mußte sich die Stadtplanung in den letzten Jahren aneignen, um den Forderungen des modernen Lebens nachkommen zu können. Schon heute zeichnet sich eine große Linie dieser neuen Wissenschaft ab. An unseren Hochschulen wurde eine Lehre aufgebaut, die der Praxis auf dem Wege durch Veröffentlichungen, Studienkurse und schließlich durch den Nachwuchs, der mit diesem Wissen die Hochschule verläßt, vermittelt wird.

Die Beherrschung der Arbeitsmethoden der Verkehrsplanung muß daher heute von jedem im Städtebau und in der Verkehrsplanung Tätigen verlangt werden. Die exakte wissenschaftliche Behandlung der Materie erlaubt eine optimale Planung und eine echte Beurteilung der Dinge. Aus dieser Sicht von Wissenschaft und Praxis *das Beste* zu vermitteln, aus dem *Gestern* die Ursache und Wirkung der Entwicklung zu erkennen, an dem *Heute* die Auswirkungen des Gewordenen und das Ergebnis des Geleisteten zu studieren und aus den gewonnenen Erkenntnissen das *Morgen* in einer echten und befriedigenden Form zu beeinflussen, ist das Ziel unserer Arbeit.

Hierzu einen Beitrag zu leisten ist die Aufgabe, die sich die Tagung *Stadtverkehr gestern, heute und morgen* gestellt hat.

Dank schulde ich dem Haus der Technik Essen und seinem Leiter, Herrn Professor Dr.-Ing. K. KREKELER, für die gastliche Aufnahme und Unterstützung.

Ferner danke ich Herrn Regierungsdirektor F. SCHLÜTER vom Ministerium für Wirtschaft und Verkehr Nordrhein-Westfalen für seine Begrüßungsworte zur Eröffnung der Tagung im Namen des verhinderten Herrn Staatssekretärs Professor Dr. BRANDT und dem Beigeordneten Dr. H. BRÜGELMANN vom Deutschen Städtetag für seine eindringlichen Worte und das Wohlwollen, das uns von dieser Seite aus für die Tagung entgegengebracht wurde.

Dank schulde ich dann all denen, die unsere Tagung besucht und uns ihr Interesse geschenkt, sowie die Diskussion durch wertvolle Anregungen befruchtet haben.

Nicht zuletzt danke ich den Vortragenden und meinen Mitarbeitern, die sich mit ihren fachlichen Beiträgen dieser Tagung widmeten.

Dem Wunsche der Tagungsteilnehmer, die Referate als geschlossenes Buch herauszugeben, konnte durch das freundliche Entgegenkommen des Springer-Verlages entsprochen werden, dem ich hierfür besonders dankbar bin.

Möge die beim Studium dieses Buches gewonnene Erkenntnis ein Wegweiser zur Tat sein.

Aachen, im Oktober 1957

J. W. Korte

Inhaltsverzeichnis

IV. Der öffentliche Nahverkehr in den Innenräumen unserer Städte

von Dr.-Ing. F. Lehner
Mitglied des Vorstandes der Überlandwerke und Straßenbahnen Hannover AG.

Mit 61 Abbildungen

V. Berechnung und Ausgestaltung der Straßenverkehrsanlagen in der Stadt

von Dr.-Ing. P. A. Mäcke
Oberingenieur am Institut für Stadtbauwesen und Siedlungswasserwirtschaft
an der Rhein.-Westf. Technischen Hochschule, Aachen

Mit 17 Abbildungen

VI. Anlagen für den ruhenden Kraftverkehr

von Dr.-Ing. B. Wehner
o. Professor für Straßen- und Verkehrswesen, Eisenbahn und Eisenbahnbetrieb.
Direktor des Instituts für Straßen- und Verkehrswesen
an der Technischen Universität Berlin

Mit 15 Abbildungen

VII. Straßenverkehrsforschung

von Dipl.-Ing. R. LAPIERRE
Institut für Stadtbauwesen und Siedlungswasserwirtschaft
an der Rhein-Westf. Technischen Hochschule, Aachen

Mit 38 Abbildungen

VIII. Die Sicherung des Stadtstraßenverkehrs

von J. W. KORTE
o. Professor an der Rhein.-Westf. Techn. Hochschule Aachen,
Direktor des Instituts für Stadtbauwesen und Siedlungswasserwirtschaft

Mit 4 Abbildungen

Einführung

Von Regierungsdirektor **F. Schlüter**
Ministerium für Wirtschaft und Verkehr Nordrhein-Westfalen

Meine sehr verehrten Damen und Herren!

Im Namen des Ministeriums für Wirtschaft und Verkehr möchte ich allen danken, die sich um die Vorbereitung dieser Tagung bemüht haben. Ich begrüße außerordentlich, daß sich Ihre Veranstaltung mit dem modernen Straßenverkehr und seinen mannigfachen Problemen befaßt. Leider hat es Herr Staatssekretär Prof. Dr. Brandt infolge Arbeitsüberlastung nicht möglich machen können, selbst zu Ihnen zu sprechen. Er bittet dieserhalb um Entschuldigung und wünscht der Veranstaltung einen vollen Erfolg.

Ich hoffe, daß auch von dieser Tagung, an der Städtebauer, Städteplaner und Verkehrsfachleute beteiligt sind, neue Erkenntnisse für die Lösung der brennenden Verkehrsprobleme ausgehen werden.

Voraussetzung für eine verkehrsgerechte Lösung der Aufgaben ist eine Koordinierung der Arbeiten der Städtebau- und Verkehrsfachleute. Hierbei steht der Verkehrs-Ingenieur, der in den USA schon seit Jahrzehnten zu einem Begriff geworden ist, auch in der Bundesrepublik im Vordergrund. Um das ingenieurmäßige Denken bei der Lösung der immer schwieriger werdenden Verkehrsprobleme zu fördern und um der neuen Berufsgruppe des Verkehrsingenieurs das wissenschaftliche Rüstzeug für ihre im Interesse der Öffentlichkeit immer wichtiger in die Erscheinung tretenden Aufgaben zu beschaffen, war bereits im Jahre 1954 auf Veranlassung des Ministeriums für Wirtschaft und Verkehr eine Arbeitsgemeinschaft zwischen dem Institut für Verkehrswissenschaft an der Universität Köln und dem Institut für Stadtbauwesen und Siedlungswasserwirtschaft der Technischen Hochschule Aachen gegründet worden. Diese Arbeitsgemeinschaft führt seitdem jährlich mehrere planmäßige Fortbildungskurse durch. Die Teilnahme an diesen Kursen, zu denen Persönlichkeiten eingeladen werden, die bereits im Verkehrswesen, im Städtebau und im Straßenbau tätig sind, war immer so groß, daß dort nicht alle Interessenten berücksichtigt werden konnten. Für diese Tagungen, deren Bedeutung über das Land Nordrhein-Westfalen, ja sogar über das Bundesgebiet hinaus geht, haben sich Fachleute von internationalem Rang als Referenten zur Verfügung gestellt. Den Veranstaltern ging es und geht es auch heute in erster Linie darum, die Erkenntnisse dieses jungen Wissenschaftszweiges vor allem einem Kreis von Praktikern zugänglich zu machen, der sie bei den Verkehrsbehörden, in den Kommunalverwaltungen und Kreisverwaltungen in seiner täglichen Arbeit benötigt.

Die Entwicklung des Straßenverkehrs wird den bautechnischen und finanziellen Möglichkeiten immer weit voraus sein. Aber Sie wissen alle: Eine breite und dadurch schnelle Straße braucht nicht unbedingt ein Optimum an Verkehrssicherheit darzustellen. Es wird also auch weiterhin darauf ankommen, den Menschen in seinen psychischen und physischen Gegebenheiten mit der Verkehrstechnik in Einklang zu bringen. Die Aufgaben des Verkehrsplaners werden daher die Heranziehung sowohl der verkehrstechnischen, fahrzeugtechnischen, verkehrsrechtlichen, der psychologischen und physikalischen als auch der medizinischen Wissensgebiete erforderlich machen. Die heutige Tagung wird durch das Institut für Stadtbauwesen und Siedlungswasserwirtschaft an der Technischen Hochschule Aachen veranstaltet, und es ist hierbei auch selbstverständlich, daß sie sich vornehmlich mit rein ingenieurmäßigen Problemen befaßt.

Das Ministerium für Wirtschaft und Verkehr hat aus dem Grunde ein besonderes Interesse an dieser Tagung, weil es in Übereinstimmung mit dem Landtag von der Notwendigkeit überzeugt ist, daß dem Verkehrsingenieur bzw. dem Verkehrsberater so schnell wie möglich Eingang in die Verwaltung verschafft und daß ihm dort entsprechende Wirkungsmöglichkeiten und Einfluß gegeben werden müssen.

Der Deutsche Städtetag und der Nordrhein-Westfälische Landkreistag befassen sich zur Zeit mit der gleichen Frage. Das Ministerium für Wirtschaft und Verkehr hat den Einbau einer Stelle für einen Verkehrsingenieur für das jetzt anlaufende Haushaltsjahr vorgesehen. Es ist zu hoffen, daß in naher Zukunft alle größeren Städte und Kreise sich bei der Lösung ihrer Verkehrsprobleme eines Verkehrsingenieurs bedienen werden.

Ich darf mir erlauben, aus einer Reihe von einschlägigen wissenschaftlichen Teilgebieten, die das Ministerium für Wirtschaft und Verkehr des Landes Nordrhein-Westfalen in den letzten Jahren gefördert hat, das Problem *Licht im Straßenverkehr* herauszugreifen.

Daß hier noch manches zu tun ist, ist nur zu bekannt. Es soll deshalb zunächst an der Technischen Hochschule in Aachen eine Dokumentationsstelle eingerichtet werden, um die in aller Welt auf diesem Gebiet gewonnenen Erkenntnisse zusammenzutragen und dann im Rahmen einer Arbeitsgemeinschaft zwischen Wissenschaft und Industrie Entwicklungsstudien zu betreiben.

Technik bleibt aber Stückwerk, solange der Mensch sie nicht mit seinem Geist erfüllt. Die Tatsache, daß der bei weitem größte Prozentsatz von Verkehrsunfällen nicht auf ein Versagen der Technik, sondern auf menschliches Fehlverhalten zurückzuführen ist, nötigt den Gesetzgeber zu immer neuen Maßnahmen. Ich denke hier z. B. an das Problem der Geschwindigkeitsbegrenzung im Straßenverkehr, welches gerade in den letzten Monaten ein heftiges *Für und Wider* in den Kreisen der Beteiligten, je nachdem von welcher Warte aus sie diese Dinge sehen, hervorgerufen hat.

Gerade hier hat die ausgezeichnete wissenschaftliche Untersuchung des Veranstalters der heutigen Tagung, Herrn Prof. KORTE, erheblich zur Klärung beigetragen. Seine Inanspruchnahme als Sachverständiger durch den Verkehrsausschuß des Bundestages hat sehr daran mitgewirkt, daß im Bundestag eine einheitliche Meinung, zum mindesten bezüglich der Geschwindigkeitsbegrenzung in geschlossenen Ortschaften, zustande kam.

Eine andere durch das Ministerium für Wirtschaft und Verkehr angeregte Forschungsaufgabe befaßte sich mit der sogenannten Minderheitentheorie im Verkehrsunfallgeschehen. Ein sehr bedeutsames und sicherlich überraschendes Ergebnis dieser Studie war, daß im Rahmen eines räumlich und zahlenmäßig fest umrissenen Kraftfahrerkollektivs 10% dieser Kraftfahrer an 77% der in diesem Bereich aufgekommenen Verkehrsunfälle schuldhaft beteiligt waren. Die Erkenntnis, daß ein verhältnismäßig kleiner Teil von Kraftfahrern immer wieder Verkehrsunfälle verursacht, läßt es sinnvoll erscheinen, diesen Kreis von Verkehrssündern auf ihre Eignung hin zu überprüfen, um damit Verkehrsunfällen vorzubeugen. Hierbei soll die geplante, allerdings auch vielfach angegriffene Verkehrssünderkartei, mithelfen.

Ich habe hiermit nur versuchen wollen, skizzenhaft den Zusammenhang menschlicher und technischer Probleme bei der Sicherung des Straßenverkehrs aufzuzeigen.

Der vor uns liegenden Tagung wünsche ich im Namen des Herrn Ministers für Wirtschaft und Verkehr des Landes Nordrhein-Westfalen einen guten Verlauf. Ich bin davon überzeugt, daß von ihr neue und wertvolle Impulse zur Lösung der Verkehrsprobleme in unseren Städten ausgehen werden.

Begrüßungsworte zur Tagung „Stadtverkehr gestern, heute und morgen" in Essen 28. 3. 1957

Von Beigeordnetem Dr. **H. Brügelmann**
Deutscher Städtetag

Der Deutsche Städtetag bleibt gerne der Tradition treu, zu einer Verkehrstagung, die das Aachener Institut für Stadtbauwesen und Siedlungswasserwirtschaft gemeinsam mit dem Haus der Technik in Essen durchführt, ein einleitendes Wort beizutragen. Ich mache mich um so lieber zum Dolmetsch kommunaler Ansichten, als damit bereits zu Beginn einer überwiegend von Technikern und mit technischen Themen bestrittenen Tagung deutlich gemacht werden kann, in welcher Weise alle Notwendigkeiten und Wünschbarkeiten, die der Techniker auf seinem Spezialgebiet vertreten muß, in ihrer Realisierung von wirtschaftlichen und politischen Komponenten abhängig sind.

Wenn man von den Erfordernissen des Stadtverkehrs und des Straßenbaues spricht, kommt man ohne Statistik nicht aus. Bei der Vorbereitung einer Denkschrift, die der Deutsche Städtetag zu diesem Problemkreis erarbeitet[1], sind wir darauf gestoßen, daß es mit der Streuung der Verkehrsunfälle doch nicht so aussieht, wie vielfach behauptet wird. Es ist nämlich nicht so, daß in den Städten überwiegend Bagatellschäden entstehen, während sich die schweren Verkehrsunfälle — eine Meinung, die natürlich naheliegt — infolge der großen Geschwindigkeiten hauptsächlich auf den Fernverkehrsstraßen ereignen. Ein genaues Studium der bundesamtlichen Statistik lehrt das Gegenteil: Von den Unfällen mit Getöteten entfallen rd. 58%, von denjenigen mit Verletzten rd. 77% auf die geschlossene Ortslage! Auch diejenigen Unfälle, für die die *Straßenverhältnisse* als Ursache registriert sind, bringen die absolute Mehrzahl der Getöteten und zwei Drittel der Verletzten in der geschlossenen Ortslage. Natürlich wissen wir, daß ein hoher Bruchteil aller Verkehrsunfälle auf Verschulden vom Verkehrsteilnehmer zurückgeht, aber das schafft den Baulastträgern keine weiße Weste. Sie sind verpflichtet, im Rahmen des technisch und finanziell überhaupt Möglichen für Straßen zu sorgen, die *narrensicher* sind.

Die Unfallstatistik ist ja auch nicht das einzige Indiz dafür, daß die städtischen Hauptverkehrsstraßen heutigen und erst recht künftigen Anforderungen nicht genügen. Eine bei den kreisfreien Städten Nordrhein-Westfalens im Vorjahr durchgeführte Verkehrszählung hat zahlenmäßig bestätigt, was wir empirisch längst wissen, nämlich daß die Verkehrsdichte auf vielen Stadtstraßen das tragbare Maß weit überschreitet. Wenn der Bundesverkehrsminister in seiner soeben erschienenen und für den Bundestag bestimmten Denkschrift, mit der er seine finanziellen Forderungen für den Ausbau der Fernverkehrsstraßen begründet, eine Tagesbelastung mit 1500 Kraftfahrzeugen als Beweis dafür anführt, daß rd. 10000 km Bundesstraßen des Ausbaues bedürfen, so ist dem gegenüberzustellen, daß 1955 allein in Nordrhein-Westfalen rd. 2000 km Stadtstraßen vorhanden waren, die eine Belastung mit mehr als 2000 Kraftfahrzeugen in der Zeit von 6 bis 22 Uhr aufweisen, darunter rd. 600 km mit mehr als 5000 und weitere rd. 200 km mit mehr als 10000 Kraftfahrzeugen. Daß es im übrigen Bundesgebiet nicht viel anders aussieht, werden wir sehen, wenn eines Tages auch in anderen Ländern solche Verkehrszählungen durchgeführt sind.

[1] Stadtstraßen im Fernverkehrsnetz. Stuttgart: Kohlhammer 1957

Was sagen diese Zahlen aus? Sie machen deutlich, daß auf den Ortsdurchfahrten und auf den übrigen Hauptverkehrsstraßen unserer Städte Ballungen des Straßenverkehrs die Regel geworden sind, die wir auf Fernstraßen nur in einzelnen Ausnahmefällen — etwa zwischen Köln und Düsseldorf — antreffen. Ist das nicht ein schwerer Vorwurf für die Städte? Hätten sie nicht die Chancen der Zerstörungen durch den letzten Krieg nutzen sollen, um die großzügigen Durchbrüche zu schaffen, die der Straßenverkehr braucht? Wer so fragt, der hat vergessen, daß in den ersten Jahren nach dem Zusammenbruch jedes stehengebliebene und noch einigermaßen nutzbare Gebäude für die wohnungslosen Einheimischen und Umsiedler gebraucht wurde und daß, da — bekanntlich bis heute — nicht genügend neuer Wohnraum erstellt werden konnte, sogar wiederhergestellt werden mußte, was man lieber abgerissen hätte. Er übersieht aber auch die Beengtheit der kommunalen Finanzen und die Fülle der Aufgaben, die im Wohnungs-, Schul- und Krankenhausbau und bei der Ingangsetzung und Erweiterung der Versorgungs- und Verkehrsbetriebe — um nur einen Teil zu nennen — mit gleicher Dringlichkeit fordernd auf die Stadtverwaltungen und Stadtparlamente zukamen. Immerhin haben die Städte 24% ihrer gesamten Investitionsausgaben für den Straßenbau verwandt. Auch sonst läßt sich ihre Leistung vergleichsweise sehen.

Hier ist der Ort, um den kommunalen Straßenbau in einen größeren Zusammenhang hineinzustellen. Ausgangspunkt mag sein, daß die Gemeinden und Gemeindeverbände an den Ausgaben für das Straßenwesen im Bundesgebiet und in Berlin-West in der Summe der Rechnungsjahre 1951 bis 1954 (weiter nach vorne reicht die Gesamtstatistik noch nicht) rd. zwei Drittel der 6,6 Mrd. DM aufgewandt haben, an denen der Bund und die Länder mit rd. je einem Sechstel beteiligt sind. Das ist schon in der Nebeneinanderstellung dieser Verhältniszahlen ein fast grotesk zu nennendes Mißverhältnis, erst recht aber, wenn man sich klar macht, daß an den Steuern, die der Kraftverkehr aufbringt, die Gemeinden nicht beteiligt sind; sie fließen in Gestalt der Mineralölsteuer dem Bund, der Kraftfahrzeugsteuer den Ländern zu. Bund und Länder können zwar darauf hinweisen, daß sie im Berichtszeitraum den Gemeinden rd. 700 Mill. DM zweckgebunden für den Straßenbau zugewiesen und ihnen darüber hinaus rd. 150 Mill. DM Darlehen gegeben haben. Aber was bedeuten diese Abzweigungen angesichts der Gesamtsumme, um die es sich handelt, und wie gering ist verglichen mit dem, was die Städte aufgebracht haben, die eigene Leistung der großen Gebietskörperschaften im Straßenbau! Darin ist es in den Jahren 1955 und 1956 zwar dem Grade nach etwas besser geworden; aber die große Wende, auf die die Verkehrsteilnehmer mit Recht warten, ist ausgeblieben.

Wenn nun der Bundesverkehrsminister seinen Plan vorgelegt hat, um den Ausbau von Autobahnen und Bundesstraßen zu fördern, und wenn in den Ländern Generalverkehrspläne vorbereitet werden, die sich mit ähnlicher Zielsetzung vor allem für die Landstraßen I. Ordnung an die regionale Öffentlichkeit richten, so scheint sich hierin die erhoffte Wende anzukündigen. Wenn es aber dabei bleibt, daß jeder Baulastträger sich auch finanzwirtschaftlich vor allem um seine eigenen Straßen kümmert, dann behalten alle Bemühungen den Charakter des Torsohaften. Es ist daher zu begrüßen, daß der Bundesverkehrsminister seit einiger Zeit die Ortsdurchfahrten in den Städten und Gemeinden in seine Überlegungen und Vorschläge einbezogen hat. Die Frage ist jedoch, ob man mit der Bejahung dieser Vorschläge und paralleler Maßnahmen der Länder weit genug geht. Dies ist offensichtlich nicht der Fall: Nur in Landgemeinden und kleinen Städten ist die Ortsdurchfahrt die einzige Ortsstraße, auf der der von den Bundes- und Landstraßen kommende oder zu ihnen hinführende überörtliche Verkehr (Quell-, Ziel- und Durchgangsverkehr) durch eine geschlossene Ortslage hindurchgeleitet wird. In den großen Städten sind den Ortsdurchfahrten längst zahlreiche andere Hauptverkehrsstraßen zur Bewältigung des überörtlichen Verkehrs an die Seite getreten. Es sind Parallelführungen zu den Ortsdurchfahrten, Verbindungsstraßen zwischen klassifizierten Straßen und insbesondere Tangentialstraßen — um nur die wichtigsten Kategorien zu nennen —, die in ihrer Gesamtheit die *Bahnhöfe des Straßenverkehrs* bilden, zu denen unsere Städte herangewachsen sind.

Diese wenigen Andeutungen genügen, um eine Einheit aller dem Fernverkehr dienenden Straßen in Erscheinung treten zu lassen, die jedem Autofahrer selbstverständlich ist, die aber in der gesetzgeberischen und — in der Folge — der finanzwirtschaftlichen Theorie und Praxis zerbrochen ist. Daß diese Einheit als Denkvorstellung in das Bewußtsein der Öffentlichkeit gelangt, ist die erste und entscheidende Voraussetzung für eine vernünftige Planung des Straßenbaues und seiner Finanzierung, die örtlich wie zeitlich die Gestalt von Schwerpunktprogrammen erhalten muß. Die finanzwirtschaftlichen Folgen einer solchen Sicht, auf deren Weg als nächster Schritt die Bildung eines politischen Willens liegt, können nur darin bestehen, daß Bund und Länder den Gemeinden und vor allem den Städten in ganz anderem Umfang und Tempo unter die Arme greifen, als es bisher geschehen ist. Damit werden dann auch die Techniker die Mittel erhalten, die sie benötigen, um die beklemmenden Engpässe und Flaschenhälse an den Knotenpunkten des Verkehrs zu beseitigen.

I. Stadt und Stadtverkehr

Von J. W. Korte

o. Professor an der Rhein.-Westf. Technischen Hochschule Aachen
Direktor des Instituts für Stadtbauwesen und Siedlungswasserwirtschaft

Mit 47 Abbildungen

Der Rechenschaftsbericht, der mit der Vortragsreihe: *Stadtverkehr gestern, heute und morgen* gegeben werden soll, muß ausgehen

a) von den Erkenntnissen aus der vergangenen Stadtentwicklung,

b) von den Bedürfnissen des Tages,

damit wir unter Berücksichtigung der Zukunftsforderungen in einer realen Schau zu dem Wunschplan der Stadt von morgen kommen. Bei einer derartigen Übersicht lassen sich — im Rahmen einer Tagung — die Einzelprobleme natürlich nicht erschöpfend behandeln. Das ist geschehen: a) in unseren Studienkursen, die wir nun seit zwei Jahren fortlaufend zur Unterrichtung der Praxis durch die *Arbeits- und Forschungsgemeinschaft für Stadtverkehr und Verkehrssicherheit* durchführen, b) in dem Handbuch des Verfassers[1]. An dieser Stelle sollen nur die Probleme des Stadtverkehrs aufgedeckt und in ihre größeren Zusammenhänge hineingestellt werden, um so eine Leitlinie für die Sorge um die Zukunft zu erhalten.

A. Rückblick

Ein Rückblick auf gestern läßt deutlich erkennen, daß sich das Wesen des städtischen Lebens als Ausfluß des wirtschaftlichen und gesellschaftlichen Wandels, der sich im Laufe der Zeiten vollzog, grundlegend verändert hat. Dieser Ausfluß des wirtschaftlichen und gesellschaftlichen Lebens drückte der vortechnischen Stadt in langen — mehr statischen — Zeiträumen sein Formgesetz auf, so daß die Lebens- und Stadtform sich im natürlichen Wachstumsprozeß allmählich anpassen konnte (Abb. 1a u. b). Ganz anders war dieses in der schnellebigen technischen Stadt, in der sich die alten — mehr *statisch* wirkenden — Wachstumsgesetze im Geiste der Technik und des Fortschrittes mehr und mehr in *dynamisch* wirkende Gestaltungskräfte verwandelt haben (Abb. 2a u. b, 12 u. 16).

Wir sind nun mit Hilfe der Technik in den letzten Jahrzehnten beweglicher geworden, und wir leben heute, nachdem wir die Versteinerung der kompakten Stadt aus der Jahrhundertwende als lebensfeindlich erkannt und abgelehnt haben, weiträumiger und naturnaher als unsere Eltern. Dabei ist der Verkehr, der sich in dieser dekonzentrischen Entwicklung als Ausfluß der veränderten, verkehrsintensiveren Wirtschafts- und Lebensform vor aller Augen abspielt, das augenfälligste Symptom für die veränderten Lebensgewohnheiten. Zugleich aber liefert er in seinen mögchen Erscheinungsformen die Diagnose für den kranken oder gesunden Zustand unseres Stadtkörpers.

---

[1] Korte, J. W.: Grundlagen der Straßenverkehrsplanung in Stadt und Land. Wiesbaden: Bauverlag, 1958.

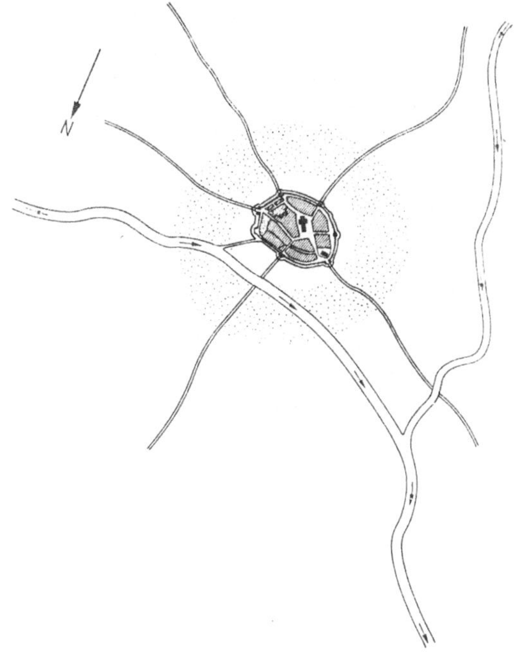

Abb. 1a. Die mittelalterliche Stadt

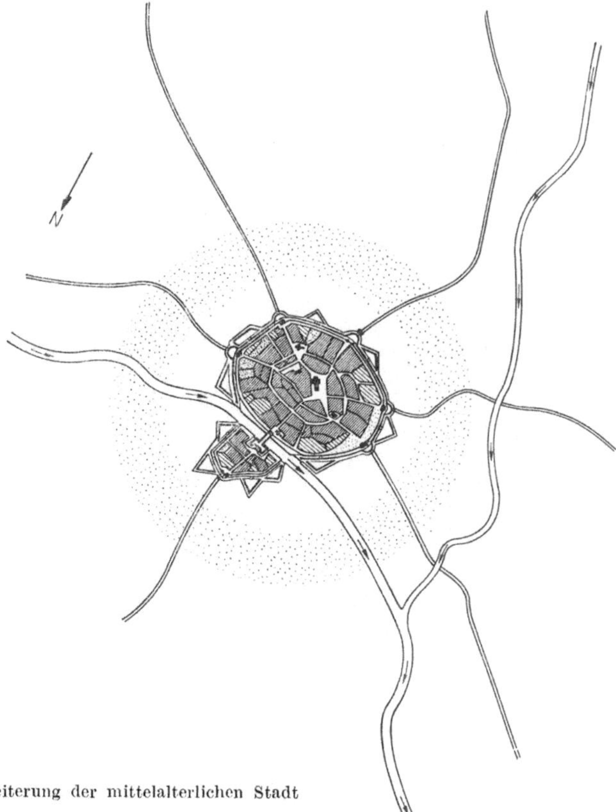

Abb. 1b. Erweiterung der mittelalterlichen Stadt

Abb. 2a. Fehlentwicklung der technischen Stadt

Abb. 2b. Reaktion auf die Fehlentwicklung: Auflockerung — Gliederung

B. Ursache und Wirkung

Als eine typische Zeitkrankheit stellen wir heute in den Flutstunden des Verkehrs die Verstopfung unserer städtischen Konzentrationen, insbesondere die Verstopfung der Kernstadt als Hauptaktionszentrum fest, wodurch große Verluste an wertvoller Zeit und unvertretbare Belastungen für die gesamte Stadtwirtschaft ausgelöst, sowie Menschen, Fahrzeuge und Fahrwege überfordert werden, was eine dringende Abhilfe erheischt (Abb. 3). Die Menschen werden nervös und damit unfallanfälliger, die Fahrzeugabnutzung ist größer und der Brennstoffverbrauch höher und die gesamte Kommunikation im Raumleben der Stadt zunehmend gestört. Sinkende Reisegeschwindigkeiten und sinkende Verkehrsleistungen im öffentlichen und individuellen Verkehr, unzureichende Zeitlücken im Verkehrsstrom für den Quer- und Fußgängerverkehr und steigende Unfallzahlen sind das Abbild der heutigen Verkehrsnot.

Der Wandel in den städtischen Lebensgewohnheiten bedingt demnach einen grundsätzlich anderen Städtebau und damit eine weitgehende städtebauliche Neuordnung des gesamten Stadtgefüges nach den Erfordernissen der heutigen Zeit. Denn die neuartige Intensitätsverteilung in Fläche und Raum, die Struktur der einzelnen Konzentrationen und die gestiegenen Einwohnerzahlen verlangen in der arbeitsteiligen Wirtschaft von heute ausreichende Verkehrswege mit ausreichenden Geschwindigkeiten zur Raumüberwindung; sie erzeugen ganz bestimmte Verkehrsvolumina und bestimmen die Quellen, Ziele und Richtung der Reisewege im Gesamtorganismus. Geschwindigkeit, Verkehrsrichtung und Verkehrsmenge sind, wie wir sehen werden, die Grundannahmen bei der Dimensionierung eines zweckdienlichen Stadtverkehrsstraßensystems. Somit sind bereits durch die Stadtstruktur Umfang, Richtung und

Abb. 3a. Stadtverkehr in Deutschland (Baubehörde Hamburg)

Abb. 3b. Stadtverkehr in England

Entfernung der städtischen Straßenverkehrsströme vorgegeben, was sich im Einzelfall durch Verkehrsstromzählungen, die allgemein bekannt sind, nachweisen läßt. Doch bevor wir auf die notwendigen Neu- und Umbaumaßnahmen eingehen, ein kurzes Wort zu den ersten Hilfen und Sofortmaßnahmen, die uns ohne große Änderungen im Verkehrsgefüge zur Verfügung stehen. Welche Hilfen kann die Verkehrstechnik für die Milderung der Mißstände gewähren?

1. Erste Hilfen und Sofortmaßnahmen

Die Verkehrstechnik bietet an:

I. Die *Kanalisierung* des *fließenden Verkehrs* in Form von Spurmarkierungen, d. h. Trennen, Ablenken, Sortieren und gesichertes Führen der Verkehrsströme in vorgezeichneten Bahnen:

a) auf der Strecke durch die horizontale Ausweitung, d. h. durch die Verweisung der Verkehrsarten und Fahrzeuge auf Einzweckspuren, z. B. besonderer Bahnkörper für Straßenbahnen, Verkehrsspuren für schnellfahrende und langsamfahrende und Haltespuren für ruhende Fahrzeuge, gesonderte Rad- und Fußwege (Abb. 4),

b) an der Kreuzung durch Sortieranlagen, Leitinseln, Fahrbahnteiler und Leitlinien in der Kreuzungszufahrt und -abfahrt bzw. auf der Kreuzungsfläche zur sicheren Führung der Verkehrsströme (Abb. 5),

c) im Netz durch Einbahnstraßensysteme (s. Abb. 6) und Einzweckstraßensysteme in öffentlichen Verkehrsachsen und Fußgängerbereichen (s. Abb. 7), sowie durch örtliche und zeitliche Beschränkungsmaßnahmen aller Art, wenn der notwendige Verkehrsraum für *Alle* nicht beschafft werden kann.

Abb. 4. Richtungsfahrbahnen mit besonderem Bahnkörper für Straßenbahnen

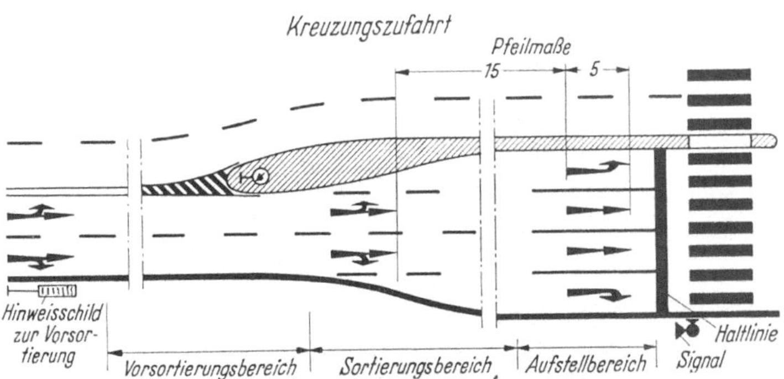

Abb. 5. Zufahrt einer signalgesteuerten Kreuzung

Abb. 6. Verkehrsplanung Stadt Hamm i. Westf. (Ergänzungsblatt zum Leitplan)

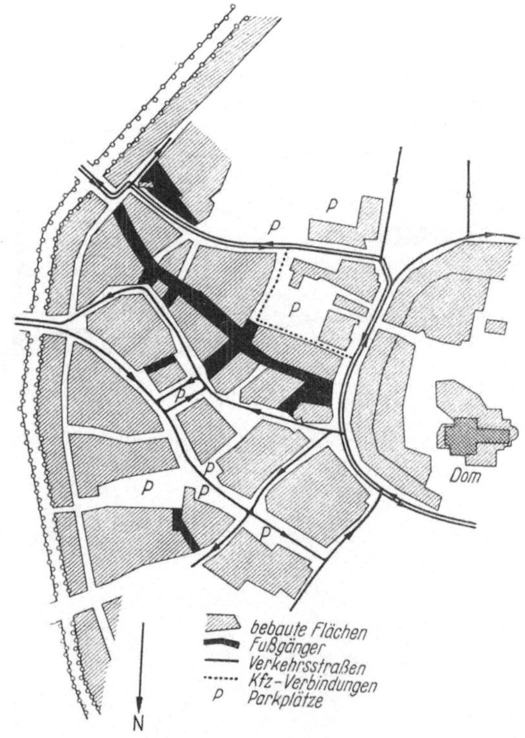

Abb. 7. Fuß- und Fahrverkehr in der Innenstadt Münster i. W. (Planung).

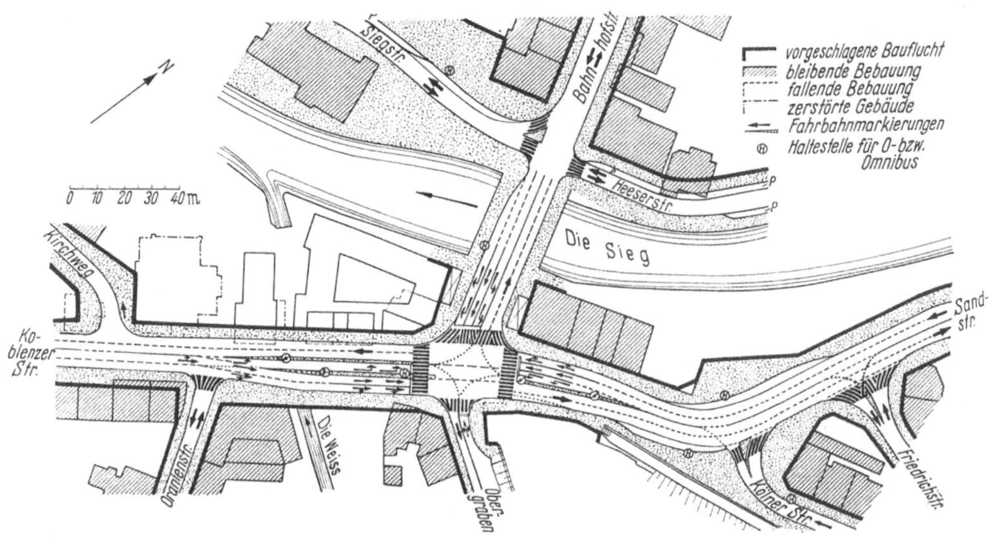

Abb. 8. Verkehrsplanung Siegen, Kölner Tor

II. Die *Schaffung von künstlichen Zeitlücken* im Verkehrsstrom durch *Signalsteuerungen* verschiedener Art, die mit den zugehörigen Stau- und Überfallräumen, in Analogie zur Hydraulik, aus den Gesetzmäßigkeiten des Verkehrsflusses zu entwickeln sind (Abb. 8, 9 und 10, s. a. Abb. 5).

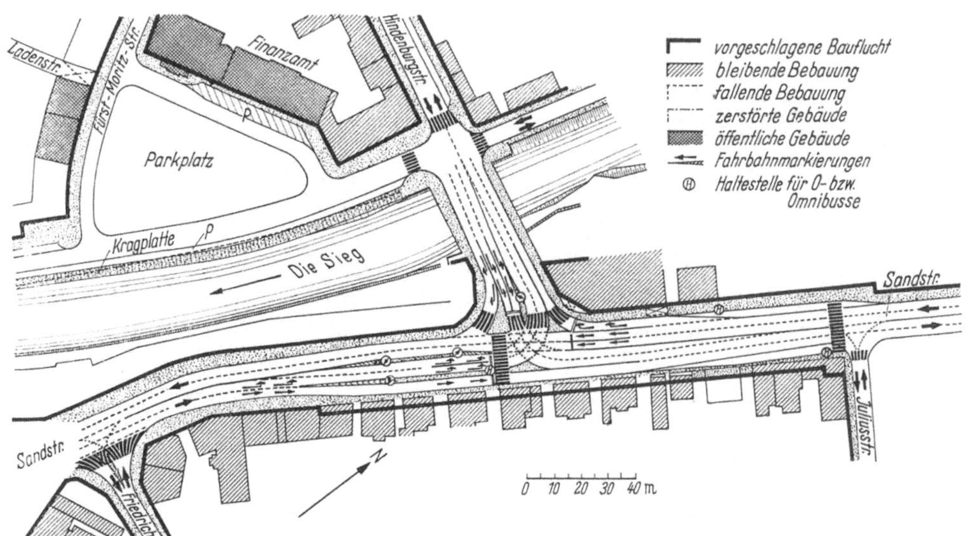

Abb. 9a. Verkehrsplanung Siegen, Reichwald's Ecke

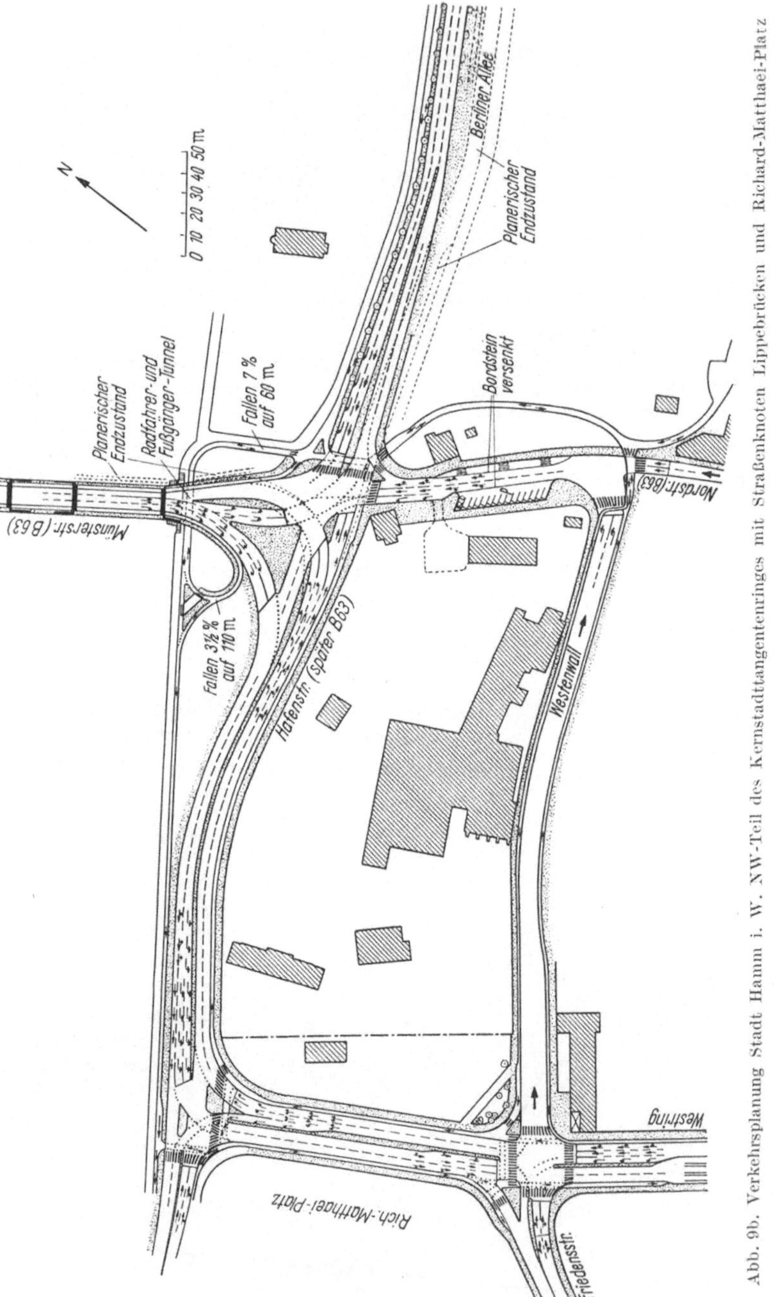

Abb. 9b. Verkehrsplanung Stadt Hamm i. W. NW-Teil des Kernstadttangentenringes mit Straßenknoten Lippebrücken und Richard-Matthaei-Platz

III. Die *vertikale Auflockerung* in ihren *vielfachen Formen* und Übergängen für die Hoch- und Tieflage bestimmter Verkehrsströme, wenn die horizontale Ausweitung zur Verarbeitung des Verkehrs nicht mehr ausreicht (Abb. 11).

Abb. 10. Bahnhofsvorplatz Stuttgart (Tiefbauamt Stuttgart)

Abb. 11. Niveaufreie Führung des Durchgangsverkehrs zum Hauptbahnhof in Rotterdam (Stadt Rotterdam)

Die Nutzung der Hilfen aus 1. und 2., also das Trennen, Sortieren, Kanalisieren und Signalisieren der Verkehrsströme, ist eine wichtige Gegenwartsmaßnahme, die mehr als bisher zum Bestandteil der täglichen Arbeit im vorhandenen Straßennetz werden sollte, da sie häufig kostspielige Umbauten erspart.

2. Ziel: Die gesunde Stadt

Der Verkehr ist Ausfluß des jeweiligen Kommunikationsbedürfnisses im Zusammenleben und -wirken von Menschen. Er setzt sich zusammen aus der Richtung, Stärke, Länge und Geschwindigkeit vieler Einzelwege und bildet so die unterschiedlichen und für die jeweiligen Lebensbereiche charakteristischen Ströme, für die wir von Fall zu Fall ein geeignetes Flußbett mit entsprechender *Vorflut* bereitstellen müssen. Die *Vorflut* ist vorhanden, wenn nach europäischen Verhältnissen gemessen die täglichen Fahrwege der Stadtbewohner in ausreichender Reisezeit, d. h. in 45 bis 60 Minuten.

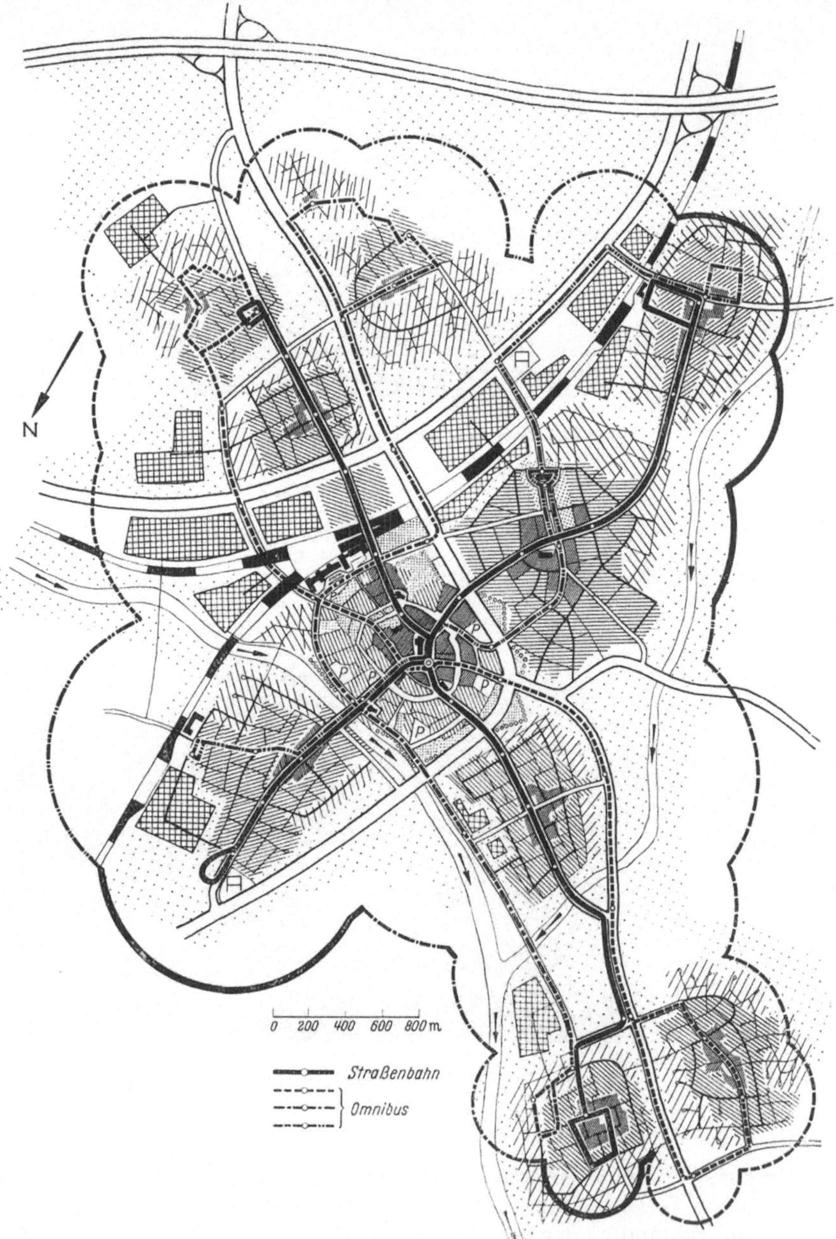

Abb. 12. Zeitzonenplan der öffentlichen Nahverkehrslinien

bei getrennter oder durchgehender Arbeitszeit, mit vertretbarem Kostenaufwand (7% des Einkommens) bewältigt werden können (Abb. 12). Mit diesem Zeitkostensystem ist die Grenze für die Ausdehnung einer vernunftgemäß entwickelten Stadt als Funktion der Reisegeschwindigkeit festgelegt. War in der vortechnischen Stadt die Fußgängergeschwindigkeit in erster Linie maßgebend und der Verkehr verhältnismäßig klein, da Wohnung und Arbeitsstätte mehr oder weniger unter einem Dach zusammenlagen, so veränderte sich dieses Bild in der technischen Stadt durch das grundlegend Neue wie:

a) Die arbeitsteilige Wirtschaft mit ihrer ständig wachsenden Spezialisierung und daher ständig steigendem Verkehrsbedürfnis, die sich in typischen Arbeitsgebieten und in getrennter Lage von den Wohngebieten ansiedelte. Beide sind durch Stadtgrün isoliert, verkehrlich aber durch ihre Konzentration zu Quellen und Zielen in der Kommunikation geworden.

b) Der Ersatz der Fußwegstunde durch die vier- bis fünffach höhere Reisegeschwindigkeit der nunmehr mechanisierten Verkehrsmittel, wobei es die öffentlichen Verkehrsmittel (zunächst die Straßenbahn und Stadt- und Vorortbahn, später der Obus, Omnibus) waren, die die Großstadt von heute erst ermöglichten. Hinzu kamen dann die individuellen Verkehrsmittel (PKW, LKW, Krad, Moped und Fahrrad).

Durch die öffentlichen Verkehrsmittel konnten, wie wir aus der Vergangenheit wissen, in der technischen Stadt die erhöhten Verkehrsansprüche ausreichend bedient und die Ausweitung der Stadt bei gleichbleibender Reisezeit auf das Vier- bis Fünffache vergrößert werden. Seitdem also liegt über jeder Stadt ein sog. Raumzeitsystem für die ausreichende verkehrliche Bedienung in angemessener Zeit-Kostenrelation, das in der gesunden Stadt gewahrt bleiben muß. Das gilt sowohl für den öffentlichen als auch — und heute ganz besonders — für den individuellen Verkehr. Wie sich durch Zeitzonenpläne nachweisen läßt, waren diese Forderungen für ein gesundes Raumleben trotz mancher Mängel und Fehler in Netz und Knoten durch den öffentlichen und privaten Verkehr bis in die zwanziger Jahre dieses Jahrhunderts erfüllt. Mit zunehmender Motorisierung wurden dann die Raumzeitbeziehungen in unseren Siedlungen empfindlich gestört: Zunächst durch die Behinderungen im freien Verkehrsfluß des Kraftverkehrs, was sich zugleich lähmend auf den öffentlichen Verkehr auswirkte. Die Reisegeschwindigkeit von Straßenbahn und Bus sank in den Kernbereichen und Spitzenstunden bis auf die Fußgängergeschwindigkeit herab. Infolge dieser Auswirkungen erkrankte das Raumzeitsystem unserer Siedlungen. Das Leben in den Konzentrationen ist durch den zähflüssigen Verkehr derart erschwert, daß es heute vielfach zu erlahmen droht. Ähnlich wie bei einer Blutleere im Gehirn die Lebensfunktion im menschlichen Körper zum Erliegen kommt, stirbt auch das Geschäftsleben in den bedrohten Bereichen ab und löst schwerwiegende, stadtwirtschaftliche Verluste aus, die zwangsläufig zu unerwünschten Umwandlungen im Gesamtorganismus führen. Sie rütteln an den Grundfesten der überbrachten Stadt und begünstigen ihre Auflösung in willkürliche Agglomerationen, wie es das Beispiel der amerikanischen *shopping centres* beweist. Damit aber ist die abendländische Stadtidee ernsthaft in Frage gestellt. Für die Auffindung des Weges zum Ziel muß immer wieder betont werden, daß unsere Aufgabe nur in der Beförderung großer *Menschen*massen mit flächensparenden Verkehrsmitteln und nicht in der Bewegung von flächenfressenden *Fahrzeug*massen liegen kann.

Das bedeutet schließlich für den öffentlichen Verkehr, wie es Herr Dr.-Ing. Lehner noch zeigen wird, daß die Straßenbahnnetze bereinigt und modernisiert werden müssen, d. h. eine attraktive Straßenbahn muß auf wenigen leistungsfähigen Strecken angenehme, häufige, schnelle, flüssige und sichere Fahrgelegenheiten gewährleisten. Wir erkennen daraus, daß wir bei der Behandlung aller Stadtverkehrsfragen, wenn wir uns nicht im Kreise bewegen wollen, vom Städtebau, also von der zeitgemäßen Stadtstruktur und dem wünschenswerten, aber wirtschaftlich und materiell heute und morgen erreichbaren, d. h. von dem bei unserer Armut möglichen Aufbau der Stadt ausgehen müssen. Denn in den städtebaulichen Einheiten liegen die Quellen und Ziele des Stadtverkehrs, ihre Größe und Lage zueinander bestimmen die Stärke und Richtung der einzelnen Verkehrsströme, so daß naturgemäß alle Überlegungen zur Lösung eines jeden Verkehrsproblems hier ansetzen müssen. Daher wird Herr Beigeordneter Dr.-Ing. HOLLATZ die Stadtentwicklung aus der Warte des Verkehrs ausführlich beleuchten (s. S. 63). Die Lösung kann auf die Dauer nur in einer bewußten Begrenzung der vertikalen und horizontalen Stadtentwicklung gefunden werden, wobei Stadt- und Verkehrsraumentwicklung adäquat sein müssen, da ohne diese Entsprechungen die heutige Verkehrsraumnot nicht beseitigt werden kann.

Ebenso muß der baulichen Ordnung einer Stadt die verkehrliche Bedienung entsprechen. Bei den starken Wechselbeziehungen und Bindungen des modernen Verkehrs ist zur Aufrechterhaltung eines flüssigen Verkehrsablaufs die sinn- und zweckvolle Ordnung im Verkehrsgeschehen eine unbedingte Voraussetzung, was Herr Ministerialrat Dr.-Ing. E. h. E. MÜLLER eingehend beleuchten wird (s. S. 95).

Da der öffentliche Verkehr, der z. Z. in Europa noch etwa 70% der Verkehrsbevölkerung erfaßt und auch heute noch in den USA mehr als die Hälfte der Verkehrsteilnehmer befördert, auch bei einer Absättigung der Motorisierung nicht entbehrt werden kann, fällt ihm für die Gesunderhaltung unserer Städte, insbesondere ihrer Konzentrationen, eine lebenswichtige Aufgabe zu. Herr Direktor Dr.-Ing. F. LEHNER wird über den zeitgemäßen Einsatz der einzelnen Massenverkehrsmittel berichten (s. S. 100), der bei der Enge der Verkehrsräume in unseren Städten in optimaler Form eine dem Verkehrsbedürfnis entsprechende Raumüberwindung garantieren muß.

Die wirtschaftliche Aufteilung der Verkehrsfläche als Träger der verschiedenen Verkehrs- und Fahrzeugarten führte zwangsläufig zur Entwicklung von ingenieurmäßigen Dimensionierungsmethoden und zweckentsprechenden Ausbauformen. Ihnen galt unser besonderes Augenmerk in den letzten fünf Jahren, worüber ich in der zweiten Hälfte meines Vortrages einen Überblick geben werde. Mein Oberingenieur, Herr Dr.-Ing. P. A. MÄCKE, wird dann über den heutigen Stand der anzuwendenden Berechnungsmethoden und Ausgestaltungsprinzipien berichten (s. S. 150).

Da jeder Verkehr aus der Ruhe beginnt und wieder in der Ruhe endet, treten zu den Problemen des fließenden Verkehrs die Sorgen für die Abstellflächen des arbeitenden und ruhenden Verkehrs, die besonders in den Intensitätsgebieten sehr groß sind. Soll die Verkehrsstraße von ihrem Mißbrauch durch das Be- und Entladen und Parken der Fahrzeuge befreit und ihre ureigene Funktion erhalten werden, so müssen, wie Herr Prof. Dr.-Ing. B. WEHNER es zeigen wird, die Arbeits- und Abstellbedürfnisse als vordringliche Tagesaufgabe in Maß und Zahl erfaßt werden.

Nicht zuletzt aber müssen alle städtebaulichen und verkehrlichen Überlegungen durch eine exakte und ständig fortschreitende Grundlagenforschung, d. h. durch eine Aufdeckung der Gesetzmäßigkeiten, die ein echtes Kriterium für die Bewertung des Verkehrsgeschehens und die Bemessung der baulichen Anlagen geben, unterbaut werden. Mein Assistent, Herr Dipl.-Ing. R. LAPIERRE, gibt Ihnen einen Einblick in das wichtige Betätigungsfeld der Verkehrsforschung (s. S. 191).

Alle Arbeit dient letztlich dem Menschen und ist stark von seinem Verhalten im Verkehr abhängig. Sein Wohlergehen und seine Sicherheit liegen demnach in seiner Hand. Eine Aufklärung und Unterrichtung über die städtebaulichen und verkehrlichen Probleme sind demnach eine erste Voraussetzung für den Erfolg. Aus der Erkenntnis erwächst das Wollen und dieses reift zur Tat, d. h. zur Einführung der Sicherheitsmaßnahmen und letztlich auch zur Bereitstellung der notwendigen Mittel für einen verkehrsgerechten Ausbau, worüber ich zum Abschluß der Vortragsreihe berichten werde.

Da die Auswirkungen der Motorisierung und die Kriegsbürde zeitlich zusammenfallen, sind unsere deutschen Städte in dieser einmaligen Situation überfordert. Trotzdem darf die Sorge für die Zukunft nicht zu kurz kommen, wenn wir weiter leben wollen. Je später nämlich die Notwendigkeit für den Umbau unserer Städte erkannt wird, um so schwieriger und kostspieliger wird die Durchführung. Dann aber ist die verpaßte

Gelegenheit ein unverzeihliches Versäumnis, denn die Auswirkungen der Motorisierung können wir heute an dem Beispiel der übrigen Welt, insbesondere Amerikas, übersehen.

C. Einzelaufgaben

Der innere Ausbau der Gemeinden als Grundzelle des staatlichen Gefüges müßte daher zum wichtigsten Ziel der Innenpolitik des Bundes werden, der die Zusammenhänge zwischen Lebensform und Stadtform mehr als bisher bei allen seinen Entscheidungen sehen sollte.

1. Das Sortierungsprinzip

Die Betrachtung von *Ursache und Wirkung* hat gezeigt, daß das moderne Straßenverkehrsproblem ohne eine Sortierung und Entflechtung im weitesten Sinne nicht gelöst werden kann.

Eine Sortierung vor allem der einzelnen Intensitäten in Räumen und Regionen sowie der einzelnen Stadtinhalte, die den Aufbau und die Gliederung der Stadt bewirken, ist zunächst zur Entmischung aller sich widersprechenden, gegenläufigen, sich kreuzenden und verknotenden Elemente nötig. Diese Elemente müssen nach den Bedürfnissen des übergeordneten und stadtkonzentrierten Raumlebens in organismischer Zuordnung zueinander gestellt und aufeinander abgestimmt werden.

Es beginnt also die Sortierung im Großen mit der Ordnung und Zuordnung der Quellen und Ziele des Verkehrs in der Landesplanung und im Städtebau. Sie findet ihre Fortsetzung a) in der Ordnung der öffentlichen und individuellen Verkehrsnetze im Sinne einer zweckentsprechenden Hierarchie der Straßen, b) in einer entsprechenden Trennung zwischen dem fließenden, arbeitenden und ruhenden Verkehr und schließlich c) in der Sortierung der verschiedenen Verkehrsarten und Verkehrsmittel und endet d) bei der Sortierung der Verkehrsströme in der Detailbehandlung der Straßenverkehrsanlagen.

Hier interessieren nun besonders die Verfahren der *räumlichen* und der *zeitlichen* Sortierung.

Die Sortierung in *räumlicher* Hinsicht gliedert sich in

a) die horizontale Ausweitung und b) die vertikale Auflockerung.

Die räumliche Sortierung wird besonders sinnfällig im Netz des öffentlichen und privaten Verkehrs durch Entflechtungen aller Art, z. B. Trennung des Durchgangsverkehrs vom Zielverkehr, Bereitstellung von Parkraum neben den Straßen, d. h., Trennen des fließenden und ruhenden Verkehrs, Schaffung von Einzweckstraßen aller Art, wie Autostraßen, öffentliche Verkehrsachsen, Rad- und Fußwege, Fußwegbereiche und Einbahnstraßen. Schließlich folgt die räumliche Sortierung im Detail:

a) besonderer Bahnkörper für Straßenbahn,
b) Trennung der Fahrtrichtung und Fahrspuren (Fahrbahnteiler, Fahrbahnmarkierung),
c) Parkspuren,
d) Rand- und Schutzstreifen.

An den Kreuzungszufahrten erhält die räumliche Sortierung eine besondere Bedeutung. Sie ist zu realisieren in dem Takt: Vorsortieren, Sortieren und Aufstellen nach Bewegungsrichtungen in vorbezeichneten Spuren, die in ihrer Gesamtheit eine Staufläche bilden (Abb. 5).

Die Sortierung in *zeitlicher* Hinsicht spielt in bezug auf die Gesetzmäßigkeiten im Verkehrsablauf eine besondere Rolle.

In der übergeordneten Verkehrsplanung findet sie ihre Anwendung:

a) in dem Abbau der Verkehrsspitzen durch eine zweckvolle Staffelung der Arbeitszeiten und

b) in der befristeten Zulassung des fließenden, ruhenden und arbeitenden Verkehrs in bestimmten Verkehrsbereichen.

In der Detailplanung erfaßt die zeitliche Sortierung alle Bewegungsvorgänge, die vom zeitlichen Verkehrsablauf abhängig sind, wie Überholen, Spurwechseln, Ein- und Ausscheren und Kreuzen; Vorgänge, die besonders an niveaugleichen Kreuzungen von Bedeutung sind. Bei starken Belastungen im Niveau wird die zeitliche Sortierung durch Signalsteuerung gesichert. Hierbei bilden die räumliche und die zeitliche Sortierung (Bau und Betrieb) eine Einheit.

Dieses Sortierungsprinzip geht nun in seiner ganzen Bedeutung und Tragweite in die verkehrsstädtebauliche Planung ein, wie es die weiteren Ausführungen zeigen.

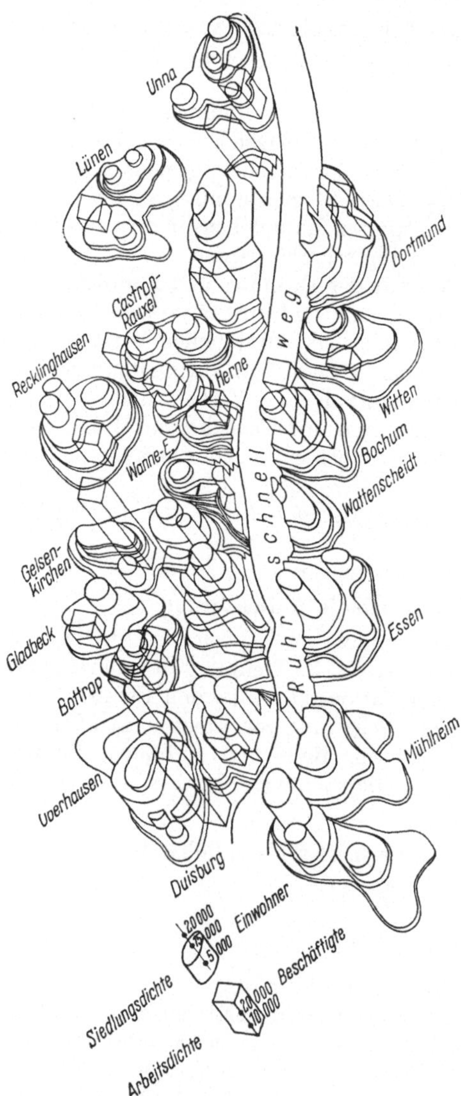

Abb. 13. Ruhrschnellweg und die angrenzenden Industriezentren. Arbeits- und Siedlungsdichte als Grundlage des Verkehrsausmaßes

Die Stadtstruktur und die durch sie festgelegten Raumzeitbeziehungen bestimmen, wie wir sahen, das Netzgefüge aller Verkehrsmittel, dessen Maschenweite in den Außenbezirken meistens weit gespannt sind, während sie sich zum Stadtinnern hin enger und kleinkammeriger verflechten. Gutgeplante Netze lagern sich stets an das *Verkehrsgebirge* der Stadt an, das aus dem Verkehrsanfall der verschiedenen, meist bandhaften Intensitäten (Bevölkerungsdichten, wirtschaftlichen Nutzungen, Häfen, Bahnhöfen usw.) gebildet wird, so daß die jeweilige Höhe des *Gebirges* Aussagen über die jeweilige Verkehrsdichte macht (Abb. 13).

Die Kernstadt als Hauptaktionszentrum bildet dabei einen Hauptgipfel in diesem Gebirge, während andere Intensitäten weitere Gipfel oder Grate formen. Werden diese nun durch Verkehrswege, die aus der jeweiligen Landschaft entwickelt sind, verbunden, so entsteht ein charakteristisches Netzgefüge, das dem Formgesetz der jeweiligen Stadtlandschaft entspricht und die vorliegenden Verkehrsbedürfnisse richtungsmäßig befriedigt (Abb. 14a). Dazu kommt dann der Einsatz der zur Erfüllung der jeweiligen Aufgabe zweckentsprechenden Verkehrsmittel. Alle Gipfelpunkte im Verkehrsgebirge der Stadt strahlen radiale Verkehrsbeziehungen aus. Mit der Kernstadt, die in der Regel Hauptpol ist und den restlichen Intensitäten als Nebenpole, ergibt sich das bevorzugt kernorientierte Verkehrsbild der Stadt. Es entsteht die typische Verkehrsspinne mit ihren anwachsenden Verkehrsströmen zur Kernstadt hin. Schwächere Tangentialströme bilden sich aus den Ausstrahlungen der Nebenpole die die Radialströme kreuzen. Diesem typischen Verkehrsbild der normalen deutschen Stadt entspricht am besten das Radialringsystem der historischen Stadt, das selbstverständlich für seine neue Aufgabe, die Verarbeitung der Motorisierung, verkehrsgerecht entwickelt werden muß (Abb. 14b).

Es leuchtet ohne weiteres ein, daß diese neue Aufgabe mit den überkommenen alten Magistralen aus vielfachen Gründen nicht allein zu lösen ist, da das in ihnen historisch verankerte Formgesetz, wie es die Gegenüberstellung von Magistrale und Hauptverkehrsstraße zeigt (Abb. 15), der neuen Aufgabe widerspricht. Trotzdem behalten sie für den öffentlichen Verkehr, mit dem sie zur Magistrale geworden und in Wechselwirkung verbunden sind und bleiben, ebenso für den Orts- und Vorortsverkehr, der heute motorisiert ist, ihre alte wichtige Funktion. Sie müssen daher als Ortsverkehrsstraße für die gegenwärtige Aufgabe ausgebaut und von allem Mißbrauch durch den ruhenden und arbeitenden Verkehr sowie vom entbehrlichen Querverkehr befreit werden, um ihre wichtige Funktion als Ortsverkehrsstraße und Träger des Massenverkehrsmittels erfüllen zu können.

Die Meisterung der Motorisierung bedingt aber gleichzeitig einen neuen, sicheren und leistungsfähigen Straßentyp. Das ist die *anbaufreie Hauptverkehrsstraße* als Einzweckstraße für den Kraftfahrzeugverkehr. Nach Maßgabe der jeweiligen Raumzeitbeziehungen in den verschiedenen Stadtgrößen wird diese mehr oder weniger zur Stadtschnellstraße, so daß sie in der Regel in der größeren Groß- und Riesenstadt in die Stadtautobahn übergeht. Wie der im Bilde aufgetragene Wunschplan (Abb. 16) für die historisch entwickelte Stadt zeigt, legt sie sich als neue, möglichst anbaufreie Hauptverkehrsstraße nach den vorentwickelten Raumgesetzen über das alte Ortsverkehrsnetz, nimmt den Durchgangs- und große Teile des Binnen- und Zwischenortsverkehrs auf, verteilt die Ziel- und Quellverkehre und führt alle möglichst nahe an die Kernstadt als Hauptanziehungspunkt heran. Sie nutzt in optimaler Weise die Zäsuren in dem integrierten und wirtschaftsgegliederten Stadtkörper von morgen — in dem alles, was im Lebens- und Wirtschaftsablauf zusammengehört, zusammengelegt worden ist — für ihre Funktion: ein leistungsfähiger Vorfluter für alle Hauptverkehre der Gesamtstadt zu sein. Demnach liegt sie in der Lebenslinie der Stadt, berührt die wichtigsten Aktionszentren, ohne sie zu durchschneiden und Störungen auszulösen und mündet in die *Kernstadttangente* als *wichtigste Verteilerschiene im Stadtkörper* ein. Bei ausgedehnten Kerngebieten kommt die *innerstädtische* Verkehrsschiene hinzu, die die Funktion der Kernstadttangenten ergänzt. Aus dem Wachstumsgesetz der Stadt in Verbindung mit der Citybildung und der strukturellen Neuordnung sind die Randgebiete der Kernstadt zu Verfallsgebieten geworden, die sanierungsbedürftig sind. Wird die Kernstadttangente in diese Räume gelegt, so ergänzen sich in optimaler Weise die neuen Forderungen aus der Motorisierung mit den anstehenden Problemen der Stadthygiene, womit ihre Realisierung erleichtert wird. Es ist eine wichtige und besonders reizvolle Aufgabe der Stadt- und Verkehrsplaner, in diesen Umwandlungsbereichen die Aufgaben des Stadtausbaues, der Grünpolitik und des Verkehrs zu einer Synthese zu bringen, wobei eine ansprechende Form der Verkehrsanlagen aus den unabdingbaren Forderungen der Verkehrstechnik gefunden werden kann und muß. Die *Hauptknoten* liegen an den Kreuzungsstellen der Kernstadttangenten mit den Hauptverkehrsstraßen und alten Magistralen. Letztere müssen, wie schon erwähnt, die starken Ströme der Massenverkehrsmittel und der Fußgänger und Radfahrer verarbeiten, die die Lösung der Aufgabe vielfach erschweren. An diesen Knoten sind bei Belastungen über 5000 Kfz/h (Summe aller Zufahrten in der Spitzenstunde) mehrgeschossige Lösungen auf die Dauer nicht zu vermeiden. Sie sollten daher schon heute eingeplant werden.

Zu den bisher begründeten Hauptverkehrsstraßen und Ortsverkehrsstraßen (alte Magistralen) mit der Kernstadttangente als wichtigster Verteilerschiene treten als dritte Verkehrsstraßenart, in ihrer Bedeutung differenziert, die sog. Verteilerstraßen zwischen

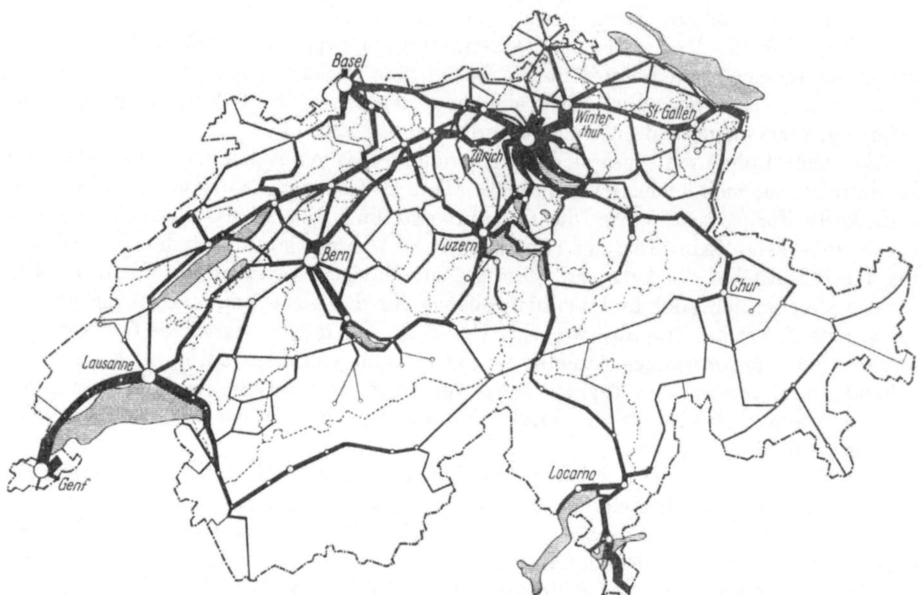

Abb. 14a. Verkehrsspinne eines Landes. Schweizerische Verkehrszählung 1955, Freitag, 24. Juni, Motorfahrzeuge (Eidg. Oberbauinspektorat)

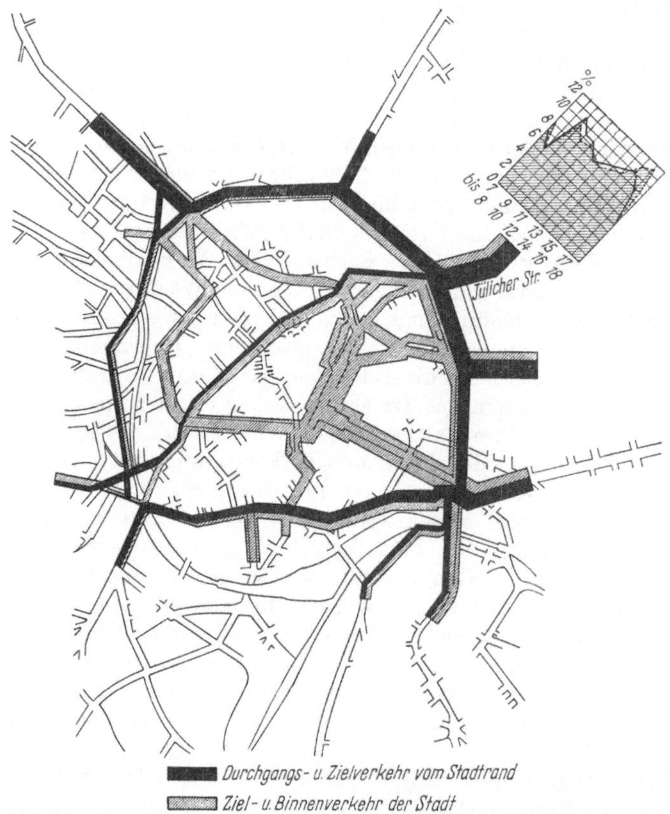

Abb. 14b. Verkehrsspinne einer Stadt (Aachen). 25. November 1949, Motorfahrzeuge und Räder

den Nebenpolen, die als Zweige das Astwerk, wie es das Schema der Abb. 16 unten links zeigt, die Neben- und Hauptverkehrsstraßen kreuzen und damit dieses mehr oder weniger verzweigen und verändern können.

Gehen wir weiter in der Klassifizierung des Stadtstraßennetzes, so unterscheiden wir
a) die Verkehrsstraßen und b) die Wohnstraßen.

Während die *Verkehrsstraßen* der Ortsveränderung von Menschen und Gütern, also vorwiegend einem Transportbedürfnis dienen und daher mehr bandhaft im Gesamtstraßennetz gelagert sind, entspricht die Funktion der *Wohnstraßen* mehr der Kommunikation, d. h., sie sind verkehrlich nur von sekundärer Bedeutung. Primär stellen sie ein Versorgungssystem dar, das in flächenhafter Verästelung die Wohnbereiche durchzieht.

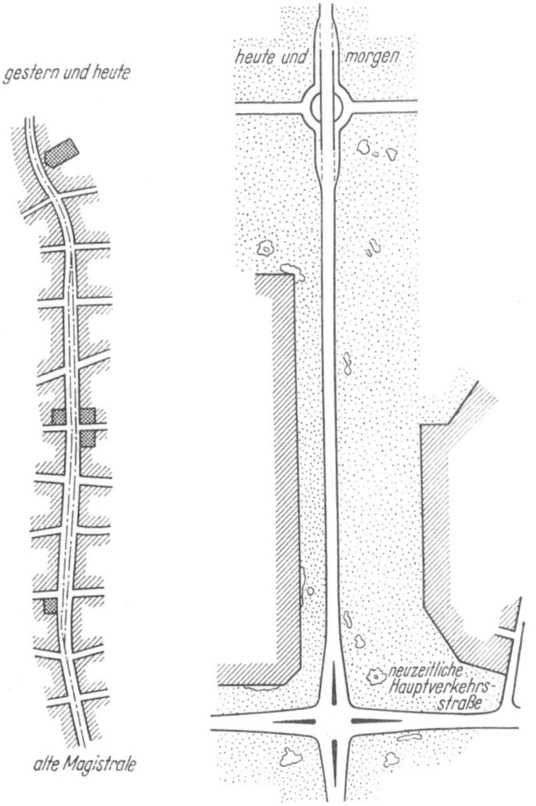

Abb. 15. Alte Magistrale und neuzeitliche Hauptverkehrsstraße

Werden die Verkehrsstraßen funktionsgemäß mit verkehrstechnisch wirkungsvollen Ausbauelementen nach verkehrlichen Gesichtspunkten entwickelt, so sollte im Gegensatz hierzu die Fülle der Wohnstraßen in städtischen Agglomerationen und der Straßen in den ländlichen Bereichen bevorzugt nach dem Wohnbedürfnis, dem sie in erster Linie dienen, gestaltet werden.

Wachsende *Verkehrssicherheit* in einem dafür entwickelten Netzgefüge ist das Ziel, das bei dem hier vorliegenden geringeren Verkehrsaufkommen mit anderen Planungselementen als in der Verkehrsstraße erreicht werden kann.

Zutritt zu dem in diesem Sinne entwickelten, sortierten und nach den Bedürfnissen der Hygiene und der Sicherheit geformten Quartieren haben nur Verkehre, die hier Quelle oder Ziel haben. Alle anderen Verkehre tangieren nur. Der zu- und abfließende Verkehr folgt der Wohnsammelstraße, bei der wiederum *Sicherheit und Leistungsfähigkeit* von Bedeutung sind.

Bei der Netzgestaltung müssen die aus den Erkenntnissen der Verkehrstechnik entwickelten Planungs- und Ausbauelemente mehr als bisher Berücksichtigung finden.

Bei der Planung und Aufschließung neuer *Wohngebiete*, wie auch im bestehenden Wohnstraßennetz sollte die Straßenkreuzung weitgehend vermieden werden, d. h. durch Straßeneinmündungen in T-Form ersetzt und auf wenige, funktionsbedingte Kreuzungsanlagen beschränkt bleiben. Nach amerikanischen Erfahrungen kann sie nur dort angewendet werden, wo durchlaufende Wohnstraßen in Sammelstraßen einmünden und diese kreuzen.

Kontinuierlich durchlaufende Straßen von einer Verkehrsstraße zur anderen sollten in Wohngebieten möglichst vermieden werden; ebenso Straßenknoten mit vielen Zufahrten und spitzwinkligen Überschneidungen, wie sie bei schiefwinkligen Kreuzungen, Einmündungen und Gabelungen (**Y**) vorkommen.

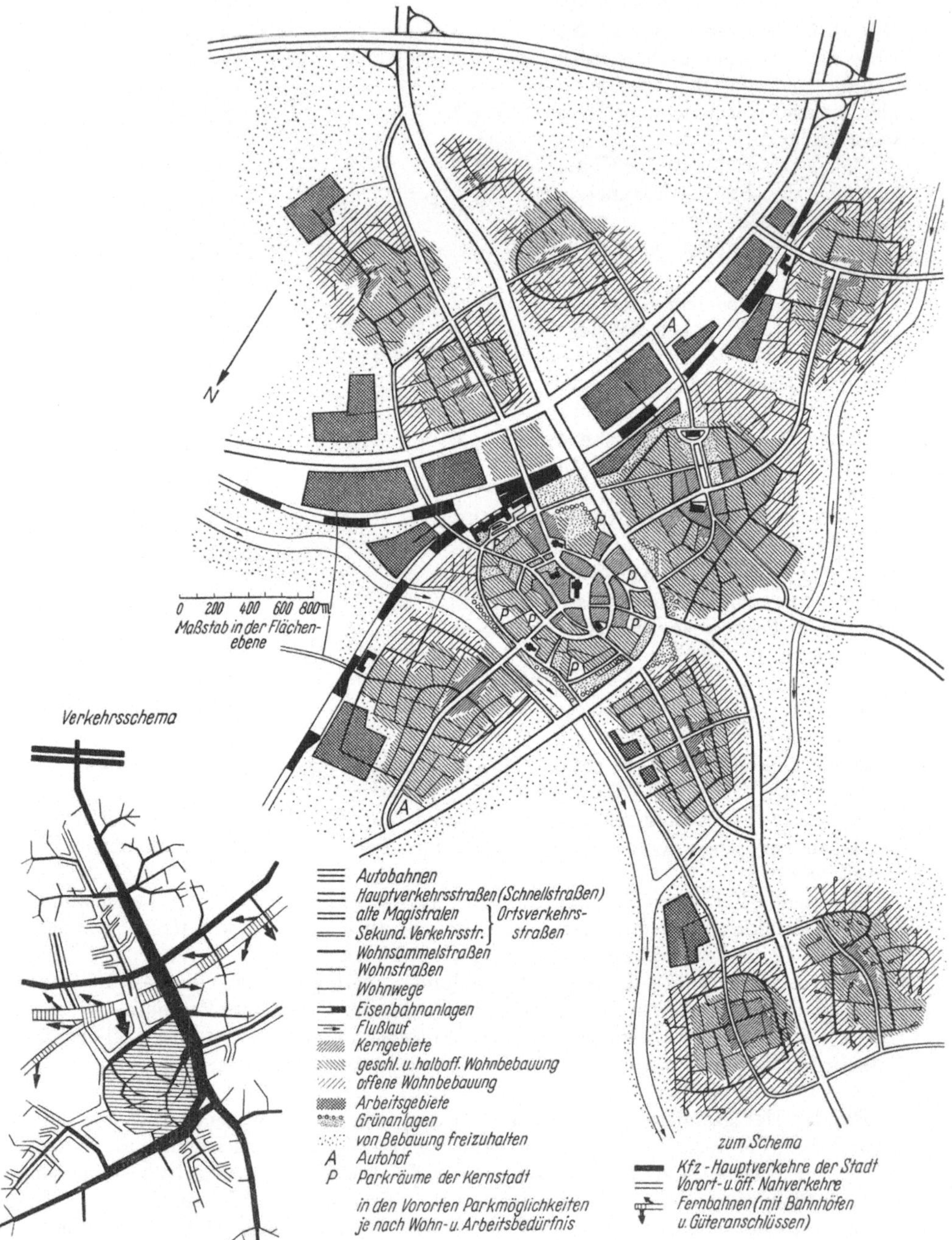

Abb. 16. Verkehrsgerippe. Schema und Wirklichkeit

Soweit die Wohnstraßen und Straßen mit schwachem Verkehr, über deren Sicherheitsbedürfnis ich in meinem Beitrag: *Die Sicherung des Stadtstraßenverkehrs* noch Weiteres ausführe.

Im Netz der *Verkehrs*straßen dagegen kann die Kreuzung nicht entbehrt werden, weil die von den Stadtkonzentrationen radial ausstrahlenden und sich durchsetzenden Verkehrsströme am besten mit dieser Knotenform im Sinne der Sicherheit, Leistungsfähigkeit und Wirtschaftlichkeit bewältigt werden können. Das steht nicht im Widerspruch mit der Forderung nach Abbau von schwach belasteten, nicht signalgesteuerten Kreuzungen in Nebenbereichen.

Die Funktion der Hauptverkehrsstraße kann in ihrer vorskizzierten Form als Schnellstraße bei zunehmender Belastung leistungsmäßig nur erhalten bleiben, wenn sie bei ihrer zunächst noch ebenerdigen Lage unter die sog. *Zufahrtskontrolle* gestellt wird. Darunter verstehen wir die schon erwähnte Anbaufreiheit. Ein eventueller Anbau muß durch Anliegerstraßen bedient werden.

Die Kontrolle des Querverkehrs geschieht je nach seiner Stärke durch

a) Vorfahrtsregelung (Vorfahrt- und Stoppbeschilderung),

b) Hand- und Signalsteuerung, schließlich wenn das nicht mehr ausreicht

c) durch zwei- oder mehrgeschossige Stromführungen, wobei oft eine Sonderbehandlung des Hauptstörenfriedes genügt. Die Notwendigkeit eines Übergangs in die Hoch- oder Tieflage auf Grund der örtlichen Gelegenheiten weist aber bereits auf die *Stadtautobahn* hin mit ihren planfreien Lösungen, die, besonders in der Hochlage, eine neue Zäsur und ein neues städtebauliches Element in die Großstadt von morgen hineintragen. Ihre optimale Einpassung in das Stadtbild und ihre Einbindung in das alte Stadtverkehrsnetz stellt Architekten und Ingenieure vor eine wichtige und äußerst schwierige Aufgabe, die nur, wie ich am Ende meiner Ausführungen zeigen werde, bei Anwendung einer systematischen Arbeitsmethode — nach Diagnose, Prognose und Therapie — unter Beachtung der verkehrstechnischen Grundgesetze gelöst werden kann. Jede rein intuitive Lösung führt, wie die Erfahrung von heute so oft gelehrt hat, zu Fehllösungen und damit zu Geldvergeudungen, die dem Volksvermögen gegenüber unverantwortlich sind. Sicherheit und Leistungsfähigkeit der Straßenverkehrsanlagen von morgen lassen sich nur durch die — heute zur Verfügung stehende — verkehrstechnische Berechnung garantieren und nachweisen, die die gleiche Bedeutung hat wie die statische Berechnung bei allen Ingenieurbauwerken. Sie kann, wie Herr Dr.-Ing. MÄCKE zeigen wird (s. S. 150), für alle vorliegenden Fälle entwickelt werden. Daher bildet sie die Grundlage für jede Dimensionierung und jeden Ausbau von Verkehrsanlagen, so daß sie in der Verkehrsplanung nicht mehr fehlen darf.

In alle *plangleichen* und *planfreien* Lösungen von Strecke und Knoten gehen nun die nachfolgenden Grundformen ein.

2. Plangleiche Verkehrsknoten

Die Abb. 17 gibt einen Überblick über die Verkehrsknoten in ihren verschiedenen Arten und Betriebsformen und in ihrer verkehrstechnischen Bedeutung.

Grundsätzlich unterscheiden wir bei den plangleichen Knotenarten:

1. normale rechtwinklige Kreuzung (mit den Abarten Nr. 1—4)
2. schiefwinklige Kreuzung
3. ausgeweitete Kreuzung (Nr. 5 u. 6)
4. *direkt* kanalisierte Kreuzung (Nr. 7)
5. rechtwinklige Einmündung (T-Stück)
6. Straßengabelung
7. Straßenversatz
8. Kreisplatz in seinen verschiedenen Betriebsformen (Nr. 8—12).

Die Bewegungsvorgänge an Straßen*kreuzungen* unterscheiden sich in a) ausfädeln, b) einfädeln, c) kreuzen.

Betriebssystem		Verkehrsabwicklung		Bauliche Gestaltung		Verkehrsregelung		Bemerkungen
Lfd. Nr.	Art	Grundschema	Schema d. Fahrweis d. Fahrzeuge	Schema	Merkmale	Art	Verkehrsfluß	
1	Kreuzung	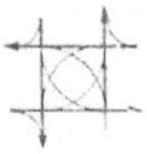	Umfahren des Mittelpunktes durch Linkseinbiegende Fahrzeuge	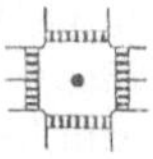	Kennzeichnung des Kreuzungsmittelpunktes	Keine Regelung oder Regelungen mit Vorfahrt und Stoppzeichen	Freies Kreuzen oder Einfädeln entsprechend Zeitlücken	Veraltet, Mittelpunktsumfahrung durch Omnibusse und Lastzüge schwierig
2	Kreuzung	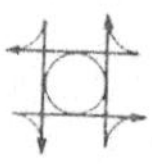	Umfahren einer Mittelinsel für den Linksverkehr	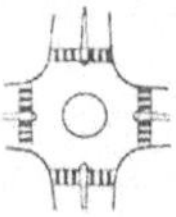	Mittelinsel (>10 m ⌀) und trompetenförmige Erweiterung der Zufahrten	Keine Regelung oder Verkehrszeichen, signalgesteuert	wie 1 Intermittierend	Nicht mehr empfohlen, schlechte Signal-Kreuzung, nicht mehr empfohlen
3	Kreuzung	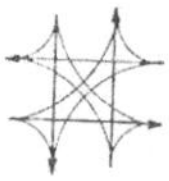	Aneinander Vorbeifahrt der Linksverkehre eines Straßenzuges	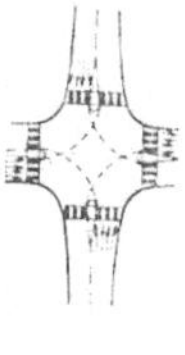	Kreuzungsfläche frei von Inseln, Vorsortierungs- und Aufstellanlagen in Kreuzungszufahrten	Verkehrsstromführung durch Fahrbahnmarkierungen, nur bei geringer Belastung. wie 1, normalerweise signalgest.	Intermittierend	Normallösung für belastete Kreuzungen in der Stadt, die zu einer progressiven Signalisierung koordiniert werden können
4	Kreuzung mit Straßenbahn	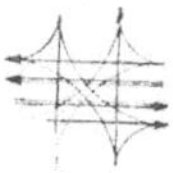	wie 3, Haltestelleninsel in der Kreuzungszufahrt	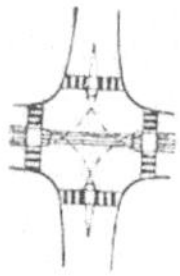	wie 3, möglichst besonderer Straßenbahnkörper (ist gleichzeitig Fahrbahnteiler)	wie 3, bei Sonderphase für Straßenbahn Fahrdrahtkontakt	Intermittierend	wie 3
5	Ausgeweitete Kreuzung	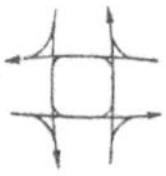	Strenge Führung auf Richtungsfahrbahnen	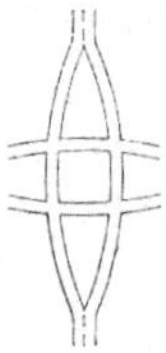	Große Leitinsel. Konfliktpunkte als Einbahnkreuzung, weit auseinandergez. Aufstellmöglichkeit für Abbiegeverkehr. Großer Platzbedarf	Keine Regelung oder Regelung mit Vorfahrt- und Stoppzeichen	Freies Kreuzen oder Einfädeln von Einbahnströmen entsprech. Zeitlücken	Im offenen Gebiet, im bebauten Gebiet nur wenn sich Einbahnstraßen aus dem Netzgefüge ergeben. Auch koordinierte Signalsteuerung der 4 Einbahnkreuzungen möglich
6	Signalgesteuerte ausgeweitete Kreuzung	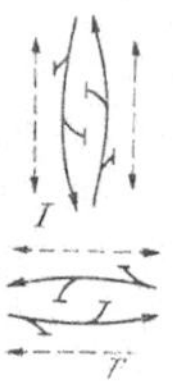	Abbiegende Fahrzeuge kommen auf der Kreuzungsfläche zum Halten. Strenge Führung auf vorgegebenen Spuren	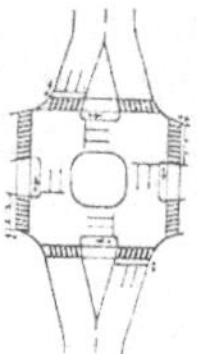	Breite Fahrbahnteiler, Mittelinseln 30-60 m ⌀, Zufahrten wie 3. Stauräume für den Abbiegeverkehr auch auf der Kreuzung	Signalgesteuert	Intermittierend	Lösung für hochbelastete Verkehrsknoten im Stadtgebiet
7	Direkte Kanalisierung		Strenge Führung der Verkehrsströme durch Kanalisierung. Direkte Führung der Abbiegeverkehre in die gewünschte Richtung	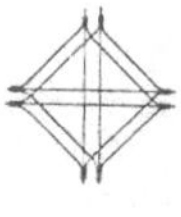	Durch Kanalisierung werd. sämtliche Konfliktpunkte zu reinen Kreuzungen ohne Abbiegebewegg., auseinandergezogen. Zufahrten zur Anlage wie 3, Spurtrennung auf den Fahrb. durch Bodenmarkierung	Koordinierte Signalsteuerung aller Kreuzungspunkte	Intermittierend in grüner Welle, Rechtsabbieger u. U. kontinuierlich	Leistungsfähigste Plankreuzung für hochbelastete Verkehrsknoten (z. B. anbaufrei im Grüngürtel der Kernstadt)

Abb. 17. Verkehrsknoten in ihren

Betriebssystem		Verkehrsabwicklung		Bauliche Gestaltung		Verkehrsregelung		Bemerkungen
Lfd. Nr.	Art	Grundschema	Schema d. Fahrweis d. Fahrzeuge	Schema	Merkmale	Art	Verkehrsfluß	
8	Kreisplatz im Ringverkehr	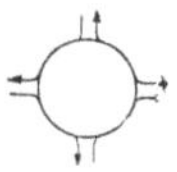	Tangentialverkehr, Ein- und Ausfädeln der Fahrzeuge	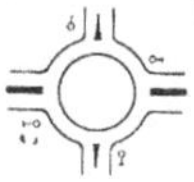	Große Mittelinsel (>69 m ø) Fahrbahnteiler in den Zufahrtstraßen, schmale Ringfahrbahn, u. U. Sonderspur für Rechtsabbieger	Vorfahrtregelung an den Einfahrten 	Ringverkehr Kontinuierlich	Leistungsfähigkeit gering, da Ringfahrbahn nur als eine einzige Spur zum Tragen kommt
9	Kreisplatzverkehr in Kreuzungsform	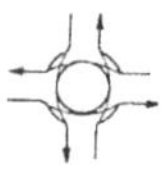	Vorwiegend Radialverkehr auf Sekanten, Zwitterstellung zwischen Kreisplatz- und Kreuzungsprinzip	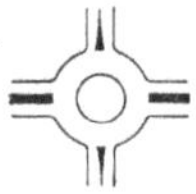	Mittelinsel ≧ 30 m ø, Fahrbahnteiler in den Zufahrtstr., breite Ringfahrbahn	wie 8 oder signalgesteuert	wie 8 oder intermittierend	Veraltete Lösung, besser: bauliche und betriebliche Umgestaltung nach 3 oder 6
10	Kreisplatzverkehr mit bevorzugter Hauptrichtung	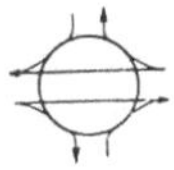	Umfahrung der Insel mit Ausnahme des bevorzugten Geradeausstromes		Zwei halbmondförmige Inseln, Trennstreifen in der Hauptstr. Fahrbahnteiler in der Nebenstr.	Vorfahrtsregelung oder signalgesteuert	Bevorzugte Hauptrichtung kontinuierlich, Nebenrichtung entsprechend Zeitlücken oder intermittierend	Bei schwacher Belastung der Nebenstraßen günstig
11	Kreisplatz mischverkehr	Grundschema schwankt zwischen Grundschemata von 8 und 9	Tangential- und Radialverkehr kommen nebeneinander vor	Mittelinsel ø liegt zwischen Mittelinsel ø von 8 und 9	Breitere Fahrbahn als beim Kreisplatz im Ringverkehr, daher gewiss. Turbulenz	wie 9	wie 9	Früher oft ausgeführte Form, Leistungsfähigkeit begrenzt
12	Kreisplatzverflechtungsverkehr	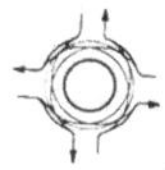	Verflechtungsverkehr auf Parallelspuren, Rechtsabbieger a. Sonderspur.	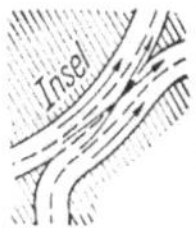	Größzügiger Ausbau von Ringfahrbahn und Mittelinsel	Keine Regelung	Kontinuierlich	Echte Kreisplatzform empfohlen, Leistungsfähigkeit in Grenzen
13	Kreuzung mit Unterführung des starken Linksverkehrs	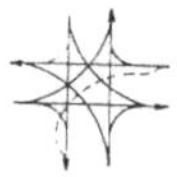	wie 3, jedoch starker Linksabbiegestrom von der Kreuzungsfläche eliminiert durch niveaufreie Führung	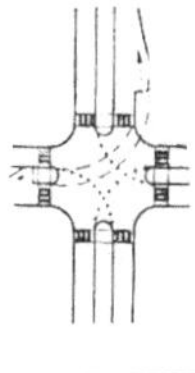	wie 3, außerdem Rampen u. Unterführungsbauwerke	Abgesenkter Linksabbieg. ohne Regelung Signalgesteuert	Kontinuierlich für abgesenkte Linksabbieger Intermittierend	Leistungsfähigkeit gegenüber 3 gesteigert, ersetzt unter Umständen eine niveaufreie Lösung
14	Planfreie Kreuzungen	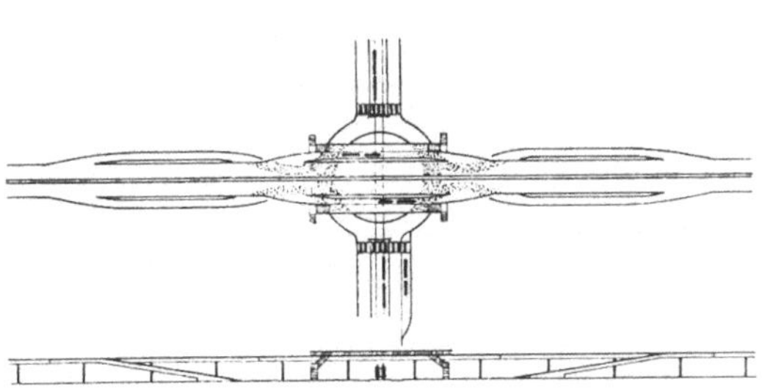						Stadtgemäße Lösungen, je nach Örtlichkeit in verschiedenen Arten möglich. (Vergleiche Ausführungen in Rotterdam, Essen, Paris, New-York, Stockholm-Slussen etc.) Für Außengebiete vergl. Autobahnlösungen

verschiedenen Arten und Betriebsformen

Ein Fahrzeug, das von einem Verkehrsstrom in einen Verkehrsstrom anderer Richtung abbiegt (Links- oder Rechtsabbieger) oder aber im gleichen Strom in gleicher Richtung weiterfährt (Geradeausverkehr), muß im Kreuzungsbereich verschiedene dieser Bewegungen ausführen.

Der *Linksabbieger* kreuzt den von links kommenden Geradeausverkehr, den linksabbiegenden Verkehr der Querrichtung und den Geradeausverkehr der Gegenrichtung.

Der *Geradeausverkehr* kreuzt die Geradeausströme der Querrichtung und den von rechts und aus der Gegenrichtung kommenden Linksabbieger. Ferner kreuzen sich jeweils die Linksabbieger untereinander, mit Ausnahme der gegengerichteten, die aneinander vorbeifahren.

Beim Kreuzen selbst ist an den Konfliktpunkten zu unterscheiden: a) rechtwinkliges, b) gleichgerichtetes schiefwinkliges und c) entgegengesetztes schiefwinkliges Kreuzen.

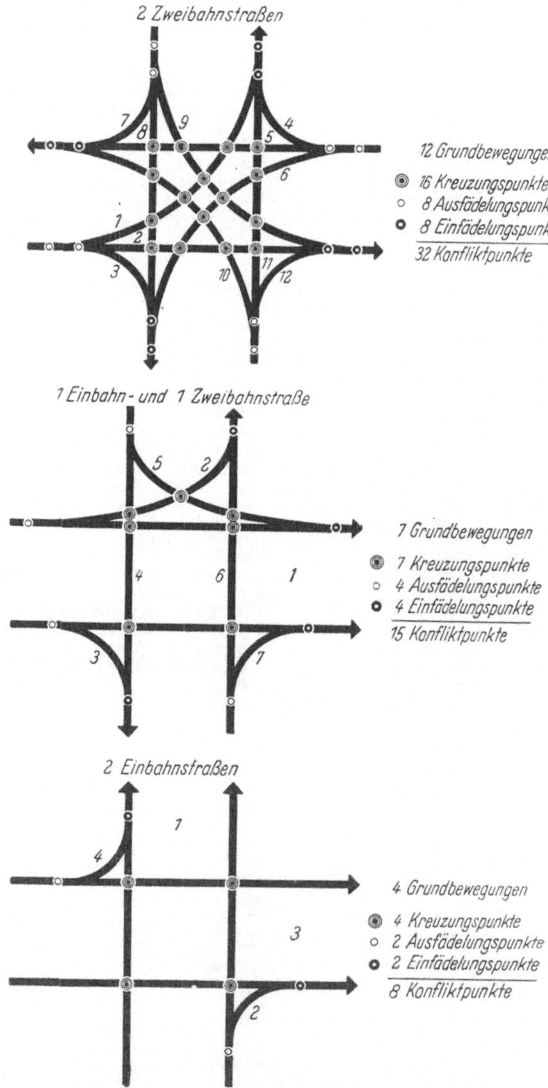

Abb. 18. Schema des Verkehrsablaufs an einer rechtwinkligen Kreuzung

zusätzl. Stauraum für starken Linksabbieger S-W
N
a
zusätzl. Stauraum für Linksabbieger S-W
zusätzl. Stauraum für Linksabbieger N-O
N
b
c
d

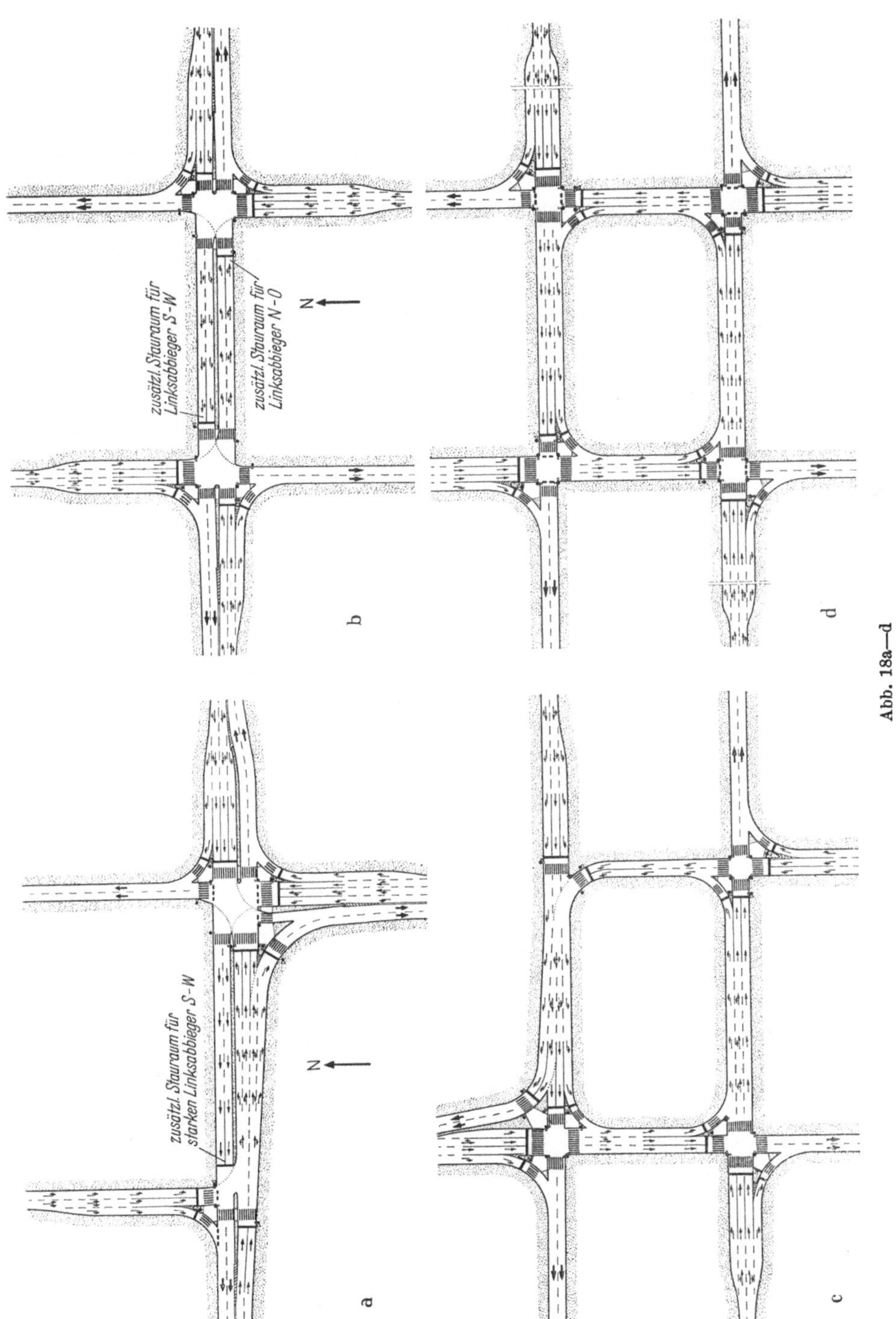

Abb. 18a—d

Die Abbildung 18 zeigt die Bewegungsvorgänge an einer Straßenkreuzung mit den Konfliktpunkten des Aus- und Einfädelns und des Kreuzens in idealisierter Form. Aufgabe der verkehrstechnischen Planung ist es, diesen Elementen der Kreuzungsbewegung und deren Auswirkungen, die sich im praktischen Verkehrsablauf infolge der gemeinsamen Benutzung der Kreuzungsfläche durch die verschiedenen Verkehrsteilnehmer als *Konfliktpunkte* abzeichnen, Rechnung zu tragen.

Welche Hilfe dieEinbahnstraße geben kann, wenn die natürlichen Vorbedingungen für sie erfüllt sind, geht aus Abb. 18 unten hervor. Das soll aber nicht heißen, daß die Einbahnstraße immer anzustreben ist, da sie im nicht geeigneten Netzgefüge Umwege auslösen kann. Die Konfliktpunkte lassen sich, wie es das Beispiel der Abb. 18a für Knoten in $\frac{1}{4}$-, $\frac{2}{4}$-, $\frac{3}{4}$- und $\frac{4}{4}$-Einbahnstraßensystem zeigt, im Sinne der räumlichen Ausweitung und günstigen Auflockerung und Verteilung (Dekonzentration) zahlenmäßig verringern, womit die Leistungsfähigkeit und Sicherheit derartiger Knoten wesentlich erhöht werden kann.

Verkehrsknoten müssen daher immer betrachtet werden:

a) aus der Netzgestaltung und den Möglichkeiten zur Schaffung eines verkehrsgerechten Netzschemas und

b) aus der Knotenentwicklung selbst, wie es die nachfolgenden Bilder zeigen (Abb. 19 bis 22).

Eine optimale Netzgestaltung besteht also darin, die Leistungsfähigkeit der *freien Strecke* und der Knoten adäquat zu machen und die Sicherheit an den Verkehrsknoten als den Hauptgefahrenpunkten zu erhöhen.

Die Sicherheit beim Überschneiden von zwei sich kreuzenden Verkehrsströmen ist abhängig vom Kreuzungswinkel (Abb. 23).

Bewegen sich zwei Fahrzeuge zum *Einfädeln* oder *Verflechten* auf parallelen Spuren in gleicher Richtung nebeneinander, so ist die relative Geschwindigkeit im Augenblick des Bewegungsvorganges annähernd gleich dem Unterschied der Geschwindigkeiten der Einzelfahrzeuge (normalerweise klein).

Im Bereich der spitzwinkligen Überschneidung wächst die Gefahr der Kollisionsstärke, wobei jedoch bis zum rechtwinkligen Kreuzen das Abschätzen der gegenseitigen Geschwindigkeiten noch günstig beeinflußt wird, weil sich die Blickfelder der Fahrer direkt kreuzen.

Mit zunehmendem Kreuzungswinkel im Bereich der stumpfwinkligen Überschneidung steigt der Gefahrengrad weiter an bis zum Extremfall, wo Fahrzeuge in entgegengesetzter Richtung aufeinander zufahren. (Kinetische Energie, abhängig vom Quadrat der Relativgeschwindigkeit, wird beim Aufprall praktisch in volle Zerstörungsarbeit umgesetzt.) Die Abschätzung der gegenseitigen Geschwindigkeiten ist besonders schwierig, da die Blickfelder sich decken und nahezu keine Anhaltspunkte geben.

Mit wachsender Gegenläufigkeit der Fahrzeuge vermindern sich also die *natürlichen* und damit günstigen Bedingungen im Verkehrsablauf, d. h. der Gefahrengrad steigt, wie es durch den Abstand der Pfeile vom Kreuzungspunkt im Bild angezeigt ist.

Der Vorteil der parallelen Zusammenführung oder Durchsetzung zweier Verkehrsströme ist also im Hinblick auf die Sicherheit offensichtlich.

Beim *echten* Kreisplatz mit ausreichend langen Verflechtungsstrecken z. B. (vgl. Abb. 17, Nr. 12) tritt ein kontinuierlicher Verkehrsfluß ein, und die Verflechtungsvorgänge werden mit geringen Geschwindigkeitsdifferenzen abgewickelt.

Aus der obigen Betrachtung (Zusammenhang zwischen Kreuzungswinkel und Gefahrenmaß), ergibt sich nun zwangsläufig, daß die Vorteile der Sicherheit mit der Verminderung des Platzdurchmessers beim Kreisverkehr stufenweise abnehmen. Der Verkehrsablauf nähert sich mehr und mehr einem rechtwinkligen Kreuzen und Einfädeln bis zum Grenzfall der Kreuzung mit kleiner Mittelinsel.

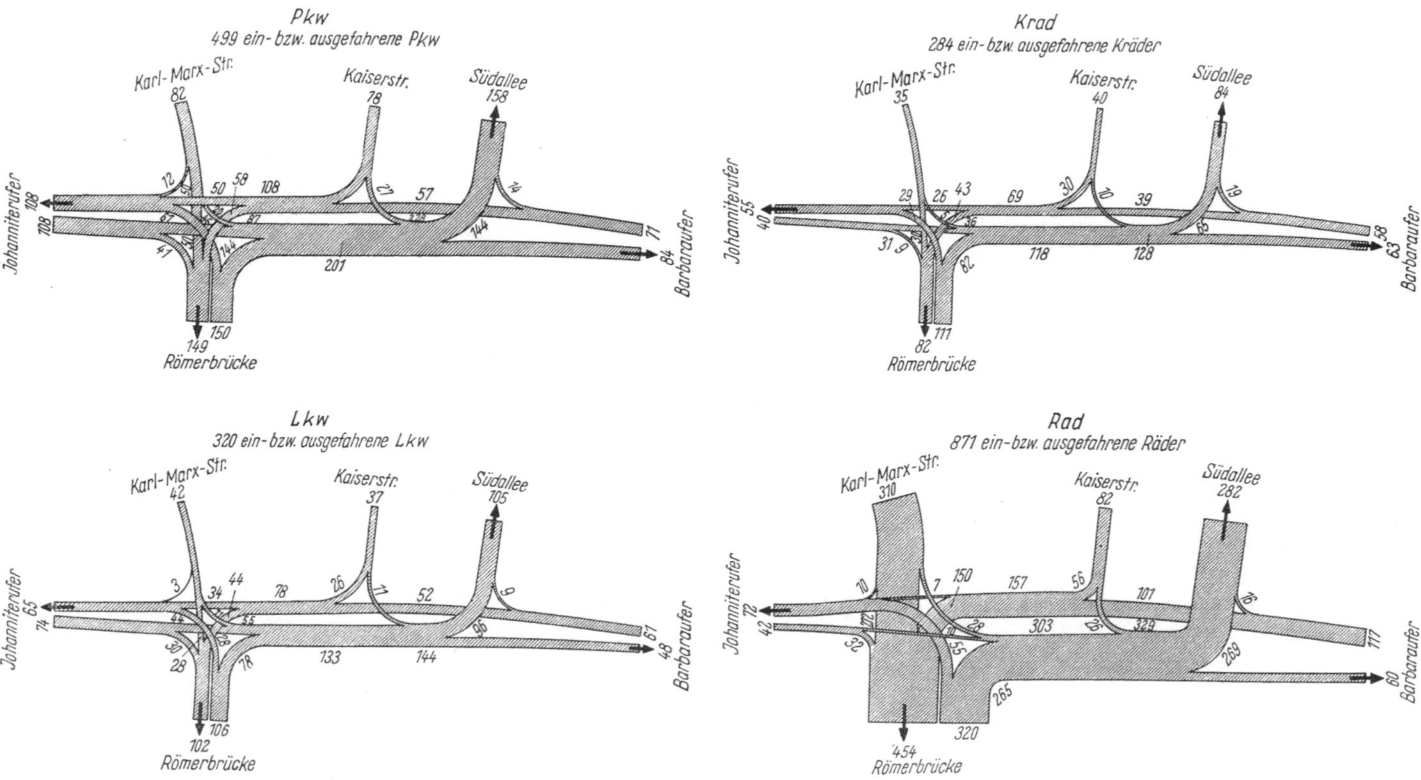

Abb. 19. Verkehrsdiagnose Kraft- und Radverkehr. Belastungspläne. Verkehrsplanung Trier, Römerbrücke, Brückenkopf Ost

Doch sei vorerst die Kreuzung weiter betrachtet. Bei der normalen Kreuzung entstehen wiederum gegenläufige Bewegungen infolge der Linksabbieger, die jedoch in einem günstigen Bereich liegen, wie es die Abb. 18 zeigte. Dieser geringe Nachteil entfällt jedoch durch den weit größeren Vorteil der Aneinandervorbeifahrt der Linksabbieger.

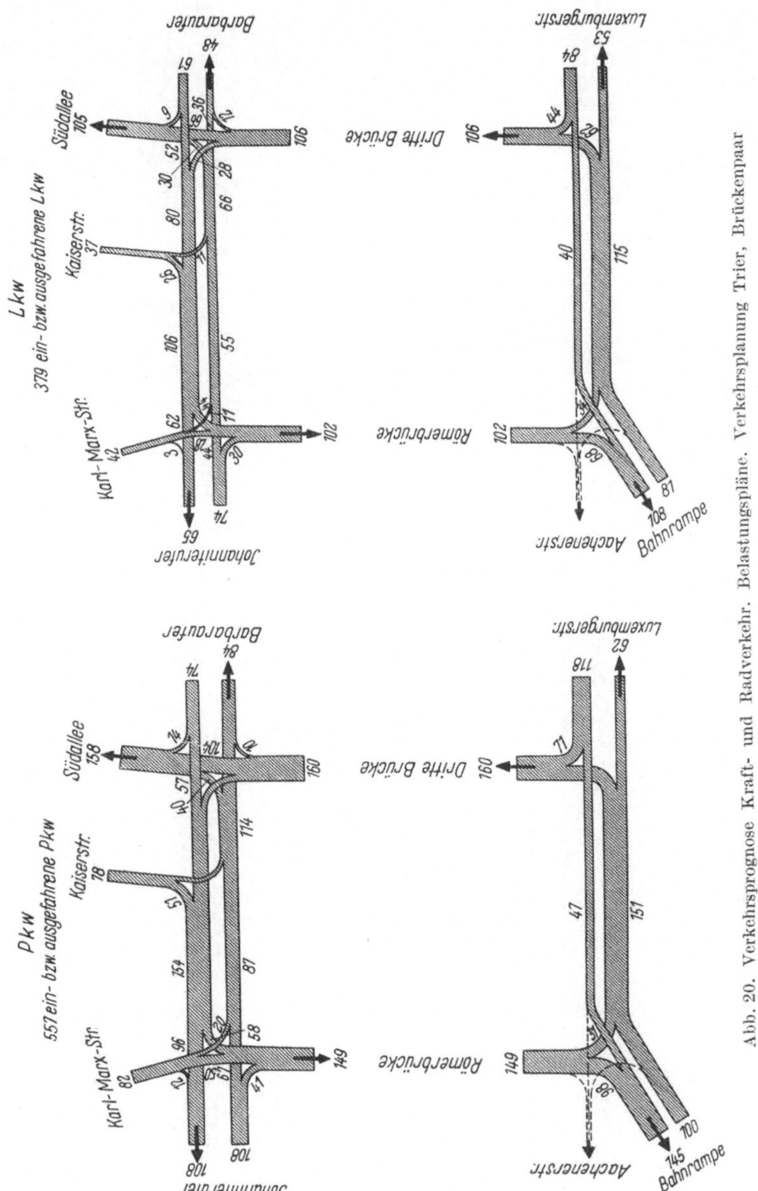

Abb. 20. Verkehrsprognose Kraft- und Radverkehr. Belastungspläne. Verkehrsplanung Trier, Brückenpaar

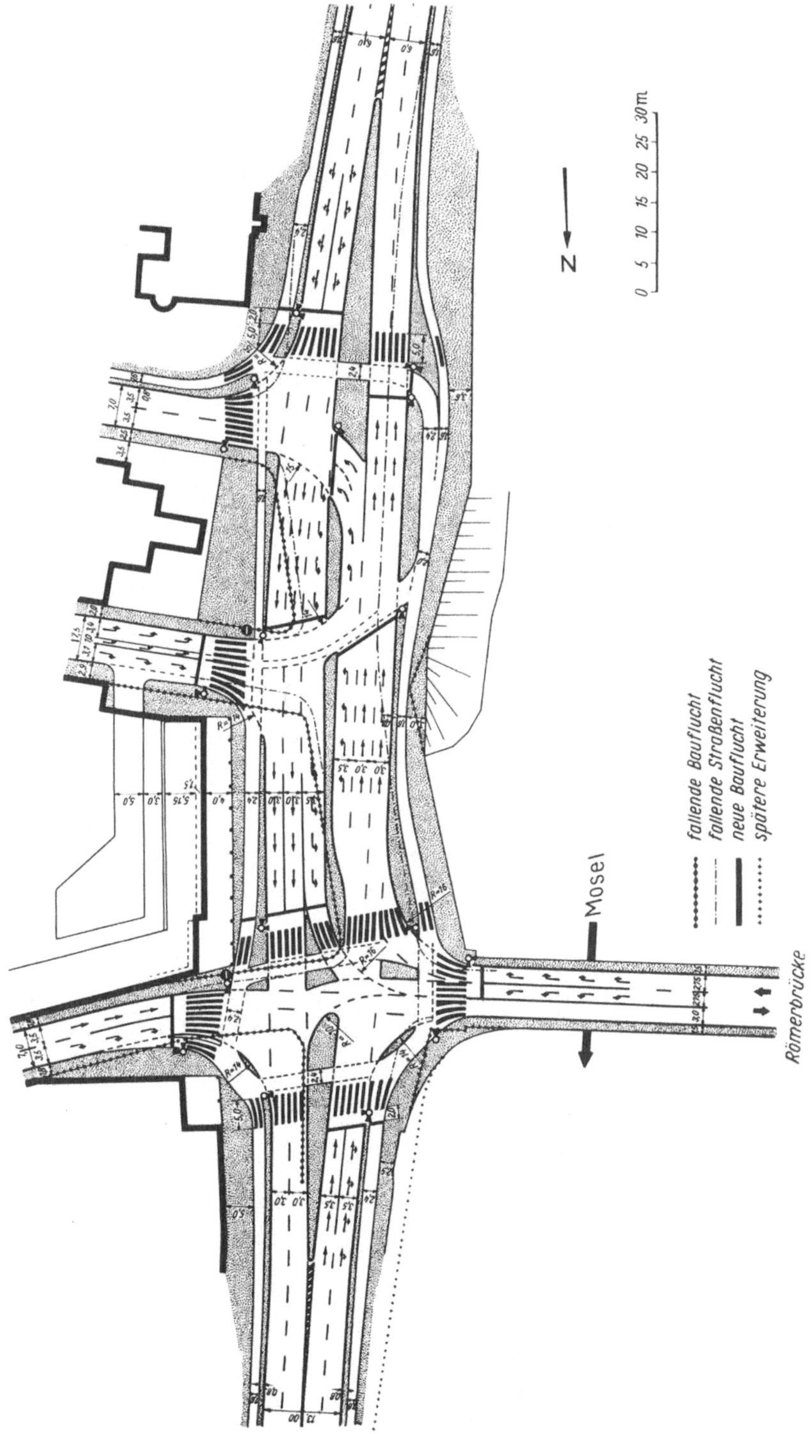

Abb. 21. Verkehrstherapie Kraft- und Radverkehr. Verkehrsplanung Trier, Römerbrücke, Brückenkopf Ost (Zwischenlösung)

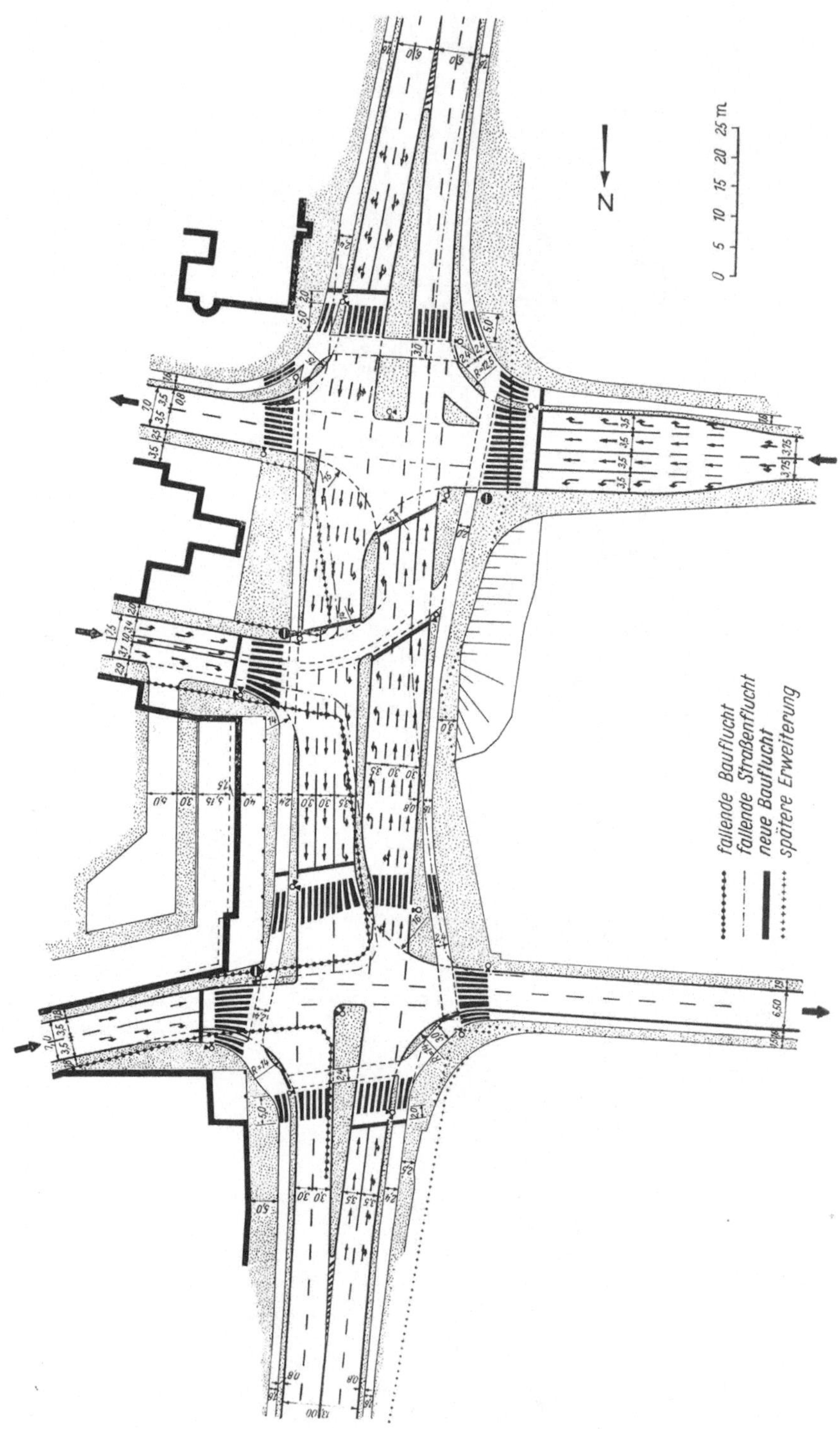

Abb. 22. Verkehrstherapie Kraft- und Radverkehr. Verkehrsplanung Trier, Brückenpaar

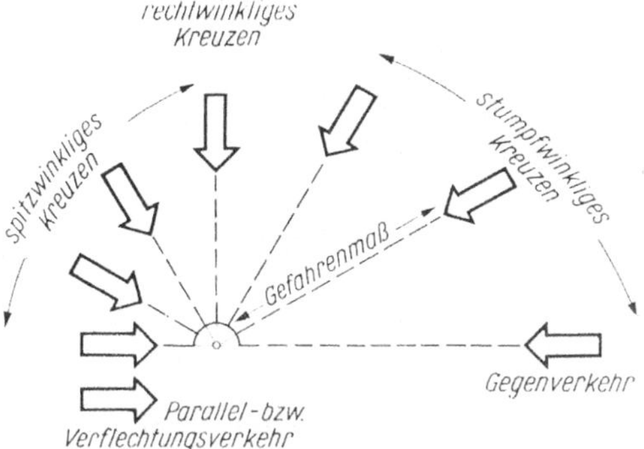

Abb. 23. Gefahrenmaß und Kreuzungswinkel

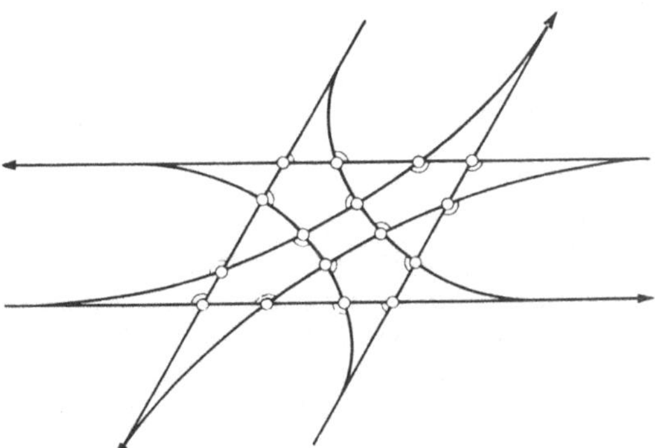

Abb. 24. Schiefwinklige Kreuzung. Kreuzungspunkte und Gefahrenmaß

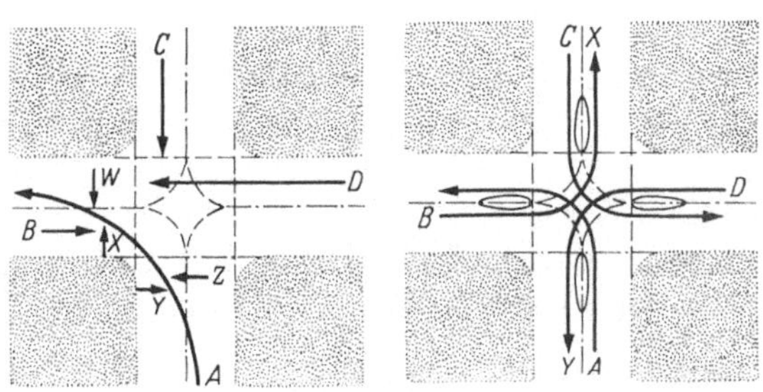

Abb. 25. Kanalisierung. Rechtwinklige Kreuzung

Bei der schiefwinkligen Kreuzung dagegen werden die z. T. günstigen Kreuzungsvorgänge durch gefahrvolle gegenläufige Bewegungen stark beeinträchtigt (Abb. 24).

Da der Verkehrsablauf besonders an den nicht signalgesteuerten Kreuzungen mehr denn je dem individuellen Urteilsvermögen der Fahrer unterliegt, und deren intuitive Fahrweise die Verkehrssicherheit wesentlich beeinflußt, wird deutlich, wie wichtig und notwendig die Beachtung dieser grundlegenden Merkmale des Verkehrsablaufs an Straßenknoten ist.

Der Fahrer hat hier die freie Entscheidung über seine Fahrmöglichkeiten und die Fahrweise, so daß diese im wesentlichen von dem jeweiligen Ausbau der Verkehrsanlage beeinflußt werden.

Aber auch signalgesteuerte Anlagen erfordern einen verkehrsgerechten Ausbau, d. h. zu den Grundvoraussetzungen für einen leistungsfähigen und sicheren Verkehrsablauf im unterbrochenen Verkehr gehört eine gegenseitige Abstimmung von Ausbau und Betriebsform.

Die Ausbauelemente der vertikalen und horizontalen Leiteinrichtungen bezwecken in erster Linie, die Verkehrsströme in den Begrenzungen von Richtungs- oder Einbahnkanälen zu halten, d. h. sie zu trennen und zu sortieren, die nicht vermeidbaren Konfliktpunkte eindeutig festzulegen und das Gefahrenmaß weitgehend zu reduzieren. Ganz besonders im Bereich von Verkehrsknoten ist das *Kanalisierungsprinzip* von größter Bedeutung.

Was sind nun die Hauptgesichtspunkte für die Anwendung der Kanalisierung?

1. Die gute Verkehrsstromführung soll die instinktiven Reaktionen der Fahre unterstützen, falsche Fahrbewegungen unterdrücken und richtige Fahrbewegungen bequem und einfach machen.

2. Das Schwimmen der Fahrströme auf einem ungegliederten Planum wird vermieden, die Konfliktflächen werden verkleinert und die Kreuzungswinkel günstiger

3. Es lassen sich die Einfädelungen unter flachem Winkel erzwingen, die Geschwindigkeiten durch Einengung herabsetzen, die Differenzgeschwindigkeit klein halten, Überholvorgänge vermeiden und unerlaubte Fahrbewegungen unterbinden.

4. Es werden Fahrzeuge und Fußgänger durch Leitinseln geschützt, Konfliktpunkte auseinandergezogen, Sonderspuren durch Ausklinken des Fahrbahnrandes oder Fahrbahnteilers angelegt sowie Schutz- und Aufstellmöglichkeiten für die Beschilderung und Signalanlagen geschaffen.

Einige Grundelemente der Kanalisierung vermitteln die folgenden Beispiele. Sie zeigen die einfache Anwendung zur Verbesserung verschiedener Knotenarten in schematischer Darstellung.

1. Rechtwinklige Kreuzung

Durch die Fahrbahnteiler wird das Kurvenschneiden vermieden, rechtwinkliges Kreuzen erzeugt, die korrekte Fahrweise leicht, die fehlerhafte schwierig gemacht (Abb. 25).

2. Schiefwinklige Kreuzung

Die Überschneidungspunkte sind dekonzentriert und eindeutig festgelegt, das Kreuzen geschieht unter rechtem Winkel, und der Hauptverkehrsstrom ist begünstigt (Abb. 26).

3. Rechtwinklige Einmündung

Wie bei der rechtwinkligen Kreuzung wird auch hier das Kurvenschneiden durch die Fahrbahnteiler vermieden (Abb. 27). Die 16 Kreuzungspunkte, wie sie bei der Kreuzung zweier Zweibahnstraßen vorkommen, werden bei der normalen Einmündung örtlich auf 3 verringert, die Ausfädelungs- und Einfädelungspunkte von jeweils 8 auf 3.

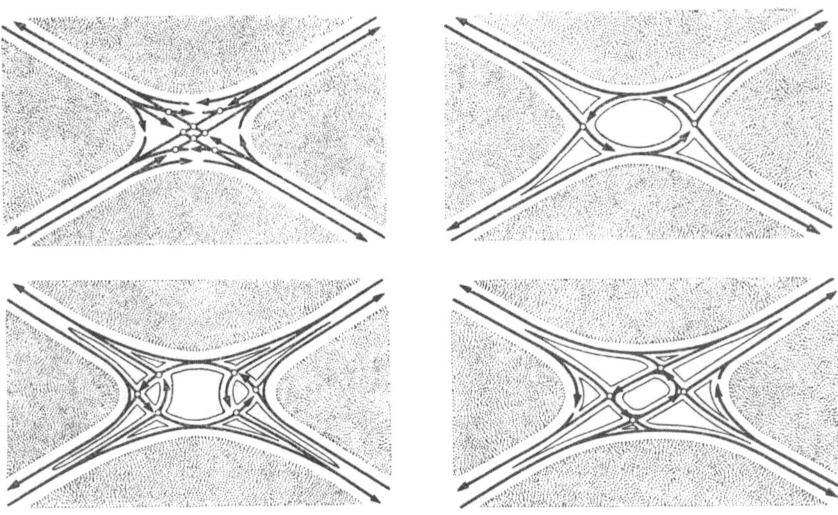

Abb. 26. Kanalisierung. Schiefwinklige Kreuzung

Für die Ausgestaltung von Einmündungen in Stadt und Land bieten sich folgende 3 Grundformen an (Abb. 27a—c):

a) Die Zusammenfassung der Konfliktpunkte auf kleiner Fläche (Konzentration). Betrieb: Bevorzugt Signalsteuerung im 3-Phasensystem (Abb. 27a).

b) Die flächenhafte Auseinanderziehung und Verteilung der Konfliktpunkte mit zusätzlichen Stauräumen für den Linksabbieger in die Nebenstraße. Betrieb: Kanalisierung und Signalsteuerung im 2-Phasensystem. (Abb. 27b).

c) Direkte Kanalisierung, d. h. Auflösung der ganzen Anlage in eng kanalisierte und eindeutige Einzelkreuzungen. Betrieb: Bevorzugt 2-phasig koordinierte Signalsteuerung (Grüne Welle). (Abb. 27c).

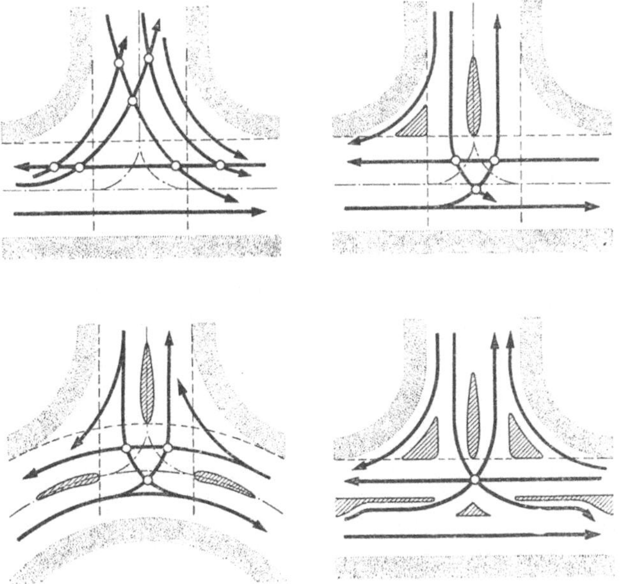

Abb. 27. Kanalisierung. Einmündung

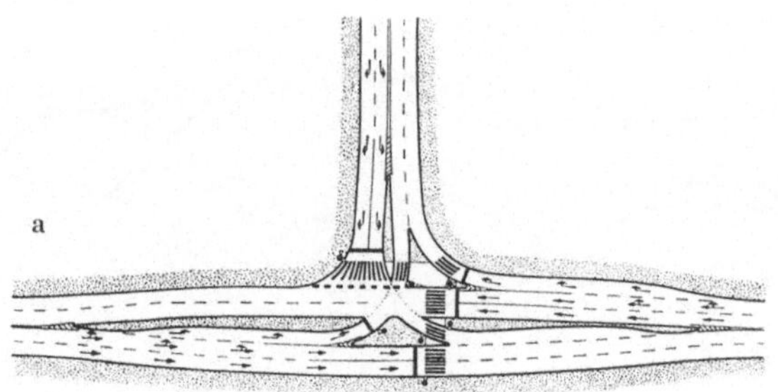

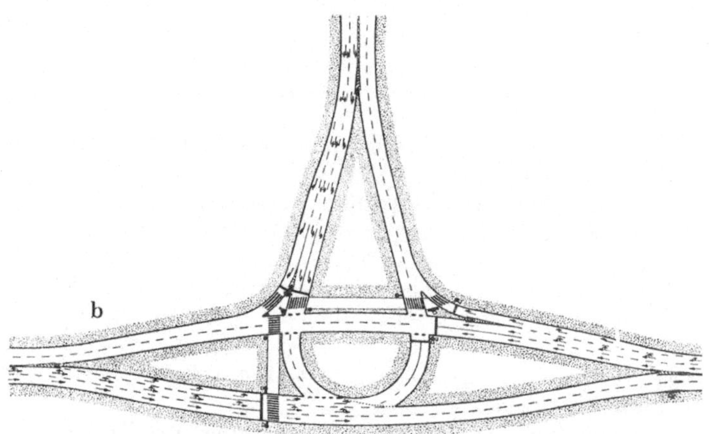

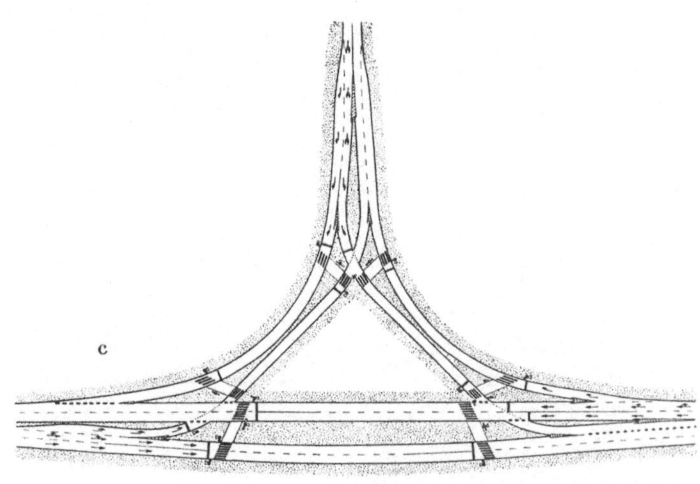

Abb. 27a—c. Kanalisierung. Einmündung

4. Straßenversatz

Diese Verkehrsanlage ist durch Kanalisierung nur zu verbessern, wenn eine lange Versatzstrecke geschaffen werden kann (Abb. 28).

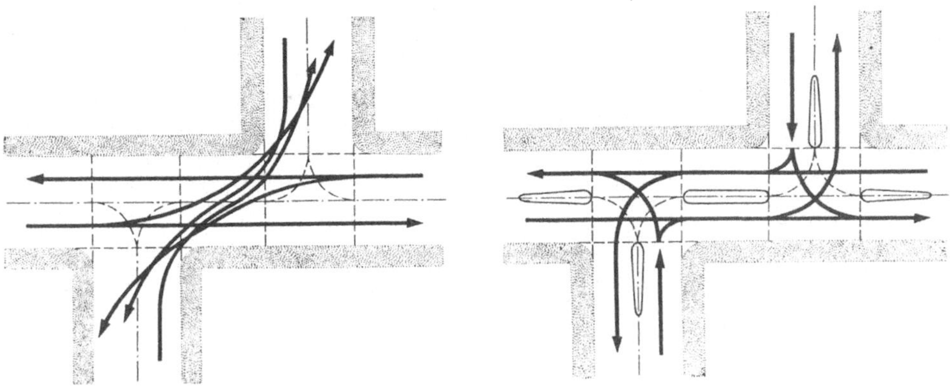

Abb. 28. Kanalisierung. Versatz

5. Straßengabelung und Y-Kreuzung

Ähnlich wie bei der schiefwinkligen Kreuzung werden auch hier die schleifenden Kreuzungen vermieden. Der Hauptverkehrsstrom wird begünstigt (Abb. 29).

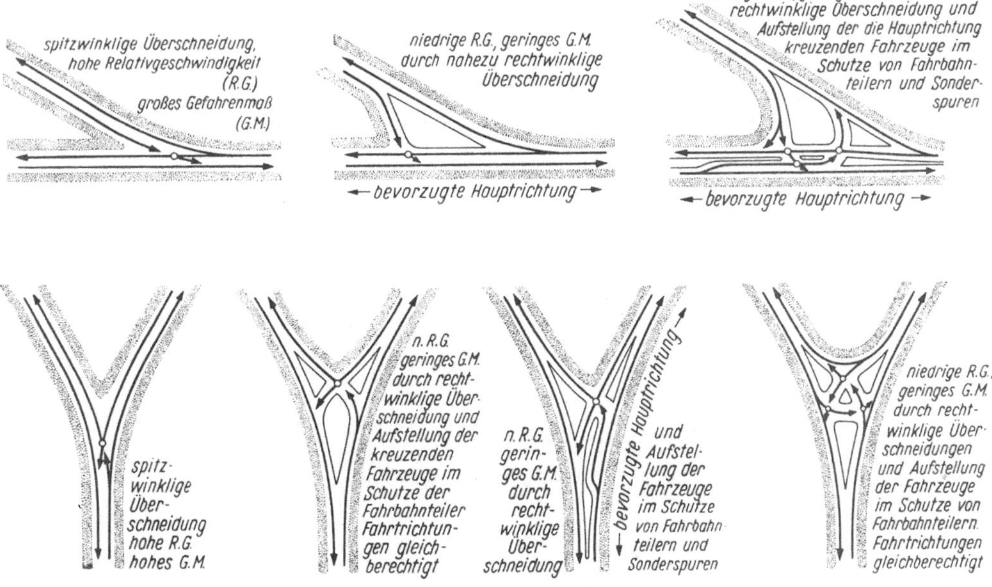

Abb. 29. Kanalisierung. Gabelung. Kanalisierung. Y-Kreuzung

3. Horizontale Ausweitung

Geht man von der oben gezeigten Normalkreuzung aus, so ergibt sich als erste Erweiterungsstufe in der Horizontalen

1. die *ausgeweitete Kreuzung*

a) ohne Signalisierung, b) mit Signalisierung.

Zu a): Durch große Leitinseln werden die Konfliktpunkte auf die vier Einbahnkreuzungen verteilt und Aufstellmöglichkeiten für den Abbiegerverkehr geschaffen. Die Mittelflächenform kann verschieden sein (Kreis, Quadrat, Rechteck). Hierdurch ist eine strenge Kanalisierung auf Richtungsfahrbahnen erzielt. Wegen des großen Platzbedarfs ist stets zu prüfen, ob sich solche Lösungen nicht aus dem Netzgefüge heraus anbieten (vgl. Abb. 17, Nr. 5).

Zu b): Die Mittelinsel und breiten Fahrbahnteiler schaffen Stauräume für den Abbiegerverkehr auf der Kreuzungsfläche. Hierdurch läßt sich mit einem 2-Phasensystem eine hohe Leistungsfähigkeit erzielen, trotz des geringeren Platzaufwandes als bei a).

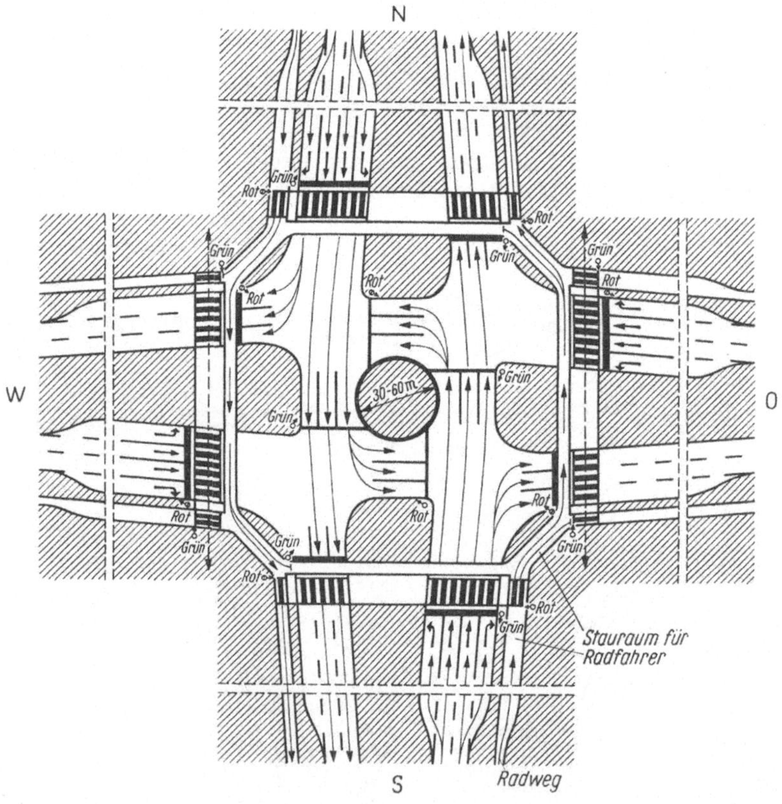

Abb. 30. Ausgeweitete Kreuzung. (2-Phasen-Betrieb)

Es kommen keine Überschneidungen des Fahr- und Fußverkehrs vor, daher ist die Anlage für hochbelastete Verkehrsknoten im Stadtgebiet geeignet (Abb. 30, vgl. auch Abb. 17, Nr. 6).

Ein weiteres Planungsprinzip der Ausweitung im Niveau ist

2. die *direkt kanalisierte Kreuzung.*

Der Hauptvorteil dieser Verkehrsanlage liegt in der hohen Leistungsfähigkeit, die ähnlich der einer niveaufreien Lösung in Kleeblattform ist. Durch Einsparung der kostspieligen Überführungsbauwerke ist die Wirtschaftlichkeit groß. Die Abbieger erreichen in direkter Führung die gewünschte Richtung. Infolge guter Kanalisierung der Einzelströme treten nur reine Kreuzungspunkte in der gesamten Anlage auf, die im Prinzip der *Grünen Welle* koordiniert werden. Der rechtsabbbiegende Verkehr fließt kontinuierlich. Die *direkt kanalisierte Kreuzung* ist die leistungsfähigste Plankreuzung (Abb. 31a und Abb. 31b).

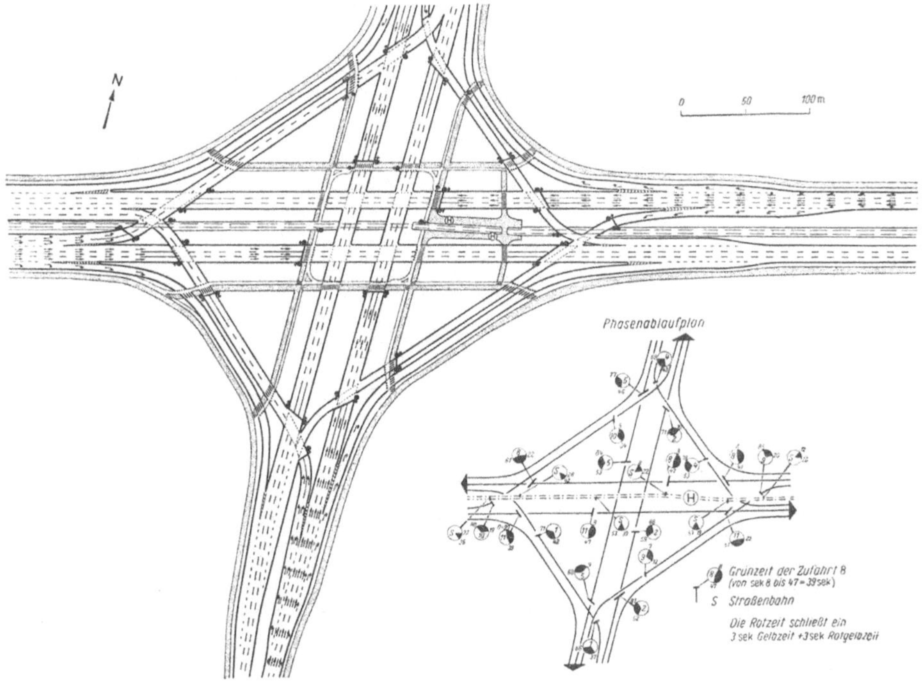

Abb. 31a. Direkt kanalisierte Kreuzung. Gesamtanlage

3. Unter den *Kreisplätzen* (vgl. Abb. 17, Nr. 8 bis 12) lassen sich drei klassische Betriebsformen unterscheiden (a), b), d)).

a) Kreisplatz im Ringverkehr mit großer Mittelinsel und schmaler Ringfahrbahn, auf der Einfädelungsvorgänge stattfinden (Tangentialverkehr). Die Leistung ist gering, die Sicherheit groß.

b) Kreisplatzverkehr in Kreuzungsform mit kleinerer Mittelinsel und breiter Ringfahrbahn, auf der vorwiegend Kreuzungsvorgänge stattfinden (Radialverkehr). Diese Betriebsform ist veraltet. Bei Signalisierung kann sie noch relativ leistungsfähig sein.

c) Kreisplatzverkehr mit bevorzugter Hauptrichtung, der zum Anschluß verkehrsarmer Straßen an Hauptdurchgangsstraßen geeignet ist. Die geteilte Insel wird mit Ausnahme des Geradeausverkehrs der Hauptstraße umfahren, so daß der Linksabbieger zum Kreuzungsverkehr (Geradeausverkehr) wird. Vorbedingung: Die Nebenstraße darf nur schwachen Verkehr haben, da sonst Leistung der Hauptstraße zu sehr herabgesetzt wird.

d) Kreisplatzmischverkehr mit großzügiger Mittelinsel und Ringfahrbahn. Das Grundschema schwankt zwischen der Art a) und b). Ein- und Ausfädelungs- sowie Kreuzungsvorgänge kommen nebeneinander vor. Dem Namen nach handelt es sich hier um eine Mischlösung, deren Leistung begrenzt ist. Der Kreisplatzmischverkehr zählt zu der heute meist vorhandenen Kreisplatzform, die alle Widersprüche in sich birgt.

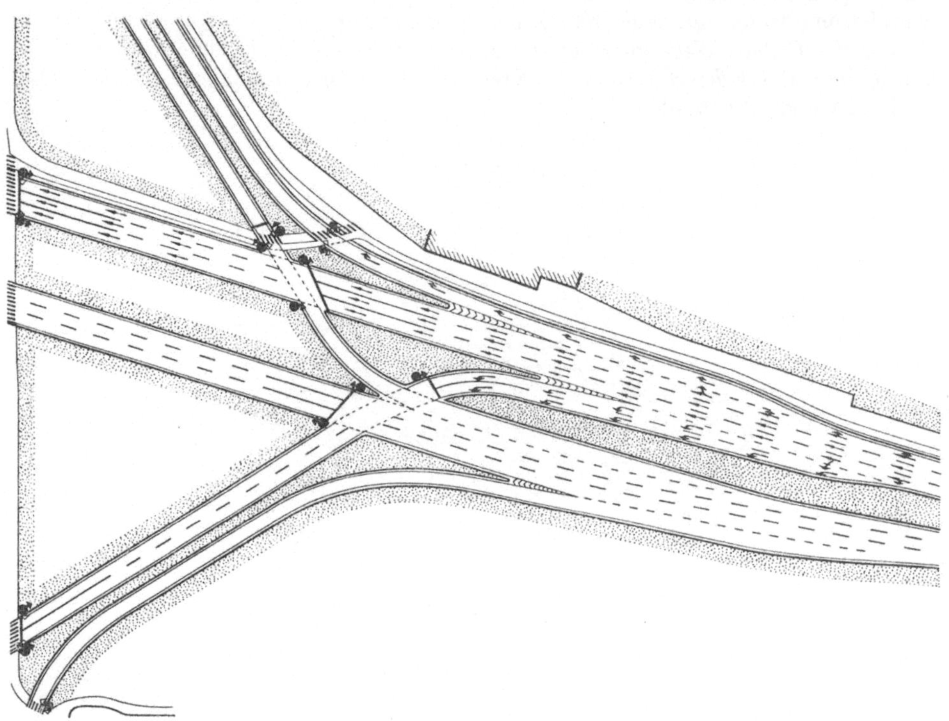

Abb. 31b. Direkt kanalisierte Kreuzung. Zufahrt

e) Kreisplatzverflechtungsverkehr (echter Kreisplatz). Die Mittelinsel und Ringfahrbahn sind so ausgebildet, daß Verflechtungsvorgänge auf den Parallelspuren der Ringfahrbahnabschnitte zwischen den Zufahrten ausgeführt werden können. Die Leistung ist begrenzt. Eine maximale Ausnutzung läßt sich durch besondere Rechtsabbiegespuren erzielen, wenn der Rechtsabbiegeranteil, was selten der Fall ist, so stark ist, daß die Leistungsfähigkeit dieser Spur zum Tragen kommt.

Bei der Anwendung des Kreisplatzverkehrs ist immer diese Form anzustreben (Abb. 32).

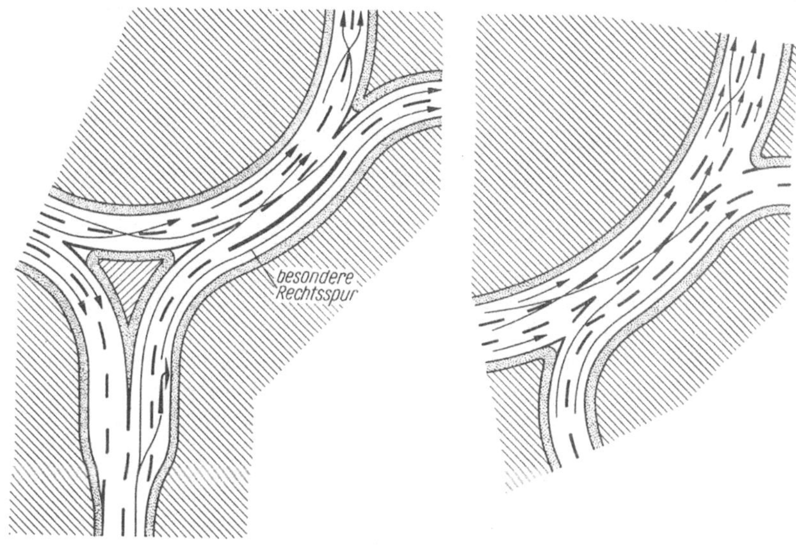

Abb. 32. Verflechtungsstrecken im Kreisplatzverkehr

Das Kreisplatzprinzip der Form e) gehört also bereits zu den Ausbauelementen der *Verflechtungsstrecke.*

4. Verflechtungsstrecke

Im Gegensatz zum recht- bzw. schiefwinkligen Kreuzen von Fahrspuren handelt es sich hier um die parallele Führung des Verkehrs im Bereich einer mehr oder weniger langen Strecke, auf der

a) *Aus- und Einfädelungen* (Grenzfall der Gabelung) und

b) *Verflechtungen* (Grenzfall der Kreuzung)

abgewickelt werden.

Es handelt sich also hier im Falle

a) um das Aufteilen *eines* gemeinsamen Stromes in *zwei* Ströme verschiedener Richtung (Ausfädelungs- oder Verzögerungsspur) bzw. um das Zusammenführen *zweier* Ströme in *einen* gemeinsamen Strom gleicher Richtung (Einfädelungs- oder Beschleunigungsspur),

im Falle

b) um das Verflechten, d. h. Durchsetzen zweier unabhängiger Verkehrsströme mit verschiedenen Zielen (echter Kreisplatz, Versatz).

Der Anwendungsbereich zu a) liegt bei den Verzögerungs- und Beschleunigungsspuren der Autobahn und an Rampen zu niveaufreien Lösungen. Auch jede Spur einer Sortieranlage an den Kreuzungszufahrten ist zugleich Verzögerungsspur.

Der Anwendungsbereich b) kommt zum Tragen, wenn ein echtes Kreuzen bzw. zeitweiliges Anhalten der Fahrzeuge eines Stromes oder ein alternierendes Anhalten auf kleiner Kreuzungsfläche vermieden werden soll und ein ständiger Verkehrsfluß angestrebt wird. Ferner beim nichtsignalgesteuerten oder teilgesteuerten Straßenversatz, beim echten Kreisplatzverkehr und an komplizierten Verkehrsknoten, wenn diese durch Einschalten einer Verflechtungsstrecke günstiger zu lösen sind.

Beim Straßenversatz kommen zusätzlich zu den Verflechtungen auf der Versatzstrecke noch die Kreuzungen an den Einmündungen zwischen dem Linksabbieger der Versatzstrecke und dem Gegengeradeausverkehr (Abb. 33).

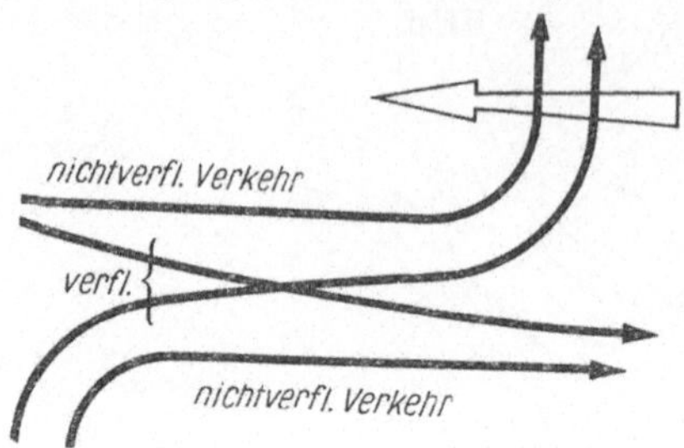

Abb. 33. Verkehrsablauf. Straßenversatz (Stromlinien einer Fahrtrichtung)

Optimale Verflechtungsbedingungen liegen vor, wenn gleichmäßige Geschwindigkeiten der verflechtenden Ströme und gleichmäßige Verteilung der Verflechtungsvorgänge über die Gesamtstrecke möglich sind. Bei gleicher Geschwindigkeit gestaltet sich der Spurwechsel günstig, weil die Zeitlückenwirkung optimal und die Relativgeschwindigkeit nahezu 0 ist.

4. Vertikale Auflockerung

Die Verkehrsführung in zwei oder mehreren Ebenen vermeidet die Konfliktpunkte durch teilweises oder vollständiges Auseinanderziehen der sich kreuzenden Verkehrsströme, die auf Fahrbahnen in verschiedenen Ebenen geführt werden.

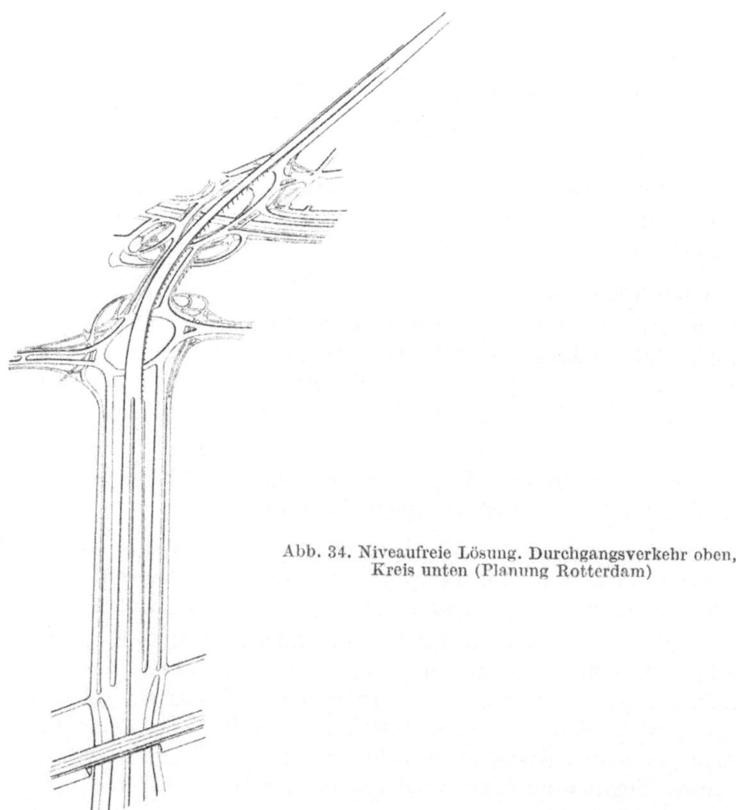

Abb. 34. Niveaufreie Lösung. Durchgangsverkehr oben, Kreis unten (Planung Rotterdam)

Wie schon erwähnt, lassen sich mitunter schon günstige Lösungen erzielen, wenn nur einzelne Ströme, die den Knoten im Hinblick auf die Leistungsfähigkeit und Sicherheit besonders stark belasten, niveaufrei geführt werden (z. B. Absenken des Linksabbiegers, vgl. Abb. 17, Nr. 13).

Eine weitere Möglichkeit bietet sich an durch die Absenkung von Geradeausströmen in zwei oder mehrere Ebenen. Lösungen, die bei relativ geringem Raumbedarf und Aufwand eine vollkommen niveaufreie Anlage zeitlich hinausschieben oder gar ersetzen können (vgl. Abb. 11).

Dem Städtebau angepaßte Lösungen dieser Art zeigen die folgenden Abbildungen, die je nach der Lage des Knotens im Stadtgebiet nach der Größe oder Belastung und nach den örtlichen Verhältnissen unterschiedlich sein können (Abb. 34 bis 37).

Abb. 35. Niveaufreie Lösung. Durchgangsverkehr unten, Kreis oben (Stadt Rotterdam)

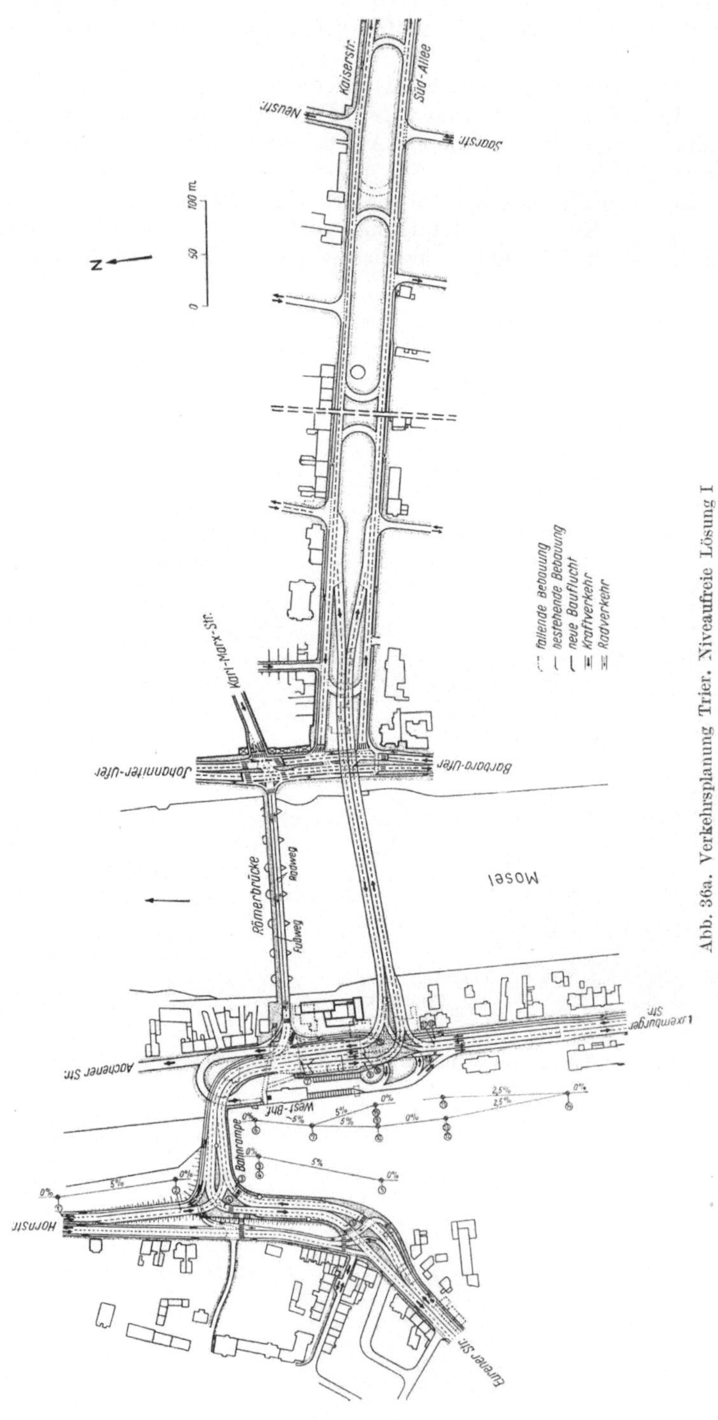

Abb. 36a. Verkehrsplanung Trier. Niveaufreie Lösung I

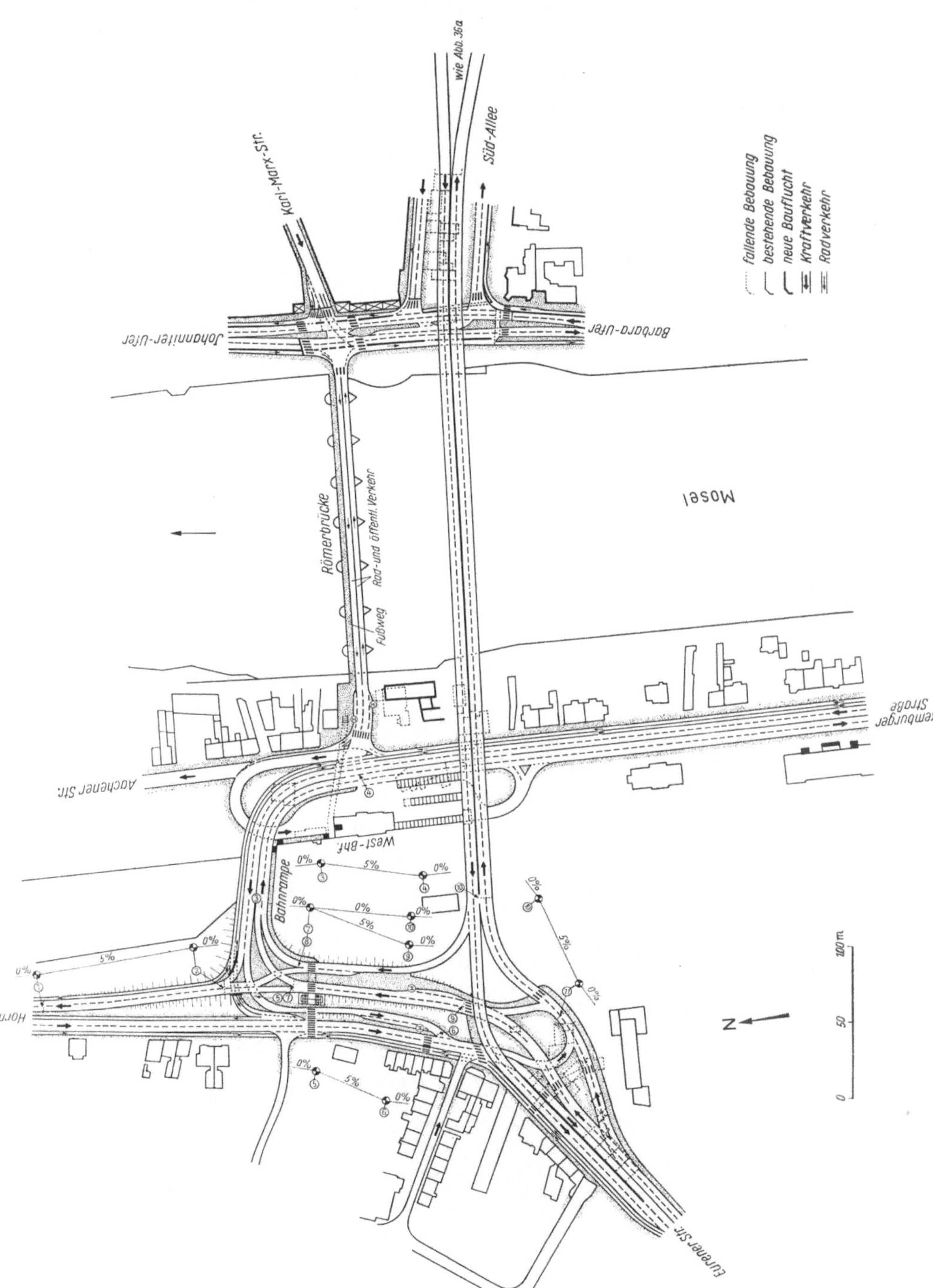

Abb. 36b. Verkehrsplanung Trier. Niveaufreie Lösung II

Abb. 37a. Aufgeständerte Zufahrt zur Nordbrücke Düsseldorf. (Straßen- und Brückenbauamt Düsseldorf)

Abb. 37b. Stadtautobahn im Kernbereich von Boston, USA (Urban Motorways 1956)

Abb. 37c. Stadtautobahn, USA (Urban Motorways 1956)

Abb. 37d. Brückenkopf Ost der Rheinbrücke Koblenz. (Ausbauvorschlag der Straßenbauverwaltung Rheinland-Pfalz)

An dem folgenden Beispiel der Stadt Duisburg soll die Entwicklungslinie einer verkehrstechnischen Planungsarbeit aufgezeigt und erläutert werden. Es handelt sich hier um eine Diplomarbeit, die den sukzessiven Werdegang der Planungsarbeit bis zur Endlösung in anschaulicher Weise darstellt (Abb. 38 bis 45).

Eine Stadtschnellstraße — autobahnähnlich, d. h. vollkommen plankreuzungsfrei ausgebaut — soll als Rückgrat der zerrissenen Stadtlandschaft Duisburgs in NS-Richtung ausgebaut werden. Der Verlauf dieser Hauptverkehrsader ist in dem gezeigten Ausbauplan (Abb. 45b) hervorgehoben und die Auf- bzw. Abfahrten sind durch Pfeile markiert. Die alte Magistrale (Düsseldorfer Straße) bildet heute mit einer Haupteinmündung von Osten her (Sternbuschweg) eine T-Einmündung im Niveau, während weiter südlich noch eine Nebeneinmündung von Westen her anzuschließen ist. Es besteht also die Aufgabe, den an sich schon komplexen Straßenknoten für die südlichen Vororte als Auf- bzw. Abfahrt zur und von der Stadtschnellstraße leistungsfähig und sicher auszubauen. Der Knoten ist in einem Gelände zu entwickeln, das städtebaulich anderweitig schlecht genutzt werden kann. Wie der Plan an den eingezeichneten Böschungen erkennen läßt, liegt das Gelände nämlich in einem mehrgeschossigen Gleisdreieck der Bahnstrecken Duisburg — Düsseldorf, Aachen — Duisburg und dem Hafenbahngelände. Der Bearbeiter entschloß sich, dieses Gelände als Straßenverkehrsraum zu nutzen und außer der vertikalen Auflockerung dieses weitgehend horizontal auszuweiten. Er kam dabei folgerichtig auf die Entwicklung nichtsignalgesteuerter Verflechtungsstrecken.

Abb. 38; Ausgangsposition: Unterlagen des Amtes für Brücken- und Ingenieurbauten der Stadt Duisburg (roher Vorentwurf).

Mangel: Zwitteranlage. Es handelt sich hier weder um einen Kreisplatz mit ausreichenden Verflechtungsstrecken, noch um eine ausgeweitete Kreuzung, die bei der Prognosebelastung signalzusteuern wäre.

Fehler: Bei der Auffassung als Kreis sind die Verflechtungsstrecken entweder zu kurz oder gar nicht vorhanden.

Bei der Auffassung als Kreuzung fehlen die ausreichend dimensionierten Stau- und Überfallräume sowie eine verkehrsgerechte Signalsteuerung.

N
F_1 = 677
F_2 = 52
W_1 = 1768
W_2 = 758
Σ = 3255
L = 180 m Sp = 5
F_1 = 1237
F_2 = 556
W_1 = 838
W_2 = 583
Σ = 3214
L = 60 m Sp = 5
F_1 = 839
F_2 = 556
W_1 = 1129
W_2 = 254
Σ = 2778
L = 60 m Sp = 4
F_1 = 598
F_2 = 52
W_1 = 1477
W_2 = 1087
Σ = 3214
L = 180 m Sp = 5
ist: 40 m soll: 180 m
ist: 0 m soll: 60 m
ist: 0 m soll: 180 m
s = 1419
q = 1045
D = 335
n = 1400
p = 2445
n = 3255
C = 335
m = 1435
l = 1394
k = 3214
B' = 1139
f = 1529
A' = 1474

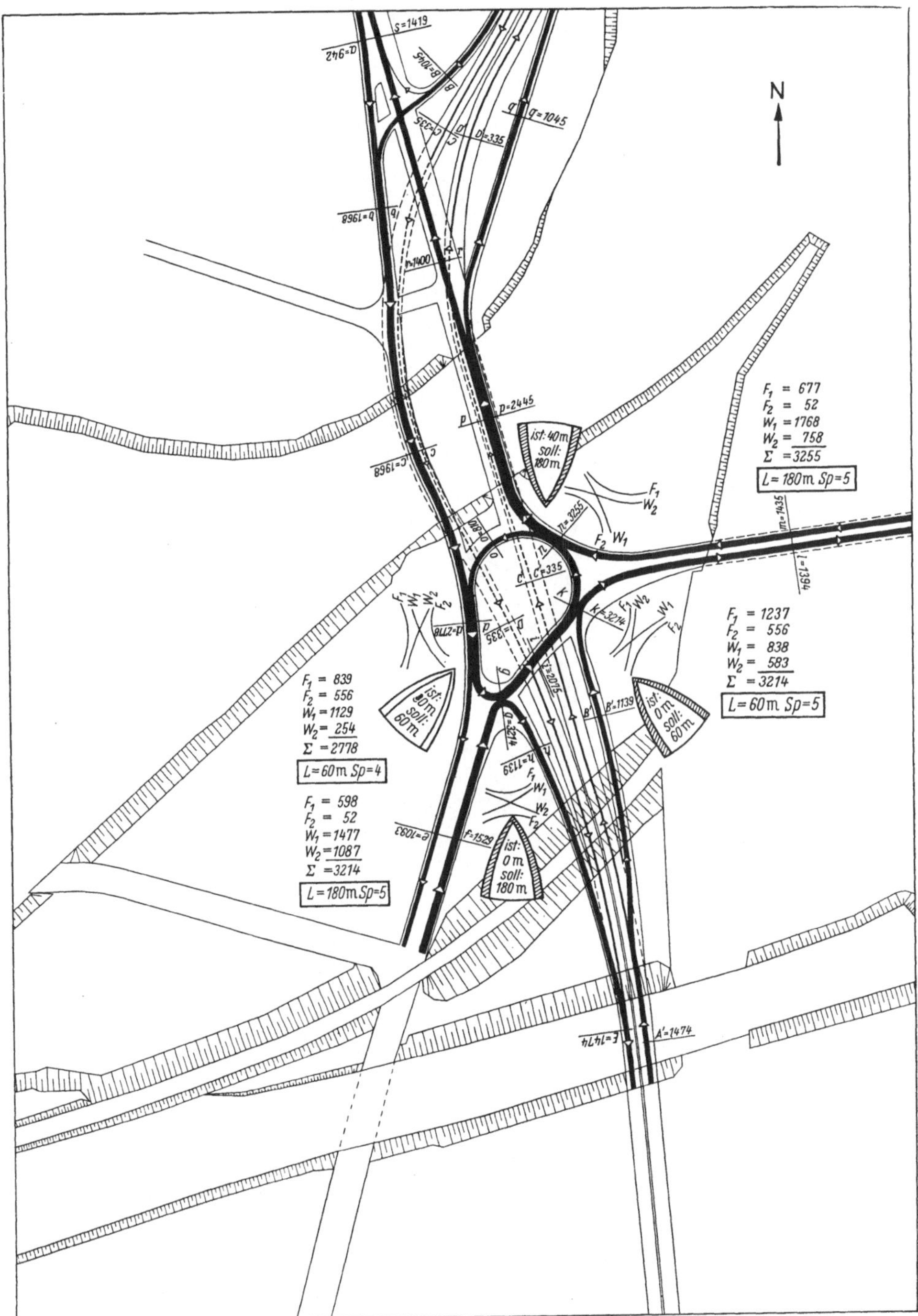

Abb. 38

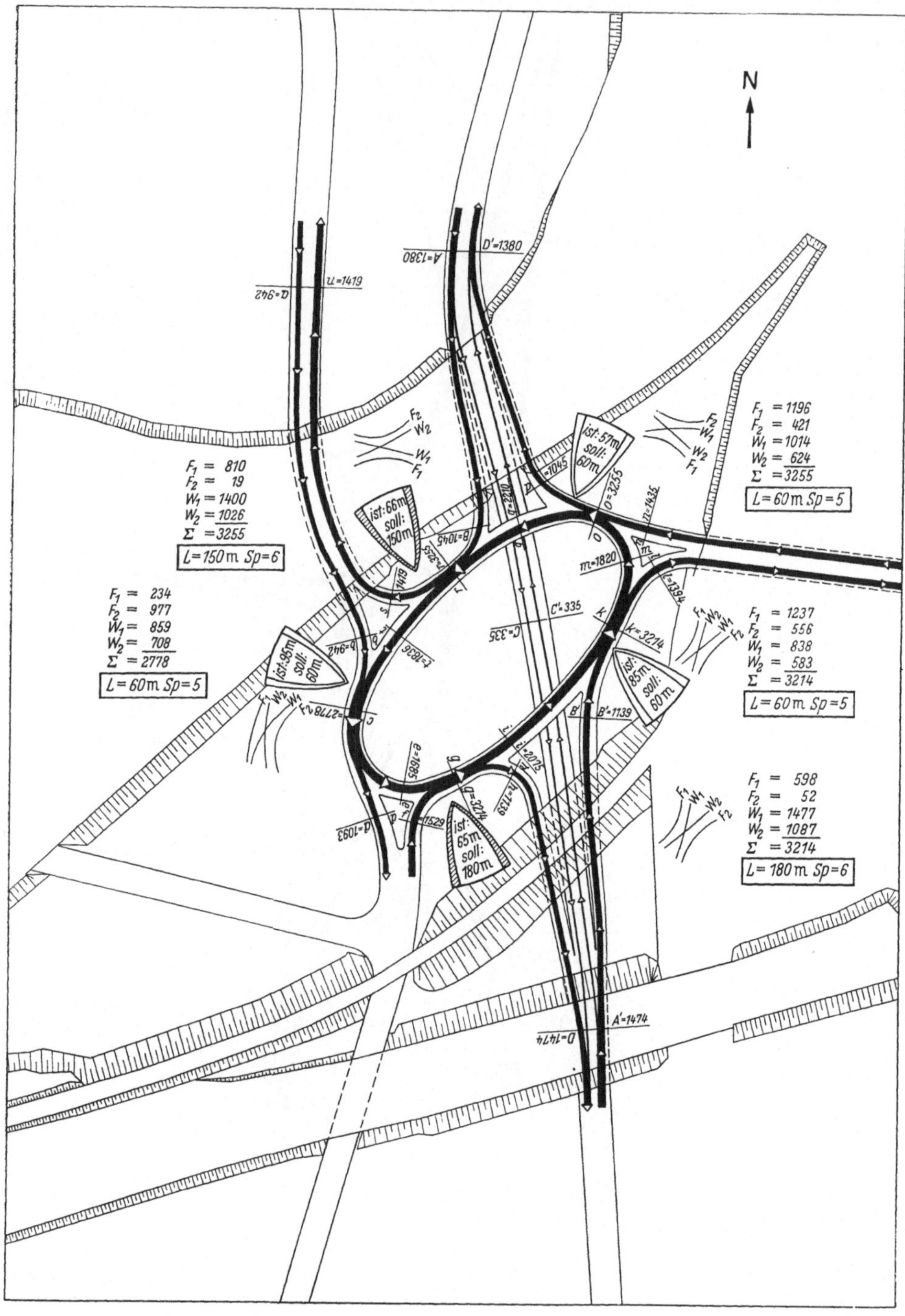

Abb. 39

Abb. 39; Der Bearbeiter hat sich für die Ausbildung von Verflechtungsstrecken entschieden. Als erste Eigenlösung präsentiert er einen *schulmäßigen* Kreisplatz in zweiter Ebene.

Mangel: Symmetriebestreben, wo es nicht am Platze ist.

Fehler: 2 Verflechtungsstrecken zu kurz.

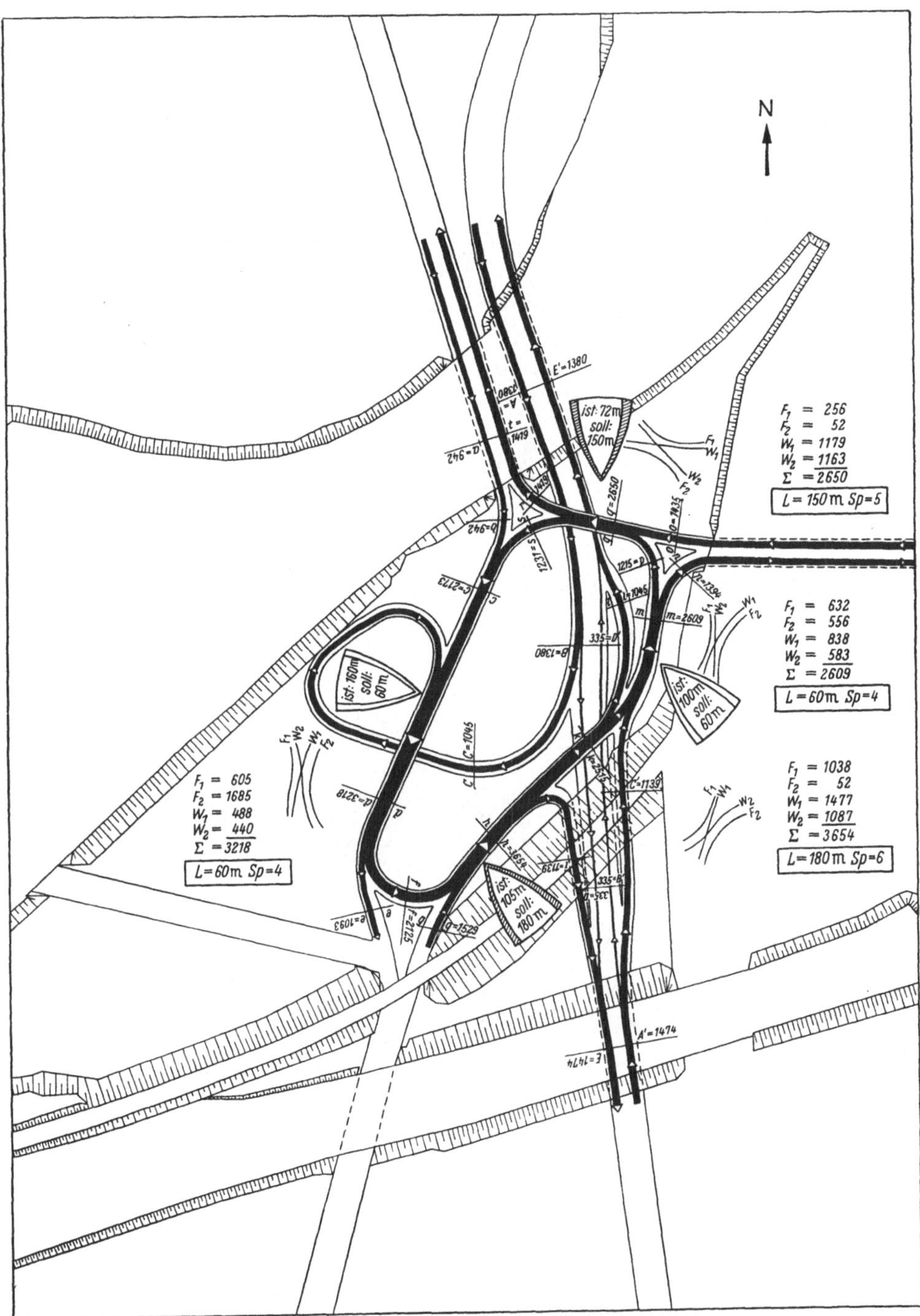

Abb. 40

Abb. 40; In seinem Bemühen um Schaffung ausreichender Verflechtungslängen fällt der Bearbeiter in das Extrem der Regellosigkeit.

Mangel: Z. T. schlechte, unübersichtliche und verwirrende Verkehrsstromführung.

Fehler: 2 Verflechtungsstrecken zu kurz.

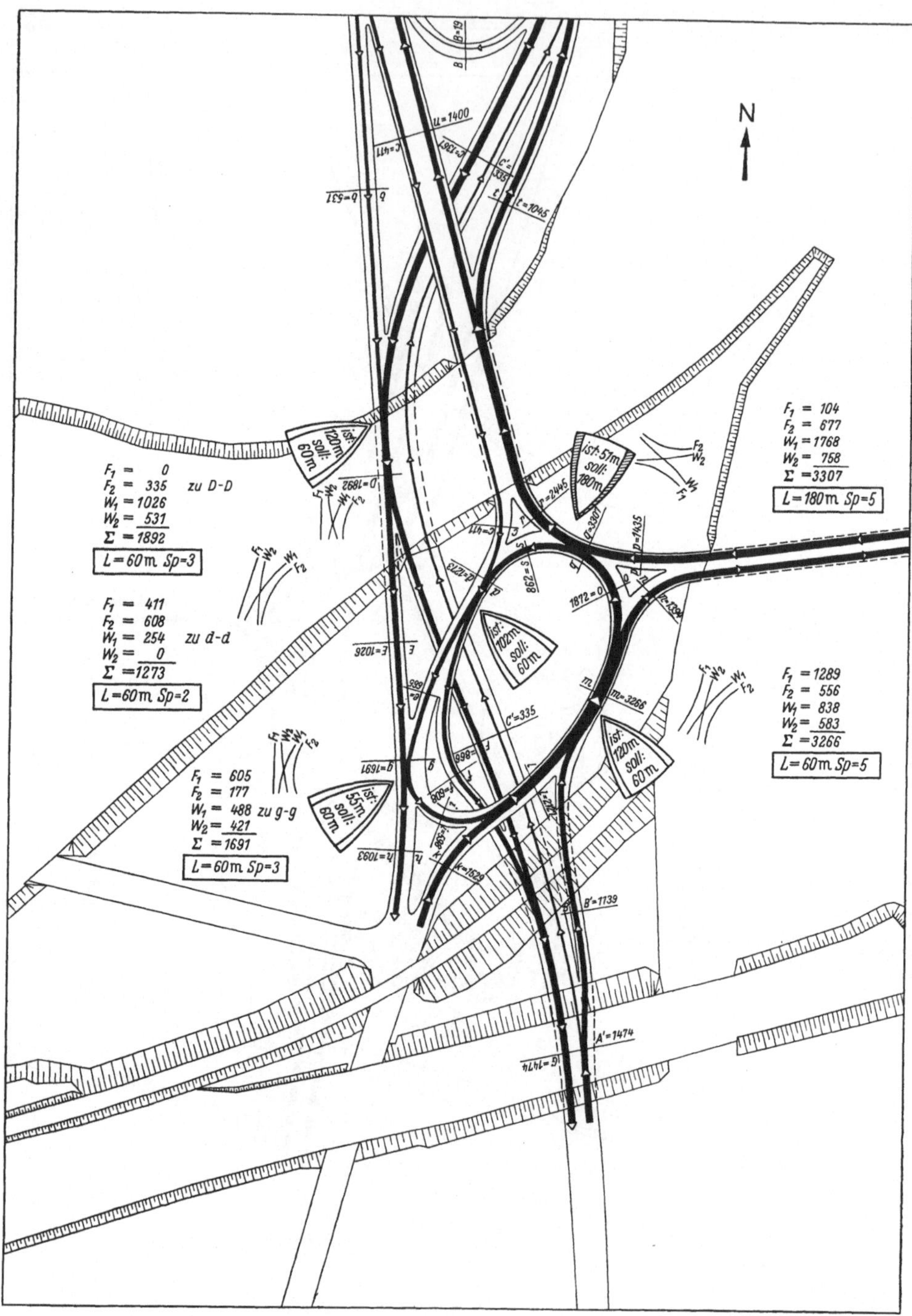

Abb. 41

Abb. 41; Hier ist die Rückkehr zu einer mehr geordneten Stromführung offensichtlich. Die Verschlingung von Stadtautobahn und Magistrale schafft für drei Abbiegerichtungen günstige Rampen- bzw. Niveauanschlüsse nördlich des Eisenbahngeländes.

Mangel: Ein kostspieliges Brückenbauwerk entsteht zusätzlich nördlich des Eisenbahngeländes.

Fehler: 1 Verflechtungsstrecke zu kurz.

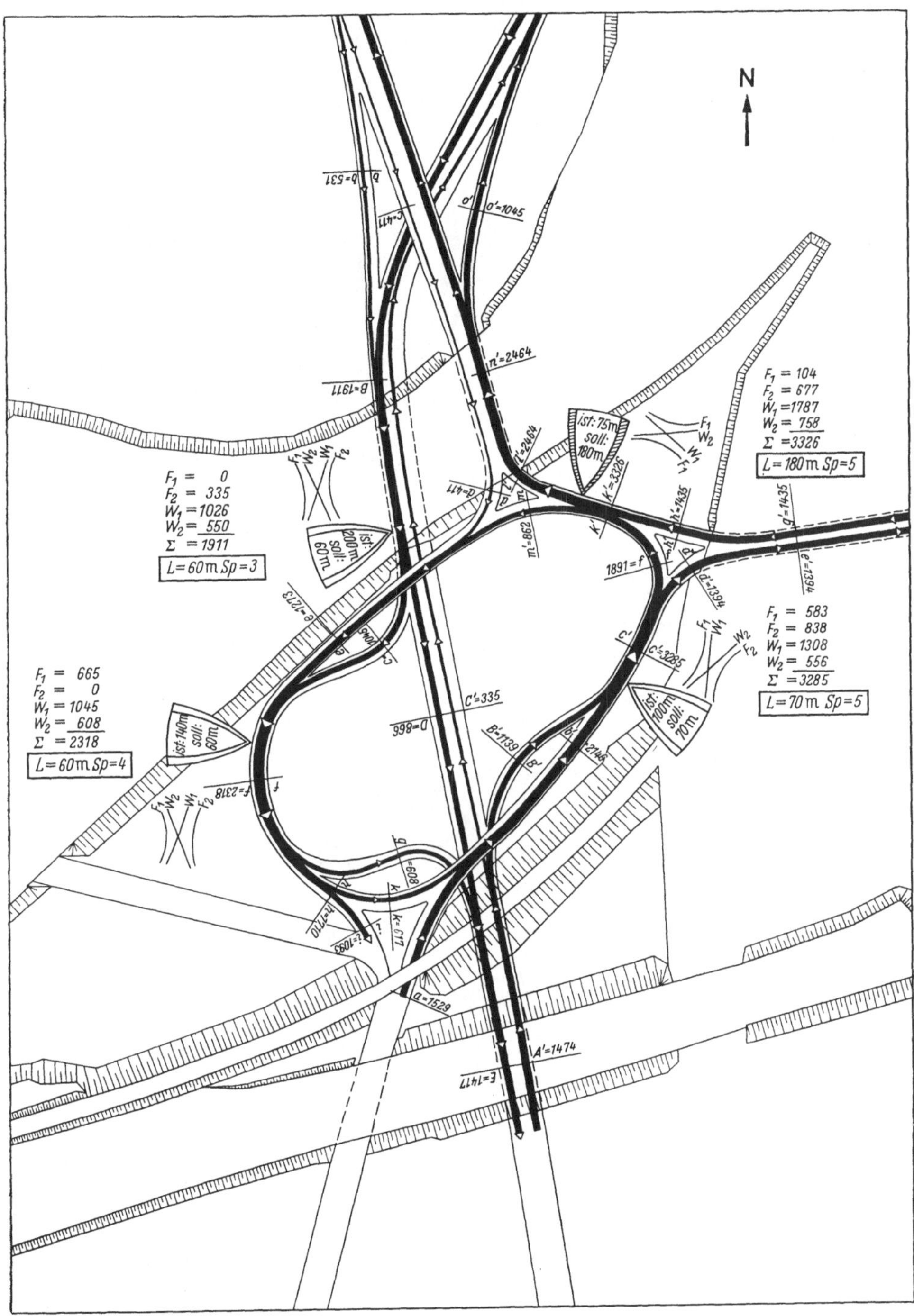

Abb. 42

Abb. 42; Der Lösungsversuch ist dem von Abb. 41 ähnlich, jedoch ist eine Ausweitung der Anlage im Gleisdreieck vorgenommen. Typisch sind die Zu- und Abfahrten zur und von der Autobahn *innerhalb* des Kreises.

Fehler: 1 Verflechtungsstrecke zu kurz.

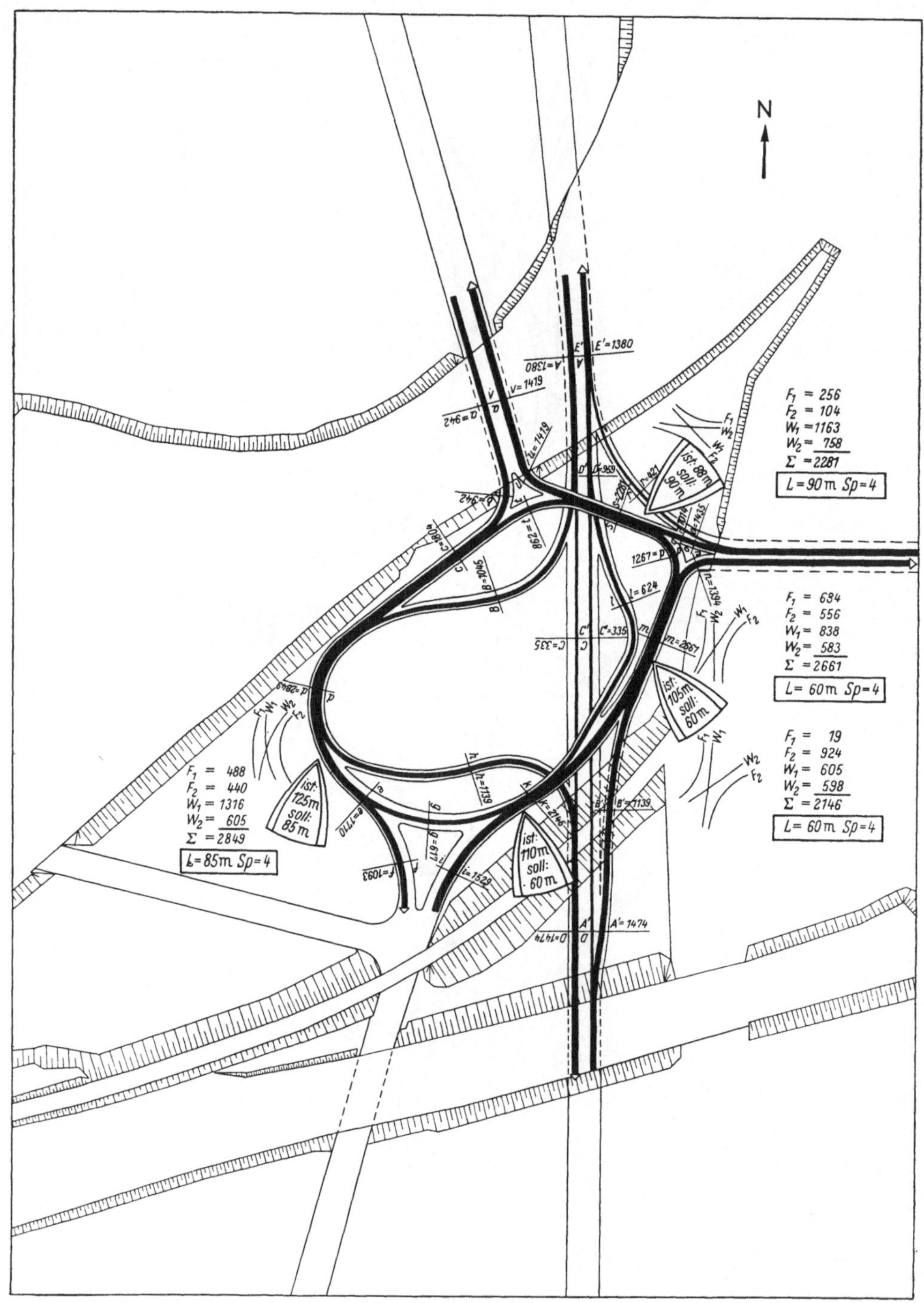

Abb. 43

Abb. 43; Der Bearbeiter kommt wieder von der Verschlingung Autobahn/Magistrale ab.

Vorteil: Sämtliche Rampenausbildungen liegen nun innerhalb des Gleisdreiecks, ebenso auch hier die Zu- und Abfahrten der Stadtautobahn innerhalb des Kreises.

Mangel: Die Fläche ist schlecht genutzt, die Radien sind noch zu klein und die Stromführung ist allgemein ungünstig.

Vorteil: Der vorhandene Tunnel wird für die Düsseldorfer Straße genutzt.

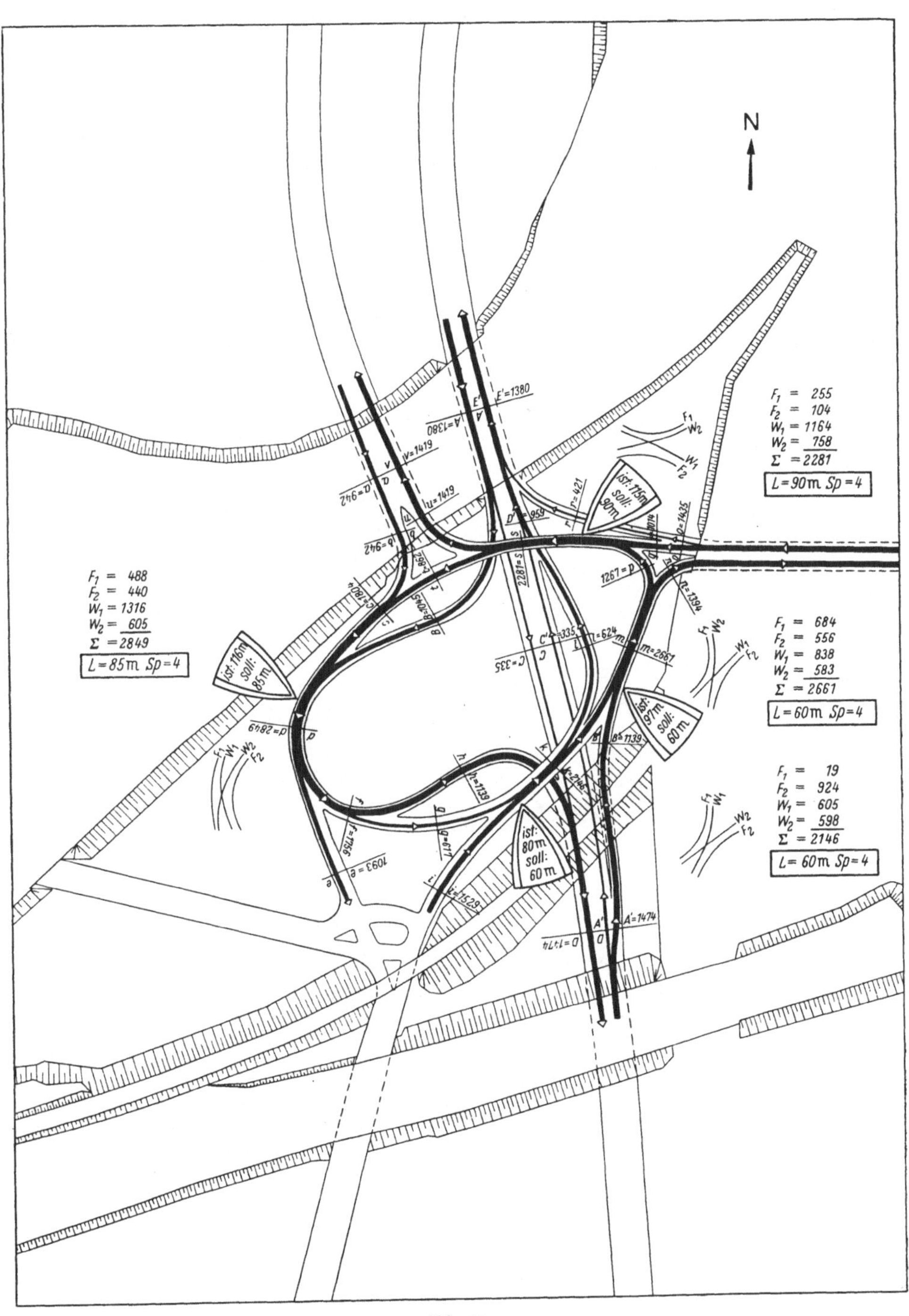

Abb. 44

Abb. 44; Hier sind Stromführung, Kanalisierung und Radien verbessert.

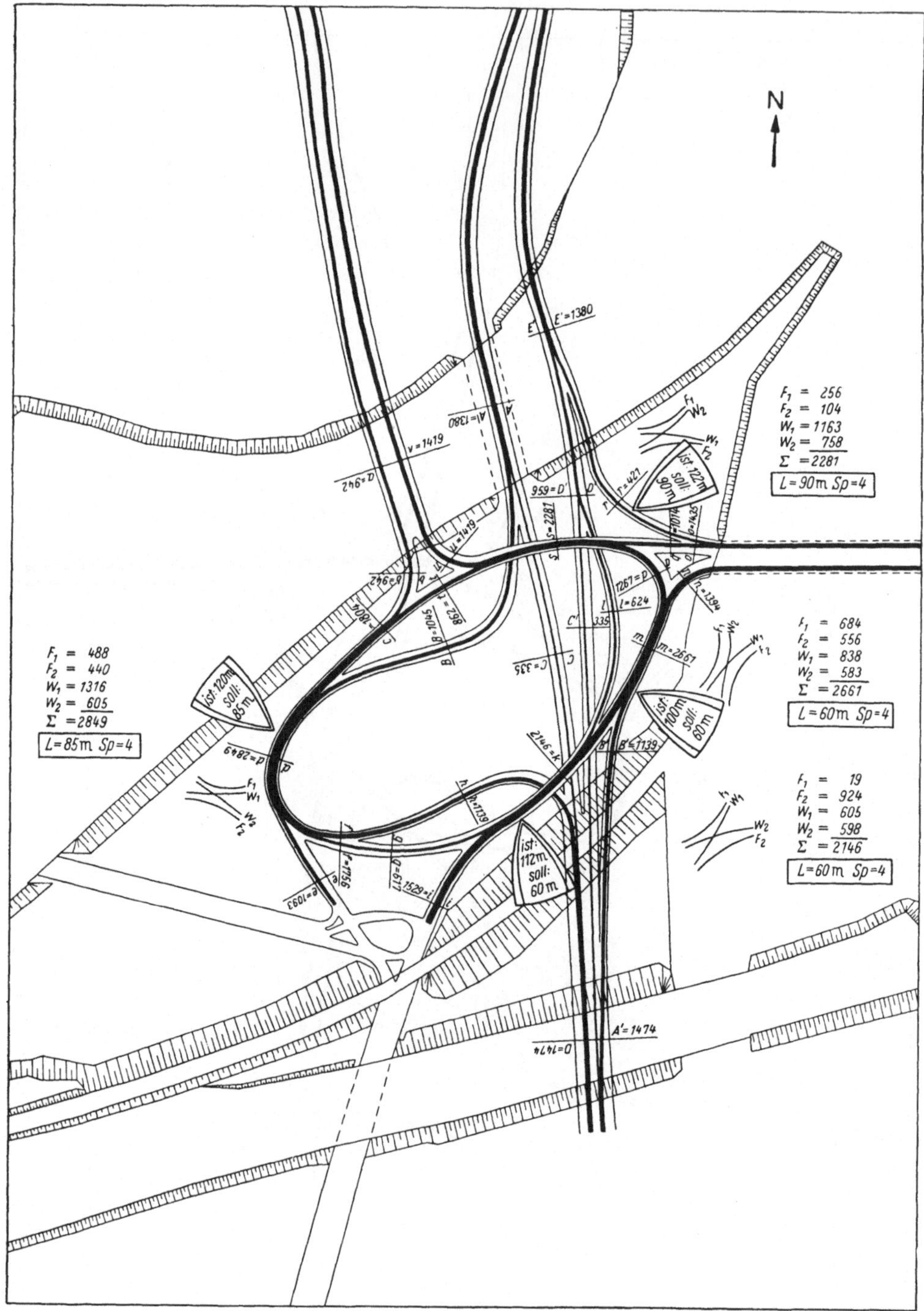

Abb. 45a

Abb. 45a und b; Hier ist die optimale Ausnutzung des vorhandenen Raumes erreicht, neue Tunnelröhre östlich des alten Tunnels. Für die östliche Richtungsfahrbahn

N
Nord-Süd-Straße
Düsseldorfer Str.
R=28,5 m
R=32m
Sternbuschweg
R=30m
R=
30m
30m
Annastr.
Rheinhausen – Duisburg
N.-S.-Straße
Duisburg-Hochfeld-Süd
Mülheim-Speldorf
Düsseldorfer
Straße

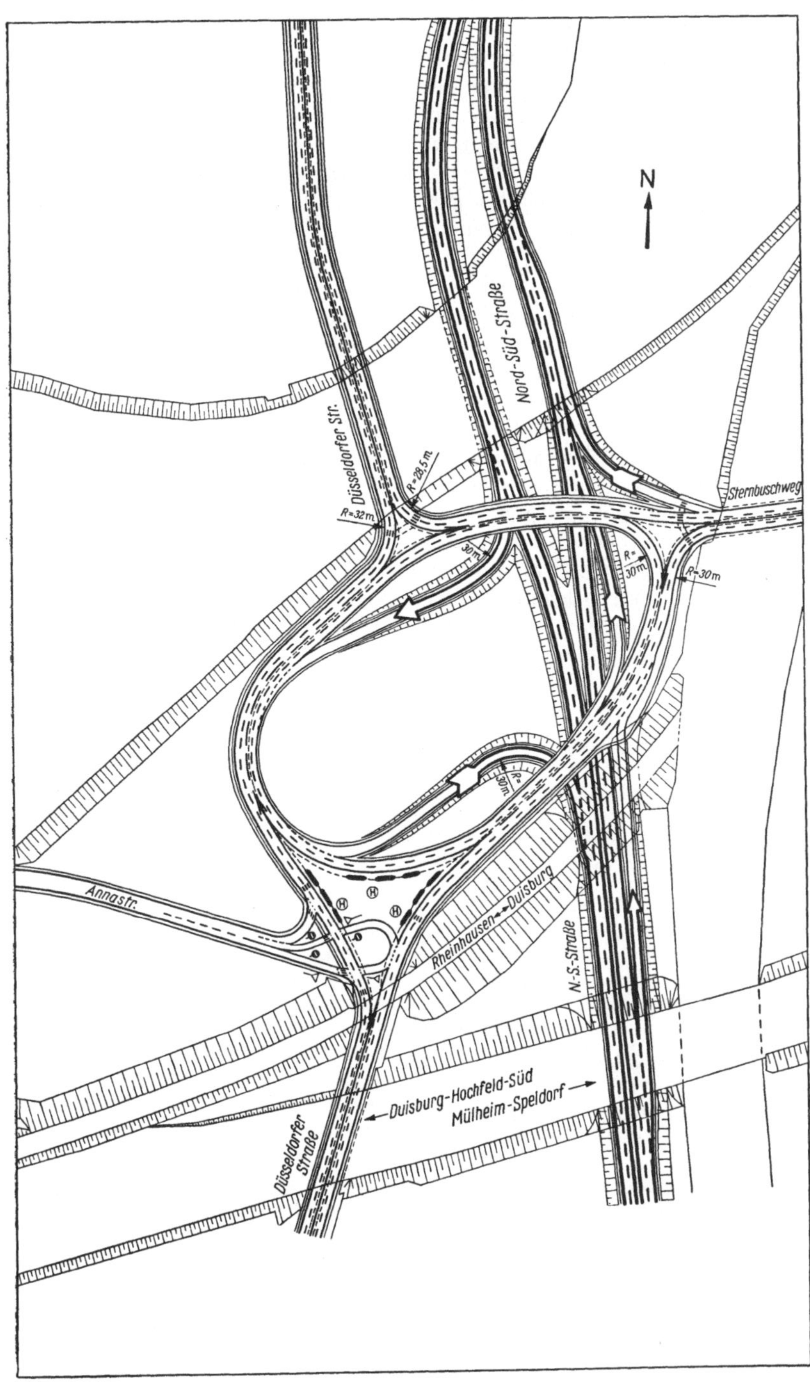

Abb. 45 b

der Stadtautobahn ist eine neue Tunnelröhre östlich des alten Tunnels vorgesehen, wodurch keine Veränderungen am alten Tunnel, der mittels Böschungen vertieft werden kann, erforderlich sind.

Der Bearbeiter schlägt als günstigste nichtsignalgesteuerte Lösung die in Abb. 45 gezeigte Stromführung vor. Folgerichtig müßte nun noch die Konzentration des Knotens in der zweiten Ebene zur signalgesteuerten — vielleicht ausgeweiteten — Kreuzung untersucht werden, was in einer weiteren Diplomarbeit geschehen wird.

Mit diesen Ausführungen sollte der Werdegang einer Planungsmaßnahme in ihren vielfältigen Formen und Varianten gezeigt werden, die bis zur ausgereiften Lösung, der ja letztlich ein optimales Ergebnis zugrunde liegen muß, neben dem fachlichen Können eine Menge Detailarbeit erfordert.

Natürlich setzt sich der erfahrene Verkehrsplaner leichter über manche Lösungsvariante hinweg, weil eben seine Erfahrung es ihm gestattet, von vornherein das Gute vom Schlechten zu unterscheiden und mehr oder weniger gleich auf fachlich reifere Lösungsmöglichkeiten zuzusteuern, doch wird jeder ernsthafte Fachmann wissen, daß jede Planung immer ein hinreichendes Studium von Einzeluntersuchungen erfordert, die letztlich in ihrer vergleichenden Gegenüberstellung erst den Wertmaßstab liefern, der im Hinblick auf die Zweckgebundenheit eines Bauwerkes die optimale Lösung von den übrigen Planungsvarianten scheidet.

Bei den großzügigen Anlagen, die der moderne Großstadtverkehr erfordert, sind neben der Wirtschaftlichkeit besonders ästhetische Gesichtspunkte zu beachten.

Die Abb. 46 zeigt eine Straßenkreuzung bei San Diego in Californien. Alle Fahrströme sind so geführt, daß keine Kreuzungs-, sondern nur Ein- und Ausfädelungs- und Verflechtungsvorgänge stattfinden. Eine wohldurchdachte Systematik ist offensichtlich. Von den sich kreuzenden Straßen sind die Richtungsfahrbahnen der einen Straße

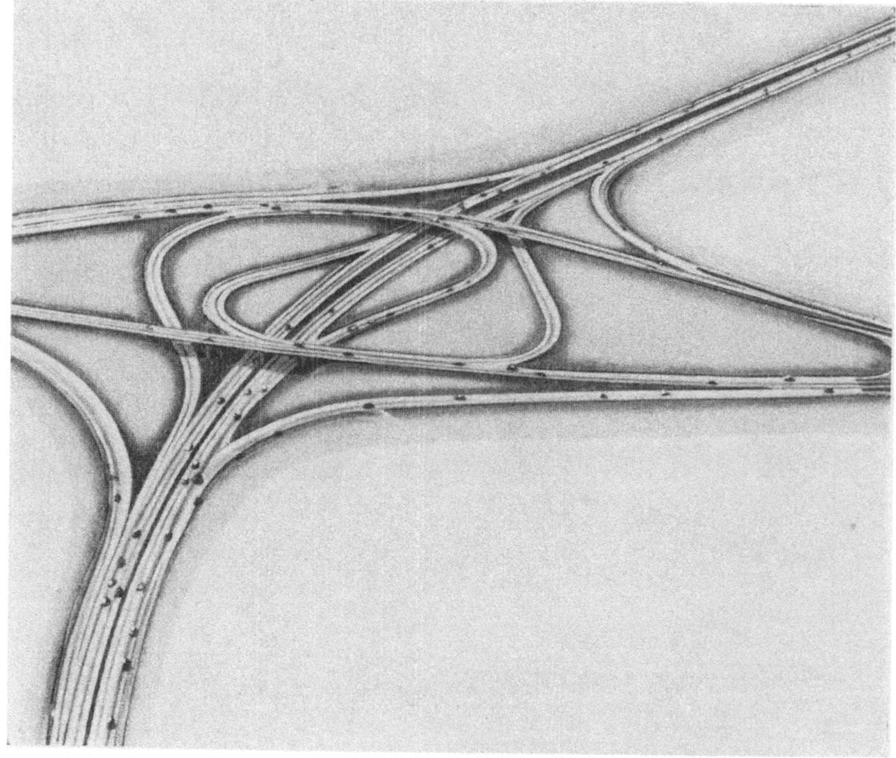

Abb. 46. Straßenknoten bei San Diego. (Division of Highways, Sacramento, Calif.)

(Bildhorizontale) auseinandergezogen und *über*führt. Alle Rechtsabbieger sind auf gesonderten Spuren niveaugleich in die neue Richtung abgeleitet. Die Linksabbieger der ausgeweiteten Fahrbahnen werden jeweils im Abstieg unter der Gegenfahrbahn hindurchgeführt, während die Linksabbieger der anderen Richtung die Querrichtung im Anstieg erreichen. Deutlich erkennbar sind die Verflechtungsstrecken sowie die Beschleunigungs- und Verzögerungsspuren.

Erfordert diese, hinsichtlich Systematik und Sicherheit irgendwie bestechende Lösung einen relativ hohen Platzaufwand, so zeigt die folgende Abb. 47 eine, in der Horizontale gesehen, immerhin noch als raumsparend anzusprechende Verkehrslösung für einen hochbelasteten Knoten im Straßennetz von Los Angeles (etwa 4 Mill. E. und 2 Mill. Fzg.). Der Hollywood Freeway (Bildhorizontale) hat dreispurige Richtungsfahrbahnen. Das Kreuzungsbauwerk auf der linken Bildhälfte besteht aus vier Stockwerken. Die Fahrbahn des Hollywood Freeway ist aufgeständert und überführt, darunter liegen zwei Zubringerstraßen zur Stadt und unter diesen wieder eine großzügige Richtungsfahrbahn als direkte Stadtverbindung, ebenfalls mit je drei Fahrspuren.

Im Erdgeschoß endlich bewegt sich der Vorortsverkehr, der aber wiederum einen Straßenzug überquert. Letzterer erst führt zum bebauten Gebiet der Umgebung, während die obengenannten Straßen mehr oder weniger eine Verkehrsregion für sich darstellen.

Abb. 47. Straßenknoten in Los Angeles. (Divisions of Highways, Sacramento, Calif.)

Am unteren Bildrand in der Mitte eine signalisierte Kreuzung, ebenfalls mit niveaufreier Führung der Hauptverkehrsströme.

Auffallend ist der überaus starke Vorortsverkehr zur Stadt, der sich auf einer achtspurigen Straße bewegt. Man erkennt daraus die Auswirkungen einer Motorisierungsdichte von etwa 2 E/Kfz. in einer sehr weiträumigen städtischen Agglomeration, die trotz der großzügigen Expreßstraßen eine Vorflut für den innerstädtischen Verkehr nicht entbehrlich macht, da dieser nach wie vor das schwächste und empfindlichste Glied ist.

Die Aufgabe des Verkehrsplaners besteht darin, die Entwicklung und verkehrliche Auswirkung rechtzeitig zu erkennen und seine Planungsmaßnahmen frühzeitig darauf abzustimmen. In den meisten Fällen sind dann die großzügigen Lösungen schrittweise zu erarbeiten, wobei das jeweilige Verkehrsausmaß insofern zu Hilfe kommt, als für eine gewisse Zeitspanne eine Zwischenlösung ausreichend und der endgültige Ausbau erst zur Zeit der höchsten Verkehrsbelastung erforderlich ist.

Durch diese sukzessive Annäherung an den endgültigen Planungszustand ist dann auch immer ein optimaler Effekt in wirtschaftlicher Hinsicht erzielt.

An all dem aber erkennen wir, daß die vorentwickelten Grundelemente in allen ihren Auswirkungen souverän beherrscht werden müssen, wenn eine verkehrsgerechte Ausbildung von Straßenverkehrsanlagen erzielt werden soll.

Das gilt im besonderen Maße für die vertikale Auflockerung. Hier müssen jene Einzelelemente unbedingt eingehen, weil sonst zwangsläufig *Pfropfen* in den Verkehrsfluß eingebaut werden, die sich insofern verhängnisvoll auswirken, als sie eine direkte Fehlplanung und eine Vergeudung der Mittel bedeuten. Hinzu kommt, daß die Beseitigung derartiger Fehler meist überhaupt nicht oder nur mit einem sehr hohen Aufwand möglich ist.

Wir erkennen aber auch aus all dem, daß die Dinge *in* der Straße relativ weit erforscht und erfaßt sind. Nicht so das Verkehrsaufkommen aus den verschiedenen Intensitätsgebieten oder Stadteinheiten, d. h. die Auswirkungen der unterschiedlichen Konzentrationen als Folge des jeweiligen, dem Baublockinhalt entsprechenden Verkehrsbedürfnisses. Der heutige Verkehrsanfall ist diagnostisch zu erfassen, der von morgen und übermorgen muß aus der Motorisierungs- und Stadtentwicklung baldigst erforscht werden.

Es ist eine der wesentlichsten Aufgaben der Gegenwart, das Gleichgewicht zwischen der bebauten Fläche und den Flächen für den fließenden, ruhenden und arbeitenden Verkehr sicherzustellen; denn nur bei einer adäquaten Stadt- und Verkehrsraumentwicklung kann die Stadt gesunden.

In den großen Rahmen der Gegenwartsaufgaben des Städtebaus hineingestellt ergibt sich damit zusammenfassend:

Bei allen Maßnahmen hat der moderne Städtebau auszugehen von der in der ganzen Welt anerkannten Grundkonzeption eines gesunden Stadtorganismus. Das Ziel ist die Befriedigung der vielfachen und vielschichtigen Bedürfnisse der Stadtbewohner: ein gesundes Raumleben gemäß den Forderungen nach einer guten Besonnung, Belüftung und Belichtung in Wohnung und Arbeitsstätte, eine ausreichende Ver- und Entsorgung der Bauflächen, eine echte Stadtwirtschaft, wohl abgestimmte Flächennutzungen, Erhaltung der Freiflächen, Erfüllung eines zweckmäßigen Raum-Zeit-Systems der Einzelsiedlungen und der Gesamtstadt.

All das hat sich in einer stadtwirtschaftlich, sozial, hygienisch und verkehrlich gut abgestimmten Stadtstruktur zu manifestieren. Warum erheben wir diese anscheinend selbstverständlichen Forderungen nach einer gesunden Stadtstruktur als eine primäre Gegenwartsaufgabe der Stadtplanung? Wir begründen sie mit der Tatsache der lebensfeindlichen Versteinerung unserer Städte seit dem Einbruch der Technik und mit der heutigen Verkehrsnot allenthalben; denn wir müssen die Stadt in ihrer Funktion als Zentrum und Stätte der geistigen, kulturellen und zivilisatorischen Kräfte eines Landes, als Abbild der sie bauenden Gesellschaft jetzt und in Zukunft erhalten.

II. Die Stadtentwicklung aus der Warte des Verkehrs

Von Dr.Ing. **J. W. Hollatz**

Präsident der Deutschen Akademie für Städtebau und Landesplanung, Essen

Mit 30 Abbildungen

Die Stadtentwicklung ist den Einflüssen verschiedener Verkehrsarten unterworfen: des *Straßen-*, des *Schienen-*, des *Wasserverkehrs.* Wenn man die *Stadt von morgen* und ihre zukünftigen Möglichkeiten betrachtet, wird auch dem *Luftverkehr* eine immer größere Bedeutung in der Stadtformung zukommen. Wegen der Kürze der Vortragszeit und des begrenzten Programms dieser Tagung muß ich mich in der Hauptsache auf den Straßenverkehr beschränken. Denn aus seiner rapiden Entwicklung resultieren insbesondere jene Schwierigkeiten, die uns neben anderen — hygienischen und soziologischen — Schäden der baulichen Verdichtung der Städte mit großer Sorge erfüllen: der akute Mangel an Raum für den fließenden, arbeitenden und ruhenden Verkehr, die wachsende Fußgängergefährdung, die erschreckende Zunahme der Verkehrsunfälle, die Belästigung durch gesundheitsschädliche Abgase und gesteigerten Verkehrslärm.

A. Wandel der Verkehrsverhältnisse

Der *Wandel der Verkehrsverhältnisse* in unseren Städten hat bekanntlich seinen Ursprung in dem allgemeinen Technisierungsvorgang des 19. Jahrhunderts, der zunächst als städtische Massenverkehrsmittel die Straßenbahnen, in den größten Städten die Stadtbahnen, schuf. Um die Jahrhundertwende beherrschten neben Pferdefuhrwerken, Straßenbahnen und wenigen Autos doch noch vorwiegend die Fußgänger das städtische Straßenbild. Mit der immer stärker werdenden Motorisierung, namentlich der individuellen Straßenfahrzeuge, geht die verkehrliche Umwälzung im 20. Jahrhundert einer noch unabsehbaren Entwicklung entgegen. Massen von Kraftfahrzeugen bewegen sich heute in schnellem Tempo auf teilweise bereits neu profilierten Stadtstraßen und ausgeweiteten Plätzen und stauen sich mit den Fußgängern vor den Straßenkreuzungen und den Engpässen der Bahnunterführungen. Man versucht zwar an besonders verkehrsanfälligen Punkten die in einer Ebene zusammenfließenden verschiedenartigen Verkehrsströme zu ordnen und zu lenken, d. h. mit einem fachsprachlichen Ausdruck unserer mechanisierten Zeit, *zu kanalisieren.* Aber das zu erwartende weitere Anwachsen des Stadtverkehrs wird an den stark belasteten Adern und Knoten bald allgemein zu noch größeren Ansprüchen an Verkehrsfläche führen, die — auf gleichem Grundraum — nur durch vertikale Trennung und Überschneidungen der Verkehrsströme in mehreren, hoch- oder tiefbaulich ausgestalteten Ebenen zu befriedigen sind, durch Hoch-, Einschnitt- oder Unterpflasterstraßen, durch Fußgängertunnel oder -brücken.

Abb. 1a. Essen, südlicher Hauptbahnhofsvorplatz (Freiheit) nach dem vorläufigen Umbau 1955, kanalisierter Verkehr. (Tiefbauamt Essen)

Abb. 1b. Essen, südlicher Hauptbahnhofsvorplatz (Freiheit), zukünftige Erweiterung auf altem Friedhofsgelände, links: neu geplanter Ruhrschnellweg (B 1) in Hoch- und Unterpflasterführung. (Stadtplanungsamt Essen)

Ein typisches Abbild vergangener, gegenwärtiger und zukünftiger Verkehrstendenzen gibt der Raum der *Freiheit* südlich des Essener Hauptbahnhofes (Abb. 1). Vor 50 Jahren noch fast Spazierplatz der Fußgänger, nur von wenigen Fahrzeugen und Straßenbahnen gekreuzt, wird er heute — nach ersten räumlichen Ausweitungen — in der Spitzenstunde von 3500 Pkw-Einheiten und 200 Straßenbahnzügen befahren. Im Übergangsstadium im Jahre 1955 verkehrskanalisierend gestrafft, erhält dieser Raum — hoffentlich in Bälde — durch eine unterirdische Führung des Ruhrschnellweges und eine erhebliche, streng nach Verkehrsströmen aufgegliederte Erweiterung nach Osten auf ehemaligem, inzwischen bereits geräumtem Friedhofsgelände seine verkehrstechnische Vervollständigung.

Was an dem eben angeführten Essener Beispiel bereits zutage tritt — eine ungeheure Verkehrszunahme und ein demzufolge potenzierter Raumanspruch — gilt in weit höherem Maße für die größten Städte in allen Weltteilen. So sehen wir heute z. B. in Hamburg, wo 750000 Berufstätige täglich zweimal zu Fuß, mit dem Fahrrad, auf Nahverkehrsmitteln oder im Pkw zwischen Wohnung und Arbeitsstätte pendeln, die Straßenbahn in der Stadtmitte im *Geleitzug* fahren (Abb. 2). Zur gleichen Zeit bewegen sich in den Straßen der Londoner City die Busse mehrspurig nebeneinander im Schneckentempo (Abb. 3).

Abb. 2. Hamburg, Mönckebergstraße, Straßenbahnverkehr im „Geleitzug" („Neuordnung des Hamburger Stadtverkehrs")

Abb. 3. London, Verkehr in der Regent Street. (London Transport 1945—54)

Das größte Mißverhältnis zwischen dem Fassungsvermögen der heutigen Straßenverkehrsfläche und der zunehmenden Stärke der Verkehrsströme findet man in den amerikanischen Riesenstädten; ich habe darüber aus eigener Anschauung schon mehrfach geschrieben und referiert. Dort ist der motorisierte Verkehr in den Innenstädten bereits vielfach zur Anpassung an das Fußgängertempo gezwungen. Durch großzügige, mehrstöckige Straßenführungen und Kreuzungen versucht man aus dem Verkehrsdilemma der überlasteten Stadtzentren herauszukommen. Eine Übertragung dieser amerikanischen, technisch und finanziell unbekümmerten Lösungen auf unsere in ihren Entwicklungsgrundlagen völlig anders orientierten europäischen oder deutschen Städte ist selbstverständlich nicht ohne weiteres möglich. Hier muß das Problem von Grund auf anders angefaßt werden.

B. Stadtentwicklung

Eine *gesunde Stadtentwicklung* beruht auf biologischer Grundlage, d. h. das biologische Prinzip auf die Stadtgestaltung angewendet: die inneren Organe oder Stadtinhalte und das äußere Wachstum einer Stadt müssen übereinstimmen. Ein schlecht funktionierender Stadtorganismus belastet direkt und indirekt Wirtschaft und Einwohnerschaft. Nicht durch die heute im Vordergrund stehende Bekämpfung der Verkehrsmängel, nämlich durch Ausweitung und Verbesserung der Verkehrsflächen als Einzelmaßnahmen, kann es zu einem gesundeten Stadtorganismus kommen; das würde nur ein örtliches Kurieren der Symptome bedeuten. Nur durch einen *gesamtstädtebaulichen Strukturwandel*, durch eine optimale Raumordnung, kann das Übel an der Wurzel gefaßt werden. Ist doch der Verkehr nichts anderes als der sichtbare Ausdruck des *funktionellen Beziehungsaustausches*, der heute weitgehend in Unordnung geraten ist. Verkehr ist ja nicht Selbstzweck, sondern Mittel zum Zweck!

C. Begriff der Stadtregion

Wenn wir von Stadtentwicklung sprechen, dürfen wir nicht mehr die einzelnen Gemeinden in ihren administrativen Grenzen sehen, sondern den Lebens- und Wirtschaftsraum, der auf diese Einheiten unseres heutigen Volkslebens zentriert und wohl mit dem *Begriff der „Stadtregion“* am besten erklärt ist (Abb. 4). Auf der Grundlage der Pendelintensität des Berufsverkehrs, also von den wirtschaftlichen Zusammenhängen her, lassen sich in der Reihenfolge abnehmender Intensität der Beziehungen mit statistischer Gründlichkeit folgende Zonen unterscheiden: Kernstadt, Vorortsbereich, verstädterte Zone, Randzone. Man wird insbesondere bei Betrachtung der beiden letztgenannten Zonen finden, daß der politische Umfang einer Stadt sich oft nicht mit *der* Fläche deckt, die ihrem Wirtschaftsraum und der Agglomeration um ihren Kern entspricht und die deshalb in einem größeren Umkreis der städtebaulichen Bearbeitung bedarf.

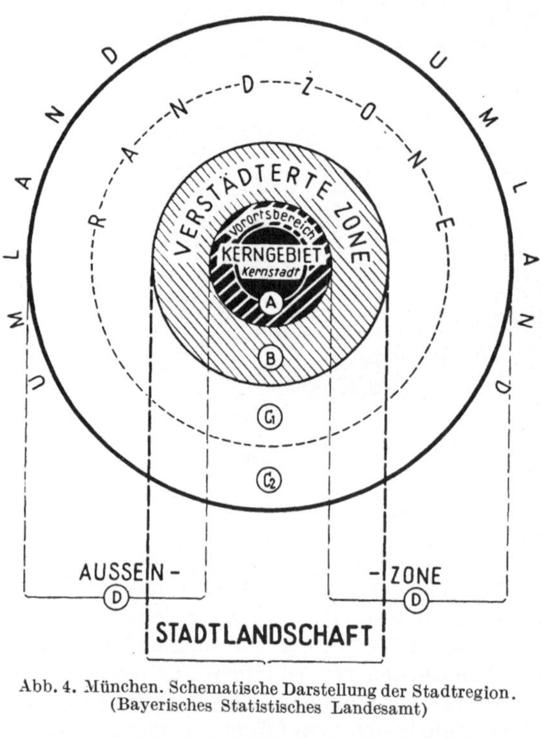

Abb. 4. München. Schematische Darstellung der Stadtregion. (Bayerisches Statistisches Landesamt)

Der Radius der Stadtregion München beträgt z. B. unter Einbezug ihrer Randzonen etwa 25 km. Vereinfachend wirkt im Lande Bayern, daß die dort typische Einzellage der Stadtregionen eine verhältnismäßig freie Planung und Ausbildung derselben ermöglicht. Im Gegensatz dazu ergibt die Konzentration und enge Tuchfühlung der Städte im Lande Nordrhein-Westfalen, die sich in ihrer Mehrzahl beiderseits des Rheinstroms und auf dem Wirtschaftsbande der Ruhrkohle häufen, grundsätzlich anders gelagerte Stadtstrukturen. Das Ineinandergreifen der städtischen Randzonen hat hier zwangsläufig zu einer frühzeitigen landesplanerischen Untersuchung der großen Entwicklungsfragen geführt, die im Siedlungsverband Ruhrkohlenbezirk schon seit dreieinhalb Jahrzehnten bedeutende praktische Erfolge, besonders auch in der Generalverkehrsgestaltung, in der Schaffung von *Verbandsstraßen* und *Verkehrsbändern* aufzuweisen hat.

D. Raumzeitproblem

Weiterhin ist die *Untersuchung des Raumzeitproblems* für die Regeneration der Stadt und die Entflechtung des Verkehrs von besonderer Bedeutung, denn die vierte Dimension *Zeit* tritt als neues Gestaltungselement im Städtebau zu den bisherigen drei Dimensionen Länge, Breite, Höhe. Einige Beispiele mögen die unterschiedlichen Strukturen der Einzugsgebiete erläutern. So muß Düsseldorf als Landeshauptstadt, Stadt des Handels und der verarbeitenden Industrie am Rande des Ruhrgebietes, nach Ermittlungen seines Stadtplanungsamtes auf rd. 45000 Einpendler aus einem ausgedehnten Einzugsgebiet Rücksicht nehmen und demzufolge seine Verkehrspolitik darauf einstellen (Abb. 5). In einem für das bedeutende Ballungszentrum New York verhältnismäßig engen Umkreis von nur 25 km führt ein gut ausgebildetes Netz öffentlicher Nahverkehrsmittel den Berufsverkehr in Zeitzonen von 20, 40 und 60 Minuten in die City. Demgegenüber beträgt in Stuttgart infolge schwieriger topographischer Gegebenheiten die Zeitraumdistanz der öffentlichen Verkehrsmittel bei 60 Minuten Pendelzeit 20 km in bandartiger Aufschließung, die der individuelle, gegenüber Geländeverhältnissen weniger empfindliche Kraftwagenverkehr wiederum flächenmäßig wesentlich verbreitert. Essen, im dichten Stadtverbande des Ruhrgebietes, rechnet mit Zeitzonen von 10, 20, 30 Minuten bis zu 10 km Umkreis, der sich im bergigen Süden, im lockeren Siedlungsgebiet jenseits der Ruhr, durch den Kraftwagen ausweiten läßt (Abb. 6). In einem solchen Umkreis dürfte also noch mit den heutigen Massenverkehrsmitteln die Bedienung einer Stadt bis zu 900000 Einwohnern möglich sein.

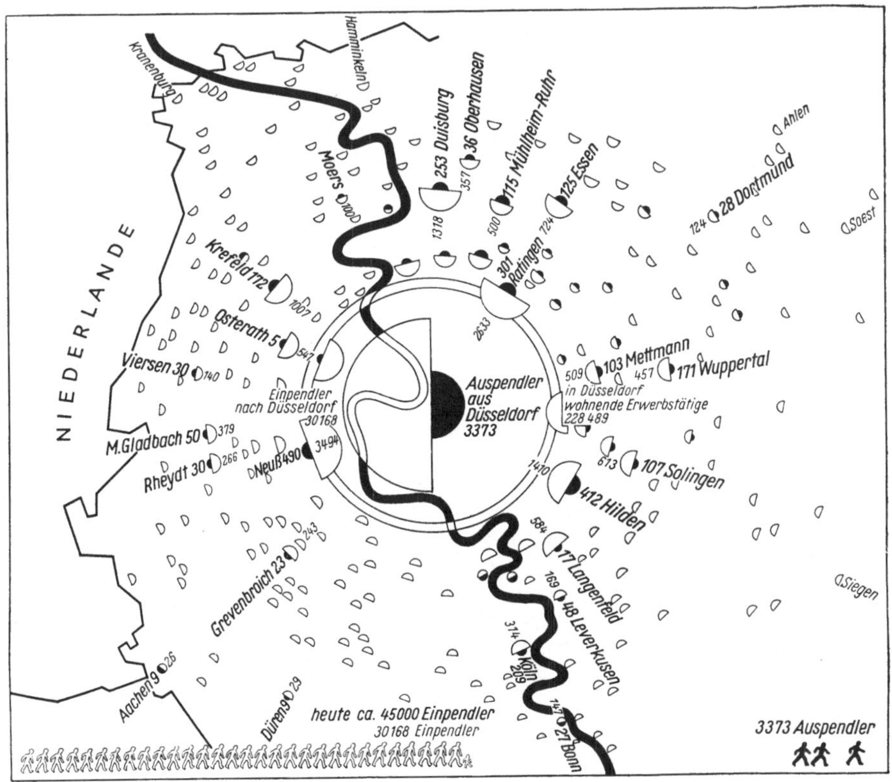

Abb. 5. Düsseldorf, überörtliche Pendelwanderung. (Stadtplanungsamt Düsseldorf)

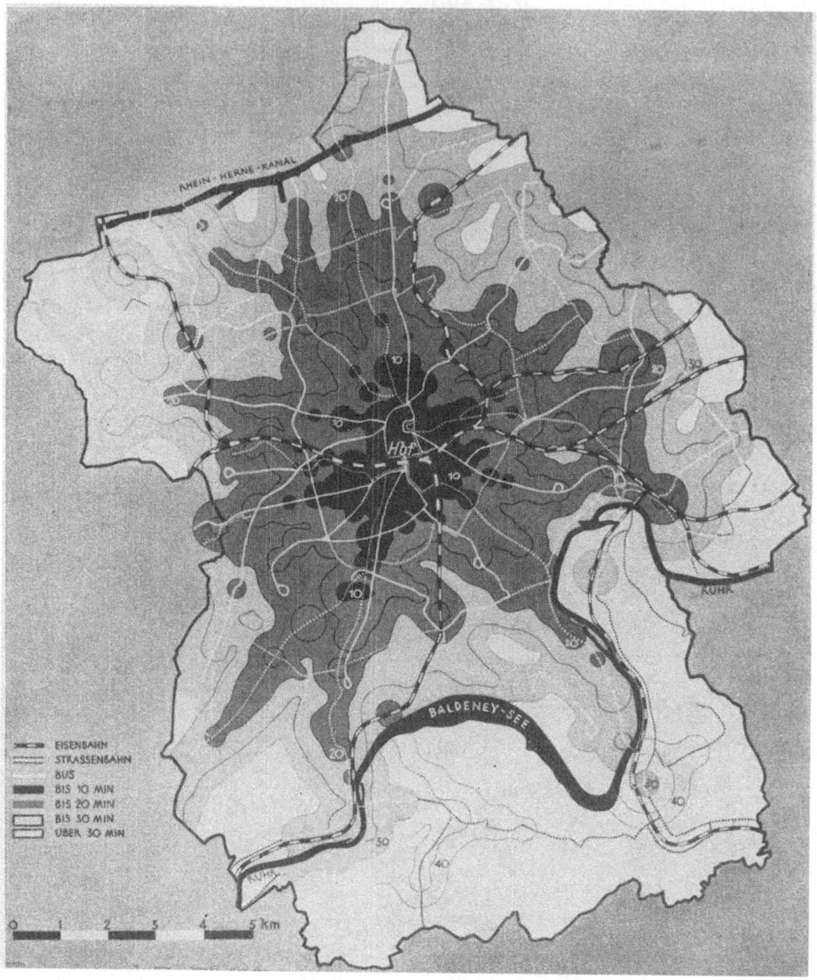

Abb. 6. Essen, Zeitzonenplan der öffentlichen Nahverkehrsmittel bezogen auf die Stadtmitte. (Stadtplanungsamt Essen)

E. Verkehrfundierte Idealformen

Zu diesen statistisch-technischen Untersuchungen des städtischen Gesamtproblems kommen vielfache theoretische Vorschläge, welche die optimale Lösung der Stadtentwicklung bei weiter ansteigender Motorisierung in *verkehrsfundierten Idealformen* anstreben. Le Corbusier propagiert z. B. eine für den Fußgänger grundsätzlich ebenerdig begehbare Stadt im Grünen mit hochliegenden Stadtverkehrsstraßen und Fernautobahnen im Einschnitt, also das Prinzip der absoluten Trennung der verschieden schnellen Verkehrsarten (Abb. 7). Dr.-Ing. Reichow will das *hippodamische* System der rechtwinkligen Kreuzungen durch ein nach den Stadt- oder Nachbarschaftszentren ausgerichtetes Verästelungsprinzip mit stumpfwinkligen Einmündungen ersetzt wissen (Abb. 8). Prof. Hebebrand spricht einem Idealschema der Baumkrone das Wort mit den Hauptschlagadern des Verkehrs, Radialstraßen und Schnellbahnen, in ausstrahlenden Grünbändern, von denen Zufahrtsstraßen zu den Wohnquartieren in stetiger Verästelung und stufenweiser Querschnittsverminderung abzweigen (Abb. 9).

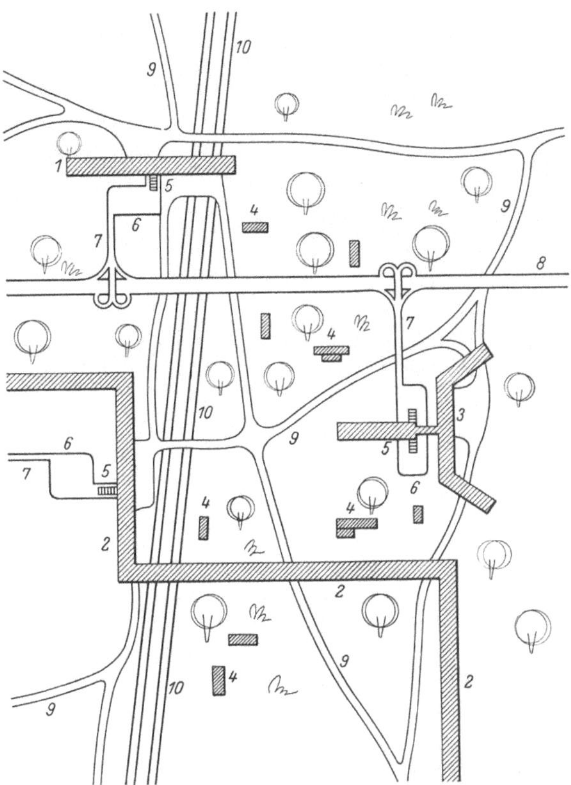

Abb. 7. Verkehrfundiertes Idealstadtschema (nach Le Corbusier)

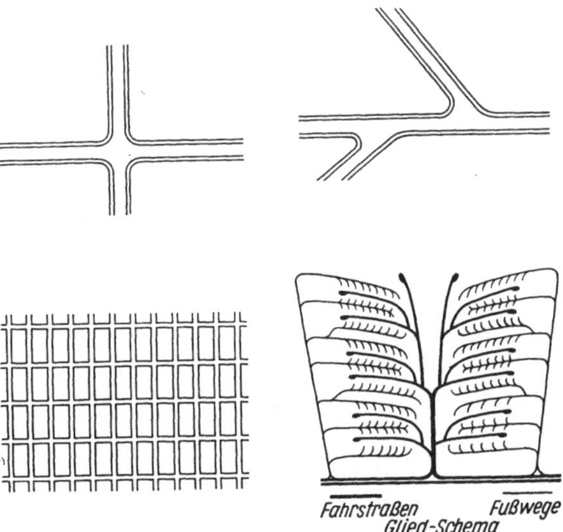

Abb. 8. Grundelemente des hippodamischen
und des organischen Städtebaues (nach Dr. Ing. Reichow)

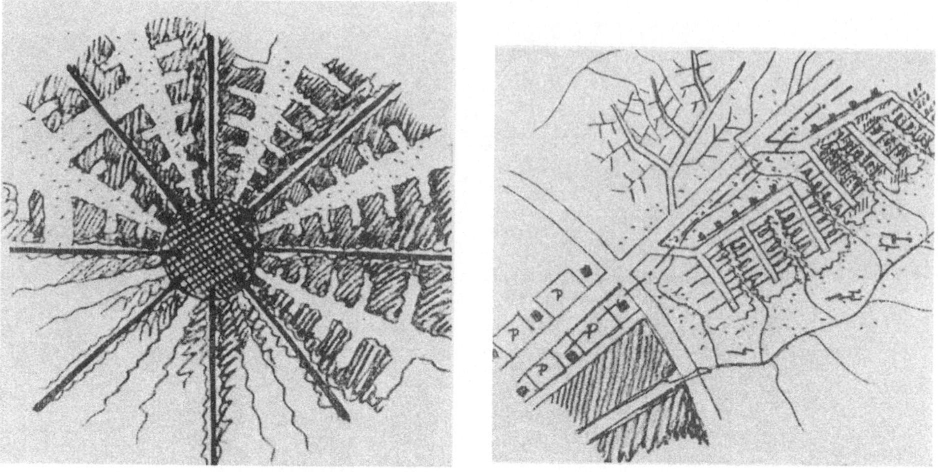

Abb. 9. Idealstadtschema in baumkronenartiger Verästelung (nach Professor Hedebrand)

F. Einbindung in das Fernstraßennetz

Die Formung der Stadt als Ganzes hängt stärkstens von ihrer *Einbindung in das Fernstraßennetz* ab, wobei die örtlichen Bedingungen zu verschiedenartigen Lösungen des Verkehrsgerüstes führen. In Hannover, der Einzelstadt in der Ebene, führten die

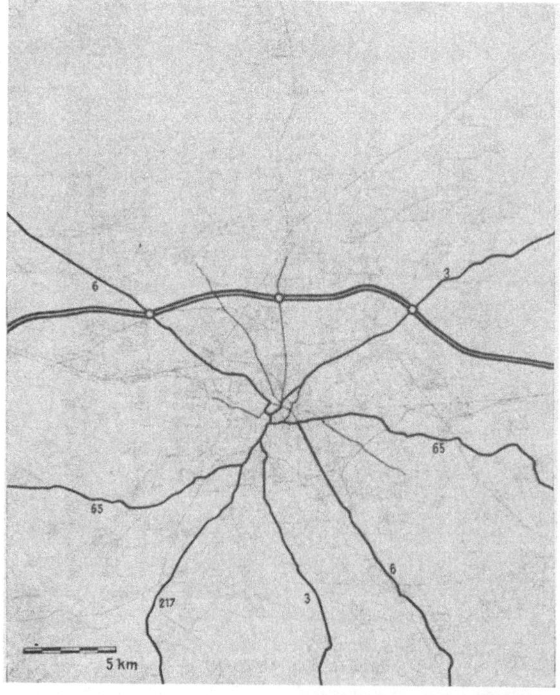

Abb. 10a. Hannover, Hauptverkehrsstraßennetz vor der Neuordnung (Stadtbauamt Hannover)

Fernstraßen früher durch den Stadtkern (Abb. 10). Jetzt werden sie als Tangentennetz durch einen stadtnahen Innenring aufgefangen. Die zukünftigen Autobahnen nach Hamburg und Frankfurt wurden bereits in die Planung einbezogen. Im Gegensatz zur vorgenannten zentrischen Verkehrslage steht die Gitterstruktur der großen Verkehrslinien des Ruhrgebietes. In diesem städtisch-ländlichen Mischbezirk von rd. 100 km Länge und 30 km Breite, in welchem etwa 5 Millionen Menschen wohnen und arbeiten, verlaufen Autobahn, Ruhrschnellweg und die Haupteisenbahnlinien in Ost-West-Richtung. Die Vergitterung erfolgt in Abständen von etwa 10 km an den Kreuzungen mit den großen Nord-Süd-Straßen des Bezirks, deren verkehrsgerechter Ausbau geplant und z. T. schon im Gange ist. Durch die Elektrifizierung der Hauptlinie des Personenverkehrs der Bundesbahn und den Ausbau des Ruhrschnellweges wird die Verkehrsbedienung der Ost-West-Achse beschleunigt. Die meist historisch begründeten Kreuzungen der West-Ost- mit den Nord-Süd-Verbindungen erleichtern für manche Ruhrstädte innerhalb der vorherrschenden bezirklichen Bandstruktur die Verfolgung einer gewissen Zentraltendenz, denn schließlich ist die Bezogenheit auf eine Mitte die Voraussetzung und das Kennzeichen für einen lebensfähigen Organismus. *Essen*, im Kreuzungspunkt der Bundesstraßen 1 und 224, ist ein typisches Beispiel für die Entwicklung einer

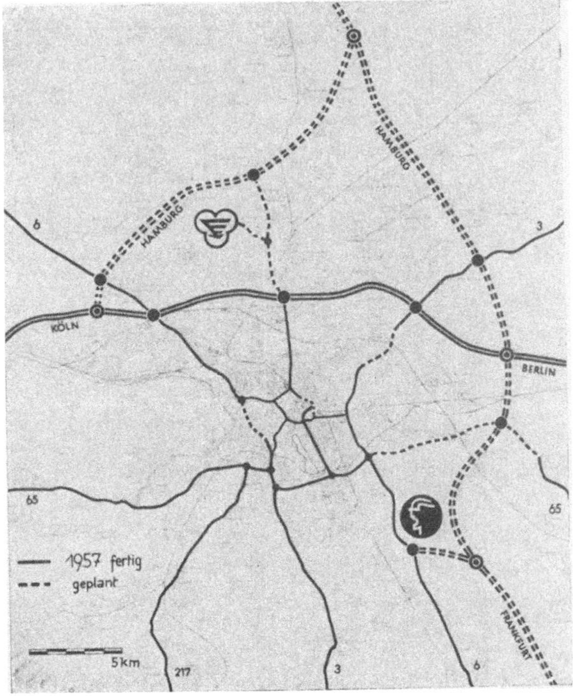

Abb. 10b. Hannover, Hauptverkehrsstraßennetz nach der Neuordnung. (Stadtbauamt Hannover)

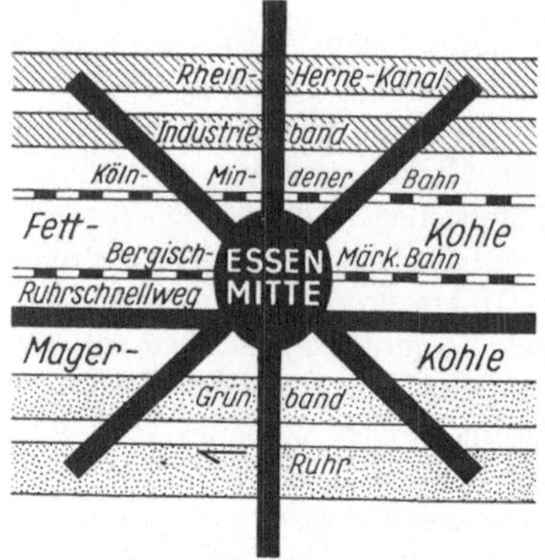

Abb. 11a. Essen, Verkehrslage auf dem Wirtschaftsbande des Ruhrgebietes. (Stadtplanungsamt Essen)

solchen Radialstadt auf einem Städtebande (Abbildung 11). Das dieser zentralen Struktur entsprechende Straßenverkehrsnetz ist hier mit Einschluß tangentialer Verbindungen in überlegten Dringlichkeitsstufen im Ausbau. Eine Sonderlösung im Raume des Ruhrgebietes stellt das Verkehrsgerüst von *Duisburg* dar. Hier erhält das in etwa 5 km Breite bandartig zum Rhein gelagerte Stadtgebiet durch den im Gange befindlichen Ausbau einer rd. 20 km langen planfreien Nord-Süd-Straße sein verkehrliches Rückgrat.

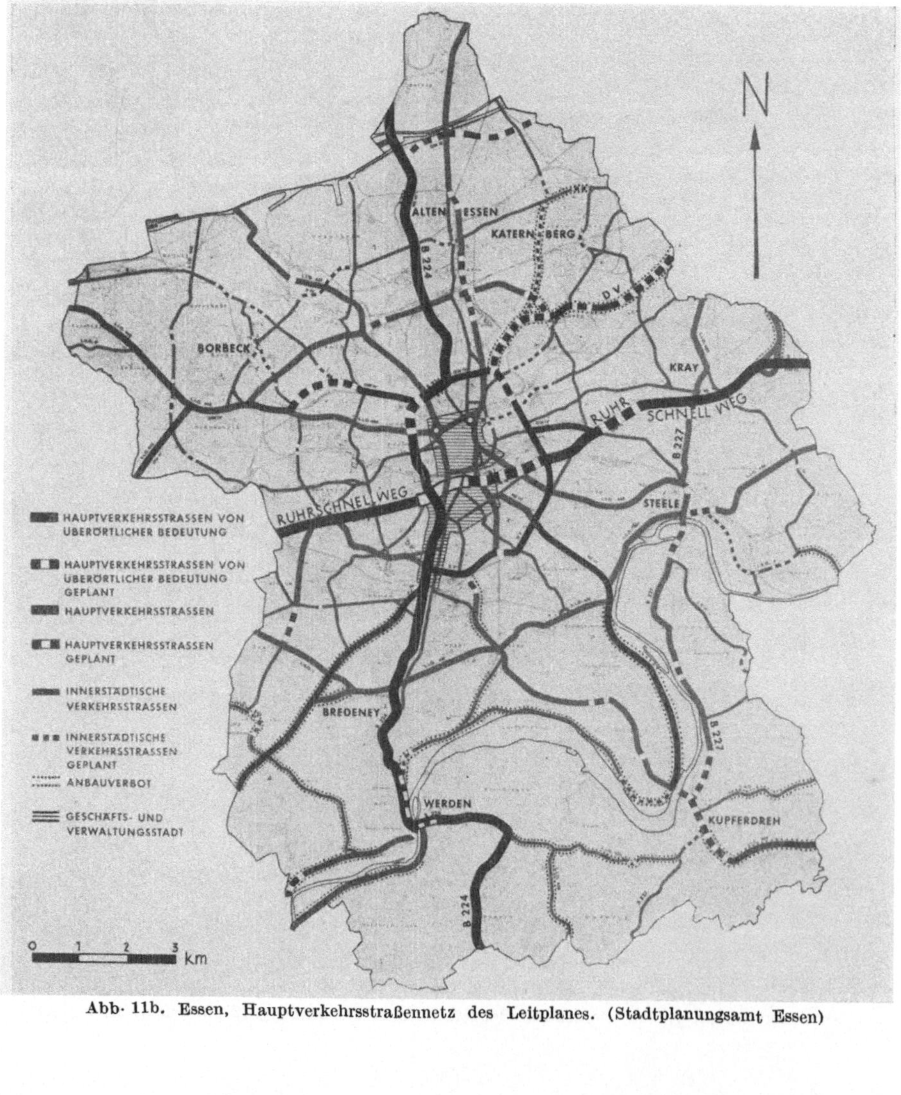

Abb. 11b. Essen, Hauptverkehrsstraßennetz des Leitplanes. (Stadtplanungsamt Essen)

G. Verkehrsprobleme im städtischen Außengebiet

Die geschilderte starke Abhängigkeit der örtlichen Stadtentwicklung von den großen Linien des Landesverkehrs erfordert eine baldige koordinierende Lösung der *Verkehrsprobleme im städtischen Außengebiet* zum Wohle der inneren Raumordnung, namentlich der Großzentren. Gleichwie ein Zwölfjahresplan der Bundesregierung den Ausbau der großen Adern des Landesverkehrs besonders fördern soll, so muß baldigst ein leistungsfähiges Netz schneller, d. h. anbaufreier und plankreuzungsfreier städtischer Ausfallstraßen mit Massenverkehrsmitteln auf eigenem Bahnkörper geschaffen werden. Autobahnauffahrten, Strombrücken und andere Festpunkte und Linien des Überlandverkehrs bestimmen dabei zwingend die Struktur des Stadtstraßengerüstes und damit die Form unserer Städte. Diese Einwirkungen mögen einige Beispiele zeigen. So plant *Köln* in der Verlängerung der Hohestraße, im südlichen Stadtteil der Innenstadt, am Hafen, eine kreuzungsfreie und in Grün gebettete Auffahrt zu einer neuen Rheinbrücke (Abb. 12). In *Düsseldorf* erfordert die Auffahrt zu der neuen im Bau befindlichen Nordbrücke in der dichten Bebauung eine großzügige Ausführung von Hochstraßen und besonders ausgebildeten Kreuzungen (Abb. 13). Bekannt ist auch die großzügige Einführung der Autobahn, von Bremen kommend, in das städtische Straßennetz von Hamburg im Stadtteil Veddel, die in vorbildlicher Weise Wohnbaugebiete vom Industriegelände trennt. In *Hannover*, dessen Verkehrsstruktur schon gestreift wurde, überquert als äußere Tangente ein neuer Südschnellweg im Anschluß an die Bundesstraße 3 in kühnem Schwung das Überschwemmungsgebiet der Leine-Niederung am Südende des Maschsees (Abb. 14).

Abb. 12. Köln, linksrheinische Rampe der neuen Rheinbrücke im Südteil der Altstadt. (Städtebauamt Köln)

Abb. 13. Düsseldorf, neue Nordbrücke mit Anschlußstraßen. (Stadtplanungsamt Düsseldorf)

Abb. 14. Hannover, Südschnellweg über die Leine-Niederung. (Stadtbauamt Hannover

H. Verkehrsgestaltung in Berlin

Als Sonderlösung interessiert die zukünftige große *Verkehrsgestaltung Berlins*. Die Schnellverbindung der Stadtteile wird dort später ein rd. 100 km langes Schnellstraßennetz vermitteln, in dessen Zentrum 4 Tangenten mit möglichst planfreien Kreuzungen den engeren Stadtkern in einer Größe von 3 × 4 km umschließen. An dieses innere Rechteck werden die einstrahlenden Fernstraßen tangential angelehnt, doch außen bereits durch einen plankreuzungsfreien Ring erstmalig abgefangen. Nach den Gegebenheiten der Örtlichkeit, dem Grundwasserspiegel, der Lage der kreuzenden Eisenbahn- und U-Bahnstrecken wird dieser Ring als Hochstraße oder im Einschnitt geführt. Die Fertigstellung des ersten 2 km langen Bauabschnittes zwischen Halenseestraße und Hohenzollerndamm erfordert in dreijähriger Bauzeit einen Kostenaufwand von 34 Mill. DM. Der Kurfürstendamm wird mit einem 210 m langen Tunnel unterfahren, ebenso der Hohenzollerndamm und die übrigen Straßen. Der Einschnitt ist stellenweise 7 bis 9 m tief. Das Querprofil ist aufgeteilt in zwei Richtungsfahrbahnen von je 10,50 m Breite, einen 2 m breiten Mittelstreifen und Seitenstreifen (Abb. 15).

Abb. 15. Berlin, neuer Schnellstraßenring, Teilstück Halensee. (Senator für Bau- und Wohnungswesen Berlin)

I. Raumgestaltung der städtischen Kernzone

Auf die *Raumgestaltung der Kernzone der Städte* übt die Verkehrsplanung einen maßgebenden Einfluß aus. Von der Koordinierung des horizontalen und vertikalen Gesamtbildes, vom Finden einer Synthese zwischen Wirtschaft, Kultur, Architektur und Verkehr besonders im städtischen Innenraum, der in erster Linie das Gesicht unserer Städte bestimmt, wird es abhängen, ob die deutsche und europäische, im zusammenfassenden Begriff die *abendländische* Großstadt trotz aller verkehrsbedingten Änderungen ihren typischen Charakter behält. Die geminderte Leistungsfähigkeit der inneren Stadtstraßen rührt meist aus einer in räumlicher Hinsicht bescheidenen mittelalterlichen Stadtentwicklung her, während die moderne Stadt größere und anders geordnete Verkehrsräume verlangt.

Leibbrand hat die *Diskrepanz* zwischen dem zur Verfügung stehenden Straßenraum und der von den einzelnen Verkehrsteilnehmern beanspruchten Fläche im Laufe der letzten 50 Jahre berechnet und kommt zu folgenden Steigerungen:

Vergrößerung der Stadtfläche	auf das 1,75fache
Vergrößerung der Bevölkerungszahl	auf das 2,5fache
Vergrößerung der Verkehrsmenge	auf das 8fache
Vergrößerung des Straßenflächenbedarfs durch individuelle Verkehrsmittel	auf das 60fache.

Es muß das Ziel jeder Städtebau- und Verkehrsplanung sein, Verkehrsdichte und Leistungsfähigkeit der Straßen in Übereinstimmung zu bringen und vor allem durch die Anlage citynaher Tangenten trotz möglichster Schonung historisch unersetzlicher Werte eine Verbesserung der innerstädtischen Verkehrsverhältnisse bei gleichzeitiger Vergrößerung der Verkehrsräume zu erzielen.

Am Beispiel der neuen Innenstadtplanung für *Hannover* wird erkennbar, daß der Verkehr sehr wohl städtebildendes und -erhaltendes Element sein kann. Um die City

Abb. 16. Hannover, Laves-Allee, Zubringer zum Innenstadtring. (Stadtbauamt Hannover)

herum wird dort ein innerstädtischer Ring gebildet, der vom Königsworther Platz über Leibniz-Ufer, den Ägidientor-Platz und die neu ausgelegte Hamburger Allee führt, die Kernstadt abschirmt und sie dominierend heraushebt. Die Laves-Allee, ein Zubringer zu diesem Innenstadtring, bietet für die Abkehr von der alten Art der Korridorstraße und die Durchführung einer auflockernden Randbebauung ein anschauliches Bild (Abb. 16).

Die planerischen Bemühungen anderer deutscher Großstädte zeigen die gleiche Tendenz, trotz Vermehrung der inneren Verkehrsfläche die örtliche Eigenart des Stadtbildes zu erhalten. So wurde die Verkehrsfläche der Innenstadt von *Köln*, die 1939 nur 29% der Gesamtfläche betrug, auf 34% gesteigert, ohne die Einmaligkeit dieses historisch entwickelten Stadtkörpers zu vernichten (Abb. 17). *Dortmund*, die alte Hansestadt, erreichte das gleiche Ziel der weitgehenden Erhaltung seiner überkommenen Innenstadt-Struktur, obwohl es im Kern eine Vergrößerung der Verkehrsfläche von $^1/_3$ auf $^1/_2$ der Gesamtinnenstadtfläche vornahm (Abb. 18). *Bochum* dagegen war gezwungen, durch eine großzügige Neuordnung der Innenstadt mit Straßenbreiten von durchschnittlich 28 bis 32 m und durch die Anlage eines neuen Hauptbahnhofes mit einem fast 70 m breiten repräsentativen Vorplatz eine durchgreifende Regenerierung seines früher wenig übersichtlichen Stadtkerns anzustreben. Auch in *Mülheim-Ruhr* hat sich durch die Neuplanung der innerstädtische Verkehrsraum beträchtlich ausgeweitet und bereits in vielen Teilen äußerlich sichtbar eine der wirtschaftlichen Bedeutung dieses Gemeinwesens angemessene architektonische Form angenommen. Das ausgedehnte Innenstadtgebiet von *Düsseldorf* zwischen dem Hauptbahnhof und der alten Magistrale der Königsallee wurde durch mehrere Durchbrüche besser aufgeschlossen. Parallel zur Königsallee verläuft heute als Verkehrsachse die neue Berliner Allee in 45 m Breite mit einem eigenen Straßenbahnkörper. Die ebenso breite neue Immermannstraße stellt eine direkte Verbindung vom Hauptbahnhof zum neuen Verkehrsknotenpunkt des Jan-Wellem-Platzes her (Abb. 19). In *Essen* läßt die in rascher baulicher Entwicklung fortschreitende Neuordnung des Geschäftszentrums zwar den durch den bauhistorischen Bereich des 1100jährigen Münsters fixierten mittelalterlichen Stadtgrundriß noch deutlich erkennen (Abb. 20). Aber die Auskernung und Auflockerung der alten Blocks und Straßenzüge durch eine Folge neuer Plätze und Straßenerweiterungen macht diesen Raum zu einer der am stärksten aufgelockerten deutschen Altstädte. Der Anteil der Verkehrsfläche an der Kernstadtfläche ist hier von $^1/_3$ auf etwa $^2/_3$ gestiegen. Ein kleiner neuer Platz dieser innerstädtischen Neuordnung, der *Salzmarkt*, gibt ein Beispiel für die neue charakteristische Bau- und Verkehrskoordinierung im Zentrum Essens (Abb. 21). Durch eine an zwei Seiten zweigeschossige, an den anderen beiden Seiten mehrgeschossige Umrahmung ist hier eine intime Platzanlage geschaffen worden, die zugleich den Parkraumbedarf des anliegenden Hochhauses sicherstellt. Da das Parkproblem im Rahmen dieser Tagung durch ein besonderes Referat zur Sprache kommen wird, kann hier auf weitere Ausführungen verzichtet werden.

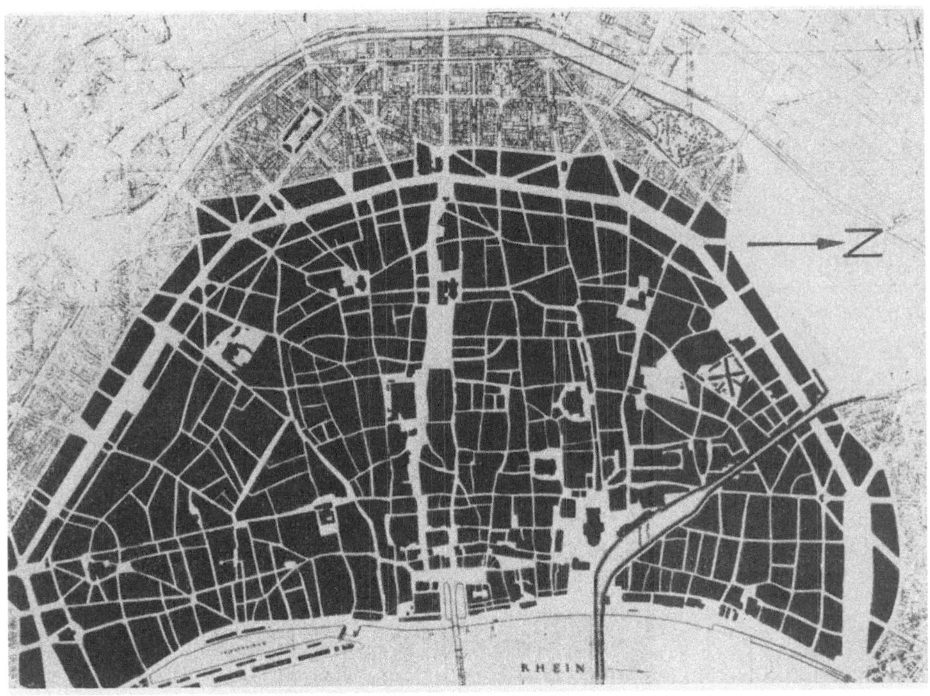

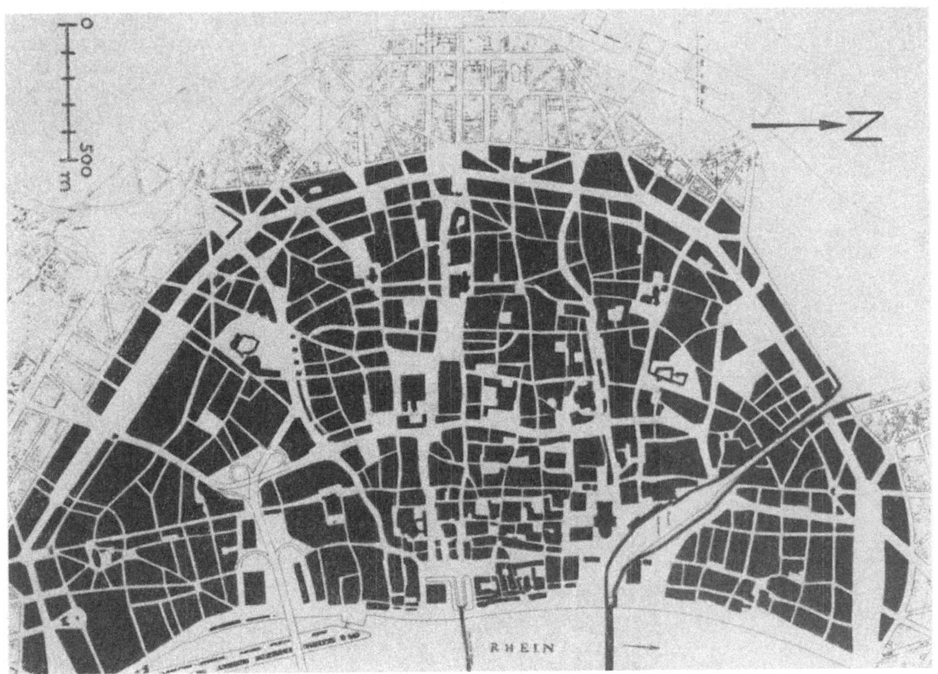

Abb. 17a u. b. Köln. (Städtebauamt Köln)

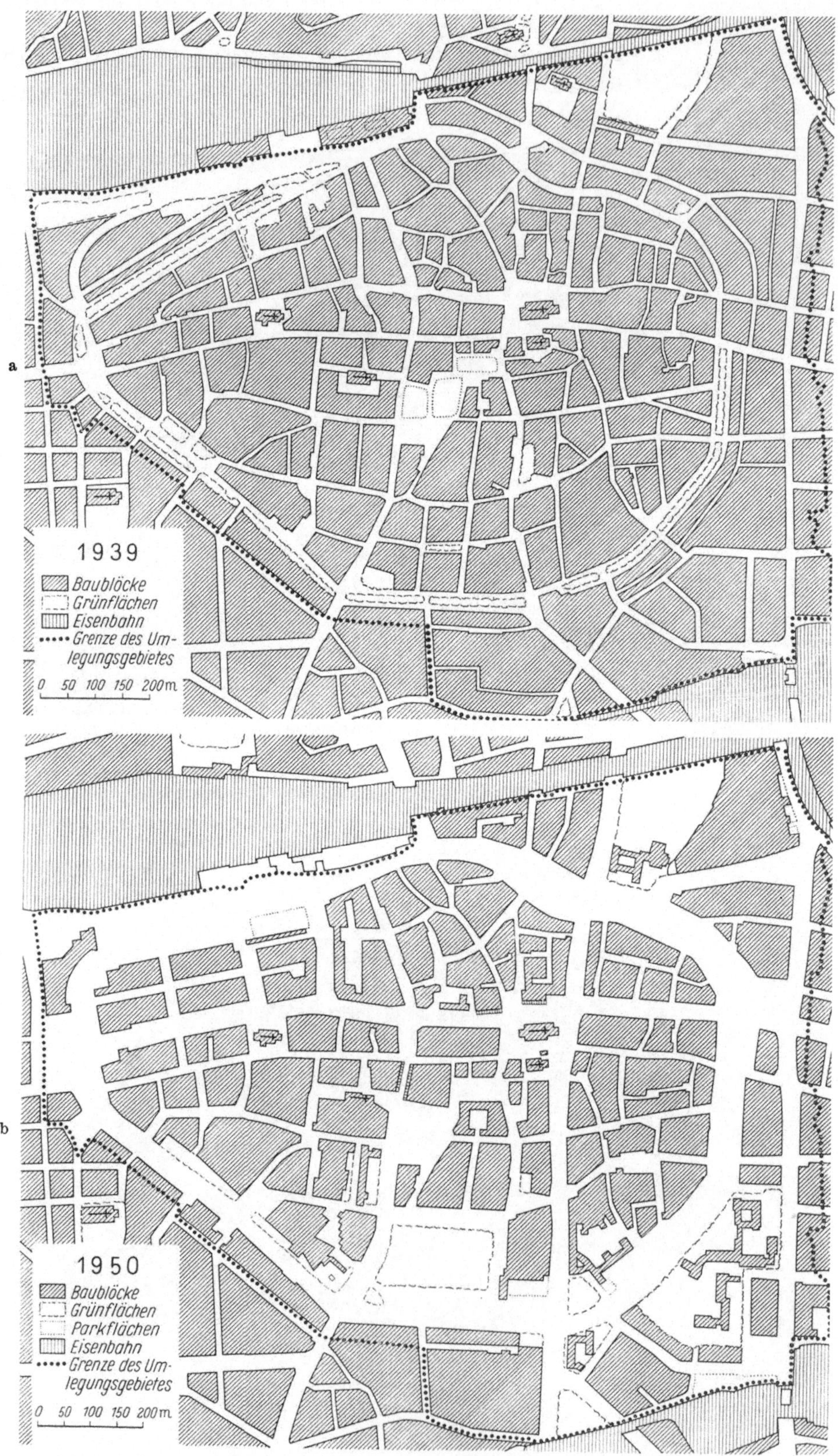

Abb. 18a u. b. Dortmund, Innenstadt a vor und b nach der Neuordnung. (Stadtbauamt Dortmund)
„Es ist zu beachten, daß die Dortmunder Innenstadt mit 80 ha Fläche nur etwa $^1/_5$ der in der Abbildung 17 dargestellten Altstadt von Köln umfaßt“

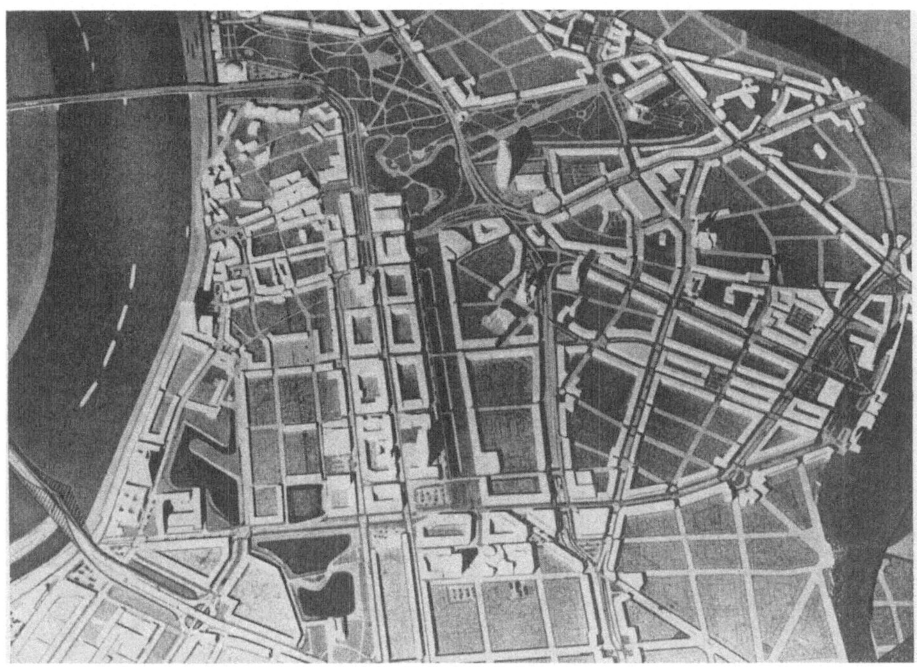

Abb. 19. Düsseldorf, Modell der neugestalteten Innenstadt mit den Durchbrüchen Berliner Allee (Bildmitte parallel zur Königsallee) und Immermann-Straße. Rechte Bildhälfte, Richtung Hauptbahnhof — Jan-Wellem-Platz. (Stadtplanungsamt Düsseldorf)

Abb. 20. Essen, Geschäftskern von Süden mit östlicher Innenstadt-Tangente. (Luftbild AEROLUX, Freigabenr. 1240/55)

Abb. 21. Essen, Salzmarkt, neuartige Bau- und Verkehrskoordinierung im Stadtzentrum. (Stadtplanungsamt Essen)

K. Sanierung innerstädtischer Wohnquartiere

Ein besonderes Kapitel ist die *Sanierung innerstädtischer Wohnquartiere*. Hierfür gibt die Neuordnung des Stadtteils Hamburg-Barmbek ein Beispiel (Abb. 22). 1850 entstanden, war dieser Bezirk bis 1939 mit 130000 Einwohnern besiedelt, während die Neuplanung des Wiederaufbaues dieses durch den Krieg zu 70% zerstörten Gebietes nur noch eine Einwohnerzahl von 75000 vorsieht. Der Aufbau war bis zum Jahre 1956 zu 60% durchgeführt. Ein Vergleich der beiden Bebauungspläne zeigt, daß die Verkehrsstraßen früher kaum breiter als die Wohn- und Nebenstraßen waren. Das geplante Straßennetz entspricht dem zukünftigen Verkehr. Die Verkehrsstraßen wurden stark verbreitert und unnötige Kreuzungen vermieden. Von Osten nach Westen führt ein neuer übergeordneter Straßenzug, der die Querverbindung zur Entlastung der Innenstadt herstellt, mit Untertunnelung der Außenalster.

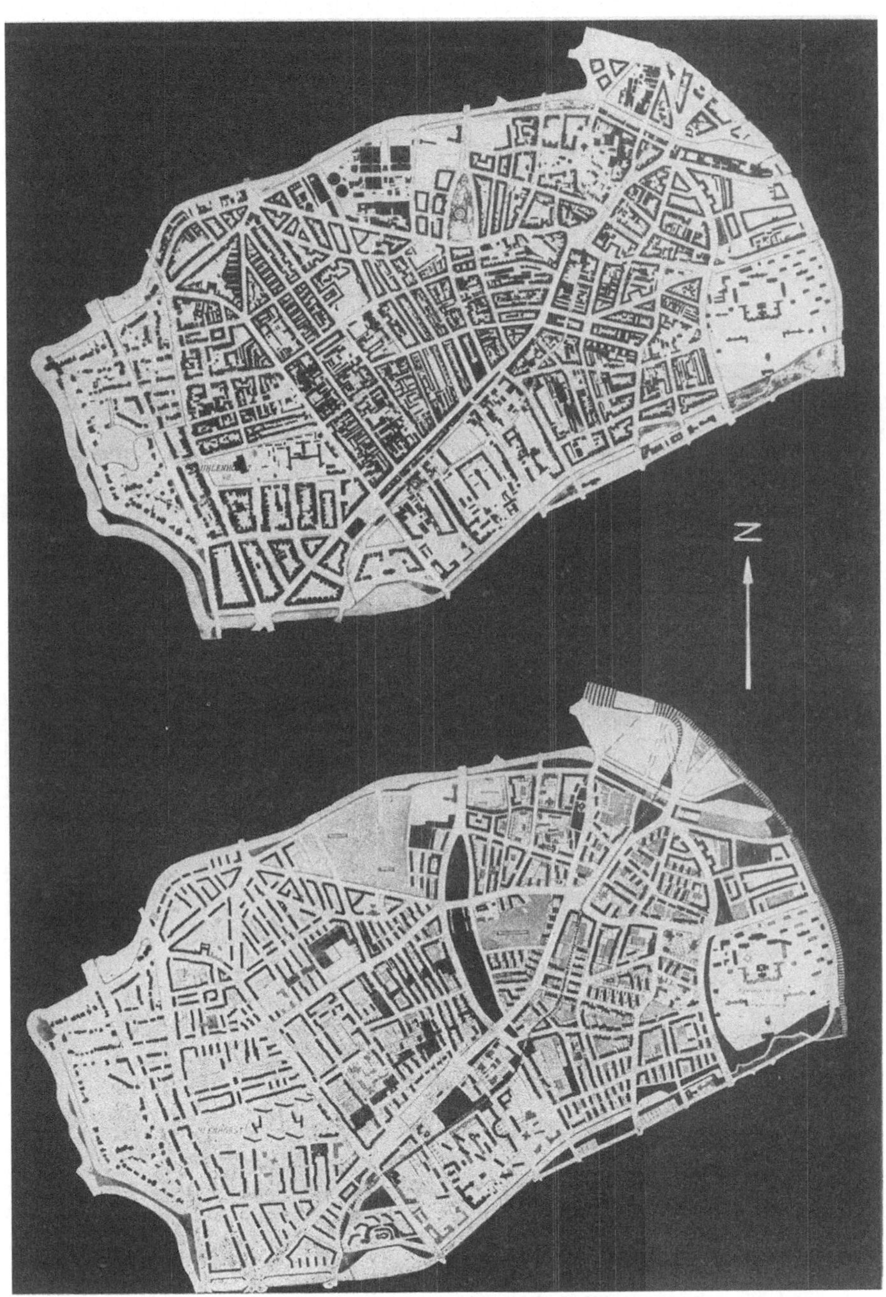

Abb. 22. Hamburg—Barmbek—Uhlenhorst, Bestandsplan 1939 und neuer Programmplan. (Aus: „Neue Heimat“)

L. Leistungsfähigkeit der Verkehrsknotenpunkte

Entscheidend für die Funktion des Straßennetzes ist die *Leistungsfähigkeit der Knotenpunkte*. Diese sind mit zunehmendem Verkehr erheblichen Änderungen unterworfen. Ändert schon die fortlaufend schwieriger werdende Flüssighaltung der Verkehrsströme an diesen Gefahrenstellen durch vorsorgliche *ebenerdige Ordnungsmaßnahmen* das optische Bild der Kreuzungen und Platzräume nicht unwesentlich, so wird man für ihre zukünftige *räumliche Gestaltung* völlig andere Formen finden müssen, die sich grundsätzlich von früheren Auffassungen unterscheiden. Hier eine befriedigende Synthese zwischen Verkehrs- und Architekturbelangen zu finden, ist eine schwierige, aber auch interessante Aufgabe der modernen Stadtgestaltung.

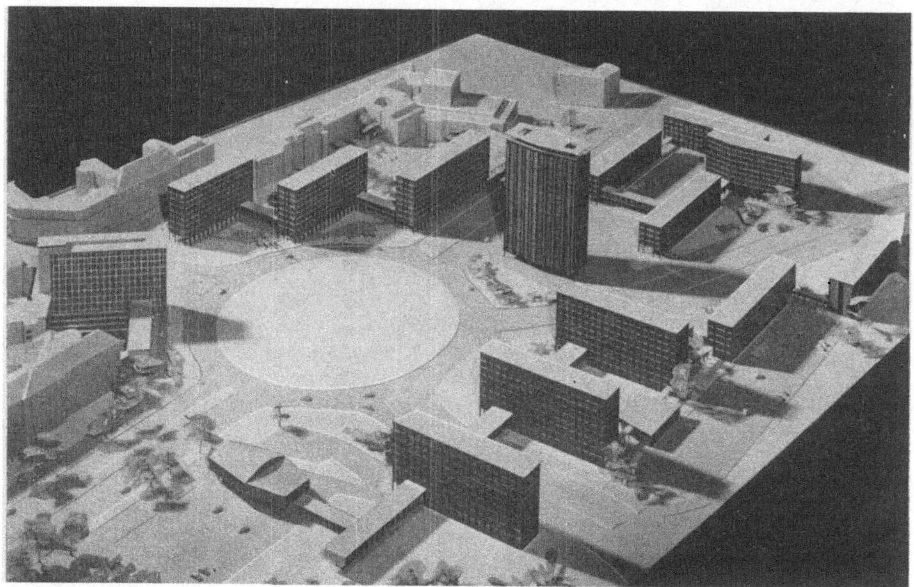

Abb. 23. Berlin, neuer Ernst-Reuter-Platz. (Senator für Bau- und Wohnungswesen Berlin)

Deutlich zeigt sich dieser Wandel bei Betrachtung des werdenden Ernst-Reuter-Platzes in *Berlin*, dem früheren *Knie* (Abb. 23). Der alte Platz hatte einen Kreis von 35 m Durchmesser, der neue wird einen Kreisdurchmesser von 120 m aufweisen. Die Stellung der Bauten zum Platzraum und die Abkehr von der geschlossenen Platzwand ist für die Neugestaltung charakteristisch. Die Kosten für die Umgestaltung der Platzanlage, die 1956 begonnen wurde, belaufen sich auf 10 Mill. DM. Anders geartet ist die Umgestaltung des mit 3500 Pkw spitzenstündlich belasteten Limbecker Platzes in *Essen*, für dessen Neuformung starke örtliche Bindungen, ein großes Warenhaus und ein großes Hotel, mitbestimmend sind (Abb. 24). Trotzdem konnte durch zielstrebige Bodenordnungsmaßnahmen eine Steigerung der Verkehrsfläche von 32 auf 68% vorbereitet werden. Mit der Ausführung der auf 12 Mill. DM geschätzten neuen Platz-

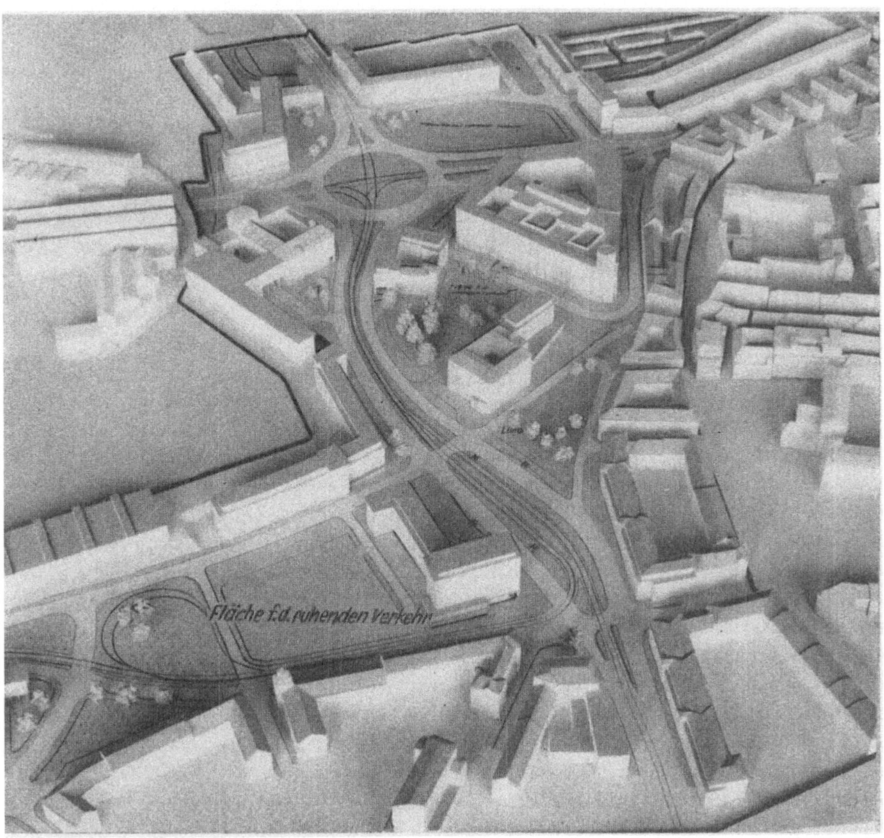

Abb. 24. Essen, Modell der Neuordnung des Limbecker Platzes. (Stadtplanungsamt Essen)

Abb. 25. Essen, Porsche-Platz, Neuanlage am Umfahrungsring des Geschäftskerns. (Stadtplanungsamt Essen)

anlage wird demnächst begonnen. Eine andere verkehrlich-architektonische Kombinationslösung aus der Neuplanung der Essener Innenstadt ist der neu angelegte Porscheplatz in einer Ausdehnung von rd. 20000 qm Fläche unmittelbar am Umfahrungsring (Abb. 25). Er stellt in der Hauptsache einen Omnibusbahnhof dar, mit Umsteigemöglichkeit in vorbeigeführte Straßenbahnlinien. Die Aufstellung der Einsatz-Omnibusse für den Spitzenverkehr erfolgt z. Z. noch provisorisch am freigehaltenen Südrand des Platzes. Die endgültige Lösung dieser Frage ist noch Planungsobjekt. Die Nordseite des Platzes ist durch das neue Gewerkschaftshaus bereits architektonisch betont, während sich auf der geländemäßig ansteigenden Ostseite später der beherrschende Akzent eines neuen Rathauses erheben wird.

M. Übereinanderliegende Verkehrsebenen

Die horizontale Unterbringung des erhöhten Bedarfs an Verkehrsflächen wird in der Zukunft im Inneren der Städte vielfach auf Schwierigkeiten stoßen, so daß sich zwangsläufig die Anordnung *übereinanderliegender Verkehrsebenen* ergeben wird. Im Ausland, vor allem auf den überseeischen Kontinenten, sind solche Lösungen in Form von Hoch- oder Tiefstraßen im Stadtzentrum bereits häufig zur Anwendung gekommen. Einige dieser Fälle seien hier kurz gestreift: Eine eindrucksvolle Anlage solcher Art ist die Nord-Süd-Achse im aufstrebenden Sao Paulo in Brasilien mit großzügigen Über- und Unterführungen der Verkehrswege. Caracas, die Hauptstadt von Venezuela, eine der modernsten Städte der Welt, schuf sich im Simon-Bolivar-Zentrum eine verkehrlich architektonische Kombination mit mehrgeschossigen unterirdischen Verkehrswegen, oberirdisch flankiert von vielgeschossigen Hochhäusern. Die komplizierte Funktion dieser sehr interessanten städtebaulichen Neubildung läßt sich im einzelnen aus einem Schema ablesen (Abb. 26). Auch Lösungen wie das innerstädtische Expreßway-System von Boston und anderen amerikanischen Großstädten stellen hypertrophe Erscheinungsformen dar und können für uns kein Vorbild sein.

Aber auch in Deutschland zwingen die steigenden Verkehrskalamitäten an den Kreuzungs- und Knotenpunkten zu Lösungen in mehreren Ebenen, da nur so die Verkehrsschwierigkeiten an diesen neuralgischen Punkten der Großzentren behoben werden können. Zunächst wird man die Fußgänger in die zweite Ebene führen, wie dieses durch Personen*unter*führungen vor den Hauptbahnhöfen München und Stuttgart geschehen ist. Dann werden größere Verkehrsbauwerke mit vertikaler Trennung der Fahrzeugspuren notwendig werden. So beabsichtigt man z. B. den Rudolf-Platz in Köln in zwei untereinander gestaffelten tiefen Ebenen von der Straßenbahn und vom Autoverkehr unterfahren zu lassen. Auch in Düsseldorf und Hamburg denkt man an die Anlage zweiter Verkehrsebenen an stark belasteten Stellen. Die geplante neue Führung des Ruhrschnellweges durch die Innenstadt von Essen wurde schon früher besprochen. Inzwischen ist die Planung weiter ausgereift und sieht nunmehr im westlichen Stadtteil Essens eine Tiefstraße im offenen Einschnitt vor, während der Mittelteil in Hauptbahnhofsnähe als Unterpflasterstraße und der Ostteil als Oberflächenführung mit planfreien Kreuzungen der Stadtstraßen ausgebildet werden soll.

N. Trennung von Fußgänger- und Fahrverkehr

Die *Trennung des Fußgänger- und Fahrverkehrs* ist eine der wichtigsten Aufgaben der Verkehrsplanung, der man allenthalben große Aufmerksamkeit schenkt. Da die Bürgersteige in den Straßen der Geschäftsviertel im allgemeinen nicht mehr genügen, geht man mehr und mehr dazu über, reine Fußgängerstraßen auszubilden und darüber hinaus besondere Schutzzonen für die Fußgänger einzuplanen. Auf die Entflechtung der Essener Innenstadt durch Trennung des Fuß- und Fahrverkehrs im dichtesten Geschäftsviertel wurde in früheren Vorträgen ausführlich hingewiesen. Als weiteres Beispiel sei die architektonisch durchgebildete und mit Geschäften und Gaststätten ausgestattete attraktive Treppenstraße in Kassel erwähnt, zu deren Anlage die Höhenunterschiede zwischen Hauptbahnhof und Altstadt besonders reizten. Auch in der Stadtmitte von Stuttgart ermöglichten topographische Verhältnisse die Anlage einer in zwei Ebenen verlaufenden Fußgänger-Ladenstraße. Inmitten der wiederaufgebauten City von Rotterdam ist die *Lijnbaan* entstanden, ein 15 bis 18 m breiter, 600 m langer Straßenzug, der architektonisch einheitlich mit 65 Spezialgeschäften angebaut und dem Fahrverkehr völlig entzogen ist. Vordächer bieten in dieser ausschließlichen Fußgängerstraße den Käufern willkommenen Regenschutz. Eine Fußgänger-Verkehrslösung besonderer Art ist die Opernpassage in Wien. Unter der Kreuzung der

a

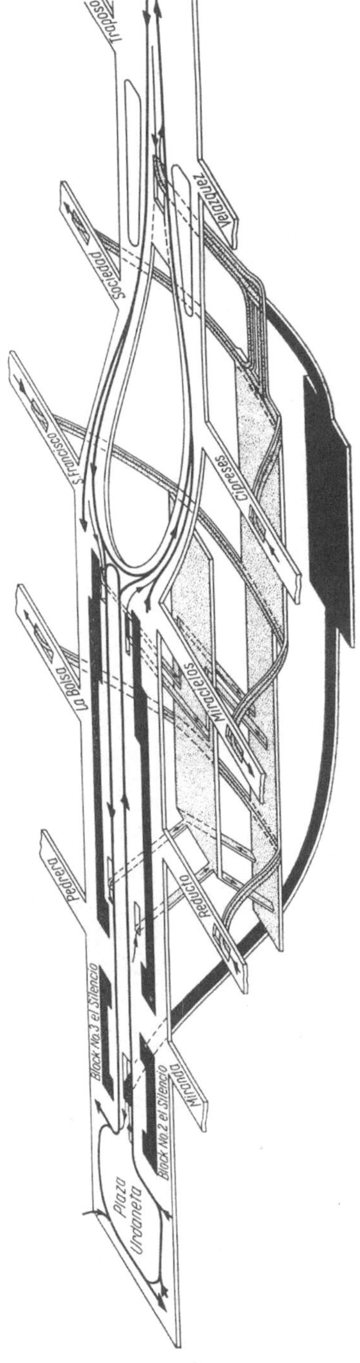

b

Abb. 26a u. b. Caracas, Simon-Bolivar-Zentrum mit vierstöckiger Verkehrs-Unterfahrung. (Aus „L'architecture d'aujourd'hui")

Ringstraße mit der Kärntener Straße, die spitzenstündlich von 3000 Fahrzeugen befahren wird, wurde ein großer ovaler Platztunnel mit 19 Geschäften angelegt, der im Hauptverkehr stündlich von 10000 Fußgängern mit Hilfe von 7 Rolltreppen passiert wird. Eine Frischluftzuführung aus den Grünflächen in diesen Unterpflasterraum verhindert das Eindringen schädlicher Motorgase.

Wenn von den Reibungen zwischen Fahr- und Fußverkehr gesprochen wird, muß schließlich auch daran gedacht werden, daß unsere *Kinder* einen großen Teil der Fußgängerzahl darstellen und durch den Verkehr besonders gefährdet sind. Es muß deshalb eine vordringliche Aufgabe von Planungs- und Schulbehörden sein, die Schulbezirke, namentlich diejenigen der Volksschulen mit jüngeren Jahrgängen, mit dem Verkehrsnetz abzustimmen, d. h. die Verkehrsstraßen grundsätzlich zur Abgrenzung der Schulbezirke zu machen, wie überhaupt die neuen Schulbauten gesichert einzuordnen.

Abb. 27. Essen, Wettbewerb Margarethenhöhe II, 1957, Modell des Entwurfes Dr. Ing. Seidensticker, Essen. (I. Preis)

O. Verkehrsbefriedete Wohnsiedlungen

Im Rahmen einer optimalen Raumordnung leiten *verkehrsbefriedete Wohnsiedlungen* in Form von Nachbarschaften eine neue Phase der Stadtentwicklung ein. Von besonderer Wichtigkeit ist dabei die Zuordnung der Wohnsiedlungen zu den Verkehrsstraßen und die Anlage reiner Wohn- und Fußwege innerhalb der Siedlungskörper. Einen der neuesten Beiträge dieser Art bildet die Erweiterungsplanung der bekannten Margarethenhöhe in Essen, die auf einem Gebiet von 27 ha 1000 bis 1200 Wohnungen umfassen wird, entsprechend einer Wohndichte von 210 Einwohnern/ha. Die Arbeiten der drei Preisträger, der Architekten Dr.-Ing. Seidensticker, Essen, Dr.-Ing. Selg, Bonn, Dr.-Ing. Reichow, Hamburg, zeigen jede in der dem Verfasser eigenen Auffassung die Lösung einer modernen Wohnsiedlungsanlage unter Berücksichtigung des Verkehrs (Abb. 27). Bereits bei der Siedlung Hamburg-Hohnerkamp hat Reichow auf der Grundlage des von ihm entwickelten, schon erwähnten Verästelungsprinzips der Verkehrswege eine Lösung erstrebt, die besonderen Wert auf die Trennung der Fuß-, Rad- und Fahrwege legt. Dem ähnlichen Gedankengang folgt die Siedlungsanlage Channel-Heights des Architekten Neutra in Californien mit 3000 Einwohnern in 858 Wohneinheiten auf 65 ha. Auch das im Bau befindliche *Gratiot Redevelopement Projekt* in Detroit der Architekten Mies van der Rohe und Hilberseimer weist als typische

Merkmale die Aufschließung des Geländes durch Stichstraßen, von den Randverkehrsstraßen ausgehend, und die Einlagerung eines *Baugrüngebietes* inmitten desselben, also eine systematische Verkehrsbefriedung aus (Abb. 28).

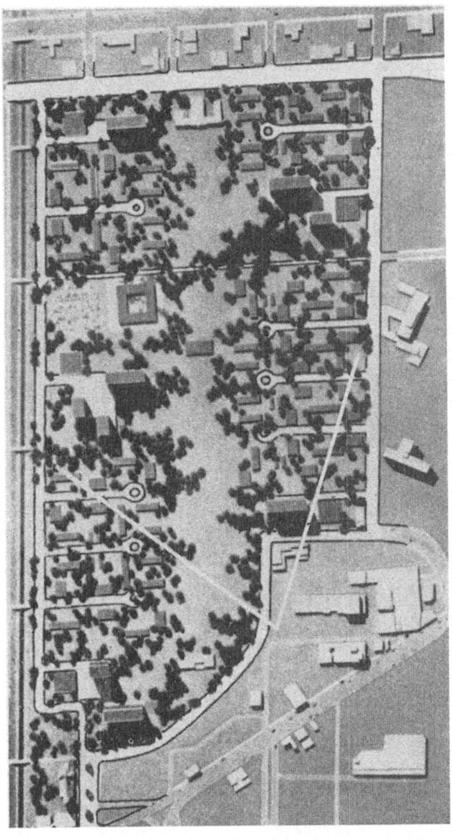

a

b

Abb. 28a u. b. Detroit, Modell des „Gratiot Redevelopement Project“. Architekten Mies van der Rohe und Hilberseimer. (Aus „Baukunst und Werkform 1957“)

P. Abwanderung von Kaufhäusern und Betrieben aus der City

Die Erstickungserscheinungen im amerikanischen Stadtkernverkehr haben in manchen Städten bereits eine *Abwanderung von Kaufhäusern und Betrieben* mit starkem Publikumsverkehr aus der City und eine Verlagerung derselben in die Außenbezirke hervorgerufen, um die Verkehrsbedienung zu erleichtern. Das muß als ein Alarmsignal und Vorläufer in der Wandlung des Wirtschaftsprozesses der Großstädte angesehen werden. So wurde in Detroit für ein Einzugsgebiet von 500000 Einwohnern ein aus einem Warenhaus und 80 Einzelhandelsgeschäften bestehendes Regional-Shopping-Centre auf einer Fläche von 66 ha mit Parkplätzen für 12000 Pkw gebaut (Abb. 29). Die Baukosten von 23 Millionen Dollar werden

a

b

Abb. 29a u. b. Detroit, Northland Regional Shopping Centre. Architekten VICTOR GRUEN Associates. („Bauen und Wohnen", April 1956)

durch den jährlichen Umsatz von 50 Millionen Dollar mehr als gut verzinst. Die verkehrlich gute Lage an einer Autostraße und die Freihaltung des Geschäftsblocks vom Fahrverkehr erlaubt dem Käufer ein schnelles, ungehindertes und vielseitiges Einkaufen.

Die Amerikaner beginnen also, die verkehrsüberlasteten Innenstädte allmählich zu meiden. Wird sich bei uns die *Koexistenz von Fußgänger und Fahrverkehr* in unseren Innenstädten für alle Zukunft aufrechterhalten lassen? Ist die amerikanische Entwicklung des Straßenverkehrs mit ihren besonderen Erscheinungen auch für uns unaufhaltsam? Wird die abendländische Stadt verschwinden müssen zugunsten einer lediglich

Abb. 30. Los Angeles. Stadtautobahnkreuzung in vier Ebenen

durch den Verkehr bestimmten und gestalteten Agglomeration in einzelnen Regionen? Werden auch wir diese Hypertrophie des Verkehrs in der Zukunft erleben müssen als Lösung der auf uns zukommenden Verkehrsschwierigkeiten? Werden auch in unseren Städten Kreuzungspunkte entstehen, wie der 4stöckige in Los Angeles (Abb. 30)?

Q. Neuordnung des gesamten Stadtkörpers

Der Versuch, das Verkehrsnetz und das Verkehrssystem dem durch eine dichte Bebauung und eine ungeregelte Strukturentwicklung verursachten steigenden Verkehrsaufkommen nachträglich anzupassen, muß mißlingen, wenn nicht endlich die Mahnungen der Städtebauer befolgt werden, eine *Neuordnung des gesamten Stadtkörpers* als der grundlegenden Voraussetzung für die Gesundung der Verkehrsverhältnisse und der Einzelfunktionen des immer komplizierter werdenden städtischen Organismus für Wohnen, Arbeiten, Erholen, anzustreben.

Der erste der vor drei Jahren vom Deutschen Städtetag zur Verbesserung des Straßenverkehrs aufgestellten Leitsätze lautet:

„Zur Verhütung von Verkehrsballungen muß das Verkehrsaufkommen durch Einschränkung von Bebauungs- und Besiedlungsdichten, durch Herabzonung verkehrserzeugender Bebauungsflächen und durch Einhaltung maximaler Nutzungsziffern für Wohn-, Geschäfts- und Industriegebiete begrenzt werden.“

Als Erkenntnis einer Studienreise durch die Vereinigten Staaten, die das deutliche Mißverhältnis zwischen Straßenraum und Verkehrsansprüchen und den hieraus erwachsenden wirtschaftlichen Schwierigkeiten in den großen amerikanischen Städten deutlich machte, habe ich folgende Forderung veröffentlicht:

„Eine Auflockerung der Stadtkerne ist unumgänglich, wenn Verkehrsspannungen vermieden und Erstickungserscheinungen mit fallenden Grundstückswerten verhindert werden sollen.

Die Wohn- und Bebauungsdichte des Stadtorganismus muß auf ein für die einzelnen Nutzungszonen tragbares Maß gebracht werden.“

Das Ziel ist klar:

Unnötiger Verkehr muß vermieden werden, Verkehrszunahme darf nicht durch bauliche Mischung heterogener Nutzungen und untragbare Steigerung des Bauvolumens erzeugt werden!

Die Deutsche Akademie für Städtebau und Landesplanung hat bei den zuständigen Stellen des Bundes beantragt, Mittel für eine städtebauliche Forschungsaufgabe bereitzustellen, die die Zusammenhänge zwischen der Bebauung und dem Verkehrsaufkommen im Rahmen der gegenwärtigen und zukünftigen Stadtentwicklung klarstellt und die Grenzen der Bebauungsdichte und des Stadtwachstums im Hinblick auf die sich hieraus ergebenden Verkehrsfunktionen ermittelt. Die Ursachen der gegenwärtigen Fehlentwicklung — mögen sie nun baulicher, rechtlicher, finanzieller oder politischer Art sein — sollten nach wissenschaftlichen Methoden festgestellt und in einen deutlichen Zusammenhang gebracht werden.

Die Stadt von morgen, die es heute zu Beginn der zweiten industriellen Revolution vorzubereiten gilt, wird nur dann geordnet und nach vorausschauender Planung entstehen können, wenn alle am Wachsen und Werden der Stadt Beteiligten von der Erkenntnis ausgehen, daß der innerstädtische Verkehr quantitativ und qualitativ eine Folgeerscheinung der Lage der verkehrserzeugenden Bauten von Wirtschaft und Transportwesen, von Wohnraum und Arbeitsstätten darstellt und daß durch *wohlüberlegte Standortgruppierung* und durch *Entmischung der Nutzungszonen* der Verkehr so gering und so unkompliziert wie möglich gemacht werden muß.

III. Organisation des städtischen Gesamtverkehrs

Von Dr.-Ing. E. h. **Enno Müller**, Essen

In der Vortragsreihe 1954 war von der *Straßenverkehrsnot* gesprochen, wie sie sich damals abzeichnete; heute ist die *Verkehrsraumnot* in den Städten noch viel aktueller, eine Welterscheinung mit besonderen Nuancen für deutsche Städte. Was damals geschildert war über Ursachen und Erscheinungsformen, gilt immer noch. Vielfältige Äußerungen haben das Bild noch deutlicher gemacht: Internationale Kongresse, umfangreiche Weltliteratur, viele Ratschläge, Entwicklung von systematischen Untersuchungsmethoden und Gestaltungselementen durch die Verkehrswissenschaft, beachtenswerte Ausführungen in der Praxis. Die Ursachen der Verkehrsschwierigkeiten und -gefährdungen in den Städten sind hinreichend bekannt; jeder beobachtet sie täglich selbst und spürt sie in seinen Arbeits- und Zeitdispositionen. Die erneute Betrachtung will mit dem Blick auf die Gesamtzusammenhänge aufzeigen, was getan werden könnte und müßte, um gestützt auf die Erfahrungen von *gestern*, den Verkehr in den Städten *heute* zu bewältigen, und mit den Verkehrserfordernissen von *morgen* fertig zu werden. Das Themawort *Organisation* (des städtischen Verkehrs) ist insofern nicht eng, sondern im weitesten Sinne des Wortes gemeint, d. h. es befaßt sich mit Plänen und Maßnahmen aller Art, die für den Stadtverkehr, und damit für die Städte sowie für die in ihnen lebenden und arbeitenden Menschen, von Belang sind.

Daß eine *Stadt als Gemeinwesen* ein unteilbares Ganzes ist, ein Körper, der nur durch das Zusammenspiel seiner Organe lebensfähig und produktiv ist, gilt seit jeher als naturgegeben und selbstverständlich. Daß dabei das *Kreislaufsystem* wie bei jedem Lebewesen von entscheidender Bedeutung ist, wird nicht immer als ebenso selbstverständlich hingestellt und gewertet. Zum Stadtorganismus gehört untrennbar als Kreislaufsystem der Verkehr; deshalb müssen Fragen der Stadtentwicklung und -gestaltung in Wechselwirkung mit dem Stadtverkehr behandelt werden, — eine These, die schon vor mehr als 50 Jahren — insbesondere von Prof. Dr. O. Blum — ausgesprochen war. Sie wurde erneut betont von Verkehrsfachleuten vor etwa 10 Jahren angesichts der vermutlichen Chancen, beim Aufbau der durch Kriegsschäden stark mitgenommenen Städte dem Verkehr den nötigen Spielraum — auch für die Zukunft — zu bieten. Inwieweit diese überall genutzt wurden, ist hier nicht zu erörtern; offensichtlich ist es an nicht wenigen Stellen nicht gelungen. Auf die Gründe dafür — u. a. rechtliche und finanzielle Unzulänglichkeiten — weist Prof. Hillebrecht hin[1]. Er war es auch, der im September 1956 in seinem sehr beachtenswerten Vortrag *Verkehr und Städtebau*[2] die Notwendigkeit der sog. *Ganzheitsmethode* im Städtebau und des Nachspürens der primären Ursachen, nämlich der Strukturwandlungen im Stadtleben und im Verkehrsgeschehen betont hat; — beides Gesichtspunkte, die man auch in Kreisen des Verkehrs so sieht, wie es der bekannte Fachmann für großstädtisches Verkehrswesen, Dr. Heuer, sagt[3]. Betrachtet man die weitgreifenden strukturellen Veränderungen in den sachlichen Gegebenheiten und in den Gewohnheiten der Menschen, so ergibt sich zwangsläufig, *warum* die Kreislauffunktionen in den Stadtkörpern gestört sind:

---

[1] Hillebrecht, W.: Der Städtetag 1956, H. 2

[2] Vgl. Der Städtetag. H. 12 1956

[3] Heuer, G.: Verkehr und Technik, 1957, H. 3

Für die immer mehr angeschwollene Verkehrsflut sind die *Gefäße*, das sind die Verkehrsstraßen, bereits zu eng geworden, und zwar gerade an den entscheidenden Stellen, den Ballungspunkten in den Städten. Und dabei steigt die Flut noch immer weiter an! Alle Prognosen stimmen darin überein, daß Kraftfahrzeugbestand und Benutzungshäufigkeit auch in den kommenden Jahren noch zunehmen werden.

Für deutsche Verhältnisse rechnet eine kürzlich herausgekommene Untersuchung des Rheinisch-Westfälischen Instituts für Wirtschaftsforschung mit einer Verdoppelung des Kraftfahrzeugbestandes in den nächsten 10 Jahren; z. Z. ist er mit rd. 6 Mill. das Dreifache gegenüber 1938. Sehr treffend wird in dieser Untersuchung die voraussichtliche Entwicklung der Straßen in diesem Zeitraum gegenübergestellt, — ein mit vielen Fragezeichen behaftetes Problem! Das Auseinanderklaffen zwischen Anforderungen des Verkehrs und Kapazität der Straßen in den Städten, vor allem in den Stadtkernen, ist bereits groß und wird noch größer werden. *Der Straßenverkehr droht den Stadtkörper zu überwuchern; wie kann man ihn bändigen und allen dienstbar machen?*

So bedrohlich sich mancherorts die Dinge scheinbar unaufhaltsam zu entwickeln scheinen, die *Verschärfungen in der Verkehrssituation* sind nicht unabwendbar! Freilich geht das nicht ohne gewisse Beschränkungen der Freizügigkeit. Es kann wohl praktisch nicht daran gedacht werden, den weiteren Zufluß in das stark gefüllte Gefäßsystem zu begrenzen, d. h. die Zulassung von Kraftfahrzeugen zum Verkehr zu limitieren, um auf diese Weise eine Entspannung zu bewirken. Somit bleibt nur das Mittel der Entlastung und Entschlackung der Verkehrsarterien sowie ihrer Erweiterung und der Regulierung des ganzen Kreislaufs. Es gilt in dem gegebenen Rahmen *den Verkehr in einer Stadt insgesamt zu ordnen.* Alle wollen fahren und sollen es auch, soweit es nötig ist, und viele wollen gehen und müssen dies auch tun können. Aber: es können auf dem zu eng gewordenen Straßenraum nicht alle gleichzeitig sich über denselben Punkt bewegen; ein solcher Wettlauf um den Quadratmeter Straßenverkehrsfläche bleibt letzten Endes doch nutzlos.

Der *kategorische Imperativ* im Straßenverkehr der Städte muß demnach heißen — wie auch vor drei Jahren ausgesprochen —:

1. Trennen, Ablenken, Sortieren und gesichertes Führen der Verkehrsströme — auf der *einen* Seite;

2. wirklichkeitsnahes Planen und verkehrsgerechtes Gestalten der Verkehrswege zum Zwecke arteigener Verkehrsabwicklung — auf der *anderen* Seite.

Beides in engster Verflechtung miteinander ist die große Aufgabe unserer Zeit; Städtebauer, Straßeningenieure und Verkehrspraktiker haben sie gemeinsam zu lösen! Hierzu sei hingewiesen auf die *Leitsätze des Deutschen Städtetages zur Verbesserung des Verkehrs in den Städten*, herausgegeben 1954; sie enthalten richtungweisende Empfehlungen. Vor kurzem sind vom Deutschen Städtetag noch *Richtlinien für die Begrenzung der Bebauung in Geschäftsgebieten* aufgestellt worden; in ihnen wird auf die Zunahme des Verkehrs infolge der Vermehrung der Nutzflächen in Geschäfts- und Bürohäusern hingewiesen und empfohlen, die *Bebauungsdichte in den Geschäftsgebieten in vernünftigen Grenzen zu halten.* Es wäre sehr sachdienlich, wenn diese Empfehlung angesichts der Zeiterscheinung, Hochhäuser gerade auch an Verkehrsknotenpunkten zu errichten, wodurch die Verkehrsballungen naturgemäß verstärkt werden, die nötige Beachtung fände — was man nicht überall beobachten kann. Auch die im vorigen Jahre vom Nordrheinisch-Westfälischen Städtebund herausgegebenen *Leitsätze über Städtebau in der Klein- und Mittelstadt* sind beachtenswert. Wenn die notwendigen Feststellungen, Planungen und Maßnahmen im Stadtverkehr auch entsprechend den örtlichen Verhältnissen im einzelnen Unterschiede aufzuweisen haben, so hängen sie doch wesentlich von den *allgemeingültigen Bestimmungen und Regeln für den Straßenverkehr* ab. Deshalb seien *die tragenden Faktoren im Verkehr* nach ihrem derzeitigen Stand in gleicher Sachgliederung wie damals betrachtet.

A. Die tragenden Faktoren im Verkehr

1. Der Mensch als Träger des Verkehrsgeschehens

a) — Heute wie damals — *die Fußgänger:* Man sollte ihnen alle nur denkbaren Sicherungen im Straßenverkehr der Städte bieten, am besten durch reine Fußgängerstraßen in der City (Ladenstraßen, Passagen u. dgl.). An Kreuzungen und Plätzen sollen die Zebrastreifen diesem Zweck dienen. Überwiegend sind die gewöhnlichen Zebrastreifen in Anwendung, auf denen gemäß Straßenverkehrsordnung (StVO) der Fahrverkehr Rücksicht zu nehmen hat auf die Fußgänger, in vielen Fällen geschieht dies, in manchen nicht; das bedeutet Unsicherheit für beide! Von der durch die Ergänzung der StVO geschaffenen besonderen Form der Zebrastreifen mit Vorrang der Fußgänger, gekennzeichnet durch Baken mit gelbem Blinklicht, ist bisher in unseren Städten noch nicht viel Gebrauch gemacht; Grund dafür sind vielleicht die zunehmenden Signalanlagen an Kreuzungen. Verkehrlich richtiges Verhalten ist *auch* von den Fußgängern zu fordern, insbesondere: Nichtüberschreiten der Fahrbahn zwischen Kreuzungen; man sollte dies in den Hauptverkehrsstraßen erschweren und nötigenfalls durch Geländer verhindern.

b) *Die Fahrgäste*

in den öffentlichen Verkehrsmitteln: Sie sind immer noch die zahlenmäßig stärkste Gruppe im Verkehr der Städte (i. D. 70% der Fahrenden). Die Fahrgäste sind in Besorgnis wegen der Verlangsamung und Gefährdung ihrer Fahrten durch den angeschwollenen allgemeinen Straßenverkehr. Man sollte ihnen das Ein-, Aus- und Umsteigen so sicher wie möglich machen durch Abschirmung der Haltestellen-Bereiche gegen den übrigen Verkehr, möglichst in Verbindung mit Zebrastreifen-Übergängen.

c) *Die Fahrer der öffentlichen Verkehrsmittel:*

Ihre Verantwortung gegenüber den 13 Millionen Fahrgästen, die sich im Bundesgebiet täglich ihnen anvertrauen, aber auch gegenüber den anderen Verkehrsteilnehmern, wird entsprechend dem Anwachsen des Verkehrs immer größer und ihre physische und psychische Beanspruchung auch. Die übrigen Verkehrsteilnehmer auf den Straßen sollten diesen Männern ihre Aufgaben durch Rücksichtnahme zu erleichtern suchen.

d) *Die Radfahrer:*

Sie sind die ewigen Sorgenkinder; viele von ihnen immer noch unberechenbar in ihrem Verhalten! Es geschähe zu ihrem eigenen Vorteil, wenn sie stärker beaufsichtigt und ihre Kenntnisse über die Verkehrsvorschriften geprüft würden (wie z. B. in der Schweiz). Man sollte ihnen weitestmöglich getrennte Wege zuweisen (vgl. die Niederlande).

e) *Die Fahrer von Kraftfahrzeugen* aller Art.

Es kann leider, im ganzen gesehen, nicht gesagt werden, daß sich in den drei Jahren das Bild im Hinblick auf das unverrückbare Ziel: Mehr Sicherheit für alle! zum Guten gewendet hätte. Staatssekretär Prof. Dr. Brandt hat dies erst kürzlich (vor kirchlichen Kreisen) ausgesprochen und dabei bemerkt, es fehle immer noch bei manchen an der *inneren* (*anständigen*) *Haltung, unter Alkoholeinfluß am Steuer zu sitzen, sei jedenfalls kein Kavaliersdelikt.* Man kann das auch so ausdrücken: *Die Humanität gebietet, daß die Staatsbürger vor der Brutalität derjenigen geschützt werden, die sich inhuman verhalten!* Entweder lernen die Letztgenannten durch Selbstzucht oder durch andere Mittel die Menschheitsrechte zu achten oder sie müssen aus dem Straßenverkehr ausgemerzt werden. Dieser Forderung wird sich jeder wirkliche Kraftfahrer anschließen können, damit er nicht durch Verallgemeinerung von Untaten Einzelner in schiefes Licht gerät.

Mittel, um das Unerläßliche zu bewirken, gibt es nach den geltenden Bestimmungen mancherlei; man kann aber nicht beobachten, daß sie überall konsequent angewendet werden. Die Rechtsprechung ist sehr ungleichartig und nicht selten sehr nachgiebig. Die öffentliche Meinung sagt kurz und bündig: Wer in grober Fahrlässigkeit, d. h. unter Mißachtung der Menschheitsrechte, Menschen getötet hat, darf nie wieder ans Steuer eines Kraftfahrzeugs. Die wirksamste, weil vorbeugende Methode wäre — wie bereits damals gesagt — die Befristung der Gültigkeit der Führerscheine auf einige Jahre, wie z. T. im Ausland üblich; durch gewisse Modalitäten bei der Verlängerung läßt sich auf Gefährdungsträger einwirken. Der Einwand zu großer Verwaltungsarbeit ist nicht überzeugend; die Tauglichkeit und menschliche Geeignetheit läßt sich von geübten Augen leicht erkennen. Das jetzt — endlich — für die sog. Mopeds eingeführte *Versicherungskennzeichen* (ein neuer Begriff!) befriedigt nicht! Die Fähigkeit, das motorisierte Fahrzeug zu bedienen und die Kenntnis der Verkehrsvorschriften brauchen auch jetzt noch nicht nachgewiesen zu werden.

2. Das Fahrzeug als Instrument des Verkehrs

Jeder verläßt sich darauf, daß das Straßenfahrzeug, das ihm begegnet, in seinem technischen Zustand völlig in Ordnung ist, namentlich die Bremseinrichtungen, die Reifen usw. Wer von den Kraftfahrern überzeugt sich aber davon mit der nötigen Gründlichkeit jeden Tag vor Fahrtbeginn, so wie das an jedem Betriebstag an den Fahrzeugen des öffentlichen Verkehrs seit je her geschieht und von jedermann als selbstverständlich angesehen wird? Nach den von Zeit zu Zeit gegebenen Berichten der Überwachungsstellen ist das offensichtlich durchaus nicht bei allen der Fall. Gefährdungen der Verkehrsteilnehmer als Folge von betriebsunsicheren Fahrzeugen müssen aber weitestmöglich ausgeschlossen werden. Daher erhebt sich von selbst immer erneut die Forderung, durch unvermutete Kontrollen solche gefahrbringenden Fahrzeuge festzustellen und sie — je nach dem Grade ihrer Betriebsunsicherheit kürzer oder länger — aus dem Verkehr zu entfernen.

B. Die Verkehrswege in den Städten

Zunächst: Die *vorhandenen* Straßen. Sie sind in Gegenwart und naher Zukunft bestimmend für den Verkehrsablauf — nicht die Wunschpläne! Deshalb besteht die Hauptaufgabe von heute — und wohl auch noch von morgen — darin, die *Benutzungsweise der Straßen* so zu ordnen, daß die vorhandene Straßen-Verkehrsfläche möglichst rationell ausgenutzt wird.

Das Mittel des Trennens und Ablenkens der Verkehrsströme kann in dieser Hinsicht sofort und wirksam helfen. Wird der Verkehr, der nicht Quelle oder Ziel im Stadtkern hat, durch geeignete Umfahrungen von diesem abgelenkt, so ist schon ein wesentlicher Schritt zur Entwirrung der Verkehrsballungen getan. Und werden den dadurch verringerten Verkehrsströmen im Stadtinnern zweckbestimmte getrennte Fahrwege dargeboten, so wird — auf natürlichem Wege — eine Auflockerung für alle erzielt. Dazu muß man allerdings von der althergebrachten Vorstellung abgehen, daß *alle* Straßen jederzeit *jedem* denkbaren Zweck dienen sollen; vielmehr müßten im Stadtkern — unter Beachtung seines Grundrisses und seines geschäftlichen Gefüges — die Straßen bestimmten Einzelzwecken zugewiesen werden: So z. B. — wie erwähnt — nur für Fußgänger (Ladenstraßen); oder nur für öffentliche Verkehrsmittel — in möglichster Nähe der Einkaufszentren. Oder es müßten wenigstens besondere Fahrspuren für öffentliche Verkehrsmittel reserviert werden; in USA-Städten geht man immer mehr dazu über, für Busse in den City-Straßen eine Fahrspur in jeder Richtung vom übrigen Verkehr freizuhalten. Des weiteren wären der Langsamverkehr (Lastkraftwagen, Pferdefuhrwerke) sowie die Radfahrer auf besondere Fahrwege außerhalb der Geschäftsstraßen zu verweisen. Für die übrigen Kraftfahrzeuge wären Fahrwege einzuteilen, die in der Nähe der Geschäftsstraßen — in Verbindung mit passendgelegenen Abstellplätzen — verlaufen und die Haupt-Fußgängerströme möglichst wenig kreuzen.

Von großer Bedeutung für das Gelingen einer solchen Lösung des *Sortenproblems* im Stadtverkehr ist die im Sinne der Verkehrsbewältigung richtige Bewertung der öffentlichen Verkehrsmittel. Es ist bemerkenswert, daß in USA nach langem Hin und Her die Auffassung sich durchgesetzt hat, daß diese — gerade im Interesse der Städte und der Geschäftswelt — unersetzbar sind und daß ihnen deshalb, sofern und solange sie nicht durch Hoch- oder Tieflage ihrer Fahrwege aus der Straßenoberfläche herausgelöst werden können, der zur Vollbringung ihrer Leistungen benötigte Anteil an dieser eingeräumt werden muß.

Durch solche *Neuordnung des Stadtverkehrs* nach der Grundregel des Trennens und Sortierens lassen sich Ballungen auflockern und dadurch die vorhandenen Straßen noch für Verkehrszuwachs aufnahmefähig machen, *wenn außerdem* für das Abstellen zeitweilig nicht benutzter Fahrzeuge, das sog. *Parken*, angemessene Lösungen geschaffen werden. Die damals hier vorgetragene Auffassung hat sich angesichts der Entwicklung der Dinge noch verstärkt, sie ist auch von niemand widerlegt worden: Es gibt keine öffentliche Straße in einer Stadt, die — auf Kosten *aller* Bürger — zu dem Zweck angelegt worden ist, als Abstellplatz von Fahrzeugen *Einzelner* zu dienen! Diese können also nicht einen größeren Anspruch auf öffentliche Straßenfläche haben als andere Straßenbenutzer. Wer mehr für sich verlangt, muß diese besondere Leistung entgelten. Die darüber — merkwürdigerweise — aufgeworfene Streitfrage ist nunmehr durch das Urteil des Bundesgerichtshofes vom 14. 7. 1956 und durch das Urteil des Bundesverwaltungsgerichts vom 14. 3. 1957 eindeutig geklärt worden, und zwar — auf den Effekt gesehen — in dem vorgenannten Sinne. Damit ist den Städten der bisher umstrittene Rückhalt gegeben, daß sie nicht verpflichtet sind, von sich aus unbegrenzt Abstellmöglichkeiten zu schaffen; sie können — was sie ja auch wollen — lediglich im Rahmen des verkehrlich und finanziell Möglichen dazu beitragen. Hierzu zwei Stimmen aus dem Ausland:

Der Bürgermeister einer USA-Großstadt sagte vor einigen Monaten auf einem Kongreß:

„Jeder zahlt für die Straßen, sie sind für die Fortbewegung von Menschen und Gütern bestimmt. Sie sind nicht als Abstellflächen vorgesehen für Menschen, die den Gebrauch ihrer eigenen Wagen bevorzugen."

Und der britische Verkehrsminister sagte auf einer internationalen Tagung von Verkehrsfachleuten:

„Dem Anspruch von Einzelpersonen, im Stadtzentrum, wo die Bodenflächen einen sehr hohen Wert haben, für ihre Kraftfahrzeuge einen großen Teil der öffentlichen Straßenfläche kostenlos für sich zu gebrauchen, müsse Halt geboten werden. Er werde dem ein Ende bereiten."

Eine sachgerechte Regelung des sog. Parkens wird also überall angestrebt, letzten Endes zum Nutzen aller; die Beachtung der damals und heute genannten Fingerzeige wird dazu helfen können, Fahren und Abstellen in Einklang zu bringen.

Zur Gesamtordnung der Benutzungsweise der Straßen in einer Stadt gehört naturgemäß auch die *Verkehrsregelung:* ihre Bedeutung für den Verkehrsablauf braucht nicht erneut betont zu werden; ihre Formen und Anwendungsarten sind damals und seitdem wiederholt von berufener Seite behandelt worden. So kürzlich wieder in der Arbeitstagung für Verkehrswesen des Polizei-Instituts für Technik und Verkehr (bisher Hiltrup jetzt Essen). Nur zwei Bemerkungen erscheinen angebracht:

Die vollkommene Einheitlichkeit in der Handhabung der Verkehrsregelung, insbesondere in der Gestaltung und Anwendungsweise von Verkehrssignalen, ist noch immer nicht erreicht, was für zügige und sichere Verkehrsabwicklung nachteilig ist; die öffentliche Straße darf nicht Versuchsfeld für Experimente sein!

Die längst fällige *Volksausgabe* der Straßenverkehrsvorschriften, die *jeder* kennen muß, — ähnlich dem englischen *Highway Code* — ist auch noch nicht da[1].

---

[1] Inzwischen ist eine Straßenverkehrs-Fibel unter dem Titel „Wir und die Straße" als handliches Taschenbuch vom Bundesverkehrsminister herausgegeben worden

Das vorgenannte Verkehrspolizei-Institut, dessen Wirkungsbereich hoffentlich für das ganze Bundesgebiet verankert wird, hat große Aufgaben gerade für die Bewältigung des Verkehrs in den Städten vor sich; es wäre zu wünschen, daß seine Arbeiten bald überall sichtbare Früchte tragen. Von der diesjährigen Verkehrssicherheits-Konferenz des Bundes und der Länder möchte erwartet werden, daß durch bindende Abmachungen der Länder unter sich und mit dem Bund die notwendige Einheitlichkeit und Vereinfachung in der Verkehrsregelung nun baldmöglichst herbeigeführt wird.

Für später: Das *künftige* Straßensystem. Geht es als Sofortmaßnahme darum, den Verkehr der Städte auf den vorhandenen Straßen zu ordnen, so besteht die *Zukunftsaufgabe* darin, die Verkehrswege und insbesondere die Knotenpunkte den vorliegenden und kommenden Erfordernissen gemäß umzugestalten sowie nach Möglichkeit die Verkehrsflächen auszuweiten. Für derartige Planungen und Vorkehrungen, auch für die Hinzunahme einer zweiten Verkehrsebene, liefern die übrigen Vorträge — in Ergänzung der damaligen — das verkehrswissenschaftlich entwickelte und praktisch erprobte Rüstzeug. Wann und in welchem Ausmaß in den deutschen Städten an tiefgreifende und entsprechend kostspielige Umgestaltungen herangegangen werden kann, ist schwer zu sagen. Es darf dazu folgendes nicht übersehen werden:

In den neuerdings bekanntgegebenen Straßenausbau-Programmen des Bundes und der Länder sind die Verkehrsstraßen und Knotenpunkte der Städte nur in sehr geringem Ausmaß mitbedacht. Selbst wenn es gelänge, die Finanzierung des Bundesstraßenausbauplanes voll zu bewerkstelligen, — was ja noch fraglich ist — würde der für Ortsdurchfahrten vorgesehene Anteil höchstens etwa $^1/_4$ des Betrages ausmachen, den der Deutsche Städtetag in einer umfassenden Erhebung als notwendig ermittelt hat; dazu kommen noch die in den kleineren Städten erforderlichen Mittel. Die Hauptlast wird also von den Städten selbst zu tragen sein. Werden diese das können? Dazu sei bemerkt:

Der Deutsche Städtetag hat kürzlich erklärt, daß infolge der erschwerten Kreditbedingungen berechtigte Forderungen der Bürgerschaft u. a. auf dem Gebiet des Straßenbaues nicht wie erwartet und notwendig befriedigt werden können.

Das wird nun nicht bedeuten dürfen, daß etwa die Planungen für großzügige neuzeitliche Lösungen in unseren Städten zurückgestellt werden müßten; es kann ja für solche Anlagen nicht rechtzeitig genug vorgesorgt werden gerade im Hinblick auf die weiter fortschreitende Wiederbebauung der Stadtkerne. Aber: das Nächstliegende wird vorerst, ohne die Zukunftspläne aus dem Auge zu lassen, das schnelle Ergreifen von Maßnahmen verkehrsordnender und straßenbaulicher Art sein müssen, die mit weniger aufwendigen Mitteln die nötigen Wirkungen bald herbeiführen. Kostensparende Möglichkeiten sind im wesentlichen folgende:

- Geordneter Verkehrsablauf durch Ablenkung und Trennung bedeutet rationelle Ausnutzung der Straßenfläche, wodurch ein ähnlicher Effekt wie durch Straßenverbreiterungen erzielt werden kann;
- Freimachung der Hauptverkehrs- und Geschäftsstraßen von abgestellten Fahrzeugen durch deren Unterbringung in Höfen, Garagen, Seitenstraßen und *Parkplätzen* bedeutet Wiederherstellung flüssigen und sichereren Verkehrsablaufs;
- Erhaltung des notwendigen Bewegungsraums für öffentliche Verkehrsmittel entsprechend ihren Größtleistungen auf Kleinstfläche bedeutet, daß der vorhandene Straßenraum noch für einige Zeit ausreichen kann.

Die sich demnach deutlich abzeichnende *Sofortaufgabe* wird sich nur dann mit der notwendigen Wirksamkeit lösen lassen und die *Zukunftsplanungen* werden nur dann wirklichkeitsnahen Wert haben, wenn bei den Untersuchungen und Maßnahmen *alle Beteiligten* eng zusammenarbeiten: die Stadt als städtebaulicher Gestalter und Straßeneigentümer, die öffentlichen Verkehrsbetriebe als hauptsächliches Instrument für die Bedienung des Stadtverkehrs, die Verkehrspolizei als die den Verkehrsablauf lenkende und regelnde Kraft. Einige bemerkenswerte Beispiele im Inland und im Ausland zeigen, was sich durch solches Zusammenwirken erzielen läßt. Bei der Behandlung solcher Aufgaben wird die analysierende und formende Mitarbeit neuzeitlich ausgebildeter Verkehrsingenieure noch mehr am Platze sein, deren Verwendung bei Landesbehörden und Gemeinden kürzlich vom Verkehrsausschuß des Landtages von Nordrhein-Westfalen für notwendig erklärt worden ist und deren Ausbildung sich gerade auch die Technische Hochschule Aachen widmet.

Die Stadt von morgen, von der man so oft spricht, wird bei den in Deutschland vorliegenden Gegebenheiten nicht ein Bauformen-Experiment sein können, sondern sie wird, durch die den deutschen Städten gesetzten finanziellen Grenzen bedingt, eine auf systematische Verkehrsgestaltung und -abwicklung gestützte erneuerte *alte* Stadt sein müssen.

IV. Der öffentliche Nahverkehr in den Innenräumen unserer Städte

Von Dr.-Ing. F. Lehner

Mitglied des Vorstandes der Überlandwerke und Straßenbahnen Hannover AG

Mit 61 Abbildungen

A. Individueller Verkehr und öffentlicher Verkehr

Wir befinden uns gegenwärtig in einem Zeitabschnitt, der als dritte Phase einer Entwicklung bezeichnet werden kann, die von den individuellen Verkehrsmitteln ausgehend über die öffentlichen Verkehrsmittel wieder zurück zu den individuellen Verkehrsmitteln führt. Während in den hochmotorisierten Ländern wie den USA bei einem Bestand von 350 Kraftfahrzeugen je 1000 Einwohner diese dritte Phase bereits mehr oder minder abgeschlossen ist, stehen wir in Deutschland bei einem Bestand von 5,8 Mill. Kraftfahrzeugen oder 104 Kfz je 1000 Einwohner mitten in dieser Umschichtung vom öffentlichen zum individuellen Verkehr. Abb. 1 zeigt die Entwicklung des Kraftfahrzeugbestandes im Bundesgebiet seit 1946. Wenn auch der Zuwachstrend in den letzten Jahren geringer geworden ist, *so wird man doch in 8 bis 10 Jahren mit einer Verdoppelung des jetzigen Kraftfahrzeugbestandes rechnen müssen.*

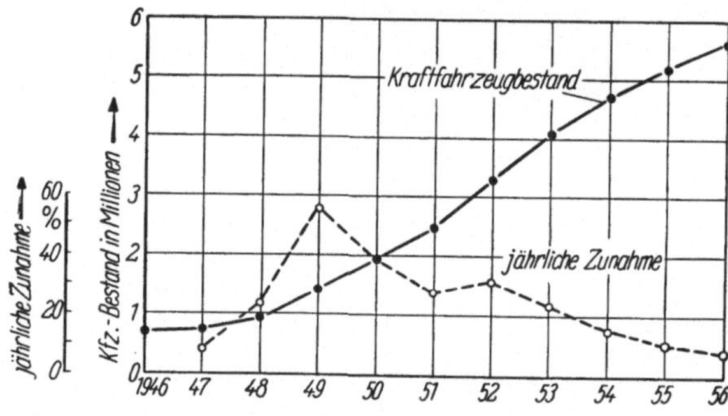

Abb. 1. Entwicklung des Kraftfahrzeugbestandes im Bundesgebiet seit 1946

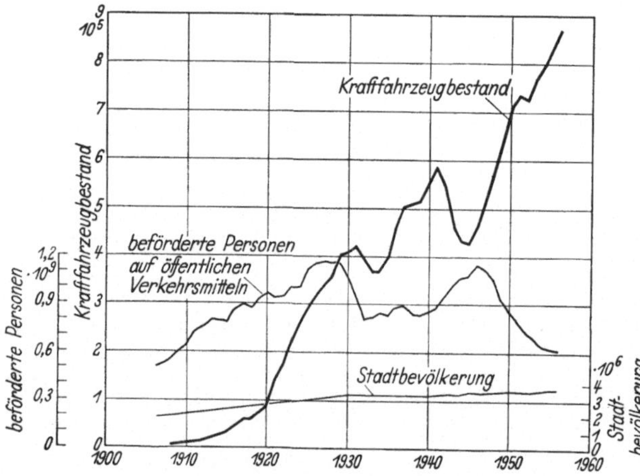

Abb. 2. Entwicklung der Stadtbevölkerung, des Kraftfahrzeugbestandes und des öffentlichen Verkehrs in Chicago

Die starke Zunahme des Individualverkehrs beeinflußt den öffentlichen Verkehr nach zwei Richtungen hin:

a) sie entzieht ihm Fahrgäste und gefährdet dadurch seine wirtschaftlichen Grundlagen,

b) sie erschwert seine Abwicklung besonders in den Innenräumen unserer Städte, die der immer stärker werdenden Straßenbelastung nicht mehr gewachsen sind.

Wie stark der Umfang des öffentlichen Verkehrs durch die individuellen Verkehrsmittel beeinflußt wird, zeigt die Entwicklung in den amerikanischen Städten und in London. Aus Abb. 2 geht hervor, daß z. B. in Chicago der öffentliche Verkehr seit 1929 rückläufig ist. Nach einem vorübergehenden Anstieg während des Krieges als Folge der Treibstoffrationierung hat sich die rückläufige Bewegung bis heute fortgesetzt. Der öffentliche Verkehr liegt 1956 in der gleichen Höhe wie 1909, also wie vor 47 Jahren, obwohl die Bevölkerung in diesem Zeitraum von 2,2 auf 3,8 Mill. angestiegen ist. Allein in den letzten 10 Jahren hat sich der Bestand der registrierten Kraftfahrzeuge verdoppelt.

Bei der Gesamtheit der amerikanischen Städte (Abb. 3) liegt die Beförderungsziffer der öffentlichen Verkehrsmittel heute etwa in der gleichen Höhe wie vor etwa 30 Jahren, während sich die Zahl der registrierten Kraftfahrzeuge in dieser Zeitspanne etwa vervierfacht hat und die Stadtbevölkerung um rd. 60% angestiegen ist. Eine ähnliche Entwicklung zeigt der öffentliche Verkehr in Groß-London (Abb. 4). Er nimmt

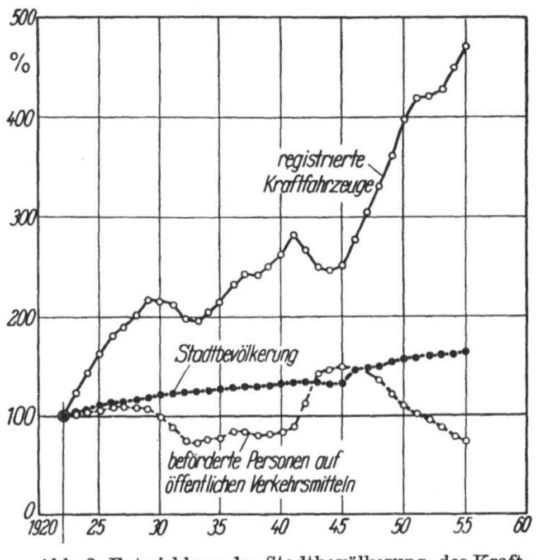

Abb. 3. Entwicklung der Stadtbevölkerung, des Kraftfahrzeugbestandes und des öffentlichen Verkehrs in den Vereinigten Staaten; 1922 = 100%

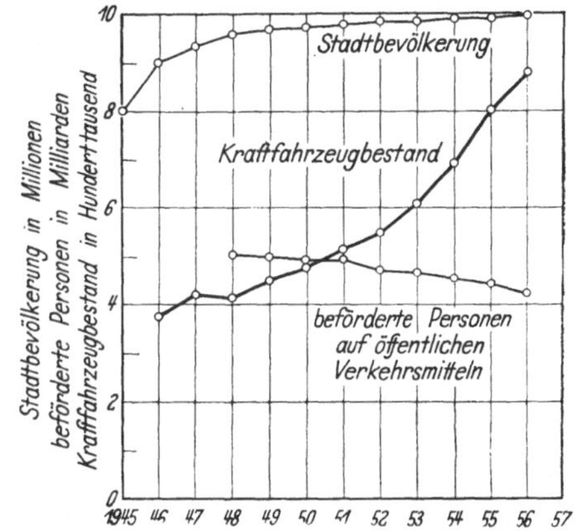

Abb. 4. Entwicklung der Stadtbevölkerung, des Kraftfahrzeugbestandes und des öffentlichen Verkehrs in London

seit 1948 unter dem Einfluß des ständig steigenden Individualverkehrs laufend ab, obwohl die Bevölkerungsziffer ansteigt.

Nach Ansicht der amerikanischen und englischen Fachleute ist der Verkehrsrückgang allerdings nicht ausschließlich auf das starke Anwachsen des Individualverkehrs zurückzuführen, vielmehr muß auch die erhebliche Zunahme des Fernsehens hierfür verantwortlich gemacht werden (vgl. W. Schröder, Metropolitan Transit Research (Chicago) und „*London Transport in 1955*“, S. 18—20). In Amerika hat auch die 40-Stunden-Woche den Verkehrsrückgang begünstigt (Abb. 5). So ist z. B. in der Nachkriegszeit der Samstagverkehr in Chicago laufend abgesunken und beträgt heute nur noch 70% des Verkehrs an den Wochentagen Montag bis Freitag.

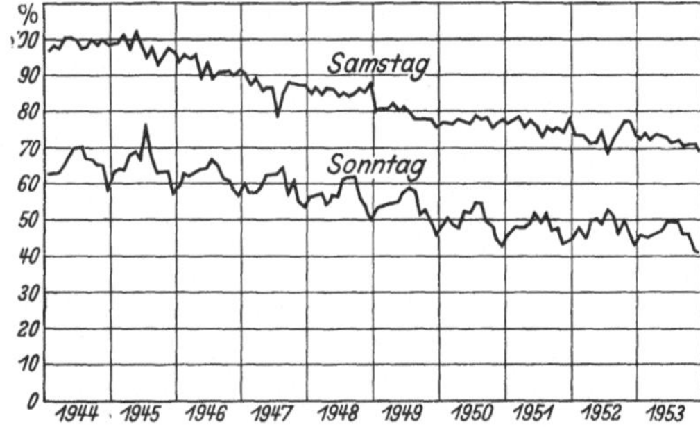

Abb. 5. Chicago, Oberflächenverkehr; Samstag- und Sonntagverkehr in % des Werktagverkehrs

Wenn in Deutschland die öffentlichen Verkehrsunternehmen heute noch einen Verkehrszuwachs aufweisen — er lag bei den Verkehrsunternehmen des VÖV im Durchschnitt der letzten fünf Jahre bei 3,8% —, so nur deshalb, weil einmal das Verkehrsbedürfnis infolge der gewandelten Siedlungsstruktur größer geworden ist — die Gründe hierfür sind die Verlagerung der Wohnräume nach außen, die Entvölkerung der Stadtkerne und ihre Umwandlung zu kulturellen und geschäftlichen Zentren —, zum anderen, weil die Bevölkerung fast aller Großstädte von Jahr zu Jahr nicht unwesentlich

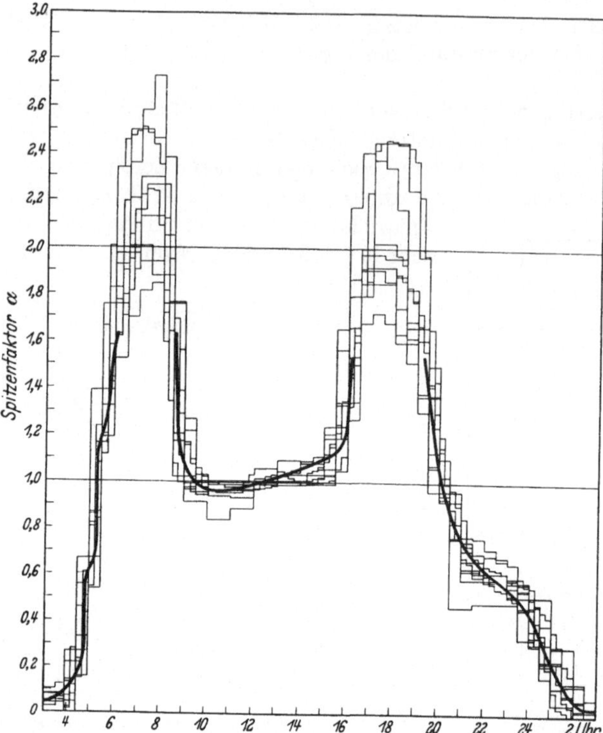

Abb. 6. Der tägliche Rhythmus des Wageneinsatzes (Triebwagen + Beiwagen) bei 10 Verkehrsbetrieben. Wageneinsatz zwischen den Verkehrsspitzen gleich 1 gesetzt. (Quelle: F. Lehner, Gutachtliche Äußerung über die Auswirkungen der Arbeitszeitverkürzung bei Nahverkehrsbetrieben)

zugenommen hat. Bei den Großstädten mit über 300000 Einwohnern betrug die jährliche Bevölkerungszunahme in den letzten fünf Jahren im Mittel fast 4%.

Aber trotzdem ist der konkurrierende Einfluß des wachsenden Individualverkehrs auch in Deutschland bereits zu spüren. Eine Untersuchung für Hannover hat gezeigt, daß bei dem derzeitigen Motorisierungsgrad bereits ein Viertel des Mehrverkehrs, der infolge der Steigerung der Verkehrsbedürfnisse und der Zunahme der Bevölkerung zu erwarten gewesen wäre, an den Individualverkehr verlorengegangen ist. Es wird zweifellos auch bei uns eines Tages eine rückläufige Entwicklung des öffentlichen Verkehrs einsetzen, wobei nicht übersehen werden darf, daß in

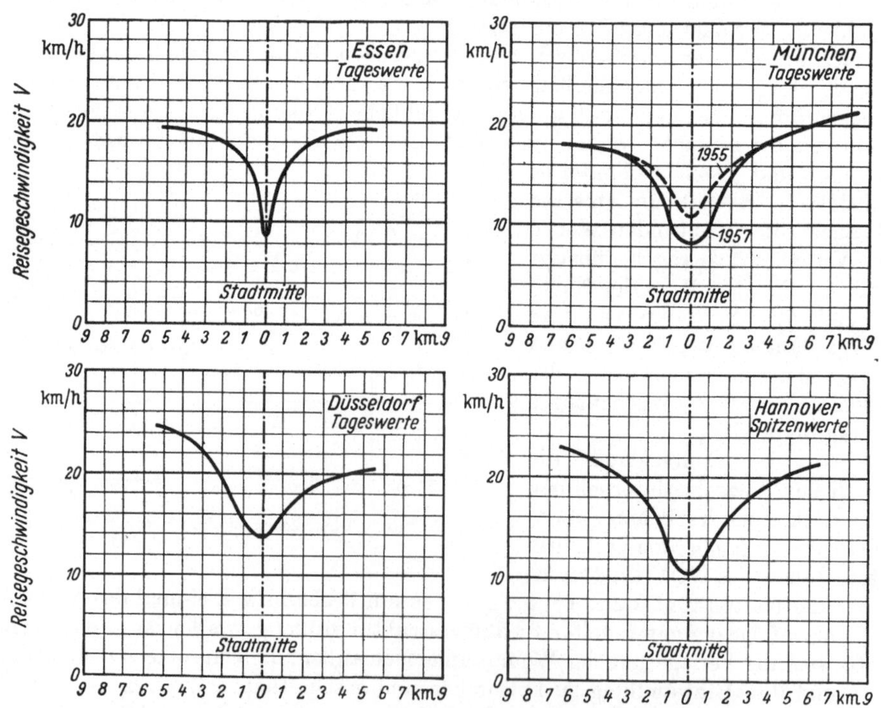

Abb. 7. Reisegeschwindigkeit als Funktion der Entfernung von der Stadtmitte

Deutschland nicht nur der Kraftwagen, sondern auch das Fahrrad, das Moped, das Kraftrad und der Motorroller als Konkurrenten auftreten.

Schwerwiegender als der Verlust an Verkehr sind in Deutschland heute bereits die Behinderungen, die die Abwicklung des öffentlichen Verkehrs in den Stadtkernen in steigendem Maße durch den Individualverkehr erfährt. Der Straßenraum ist der starken Zunahme des Verkehrs im vergangenen Jahrzehnt in keiner Weise gefolgt. Besonders in den Innenräumen, wo die Verkehrskonzentration am stärksten und der Parkraumbedarf am größten ist, ist die Straßenfläche nur in bescheidenem Umfang erweitert worden. Die Belastung der Straßen und Plätze hat daher vielfach die Grenze der Leistungsfähigkeit erreicht. Langsam aber stetig beginnt die Reisegeschwindigkeit unter dem Einfluß des immer stärker werdenden Verkehrs, der gegenseitigen Behinderungen und der Signalisierung abzusinken. Besonders in den Spitzenstunden, in denen die Verkehrslast der öffentlichen Verkehrsmittel etwa das $2^1/_2$- bis 3-fache der Verkehrslast in den verkehrsschwachen Stunden beträgt (Abb. 6), ist der Geschwindigkeitsverlust bereits stark spürbar geworden. Die Reisegeschwindigkeit ist in den Kernbereichen bis auf 8 bis 10 km/h abgesunken (Abb. 7). Das Beispiel München veranschaulicht, wie stark der Geschwindigkeitsverlust in Städten mit hohem Motorisierungsgrad in den beiden letzten Jahren fortgeschritten ist.

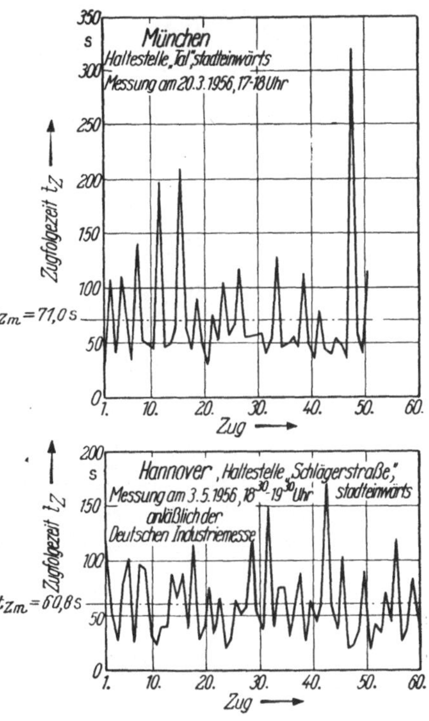

Abb. 8. Schwankungen der Zugfolgezeit während der Spitzenstunden in den Stadtkernen von München und Hannover

Neben der Absenkung der Reisegeschwindigkeit ist eine immer größere *Ungleichförmigkeit in der Zugfolge* festzustellen. Abb. 8 zeigt die außerordentlich hohen Zugfolgeschwankungen in den Stadtzentren von München und Hannover während der Spitzenstunden gegenüber dem Mittelwert, der sich aus dem Fahrplan ergibt.

Der Geschwindigkeitsverlust und die Ungleichförmigkeit der Zugfolge machen die Einhaltung des Fahrplans in den Spitzenstunden fast unmöglich. Die zum Ausgleich erforderlichen Fahrzeuge beanspruchen die Straßenfläche zusätzlich. Es kommt weiter hinzu, daß die Gleisanlagen vieler *Verkehrsknoten* in den Spitzenstunden und insbesondere in der kritischen Viertelstunde, die meist kurz vor 8 Uhr früh liegt, bei der derzeitigen Platzbelastung die Grenze ihrer Leistungsfähigkeit bereits erreicht haben (Abb. 9). In der Spitzenstunde fahren über den Stachus in München 284 Züge, über den Aegidientorplatz in Hannover 126 Züge. Dies entspricht einer Zugfolge von 12,7 bzw. 28,6 s. Eine weitere Steigerung ist im Hinblick auf den ständig wachsenden Individualverkehr ohne besondere bauliche Maßnahmen kaum mehr zu erreichen. Die beiden Plätze sind insofern interessant, als sie zeigen, daß der Stachus als Kreuzungsplatz eine sehr viel höhere Leistungsfähigkeit besitzt als der in seiner Anlage nicht sehr glückliche Aegidientorplatz, der ein Kreisplatz ist.

B. Vorrang des öffentlichen Verkehrs

Wir sehen der weiteren Entwicklung mit großer Sorge entgegen. Die Verhältnisse in den amerikanischen Städten zeigen uns mit so unerhörter Deutlichkeit, welche Folgen die hemmungslose Ausbreitung des Individualverkehrs für den Stadtverkehr gehabt hat; sie zeigen uns, daß es trotz aller städtebaulichen und verkehrlichen Maßnahmen, trotz Anwendung einer 2. und 3. Ebene und trotz des Aufwandes unvorstellbar hoher Geldmittel nicht gelungen ist, der Verkehrsnot Herr zu werden. Die Städte und

Abb. 9. Verkehr auf dem Stachus (Karlsplatz) in München
(Quelle: Straße und Autobahn, 1956, H. 10)

insbesondere ihre Innenräume sind im Verkehr erstickt. Die Geschwindigkeit der Kraftfahrzeuge ist in den Spitzenstunden bis auf Fußgängergeschwindigkeit herabgesunken. Die Kerngebiete haben viel von ihrer ursprünglichen Bedeutung und ihrer Zweckbestimmung verloren. Grundstücke und Geschäfte sind in einer Weise entwertet worden, wie man dies kaum für möglich gehalten hätte. So sind in New York in den vergangenen 20 Jahren nach einem Bericht der Chamber of Commerce of the United States die Grundstückswerte um 44% zurückgegangen. Dabei war in den USA die Ausgangsbasis doch sehr viel günstiger als bei uns. Die jungen amerikanischen Städte sind zum großen Teil unter dem gestaltenden Einfluß des Verkehrs entstanden; ihre Grundrisse zeigen ein geradliniges Schema mit vorwiegend senkrechten Kreuzungen und großen Straßenbreiten (Abb. 10). Demgegenüber besitzen die historischen Städte Europas zumindest in ihren Kernen trotz mancher Sanierung in den zurückliegenden Jahrzehnten noch immer ihr altes Gepräge. Der Stadtplan von München aus dem Jahre 1613 (Abb. 11) z. B. zeigt denselben Aufbau und den gleichen Charakter wie der Stadtplan aus dem Jahre 1956 (Abb. 12). Die einmalige Chance, die der Wiederaufbau der zerstörten Stadtkerne nach dem Kriege bot, ist nicht oder nur bescheiden genutzt worden. Die Hauptschuld hieran tragen u. a. die kurzsichtige und allzu konservative Einstellung

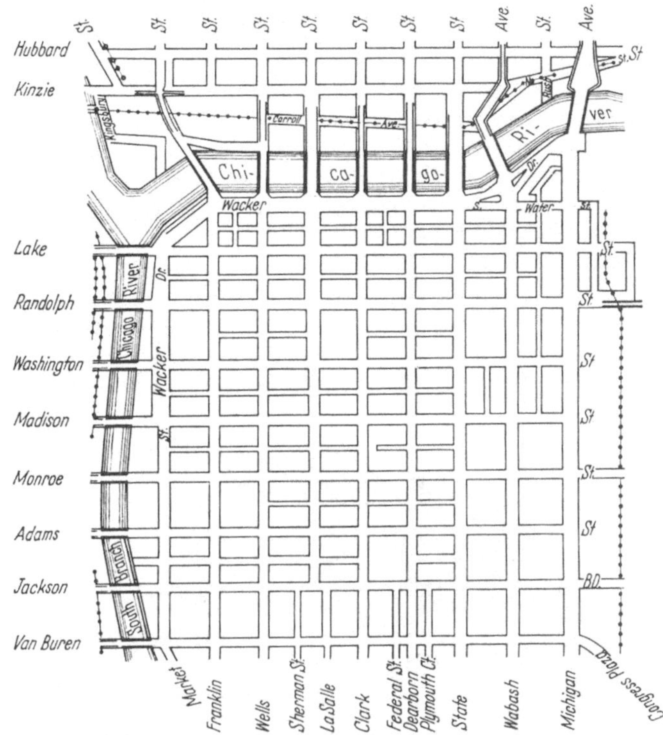

Abb. 10. Plan des zentralen Geschäftsviertels von Chicago

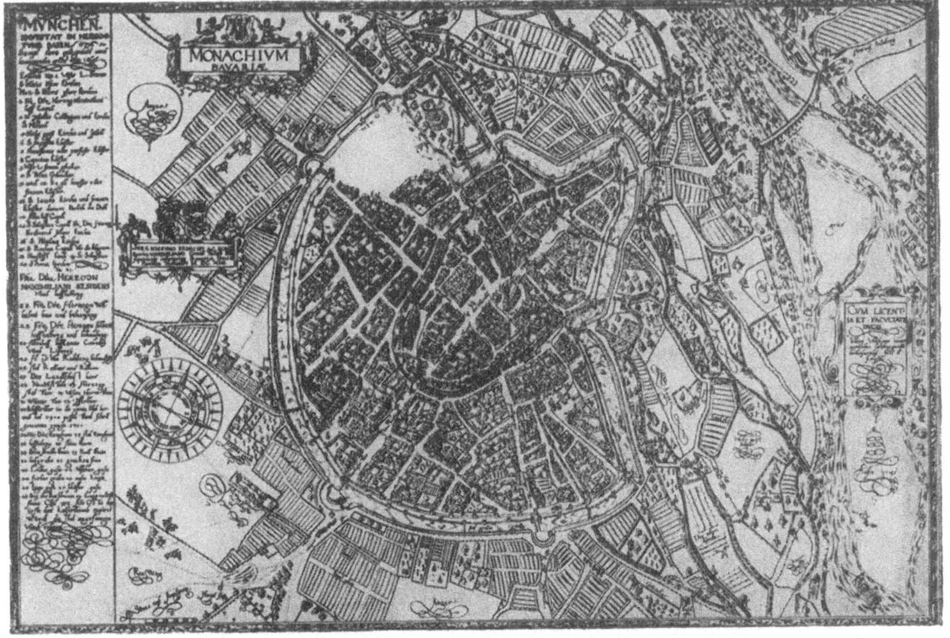

Abb. 11. Stadtkern von München 1613 — Kavalierperspektive — (Quelle: Stadtarchiv München)

mancher Stadtparlamente und das Fehlen eines fortschrittlichen Wiederaufbaugesetzes. Die Durchführung wirklich großer Lösungen — wie etwa in Rotterdam — ist bei uns kaum irgendwo möglich gewesen.

In den Innenräumen unserer deutschen Städte wird daher die Verkehrsschwelle, von der ab die Verkehrsnot unerträglich wird, bei einem sehr viel geringeren Motorisierungsgrad erreicht werden als in den amerikanischen Städten mit ihren geordneten und geradlinigen Grundrissen. Dabei darf nicht übersehen werden, daß in unseren Straßen ein nach Geschwindigkeit, Fahreigenschaften und Fahrzeuggröße inhomogener Verkehr fließt, während der Verkehr in den USA weitgehend homogen ist und deshalb sehr viel leichter ordnend beeinflußt werden kann.

Wenn wir eine ähnliche Entwicklung wie in Amerika verhindern wollen und wenn wir die historischen Kernstädte mit ihrem hohen Geschäftswert und ihrer Bedeutung für den Gesamtstadtorganismus erhalten wollen — und wir wollen, ja wir müssen sie erhalten, weil in Europa, wo die zentralen Viertel die historischen Zentren der Geschäftswelt, des Kulturlebens und der Verwaltung sind, eine durchgreifende Dezentralisation kaum praktisch durchführbar und vielleicht auch gar nicht wünschenswert ist —, dann müssen wir die Folgerungen aus der amerikanischen Entwicklung ziehen und dürfen die mahnenden Stimmen, die von „drüben“ kommen, nicht überhören. Wir sollten uns die Erkenntnisse zu eigen machen, die man dort — allerdings sehr spät erst — gewonnen hat.

Abb. 12. Jetziger Stadtkern von München

Und diese Erkenntnisse gipfeln in der Feststellung,

daß die Rettung der Innenstädte nur durch den kollektiven Verkehr, also die öffentlichen Verkehrsmittel, erfolgen kann, die man bisher zugunsten des Individualverkehrs so stark vernachlässigt hat.

„... Die Existenz unserer Städte ist bedroht, der Verkehr kann sich in den Straßen nicht mehr freizügig bewegen. Anstatt an die Beförderung von Fahrzeugen in unseren Straßen zu denken, sollten wir trachten, möglichst viele Personen durch die Straßen zu befördern ...“

Mit diesen Worten charakterisierte S. H. Bingham, der frühere Präsident des Verkehrsausschusses von New York, auf der United States Conference of Mayors am 16. Mai 1952 die Lage. Und immer, wenn wir die amerikanische Literatur zur Hand nehmen, stoßen wir auf die Forderung nach dem Vorrang des öffentlichen Verkehrs *as a matter of first priority. Diese Erkenntnis sollte sich auch bei uns durchsetzen.* Wir alle wissen, daß es unmöglich ist, die für einen zwei- und dreifachen Verkehr erforderlichen Straßen- und Parkräume im Stadtinnern zu schaffen. Wir würden den Charakter unserer deutschen Städte zerstören und den hohen Geschäftswert der City vernichten, wollten wir die Innenräume durch überdimensionierte Durchbrüche sprengen, die Stadtkerne dem Verkehr zuliebe immer weiter aufreißen und die Fahrzeuge in mehreren Etagen über unsere Köpfe hinwegführen. Sie, unsere deutschen Städte, wären kein Zuhause mehr für uns.

Wir sollten uns daher im Interesse der Erhaltung des Gesichts und des Charakters unserer deutschen Städte auf ein vernünftiges Maß einstellen und heute schon, nicht erst, wenn das Chaos nicht mehr abzuwenden ist, *den öffentlichen Verkehrsmitteln, die den relativ immer knapper werdenden Straßenraum mit einem weit höheren Wirkungsgrad auszunutzen in der Lage sind als die individuellen, den Vorrang einräumen* (Abb. 13).

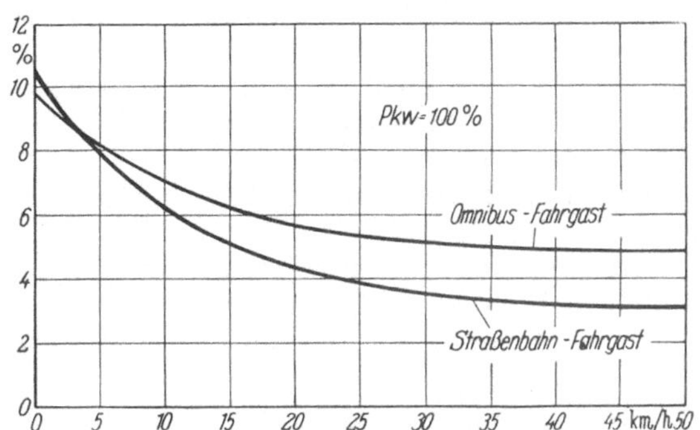

Abb. 13. Straßenflächenbedarf eines Omnibus- und eines Straßenbahnfahrgastes in Prozent des Flächenbedarfs eines Pkw-Fahrgastes bei verschiedenen Geschwindigkeiten

Harley L. Swift, der frühere Präsident der American Transit Association, hat recht, wenn er schreibt:

„Der Mensch, der am meisten zur Entlastung des Straßenverkehrs beiträgt, ist weder der Verkehrsingenieur noch der Stadtplaner noch der Bauunternehmer neuer Straßen, sondern es ist der Fahrgast im öffentlichen Verkehrsmittel, der sich dort mit einem Platz begnügt, anstatt einen Sitzplatz im Auto in Anspruch zu nehmen, welcher 70 Quadratfuß Straßenfläche benötigt.“

C. Schiene oder Gummi?

Die Ansicht der Fachleute über diese Frage hat sich in den letzten Jahren kaum gewandelt. Lediglich die Unterpflasterstraßenbahn ist stärker in den Vordergrund gerückt[1].

Von den Oberflächenverkehrsmitteln ist nach wie vor die Straßenbahn wegen der Möglichkeit der Zugbildung dem Omnibus und Obus hinsichtlich Straßenflächenbeanspruchung, Leistungsfähigkeit und Wirtschaftlichkeit noch immer überlegen. Wir stehen heute allerdings auf dem Standpunkt, daß die Gleis-

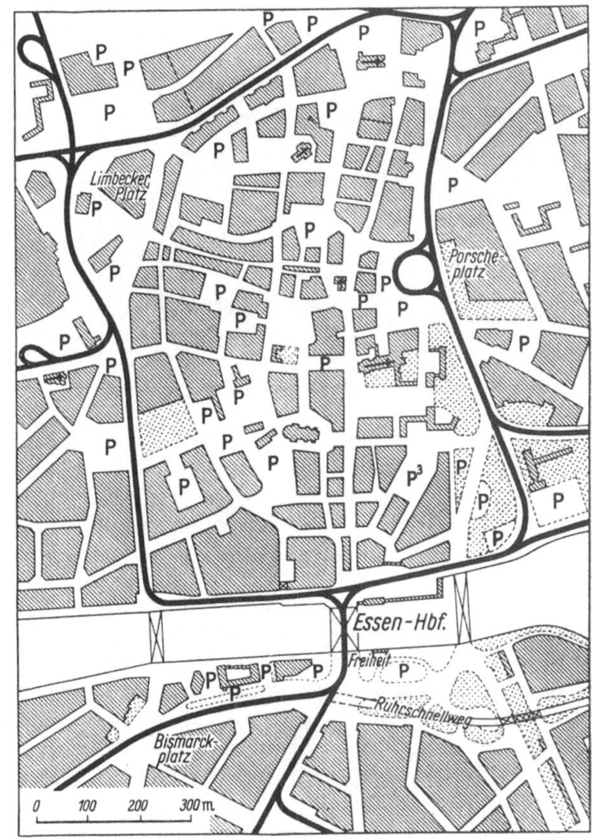

Abb. 14. Die „fußläufige City“ von Essen mit Straßenbahn-Randbedienung

[1] Vgl. hierzu F. Lehner: Der öffentliche Stadtverkehr und seine Reorganisation. Verkehrswissenschaftliche Veröffentlichungen des Ministeriums für Wirtschaft und Verkehr Nordrhein-Westfalen, Heft 31. Düsseldorf: Droste-Verlag

belegung in den Innenräumen unserer Städte auf wenige, dafür aber leistungsfähige Stränge beschränkt bleiben sollte. Kleine Stadtkerne, deren Fläche nicht über 100 ha beträgt, können sogar ohne öffentliche Verkehrsmittel bleiben, wenn eine ausreichende Randbedienung vorhanden ist. Das typische Beispiel hierfür ist die „*fußläufige City*“ von Essen mit einer größten Breite von 840 m und einer größten Länge von 1080 m (Abb. 14). Die Straßenbahnen sind an den Randstraßen um den Kern herumgeführt; von den Haltestellen aus können alle Punkte der Innenstadt in 6 bis 7 min zu Fuß erreicht werden.

Auch in den letzten Jahren ist die immer wieder erhobene Forderung nach einer Beseitigung der Gleise aus der City der Großstadt nicht verstummt. Man verspricht sich von dem Ersatz der Straßenbahn durch Omnibusse eine Entlastung der Straßen, übersieht dabei aber, daß anstelle eines modernen Straßenbahn-Großraumzuges drei Omnibusse eingesetzt werden müßten. Die Straßenfläche würde also nicht entlastet, sondern noch stärker in Anspruch genommen. Außerdem bringt die erforderliche größere Dichte des Omnibusverkehrs erhebliche betriebliche Schwierigkeiten.

Abb. 15. Nashville, für den Omnibus reservierte Fahrspur längs des Bordsteins

Daß auch der Autobus, wenn er in stark belasteten Straßen seine Aufgaben erfüllen will, besonderer Anlagen bedarf, zeigen uns einige Beispiele aus Amerika. So hat man häufig dem Autobus längs des Bordsteins eine besondere Fahrspur zugeteilt (Abb. 15). In Nashville hat diese Maßnahme zu einer Erhöhung der Reisegeschwindigkeit in den Spitzenstunden bis zu 35% geführt und ist auch dem übrigen Verkehr zugute gekommen, der durch das Einscheren, Anhalten und Wiederausscheren der Autobusse an den Haltestellen nicht mehr behindert wird. Im Einkaufszentrum von Washington hat man den Schnellbussen eine Bordsteinspur zur Verfügung gestellt. Gelegentlich, so in Chicago, sind dem Autobus auch besondere Fahrspuren in Straßenmitte zugeteilt, wobei sich die Anlage von Haltestelleninseln ebenso als notwendig erwies wie bei den Straßenbahnen. Diese Beispiele zeigen mit aller Deutlichkeit, daß viele der Vorteile, die dem Autobus nachgerühmt werden, bei sehr starkem Verkehr verlorengehen.

Die deutschen Verkehrsfachleute, die für den öffentlichen Nahverkehr verantwortlich sind, vertreten den Standpunkt, daß es in den großen Städten ohne Schiene nicht geht. Es hängt von dem Maßstab der Stadt, der Stärke des Individualverkehrs und den städtebaulichen Gegebenheiten und Planungsabsichten ab, ob sie oberirdisch liegen kann (Straßenbahn) oder in eine andere Ebene verlegt werden muß (U-Bahn, Hochbahn, U-Straßenbahn). Der Omnibus kann keine Rettung aus der Verkehrsnot und keine Rettung unserer Innenstädte bringen. Bei der Vielgestaltigkeit der Aufgaben in den großen Siedlungsräumen wird er aber neben der Schienenbahn einen seiner Art entsprechenden Einsatz finden können. Denn auch im innerstädtischen Verkehr gilt nicht: Schiene *oder* Straße, sondern Schiene *und* Straße.

Die deutschen Großstädte mit einer Einwohnerzahl von 500000 bis 1 Million haben sich nach dem Kriege ohne Ausnahme für die Beibehaltung der Straßenbahn entschieden. Die Millionenstädte Berlin und Hamburg dagegen werden mit dem fortschreitenden Ausbau ihrer Schnellbahnnetze die Straßenbahn aufgeben und fehlende Verbindungen mit Omnibussen bedienen.

Anders liegen die Verhältnisse in den kleinen und mittleren Städten. Hier wird man der Umstellung der Straßenbahn auf Omnibus oder Obus in vielen Fällen sowohl aus Gründen der Leistungsfähigkeit als auch der Wirtschaftlichkeit zustimmen müssen. Die Umstellung wird auch verkehrstechnische Vorteile bringen, wenn die Straßenbahn die Kernstadt nur eingleisig durchfahren kann, in Einbahnstraßen gegen die freigegebene Richtung fährt und durch ungünstige Lage im Straßenraum — z. B. einseitig — den übrigen Verkehr behindert. Da ab 1. 7. 1960 das Mitführen von Anhängewagen beim Omnibus und Obus nicht mehr gestattet ist, wird die Frage der Umstellung der Straßenbahn auf schienenfreien Verkehr mehr noch als bisher durch wirtschaftliche Momente beeinflußt werden.

D. Entlastung der Innenstadt durch städtebauliche und verkehrliche Maßnahmen

Alle Maßnahmen, die der Entlastung der Innenstadt dienen, kommen mehr oder minder auch den öffentlichen Verkehrsmitteln zugute. *Zweifelsohne muß die Kernstadt vom Durchgangsverkehr weitgehend entlastet werden.* Sein Anteil ist allerdings, wie die Feststellungen in amerikanischen und deutschen Städten gezeigt haben, nicht sehr erheblich und um so kleiner, je größer die Stadt ist (vgl. Abb. 16). Bei Städten mit über 500000 Einwohnern kann mit einem Durchgangsverkehr von im Mittel etwa 8 bis 14% gerechnet werden. Neben der Größe der Stadt ist natürlich auch ihre Lage von Einfluß;

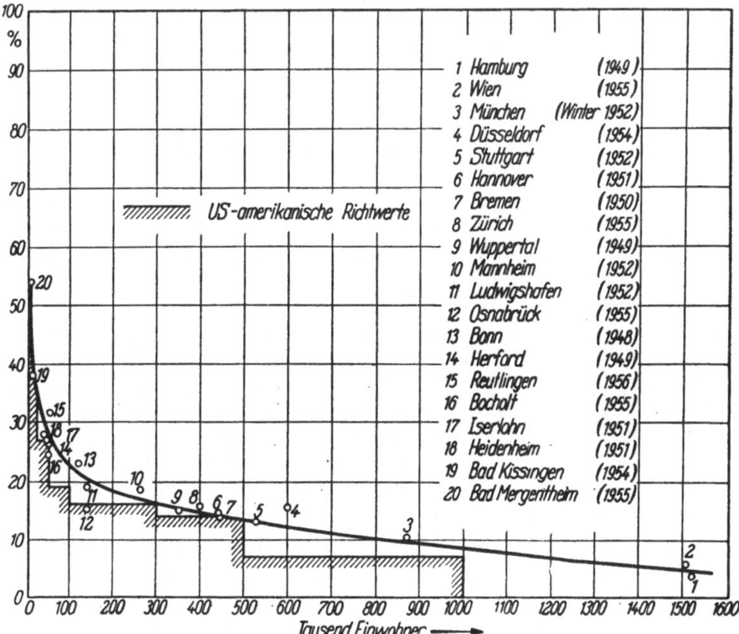

Abb. 16. Der Anteil des Durchgangsverkehrs am einstrahlenden Verkehr der Städte nach FEUCHTINGER

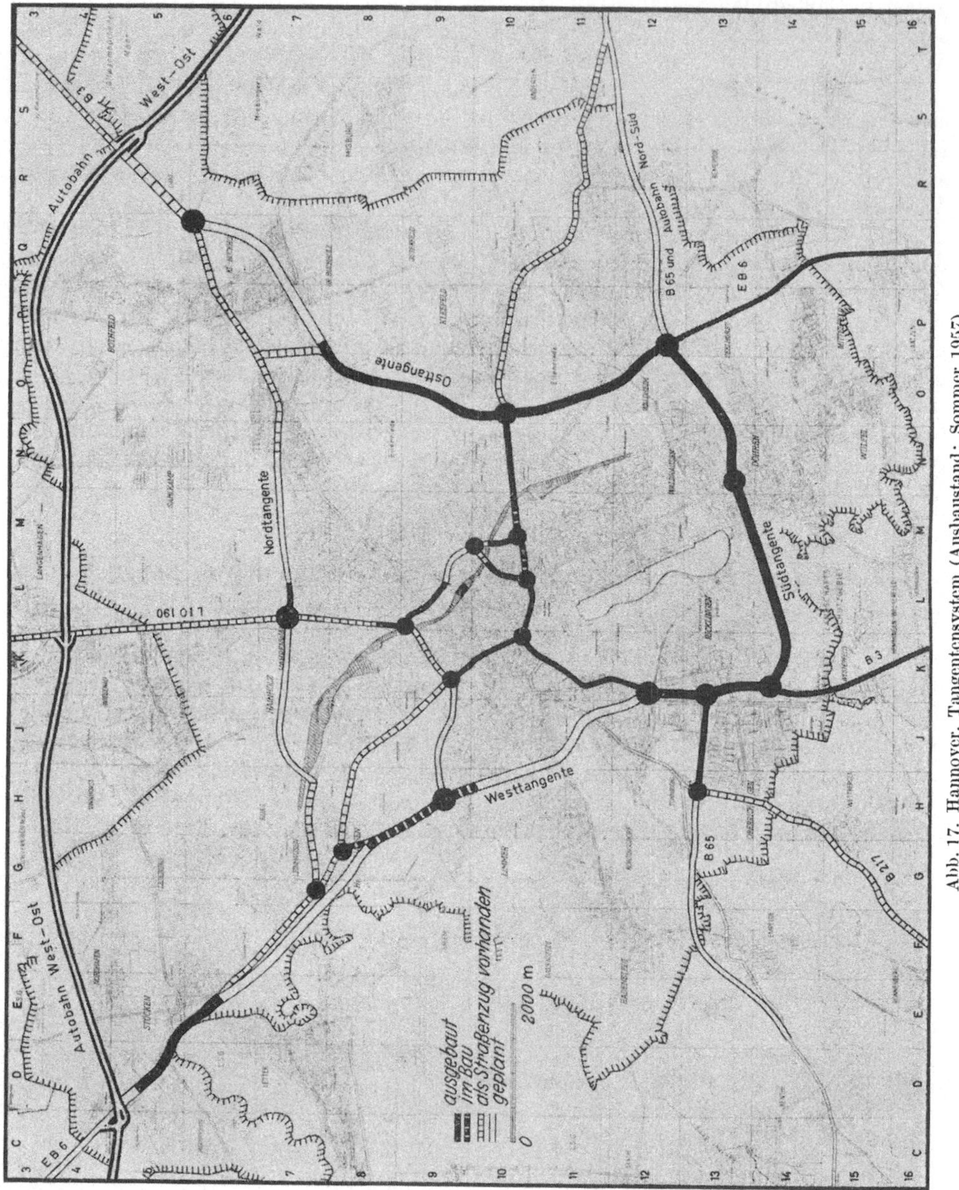

Abb. 17. Hannover, Tangentensystem (Ausbaustand: Sommer 1957)

so beträgt der Anteil des Durchgangsverkehrs am einstrahlenden Verkehr in Hamburg nur rd. 4%[1]. *Äußere Umgehungsstraßen* werden also zur Entlastung der Innenräume nur verhältnismäßig wenig beitragen können. Viel wirksamer sind die sog. *inneren Tangenten* oder *Ringe*, d. s. Entlastungsstraßen, die sehr nahe an den Stadtkern herangerückt sind und als leistungsfähige und nach Möglichkeit auch anbaufreie Straßen einen beachtlichen Teil des die City durchströmenden Verkehrs abziehen können. Abb. 17 zeigt das geplante und zum Teil bereits verwirklichte Entlastungssystem in Hannover mit den äußeren und inneren Tangenten, Abb. 18 einen Planungsvorschlag

[1] Köln 11%, München 12,5%, Hannover 14%

Abb. 18. Pittsburgh, Tangentenring (Planungsvorschlag)

für Pittsburgh, durch den eine Entlastung der Innenstadtstraßen um etwa 40% erreicht werden soll.

Der *Ausbildung der Verkehrsknoten und Plätze*, von deren Leistungsfähigkeit die Aufnahmefähigkeit des ganzen Straßensystems abhängt, ist besondere Aufmerksamkeit zu schenken, weil sich hier der öffentliche und der individuelle Verkehr am engsten berühren. Es ist leider Tatsache und es gibt dafür eine Reihe von Beispielen, daß Plätze, die anfangs der fünfziger Jahre neu gestaltet worden sind, den gegenwärtigen Belastungen nicht mehr gerecht werden können. *Wo immer die Möglichkeit eines großräumigen Ausbaues besteht, sollte man sie nutzen.* Da die Leistungsfähigkeit eines Knotens in starkem Maße von der Zahl der Aufstellspuren abhängt, sollte man von der bisher angewandten symmetrischen Aufteilung der einmündenden Straßen auf die beiden Fahrtrichtungen abgehen und zu einer *unsymmetrischen Aufteilung* des Straßenraumes kommen, wie sie in Amerika bereits vielfach angewandt wird. Abb. 19 zeigt einen Planungsvorschlag für den Bismarckplatz in Essen mit einer unsymmetrischen Aufteilung der Straßenanschlüsse (einmündende Fahrbahnen vier Fahrspuren, ausmündende Fahrbahnen zwei Fahrspuren).

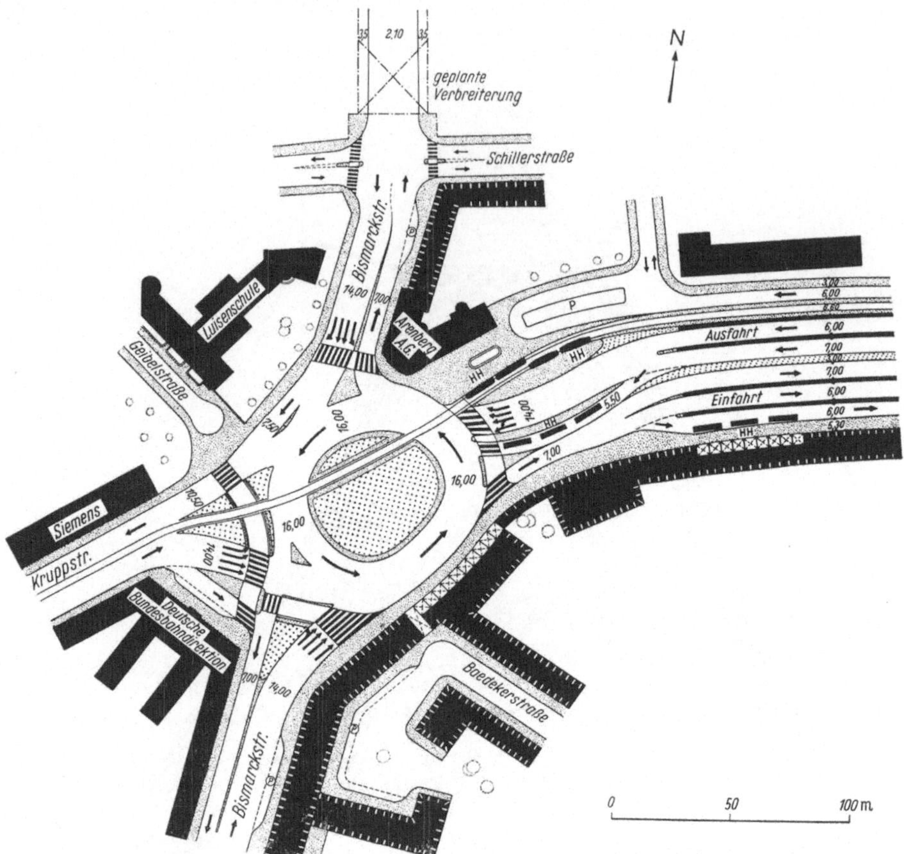

Abb. 19. Gestaltungsvorschlag für den Bismarckplatz in Essen nach Dr.-Ing. F. LEHNER

Vor jedem Umbau eines Verkehrsknotens, über den Straßenbahnen geführt werden, sollte deren *Streckenführung* gründlich überprüft werden. In vielen Fällen lassen sich durch geringe Veränderungen vereinfachte Lösungen finden, die wiederum die bauliche Gestaltung des Platzes erleichtern. Ein besonders schönes Beispiel hierfür ist die *Planung des Viehofer Platzes* in Essen. Der ursprünglich sehr komplizierte Gleisknoten konnte durch Aufgabe der Gleise in der Viehofer Straße, ihre Umlegung über Unsuhrstraße und Zusammenführung mit den Gleisen in der Lützowstraße sowie den Verzicht auf die Gleisverbindung über die Schlenhofstraße erheblich vereinfacht werden (Abb. 20). Durch diese Vereinfachung wurde es möglich, den Platz in Form einer großen Blockumfahrung um den Allbau günstig zu gestalten (Abb. 21). Bei der Größe der Umfahrung ist eine flüssige Verkehrsabwicklung gewährleistet. Die Gleise sind über die Mittelinsel geführt, wo auch die Haltestellen angelegt sind. Der starke Umsteigeverkehr kann sich also ohne Berührung mit dem Kraftverkehr abwickeln. Die städtischen Gremien haben den Umbau des Platzes nach diesem Vorschlag des Verfassers beschlossen.

Zentrale Verkehrsknoten mit starkem Verkehr sollten so geplant werden, daß die spätere Anwendung einer zweiten oder dritten Ebene nicht unmöglich oder nur unter großem finanziellen Aufwand durchführbar wird. Ob der Kraftverkehr oder der Schienenverkehr in eine andere Ebene verlegt wird, hängt von den jeweiligen Verhältnissen ab. Ausschlaggebend ist sehr oft, daß der Kraftverkehr mit kürzeren Rampen auskommt. Bei der Planung des Rudolfplatzes in Köln sind die Fluchtlinien bereits so festgelegt worden, daß die sich kreuzenden Hauptverkehrsströme in mehreren Ebenen

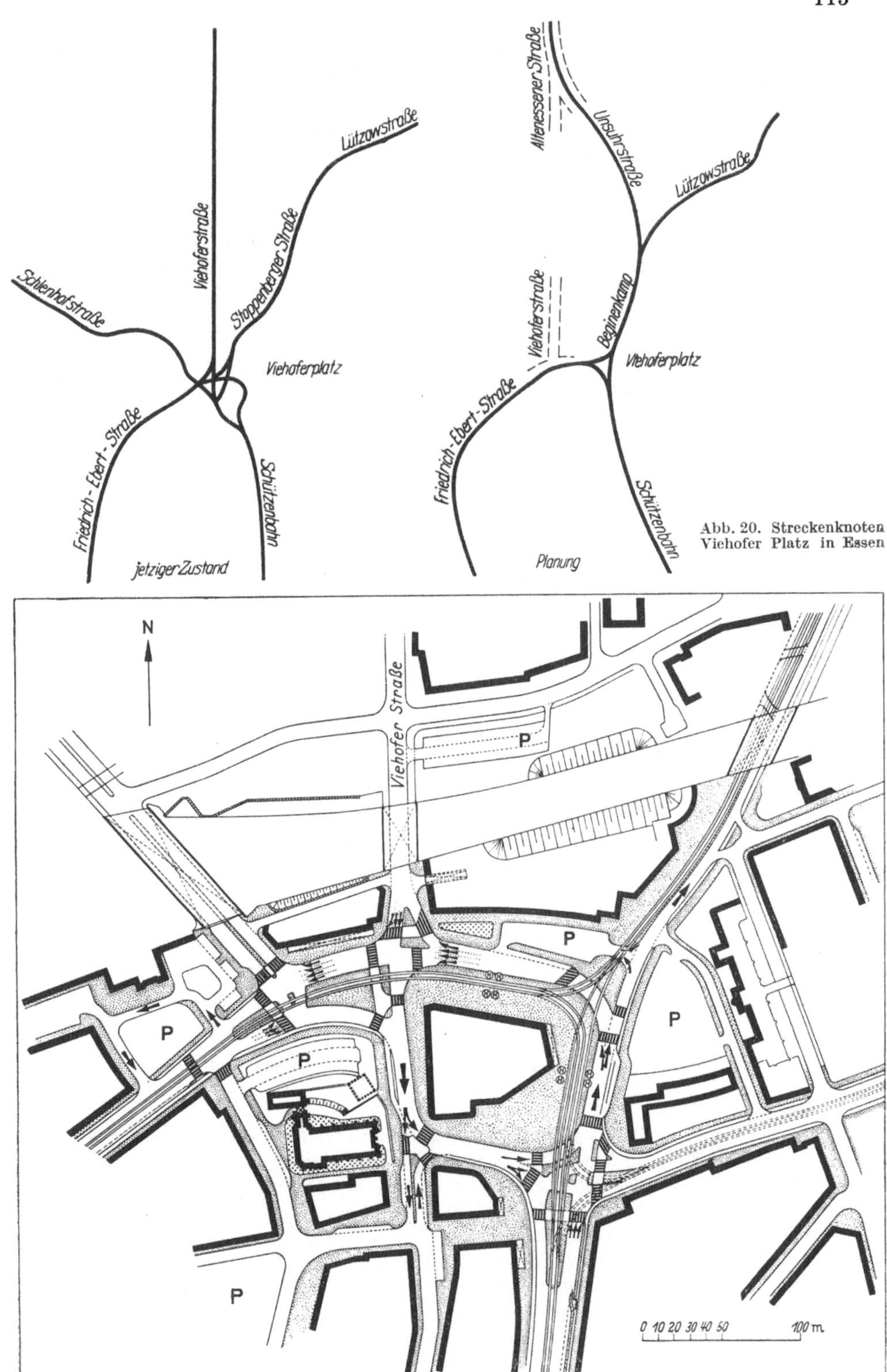

Abb. 20. Streckenknoten Viehofer Platz in Essen

Abb. 21. Planungsvorschlag für den Viehofer Platz in Essen nach Dr.-Ing. F. LEHNER

untergebracht werden können. Abb. 22 zeigt eine Lösung, bei der zuerst der Straßenbahnverkehr im Zuge der Ringe, dann der Kraftverkehr unterirdisch geführt sind. Typische Beispiele ausgeführter Platzunterfahrungen sind der Dupont Circle in Washington und der Place de la Constitution vor der Gare du Midi in Brüssel mit unterirdischer Führung der Straßenbahn.

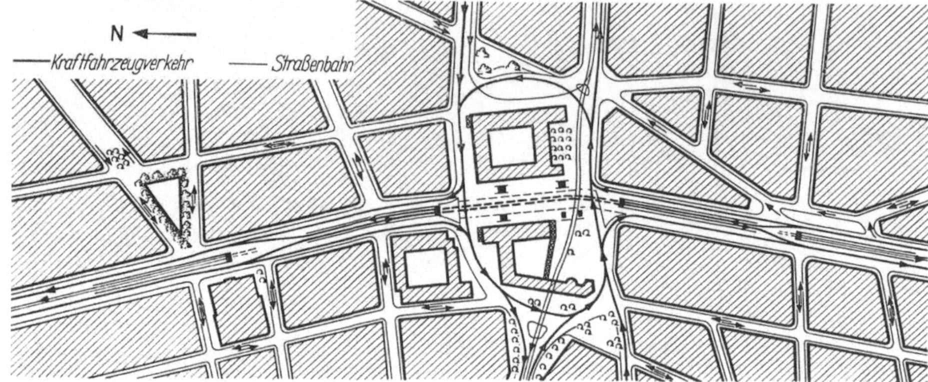

Abb. 22. Rudolfplatz in Köln, Planung mit 3 Ebenen

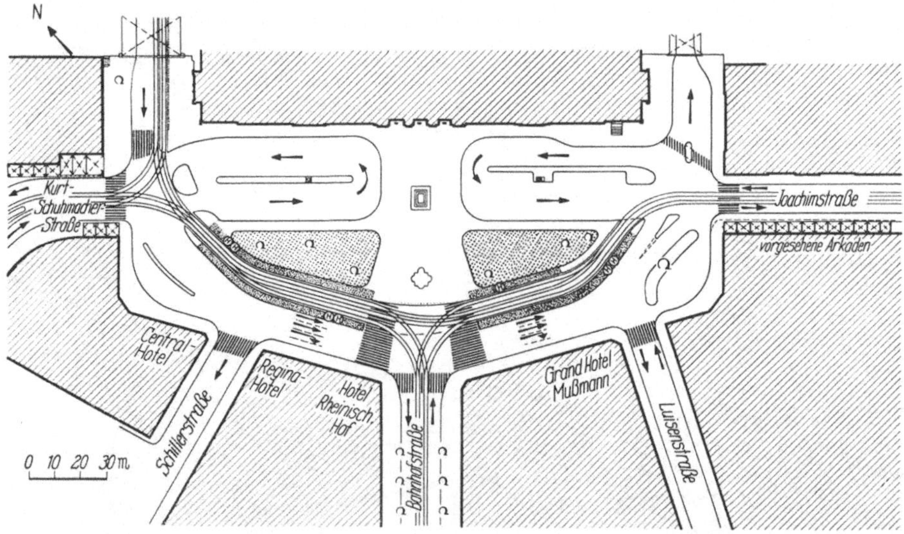

Abb. 23. Hauptbahnhofsvorplatz in Hannover nach dem Umbau im Frühjahr 1957

Besonders kritische Verkehrsknoten sind die *Bahnhofsvorplätze*. Hier ist die Einordnung des öffentlichen Verkehrs oft recht schwierig. Bei starkem Übergangsverkehr zwischen der Eisenbahn und der Straßenbahn ist die Seitenlage der Gleise vorzuziehen. Abb. 23 zeigt den Ernst-August-Platz vor dem Hauptbahnhof in Hannover nach seinem vor der Industrie-Messe 1957 erfolgten Umbau. Der Bahnhofskomplex wird vom Kraftverkehr einbahnig umfahren. Die Gleisanlagen, die bisher zweigleisig waren, sind wegen der starken Belastung und zur Beschleunigung der Verkehrsabwicklung dreigleisig ausgebaut worden und liegen dem Bahnhof zugekehrt in Seitenlage. Der Übergangsverkehr zwischen Bundesbahn und Straßenbahn kann sich also unbehindert durch den übrigen Verkehr abwickeln. Der Bau eines Fußgängertunnels, der wegen des überaus starken Fußgängerverkehrs zwischen Stadt und Bahnhof erforderlich gewesen wäre, mußte im Hinblick auf die in diesem Raum laufende Planung einer Unterpflasterstraßenbahn zunächst zurückgestellt werden.

Neben den städtebaulichen stehen *verkehrstechnische und verkehrsordnende Maßnahmen* zur Entlastung der Innenstädte im Vordergrund.

An erster Stelle ist hier die Einrichtung von *Einbahnstraßensystemen* zu nennen. Wir haben uns in Deutschland leider meist nur auf die Einrichtung einzelner Einbahnstraßen beschränkt, ohne wirklich nach einem System zu suchen, das u. a. auch die Eigenschaft haben muß, *keinen zusätzlichen Verkehr zu erzeugen.* Zweifelsohne kann ein sinnvoll ausgerichtetes System von Einbahnstraßen den Verkehrsfluß beschleunigen, die Leistungsfähigkeit der Straßen und insbesondere auch der Plätze — bei einer größeren Zahl einmündender Straßen — erhöhen und unter Umständen auch zu neuen Parkmöglichkeiten führen. Auf die Belange des öffentlichen Verkehrs muß bei der Festlegung des Systems besondere Rücksicht genommen werden. Abb. 24 zeigt den Stadtkern von *Birmingham* mit einem gut ausgebildeten Einbahnstraßensystem, das schon seit nahezu 20 Jahren besteht und sich bestens eingespielt hat, Abb. 25 das Einbahnstraßensystem in Manhattan (New York), das sich durch eine besondere Klarheit auszeichnet.

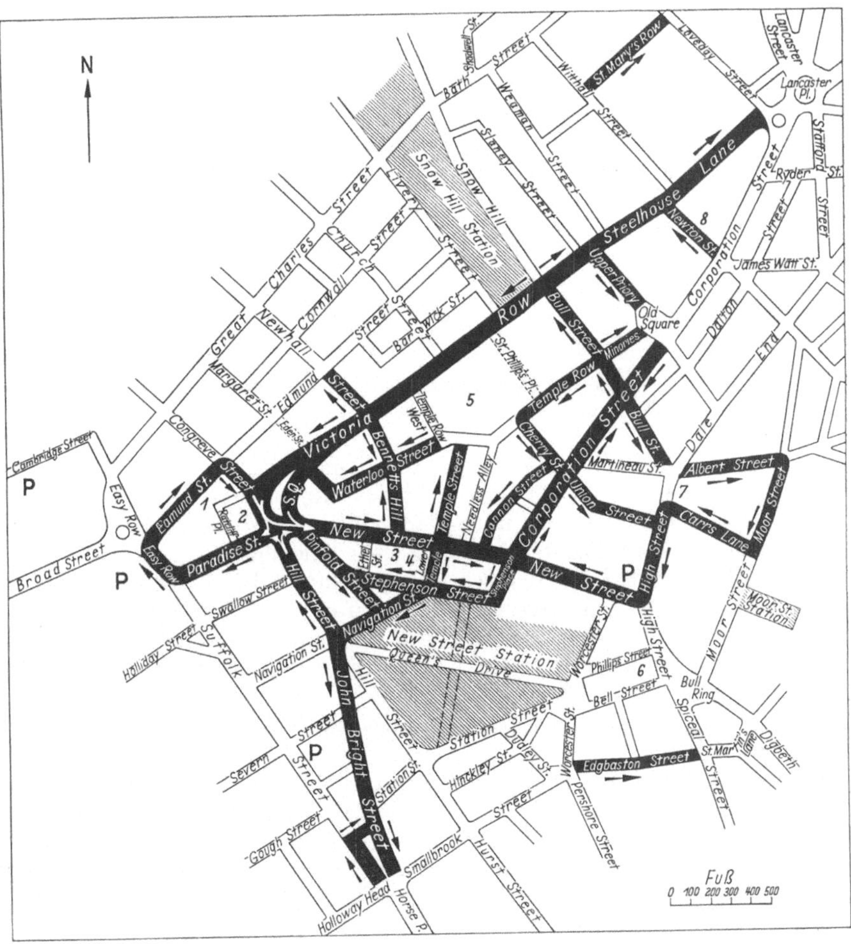

Abb. 24. Birmingham (England), Einbahnstraßensystem in der Innenstadt

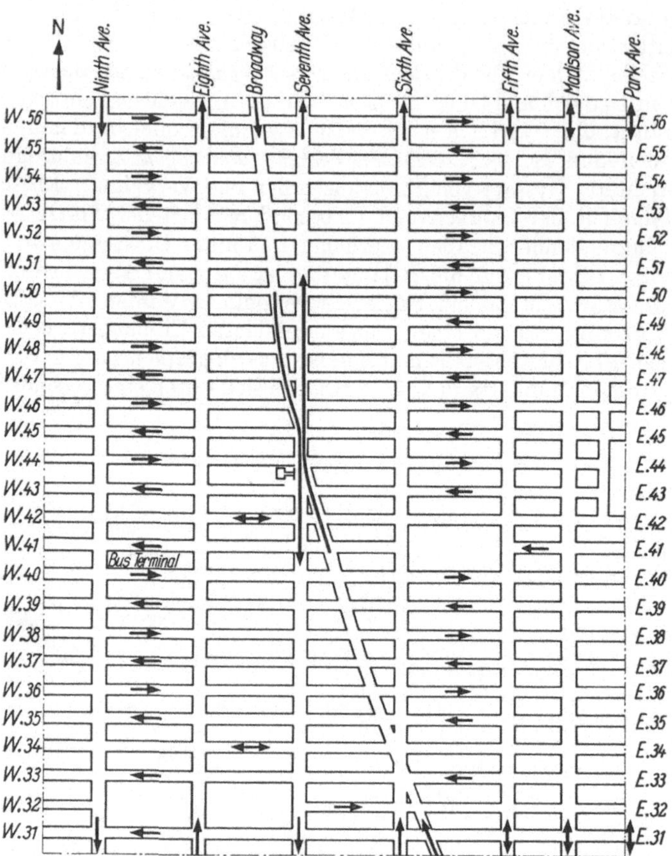

Abb. 25. Einbahnstraßensystem in Manhattan

Da die beiden Richtungsfahrbahnen einer Straße in den Spitzenstunden nicht gleichmäßig ausgelastet sind, d. h. eine Fahrtrichtung meist sehr viel stärker belastet ist als die Gegenrichtung, werden in den USA durch *Verschieben der mittleren Trennlinie* der jeweils stärker belasteten Richtung mehr Fahrspuren zugeteilt als der schwächeren. Diese Methode hat sich ausgezeichnet bewährt. Abb. 26 zeigt den Broadway in New York mit einer unsymmetrischen Straßenaufteilung. Der Richtung zur City sind in der Frühspitze acht Spuren, der Gegenrichtung nur zwei Spuren zugeteilt; in der Nachmittagsspitze umgekehrt. In einer 4-spurigen Straße in Chicago hat man in der Nachmittagsspitze für den nach außen fließenden Verkehr 3 Fahrspuren vorgesehen, während die verbleibende 4. Fahrspur in Richtung Stadt für den Omnibusverkehr reserviert ist.

Eine weitere Maßnahme zur Beschleunigung des Verkehrs sehen wir in der *Trennung der Verkehrsarten*. Die Vorteile des *besonderen Bahnkörpers* für die Straßenbahn sind allgemein bekannt. Er bringt eine wesentliche Beschleunigung des Verkehrs, wenn er nicht allzu oft durch Überwege unterbrochen wird, und stellt zugleich ein Ordnungselement für den übrigen Verkehr dar, da er die Fahrtrichtungen trennt. Man sollte ihn überall dort anwenden, wo es die Straßenbreiten zulassen. In Verbindung mit Grünstreifen (vgl. Hahnenstraße in Köln) kann er auch ästhetisch gestaltet werden.

In der *Altstadt von Mailand* hat man der Straßenbahn einige Straßen vorbehalten, wie z. B. die bekannte Via Tommassi Grossi. Diese Nur-Straßenbahn-Straßen haben sich gut bewährt.

Abb. 26. Unsymmetrische Fahrraumaufteilung am Broadway in New York

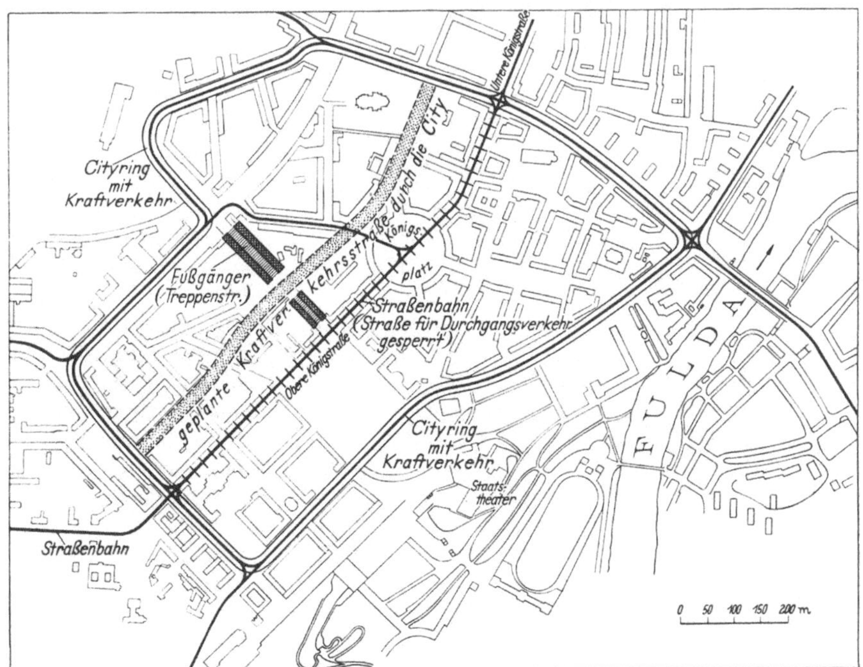

Abb. 27. Planung im Kerngebiet von Kassel

Auf die Trennung des Autobusverkehrs vom übrigen Verkehr, wie sie in Amerika durch Zuteilung besonderer Fahrspuren angewandt wird, ist bereits hingewiesen worden.

In diesem Zusammenhang ist auch die Planung der *Kasseler Innenstadt* von Interesse, die ein besonders schönes Beispiel für die Trennung der Verkehrsarten darstellt (Abb. 27). Der Straßenbahn ist der Straßenzug über die Obere und Untere Königstraße zugewiesen. Für den Fußgängerverkehr hat man die vom Bahnhof zum Geschäftszentrum führende und berühmt gewordene Treppenstraße geschaffen. Der Kraftverkehr wird um die City geführt und soll später auf einer neuen Parallelstraße zur Königstraße auch durch die City geleitet werden.

Als weiteres Beispiel sei ein Vorschlag des Verfassers zur Gestaltung des *Essener Hauptbahnhofsviertels* erwähnt (Abb. 28). Der Kraftverkehr soll tangential über die Hindenburg- und die Gildehof-Unterführung an die Ringstraßen herangeführt werden, von wo er in die Innenstadt einströmen kann. Die Bahnhofsunterführung soll dagegen ausschließlich dem Straßenbahn- und Fußgängerverkehr dienen und nach wie vor das Haupteinfallstor zur City bleiben. Da in der Unterführung die Anlage einer zentralen Straßenbahnhaltestelle möglich ist — heute sind drei Haltestellenanlagen vorhanden —, würde die Trennung des schienenfreien und des schienengebundenen Verkehrs für den starken Um- und Übersteigeverkehr zwischen der Straßenbahn, der Bundesbahn und den Omnibussen erhebliche Vorteile bringen. Auch würde die Belastung der beiden Bahnhofsvorplätze durch die gegenüber heute viel kürzeren Durchfahrtzeiten der Züge herabgesetzt. Daß die Schließung der Bahnhofsunterführung für den Kfz-Verkehr keine leichte Angelegenheit ist, da sie eine sehr starke psychologische Komponente hat, ist klar. *Aber wir müssen gelegentlich auch den Mut zu unpopulären und unbehaglichen Maßnahmen aufbringen, eine Forderung, die die Städtebauer und Verkehrsfachleute in Amerika schon lange erheben.*

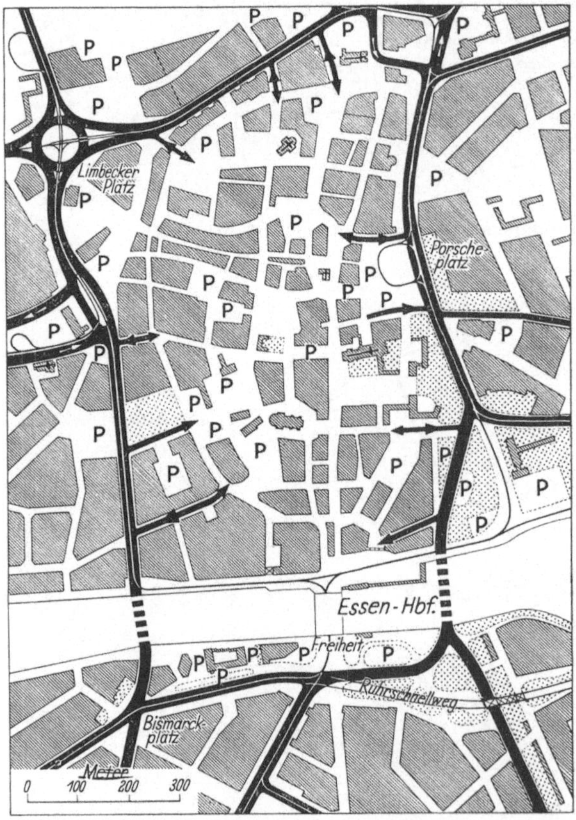

Die Beherrschung des Verkehrs an Straßenkreuzungen und Knoten macht von einer gewissen Verkehrsstärke an eine *Regelung mittels Signalen erforderlich.* Die Innenräume der Städte sind heute bereits mit einem dichten System signalisierter Punkte überzogen. So notwendig diese Maßnahme zur Steuerung des Verkehrs und im Interesse der Verkehrssicherheit ist, sie bedeutet für den öffentlichen Verkehr nicht selten ein erhebliches Hemmnis und ist

Abb. 28. Essen, Führung des Kraftverkehrs (vgl. auch Abb. 14). Links: Hindenburg-Unterführung. Rechts: Gildehof-Unterführung. Mitte: Bahnhofunterführung

mit eine der Ursachen der Geschwindigkeitsverluste und der großen Zugfolgeschwankungen in den Innengebieten. Wir müssen immer wieder feststellen, wie schlecht oft die Regelung auf den Verkehr abgestimmt ist — man arbeitet bisweilen den ganzen Tag bis in die Nacht hinein mit nur einem Programm —, wie unbegründet lang oft die Gelbzeiten sind und wie wenig Rücksicht auf den öffentlichen Verkehr genommen wird. *Alle Verkehrsprobleme haben nicht nur eine Raum-, sondern auch eine Zeitkomponente. Wie es gilt, den Raum möglichst vorteilhaft auszunutzen, so sollten wir auch alles tun, keine Zeit zu vergeuden. Die Signalisierung bedarf noch einer gründlichen Erforschung. Die technischen Möglichkeiten sind noch nicht voll ausgeschöpft.*

Abb. 29. Chicago. Station Desplains, Umsteigepunkt zwischen Schnellbahn (Garfield Route, Endstelle) und den Straßenbahn- und Omnibuslinien nach Westchester. Inmitten der Schleifen ein großer Parkplatz

Wir werden in Zukunft dem Individualverkehr gewisse *Beschränkungen* auferlegen müssen. In den USA geht man hierbei sehr weit. Man fordert die Verbannung der Dauerparker aus dem Stadtzentrum, die Einschränkung des Bordsteinparkens und die Anpassung der Parkgebühr an die Kosten. Man fordert z. T. ein völliges Autoverbot in den Innenräumen und die Anlage von Parkplätzen am Rande der gesperrten Bereiche. In vielen amerikanischen Städten (Abb. 29, Chicago) haben die Verkehrsgesellschaften oder die städtischen Behörden an den Schnellbahnstationen in den Außengebieten große Parkplätze errichtet, auf denen die Autofahrer ihre Fahrzeuge abstellen, um dann mit der Schnellbahn in die Stadt zu fahren (Park-and-Ride-System). Die Metropolitan Transit Authority in Boston besitzt an einigen Schnellverkehrslinien bereits eigene Parkplätze mit einem Fassungsvermögen von 5200 Wagen. *Bingham* sieht die ideale Stadt der Zukunft als eine Stadt des absoluten Park-and-Ride-Systems, bei dem die Besucher ihre Fahrzeuge am Rand der City abstellen und dann öffentliche Verkehrsmittel benutzen müssen (Abb. 30).

Auch in unseren deutschen Städten ist in dieser Hinsicht schon einiges getan worden. Wir haben den Lastkraftwagenverkehr, zumindest während der Hauptverkehrsstunden, aus den Innenräumen verbannt und haben dort, wo es nicht mehr anders ging, das Bordsteinparken auf die verkehrsschwachen Zeiten beschränkt. Wir hören aus *Hamburg* bereits von kleinen Anfängen mit dem Park-and-Ride-System. Aber man könnte noch mehr tun. *In allen Städten sind noch Reserven vorhanden, die zugunsten des fließenden Verkehrs freigemacht werden können.* Man sollte noch mehr als bisher vom Parkverbot Gebrauch machen, sollte verhindern, daß der Straßenrand zu einer kostenlosen Garage wird, sollte mit dem Straßenraum so geizen, wie es gelegentlich den öffentlichen Verkehrsmitteln gegenüber geschieht, denen man die Anlage eines besonderen

Abb. 30. Die ideale Stadt der Zukunft nach Bingham

Bahnkörpers in Straßen verweigert, die zu seiner Aufnahme durchaus in der Lage wären.

Daß wir dem *Parkproblem* unsere besondere Aufmerksamkeit schenken müssen, bedarf keiner Begründung. Es wird wesentlich sein, *wo* wir die Parkplätze, die Hoch- oder Tiefgaragen anlegen. Es ist grundsätzlich falsch und liegt auch nicht im Sinne einer Entlastung unserer innerstädtischen Verkehrspunkte, wenn Tiefgaragen unter stark belasteten Verkehrsplätzen oder Hochgaragen am Rande der Verkehrsknoten angelegt werden. Man sollte die Parkplätze nach Möglichkeit außerhalb der kritischen Zone errichten, um Verkehr abzuziehen und ihn nicht erst dorthin zu leiten, wo wir ihn eines Tages nicht mehr beherrschen können. In einigen amerikanischen Städten vertritt man heute schon die Ansicht, daß der Bau weiterer Garagen im Zentrum nicht mehr verantwortet werden kann, weil hierdurch nur noch mehr Verkehr in die Innenstadt gesaugt wird. Wir sollten auch bei der Auswahl der *Standorte für Hochhäuser*, die einen erheblichen Parkbedarf mit sich bringen, wie auch ganz allgemein bei der *Höherzonung* vorsichtig zu Werke gehen. *Wir dürfen den Maßstab zwischen Straßenbreite und Bebauung nicht verlieren.*

E. Vertikale Auflockerung des Verkehrs

Wir sind realistisch genug zu erkennen, daß alle städtebaulichen und verkehrlichen Maßnahmen, auf lange Sicht gesehen, der Verkehrsnot nicht begegnen können. „*Alle Verbesserungen in den Innenräumen sind bisher schnell durch Zuströmen inaktiven Verkehrs wieder ausgeglichen worden. Da für die akute Verkehrsstockung eine gewisse untere Grenze besteht, hat die Belastung der Innenräume allerdings nicht in dem Maß zugenommen wie die Steigerung des Kraftfahrzeugbestandes*“[1], eine Feststellung, die übrigens auch für die deutschen Städte zutrifft. Wir werden bei der so starken Zunahme der Motorisierung durch unsere Maßnahmen im günstigsten Falle nur immer wieder Erleichterungen schaffen können, vielleicht den derzeitigen Stand der Stockungen und Behinderungen einige Zeit halten, allmählich aber zu einer Konzentration des Individualverkehrs kommen, der es dem öffentlichen Oberflächenverkehr unmöglich macht,

Abb. 31. Brüssel. Hochstraße im Zuge des Boulevard Baudouin und des Boulevard Leopold II.

seine Belange mit der erforderlichen Flüssigkeit und Zuverlässigkeit und einigermaßen wirtschaftlich zu erfüllen. Wir sehen deshalb für die Zukunft keinen anderen Weg als die *vertikale Auflockerung des Verkehrs*, d. h. seine Verteilung auf verschiedene Ebenen. Dabei dürfte es keinem Zweifel unterliegen, daß die vertikale Trennung der Verkehrsarten für die *Erhaltung der Lebenskraft unserer Großstadtinnenräume am wirksamsten wird, wenn das leistungsfähigste und räumlich auch anspruchsloseste, also das öffentliche Verkehrsmittel, in eine andere Ebene verlegt wird, wo es ungehindert durch den Straßenverkehr seinen Betrieb abwickeln kann.*

Längere unterirdisch geführte Kraftwagenstraßen dürften in den Innenräumen unserer Städte nur ausnahmsweise (Ruhrschnellweg, Essen) in Frage kommen, da sie weit größere Tunnelbreiten erfordern als der öffentliche Verkehr und auch

[1] Aus einer Antwort von „London Transport“ auf einen Fragebogen des Internationalen Vereins für öffentliches Verkehrswesen, 1957

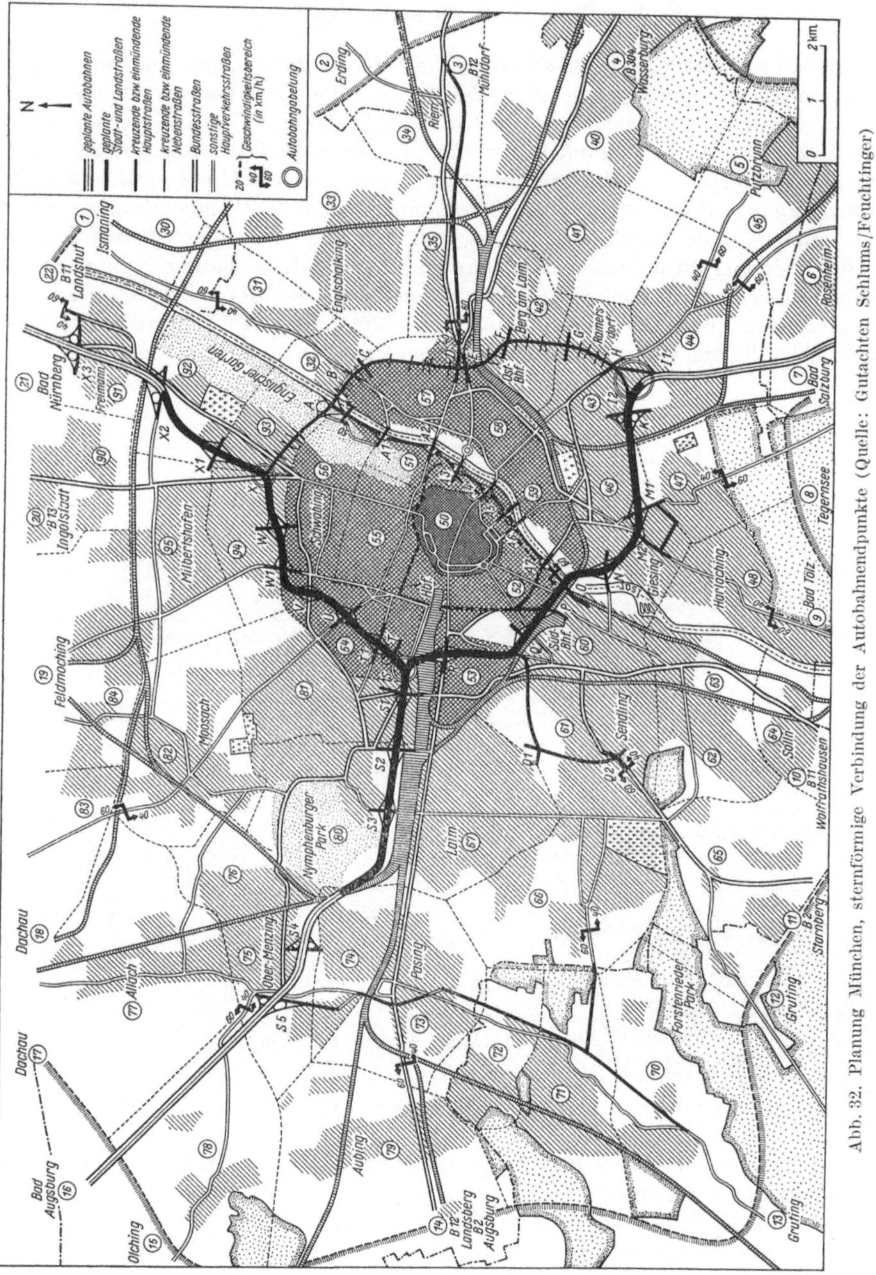

Abb. 32. Planung München, sternförmige Verbindung der Autobahnendpunkte (Quelle: Gutachten Schlums/Feuchtinger)

kostspielige Entlüftungsanlagen benötigen[1]. Auch müßten mehr Rampenanlagen vorgesehen werden, da der Individualverkehr im Gegensatz zum öffentlichen Verkehr nicht *Streckenverkehr*, sondern *Flächenverkehr* ist. Das gleiche gilt für die *hochgeführten Straßen*, die in ihrer Anlage allerdings billiger sind und keine Belüftung benötigen. Man wird sie außerhalb der Innenräume gelegentlich vorsehen können, wie die vor

[1] Die Entlüftungsanlage des 830 m langen, 4-spurigen Wagenburgtunnels in Stuttgart kostete rd. 2 Mill. DM; die jährlichen Betriebskosten betragen etwa 360000 DM

kurzem eröffnete 3-spurige und etwa 1,4 km lange Hochstraße[1] in Brüssel (Abb. 31) und der Gutachtervorschlag[2] für die sternförmige Verbindung der Autobahnendpunkte in München (Abb. 32) zeigen.

In diesem Zusammenhang ist ein Vorschlag MAESTRELLIS' von Interesse, der zur Entlastung der Mailänder Innenstadt und zur Erhaltung der Leistungsfähigkeit des öffentlichen Verkehrs ein *unterirdisches Obusnetz* vorsieht, das mit kürzeren Rampen als die Schienenbahnen und ohne Entlüftung auskommt. Die städtischen Gremien haben sich inzwischen aber für die U-Bahn entschieden.

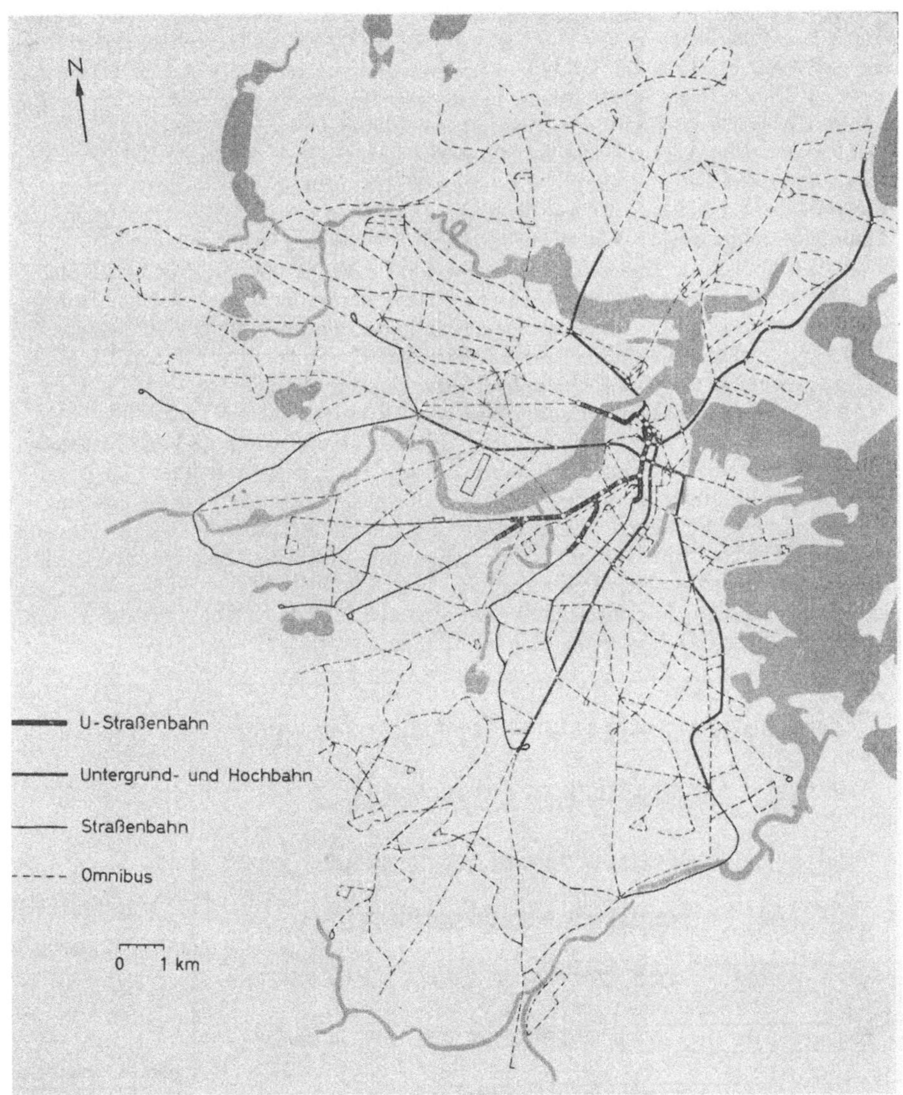

Abb. 33. Das Nahverkehrsnetz der Stadt Boston

[1] Die Hochstraße liegt im Zuge der Boulevards Baudouin und Leopold II. zwischen dem Boulevard Emile Jacqmain und dem Boulevard du Jubilé; sie überquert den Place de l'Yser und den Place du Sainctelette

[2] Gutachten SCHLUMS/FEUCHTINGER

Der Bereich, in dem die öffentlichen Verkehrsmittel den größten Störungen unterworfen sind, ist verhältnismäßig eng. Die Einsackung der Reisegeschwindigkeit erstreckt sich meist auf eine Breite von nur etwa 4 bis 6 km (vgl. Abb. 7). Wird die Straßenbahn in diesem Bereich aufgeständert oder unterirdisch geführt, so können die Geschwindigkeitsverluste und die Störungen in der Zugfolge wieder ausgeglichen werden. Hochgeführte Straßenbahnen, abgesehen von kurzen Überführungen[1], dürften in unseren deutschen Städten wohl kaum in Frage kommen; es bleibt also nur die Verlegung unter die Erde in die zweite oder dritte Ebene.

Unterirdisch geführte Straßenbahnen, für die sich inzwischen die Bezeichnung *U-Straßenbahn* eingeführt hat, sind keine Erfindung der Neuzeit. Bereits im Jahre 1897 wurde in Boston, einer Stadt von heute etwa 800000 Einwohnern und einem Gepräge, das von allen Städten der USA dem unserer deutschen Städte am nächsten kommt, die erste Unterpflasterstraßenbahn mit einer Streckenlänge von rd. 8 km in Betrieb genommen. Sie wird auch heute noch als solche betrieben (Abb. 33).

In Deutschland ist der Gedanke einer unterirdischen Führung der Straßenbahn bereits kurz nach Beendigung des zweiten Weltkrieges in die städtebauliche Debatte geworfen worden. Hannover war wohl die erste Stadt, die die U-Straßenbahn als ein Planungselement in ihre Wiederaufbauplanung einsetzte. Inzwischen haben sich viele Städte mit einer Einwohnerzahl zwischen 500000 und 1000000 wie München, Köln, Stuttgart, Düsseldorf, Bremen, Basel, Zürich, Oslo u. a. mit der unterirdischen Führung der Schienenbahnen in ihren Kernräumen befaßt und Planungsvorschläge ausgearbeitet.

Die U-Straßenbahn unterscheidet sich in mancher Hinsicht von den in den Millionenstädten seit mehr als 60 Jahren betriebenen Untergrundbahnen[2].

Die Untergrundbahnen besitzen ein relativ weitmaschiges Netz, das mehr oder minder unabhängig vom Straßengerüst angelegt ist und wichtige Verkehrsknoten auf möglichst kurzem Wege miteinander verbindet. Sie greifen weit über den Bereich der Innenräume hinaus. Wegen der großen Haltestellenabstände und des störungs- und kreuzungsfreien Betriebes erreichen sie sehr hohe Reisegeschwindigkeiten (bis zu 33 km/h). Sie besitzen besondere Fahrzeuge, die zu großen Zugeinheiten verbunden werden. Die kleinste erreichbare Zugfolge liegt bei 90 s. Verkehrlich gesehen, stellen sie ein selbständiges Verkehrssystem dar, das auf der Oberfläche noch der Ergänzung durch Omnibusse, Obusse oder auch Straßenbahnen bedarf.

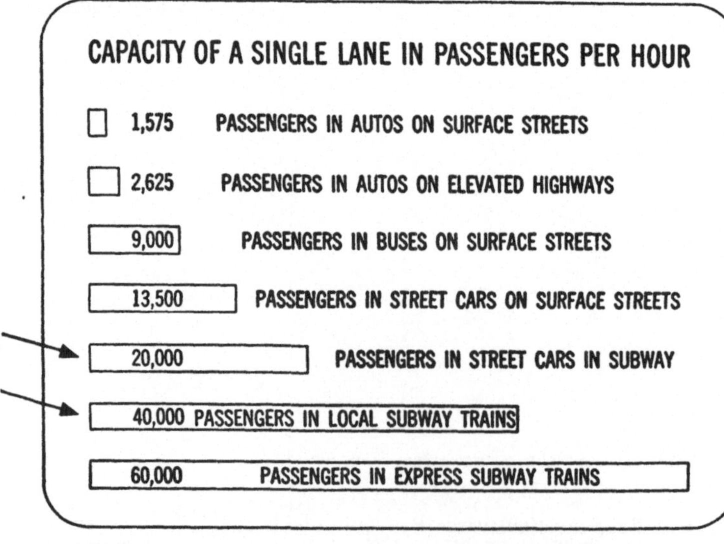

Abb. 34. Stündliche Verkehrsmengen je Spur und Richtung für verschiedene Beförderungsmittel (Quelle: W. T. ROSSEL und David Qu. GAUL, Rapid Transit's Value to a City, Traffic Quarterly 1/1956, Seite 107)

[1] Vgl. Straßenbahnrampe am Mannheimer Rheinbrückenkopf
[2] Die erste Untergrundbahn wurde 1890 in London eröffnet

Im Gegensatz zur U-Bahn ist die U-Straßenbahn in ihrer Linienführung stärker an das Straßengerüst gebunden. Sie ist ein Teil des Straßenbahnnetzes und ersetzt in den Innenräumen ebenerdige Streckenabschnitte. Ihr Anschluß an das Oberflächennetz erfolgt über Rampen (1 : 20). Die Betriebsweise entspricht, wenn von den Sicherungsmaßnahmen abgesehen wird, der der Straßenbahn. Im Gegensatz zur U-Bahn werden wie auf der Oberfläche nur kleine Zugeinheiten, bestehend aus zwei oder drei Fahrzeugen, gefahren. Die Haltestellenabstände entsprechen etwa denen der Oberflächenverkehrsmittel und liegen bei 400 bis 700 m.

Ein wesentlicher Unterschied zwischen U-Bahn und U-Straßenbahn besteht hinsichtlich der *Leistungsfähigkeit*. Während U-Bahnen mit 8-Wagenzügen eine stündliche Verkehrsmenge von rd. 40000 Personen und mehr bewältigen können, liegt die Verkehrsmenge bei der U-Straßenbahn bei maximal 20000 Personen je Stunde. Diese Leistungsfähigkeit, mit der man auch in Amerika rechnet (Abb. 34) dürfte bei Städten mit einer Einwohnerzahl von 0,5 bis 1 Million in den meisten Fällen ausreichend sein. Sie ist bei einer Zugfolge von rd. 40 s erreichbar, wenn Doppelhaltestellen vorgesehen werden und die durchschnittliche Haltezeit in den Bahnhöfen nicht mehr als 25 s beträgt. Der Beschleunigung der Abfertigung muß daher ganz besondere Aufmerksamkeit geschenkt werden, zumal die Zahl der Türen je Wagen geringer ist als bei der U-Bahn.

Man könnte nun auf den Gedanken kommen, die oberirdischen Straßenbahnen in den *Innenräumen* der Städte durch die bewährte *U-Bahn* zu ersetzen. Dies hätte aber zur Folge, daß der Verkehr von und zur Innenstadt gebrochen würde, die Fahrgäste also an den Enden der U-Bahnstrecken, wo neue Wendeschleifen für die Straßenbahn erforderlich würden, umsteigen müßten. Dadurch würde aber der Gewinn an Fahrzeit auf der U-Bahn durch die Umsteigezeit ganz oder zum Teil wieder verlorengehen. Abb. 35 zeigt am Beispiel Hannover, daß bei einer Umsteigezeit von 3 Minuten der Gewinn an Reisezeit bereits bei einer unterirdischen Führung von 1,5 km fast aufgebraucht wird, während beim durchgehenden Straßenbahn- und U-Straßenbahnbetrieb immer noch ein Fahrzeitgewinn von 2,7 min bleibt. Bei den in Betracht kommenden relativ kurzen unterirdischen Streckenabschnitten ist *also bei gleicher Länge die U-Straßenbahn hinsichtlich des Zeitgewinns der U-Bahn überlegen*. Der Betrieb ist auch wirtschaftlicher zu führen, da die vorhandenen Straßenbahnfahrzeuge auch im Tunnel verwendet werden können. Der hohe Verkehrswert der U-Bahn

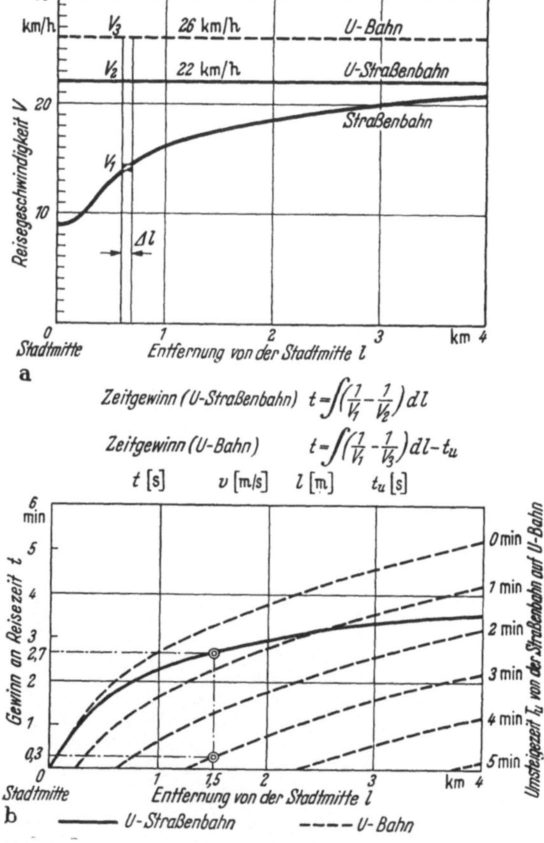

Abb. 35. Reisegeschwindigkeiten und Gewinn an Reisezeit bei Umstellung einer oberirdisch geführten Straßenbahn auf U-Straßenbahn- oder U-Bahnbetrieb in Abhängigkeit von der Tunnellänge — Beispiel Hannover, Hauptverkehrszeit, mittlerer Haltestellenabstand 545 m

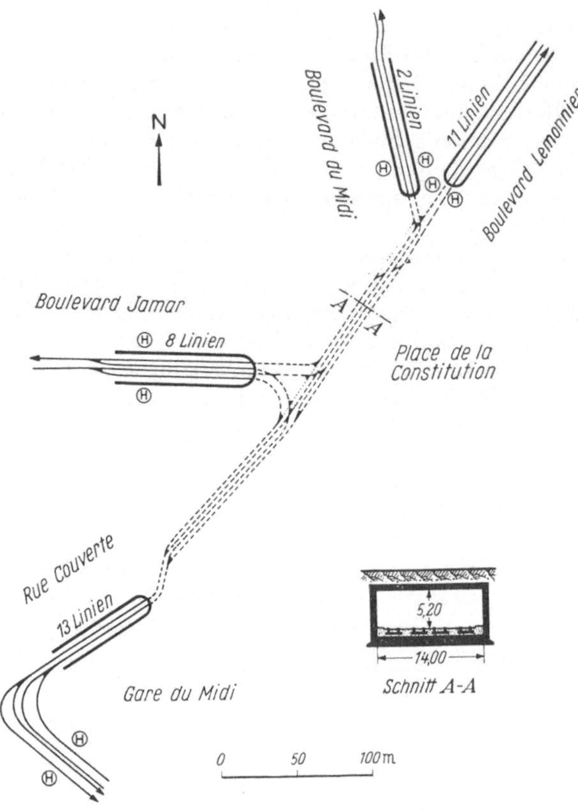

Abb. 36. Unterirdische Straßenbahn in Brüssel, Schema der Straßenbahnanlage unter der Place de la Constitution

kommt erst dann voll zur Geltung, wenn ihre Strecken genügend weit in die außerhalb des Stadtkerns liegenden Gebiete hinausgreifen. Bei den Städten unter einer Million Einwohner sind heute aber größere U-Bahnnetze, verkehrlich gesehen, noch nicht erforderlich und auch wirtschaftlich noch nicht tragbar.

In Deutschland sind U-Straßenbahnen bisher nicht gebaut worden, wenn man von der etwa 800 m langen unterirdischen Führung der Straßenbahn in Nürnberg in der Nähe des Geländes des ehemaligen Reichsparteitages absieht, die außerhalb des Stadtkerns liegt. Kurze Unterführungen, wie etwa in Berlin-Treptow und Unter den Linden in Berlin, sind noch keine U-Straßenbahnen.

Eine größere unterirdische Straßenbahnanlage wurde in *Brüssel* im Rahmen der verkehrlichen Vorbereitungen für

Abb. 37. Unterirdische Straßenbahn in Brüssel, Haltestelle Boulevard M. Lemonnier

die Weltausstellung 1958 erstellt und am 16.12.1957 in Betrieb genommen. Es handelt sich um die Unterfahrung der Place de la Constitution an der Gare du Midi. Das Schema der Anlage ist in Abb. 36 dargestellt. Der Anschluß an das Oberflächennetz erfolgt über 3 zweigleisige und eine viergleisige Rampe (Neigung 6%). Das Tunnelmittelstück ist viergleisig. Die Rampe im Zuge des Boulevard Maurice Lemonnier ist provisorisch auf Stützen errichtet, um bei der beabsichtigten Fortführung der Tunnelstrecke bis zur Gare du Nord den Anschlußbetrieb innerhalb von 2 Tagen aufnehmen zu können. Die Tunnelanlage, die ausgezeichnet beleuchtet und weiträumig angelegt ist (Abb. 37), wird von 13 Linien befahren. Da auf Signalanlagen verzichtet wurde, das Fahren also auf Sicht erfolgt, mußte die Vorfahrt an den niveaugleichen Kreuzungen (4) und Gleiszusammenführungen (4) (vgl. Gleisbesetzungsplan in Abb. 38) durch gelbe Markierungen zwischen den Gleisen geregelt werden. Während der Spitzenstunden wurde an der Rampe Rue Couverte (Gare du Midi) eine mittlere Zugfolgezeit von 30 s festgestellt[1]. Die mittlere Haltezeit an den Haltestellen, die zum Teil auf den Rampen liegen, betrug dabei etwa 10 bis 12 s, die mittlere Durchflußgeschwindigkeit von der Rampe Boulevard Maurice Lemonnier bis zur Rampe Rue Couverte (~ 490 m) 13,5 km/h.

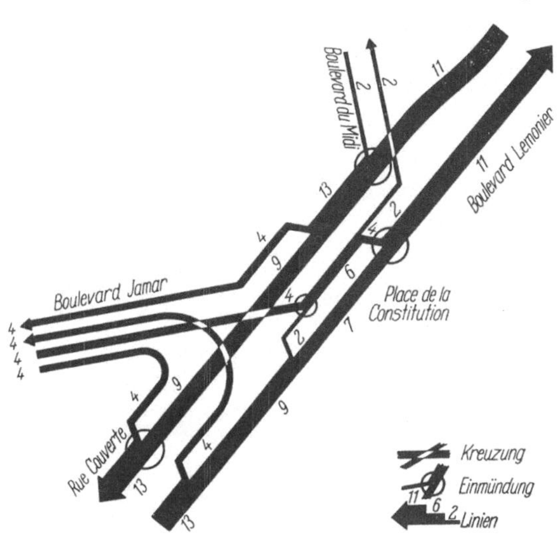

Abb. 38. Unterirdische Straßenbahn in Brüssel, Gleisbesetzungsplan

Eine unterirdische Straßenbahnanlage befindet sich auch auf dem Gelände der Weltausstellung, das in einem 520 m langen, vor kurzem dem Betrieb übergebenen Tunnel von den Zügen der Société Nationale des Chemins de Fer Vicinaux (Vorortbahnen) unterfahren wird.

F. Grundsätzliches zur U-Straßenbahnplanung

Bei der Planung von U-Straßenbahnen müssen u. a. die nachfolgenden Gesichtspunkte beachtet werden:

1. *Alle wichtigen Verkehrspunkte im Kernbereich müssen erfaßt werden.*

2. *Der Hauptbahnhof als Nahtstelle zwischen Fern-, Vorort- und innerstädtischem Verkehr muß günstig zum unterirdischen Netz zu liegen kommen.*

3. *Um die Tunnelanlage weitgehend auszunutzen und den verbleibenden Oberflächenverkehr möglichst einzuschränken, müssen mehrere Linien im Tunnel gebündelt werden. Diese Bündelung muß nach verkehrlichen und betrieblichen Gesichtspunkten erfolgen.*

4. *Bei radialen Systemen muß darauf geachtet werden, daß nur Äste mit möglichst gleichwertiger Belastung verbunden werden.*

5. *Die Linienführung muß auch den Erfordernissen bei Großveranstaltungen Rechnung tragen. In Hannover z. B. ist die Verbindung Hauptbahnhof — Messegelände von ganz ausschlaggebender Bedeutung. Solche Verbindungen sollen nach Möglichkeit — nicht zuletzt auch im betrieblichen Interesse — ohne Umsteigen geboten werden.*

[1] Die Zugeinheiten bestanden etwa je zur Hälfte aus Einzeltriebwagen und Triebwagen + Beiwagen. Die Messungen erstreckten sich über eine halbe Stunde

6. *Aus Gründen der Wirtschaftlichkeit soll die unterirdische Führung so kurz wie möglich sein.*

7. *Die Stellen, an denen die Rampen anzulegen sind, müssen sorgfältig ausgewählt werden. Man wird darauf achten müssen, daß naheliegende Verkehrsknoten noch unterfahren werden.*

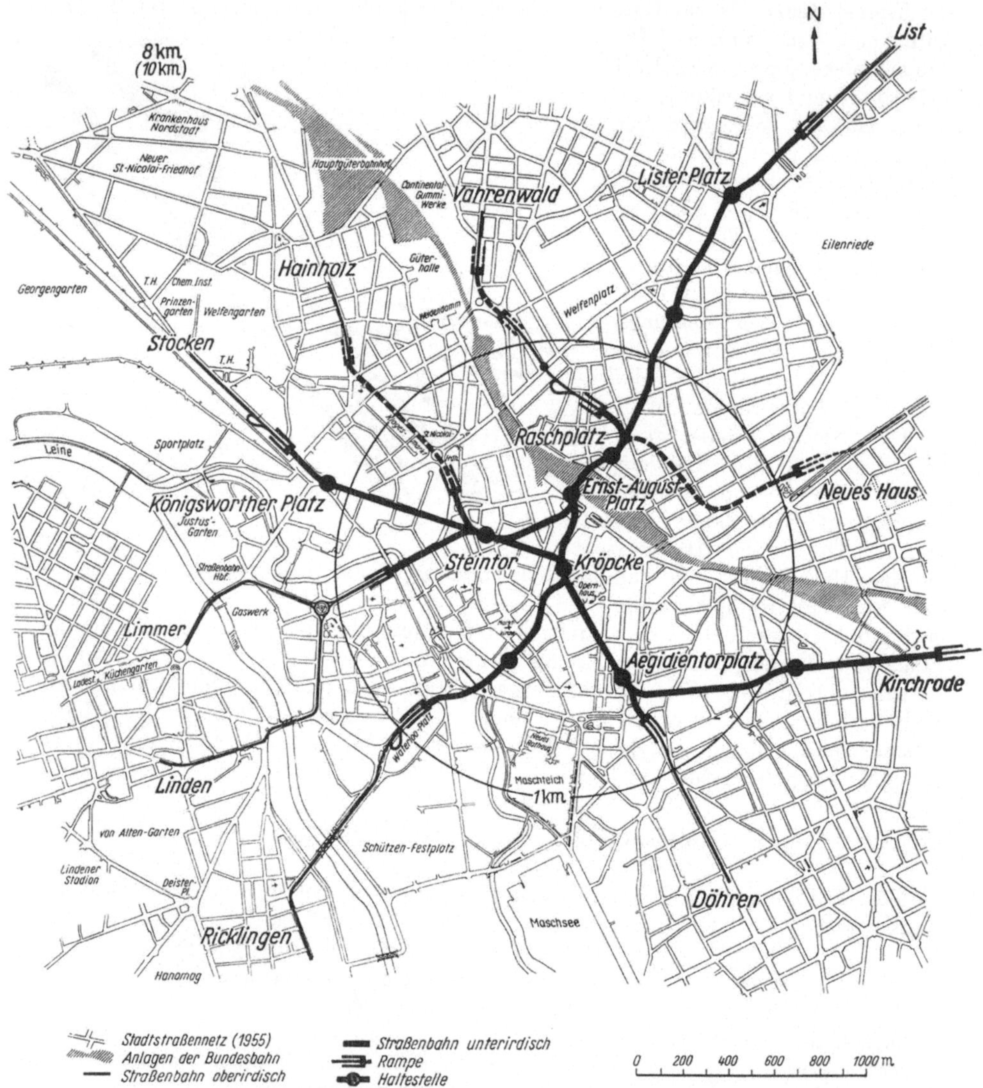

Abb. 39. U-Straßenbahnplanung Hannover, System „Dreieck"

8. *Da der Bau einer U-Straßenbahn aus finanziellen Gründen nur abschnittsweise erfolgen wird, müssen die einzelnen Baustufen bereits verkehrstüchtige Lösungen darstellen.*

9. *Für E-Züge müssen günstig liegende Wendemöglichkeiten eingeplant werden.*

Die Anwendung dieser Gesichtspunkte auf die U-Straßenbahnplanung in Hannover führte zur Aufgabe der ursprünglichen Lösung (einfaches Kreuz im Zuge der Georgstraße und der Karmarsch-/Bahnhofstraße) und zur Aufstellung zweier neuer Entwürfe, die als Dreieck- und Ringlösung bezeichnet wurden.

Bei der *Dreiecklösung* (Abb. 39) sind die Verkehrsknoten Hauptbahnhof, Steintor und Kröpcke im Dreieck miteinander verbunden; bei der *Ringlösung* (Abb. 40) dagegen über einen Ring, der zweigleisig vorgesehen ist und im Gegensinn des Uhrzeigers befahren wird. *Beiden Lösungen ist gemeinsam, daß die unterirdische Gleisführung alle oberirdisch möglichen Linienverbindungen zuläßt.* Man glaubte bislang, eine solche Forderung bei den unterirdisch geführten Straßenbahnen stellen zu müssen.

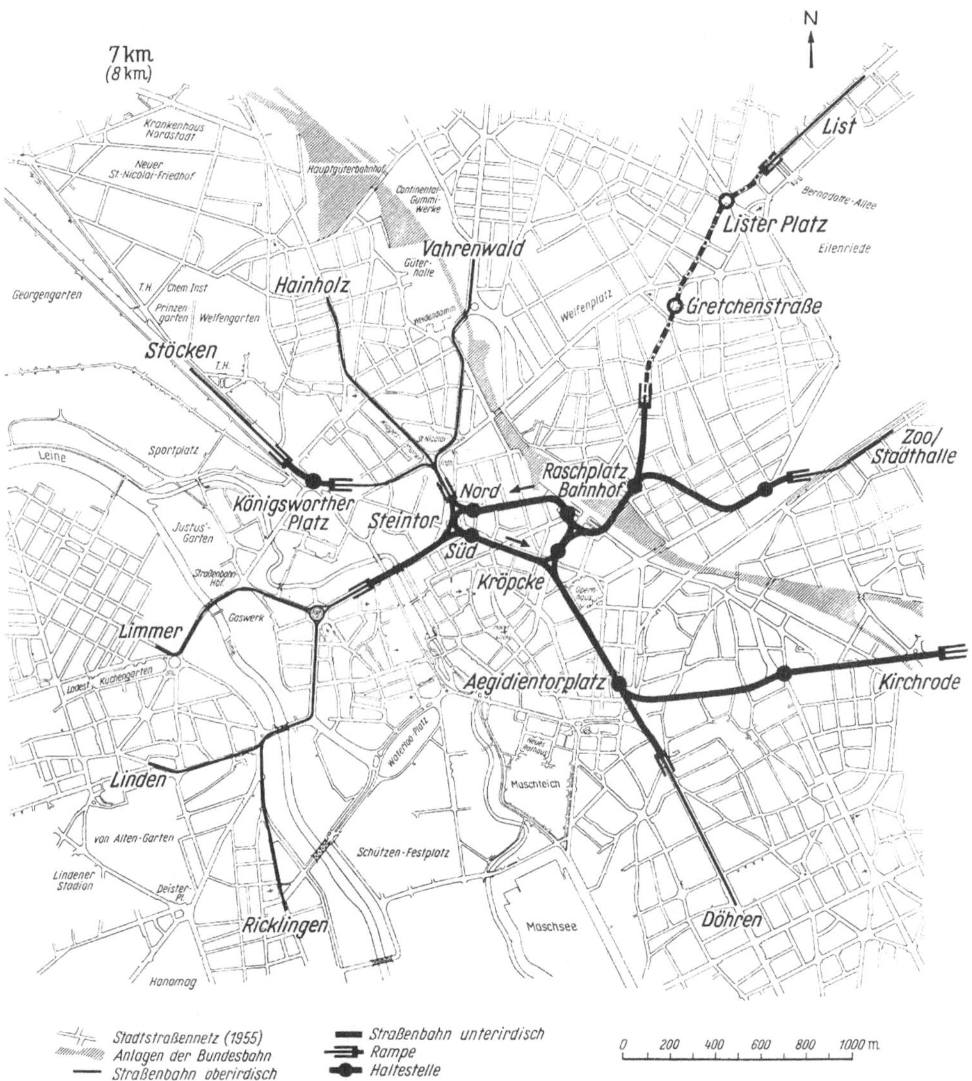

Abb. 40. U-Straßenbahnplanung Hannover, System „Ring“

Für die beiden Lösungen ist die bauliche Gestaltung des Bahnhofs Kröpcke in Zusammenarbeit mit der Philipp Holzmann AG. näher untersucht worden. Die Abb. 41 und 42 zeigen den Querschnitt und den Grundriß des Bahnhofs bei der *Dreiecklösung*. Unter dem Platz liegt zunächst die ringförmig ausgebildete Passerelle (Zwischengeschoß), die von der Oberfläche her über mehrere Treppen erreicht werden kann. Eine solche Passerelle, die zugleich einen Fußgängertunnel ersetzt, kann, wie das Beispiel Wien (Kreuzung Opernring/Kärntner Straße) zeigt, sehr ansprechend und interessant

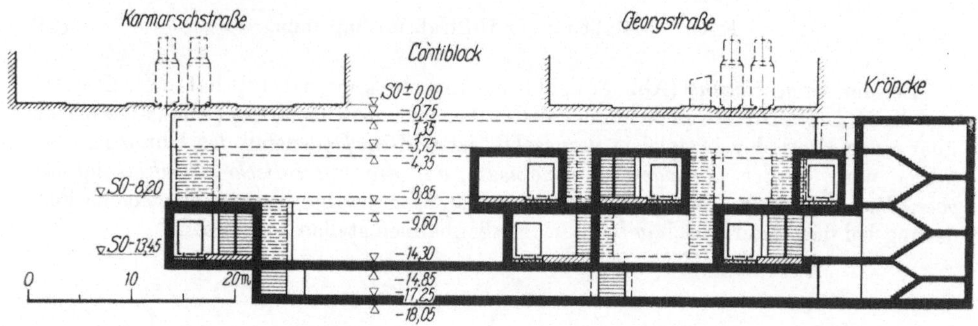

Abb. 41. Querschnitt des Bahnhofs Kröpcke bei „Dreiecklösung“ (Schnitt A—A aus Abb. 42)

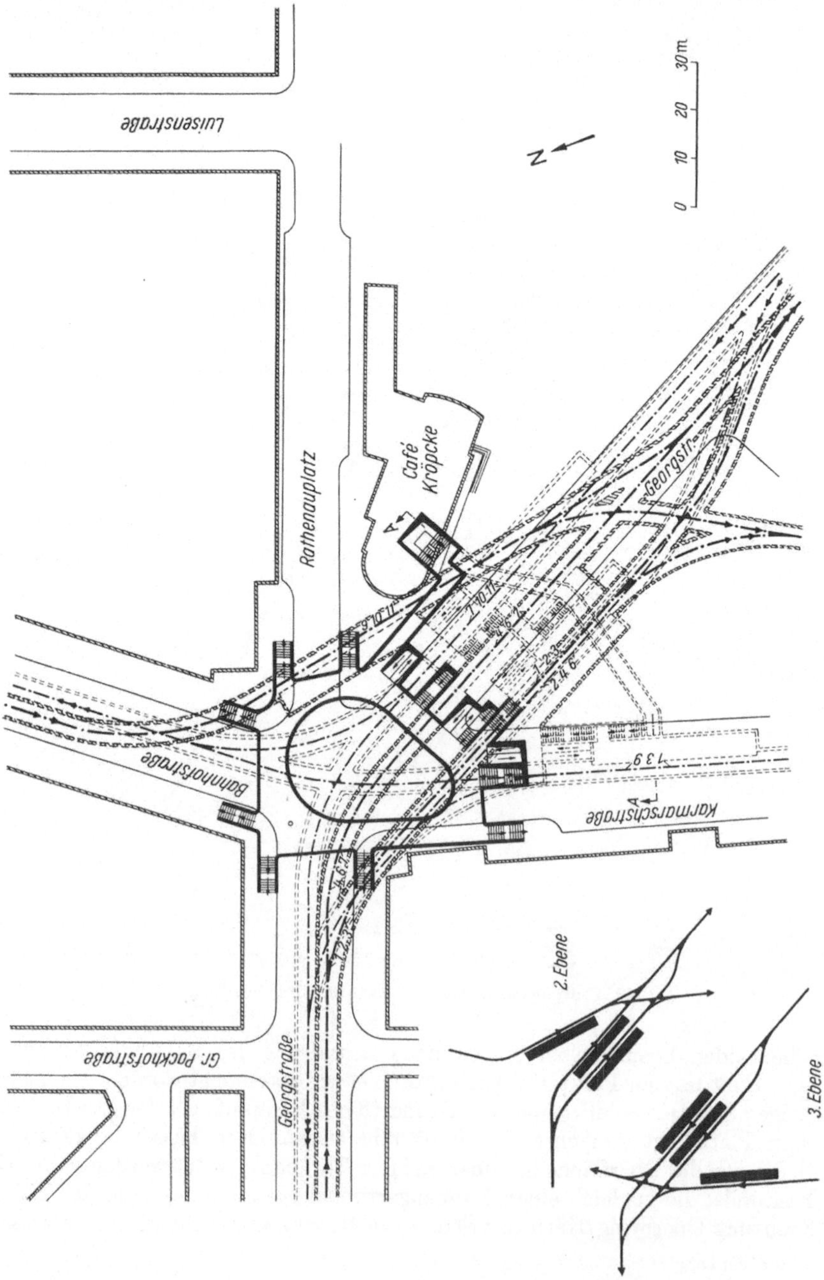

Abb. 42. Grundriß des Bahnhofs Kröpcke bei „Dreiecklösung“

gestaltet werden. Von der Passerelle führen die Treppen zu den Bahnsteigen der beiden übereinanderliegenden Bahntunnel. Zur Erleichterung des Umsteigens ist in einer vierten Ebene noch ein Fahrgasttunnel vorgesehen[1]. Da die modernen Straßenbahnwagen Einrichtungswagen sind, also nur rechts Türen besitzen, mußten Außenbahnsteige gewählt werden. Wie das in Abb. 42 dargestellte Gleisschema zeigt, sind trotz der Aufteilung des Bahnhofs auf zwei Bahnebenen noch sehr unschöne Kreuzungen, Überschneidungen und Zusammenführungen vorhanden, die einer weitgehenden Sicherung durch ein Stellwerk bedürfen. Dadurch entstehen aber Zeitverluste, die die Leistungsfähigkeit erheblich beeinträchtigen. Die Durchrechnung ergab, daß mit einer Verringerung um rd. 25% gerechnet werden muß.

Bei der *Ringlösung* liegen die Verhältnisse schon wesentlich günstiger. Der Schnitt durch den Bahnhof (Abb. 43) zeigt, daß nicht mehr vier, sondern nur noch zwei unterirdische Ebenen (Passerelle und eine Bahnebene) erforderlich sind. Auch der Grundriß (Abb. 44) läßt beachtliche Vereinfachungen erkennen. Trotzdem sind auch hier noch Gleisüberschneidungen vorhanden, die einer besonderen Sicherung bedürfen und die Leistungsfähigkeit herabsetzen.

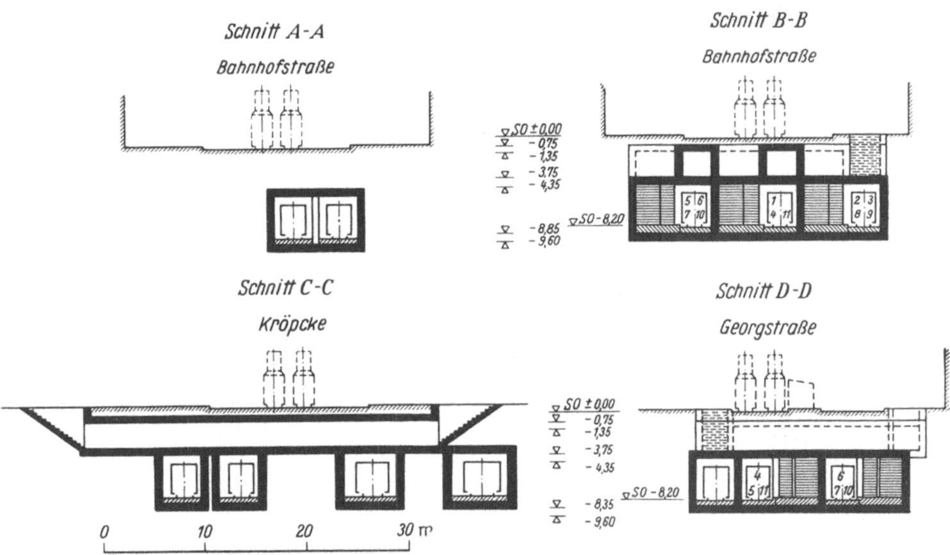

Abb. 43. Querschnitt des Bahnhofs Kröpcke bei „Ringlösung" (Schnitte aus Abb. 44)

Die Nachteile, die bei der Durcharbeitung des Knotens Kröpcke offensichtlich wurden und von denen nur die wesentlichsten hier kurz aufgeführt sind, haben den Verfasser zu der Frage veranlaßt: Ist es richtig, eine U-Straßenbahn in der Weise zu planen, daß einfach das oberirdische Netz mit allen Kreuzungen, Abzweigungen, Überschneidungen usw. in die zweite Ebene projiziert wird?

Man könnte auf das Beispiel Boston verweisen, wo die in *Straßenbahnmanier* gebaute und betriebene U-Straßenbahn seit 60 Jahren zur Zufriedenheit arbeitet und scheinbar auch eine ausreichende Leistungsfähigkeit besitzt, und die Frage bejahen. Es ist aber zum mindesten auffällig, daß diese Bauart, von bescheidenen Ausnahmen (Philadelphia, Newark) abgesehen, bisher keine Nachahmung gefunden hat.

Der Verfasser ist auf Grund seiner Studien zu der Ansicht gelangt, daß, von einfachen Fällen abgesehen, die U-Straßenbahn nur dann ein brauchbares und leistungsfähiges Instrument der innerstädtischen Verkehrsbedienung werden wird, wenn wir uns von dem im

[1] Die Sohle des Bauwerks liegt rd. 18 m unter der Oberfläche

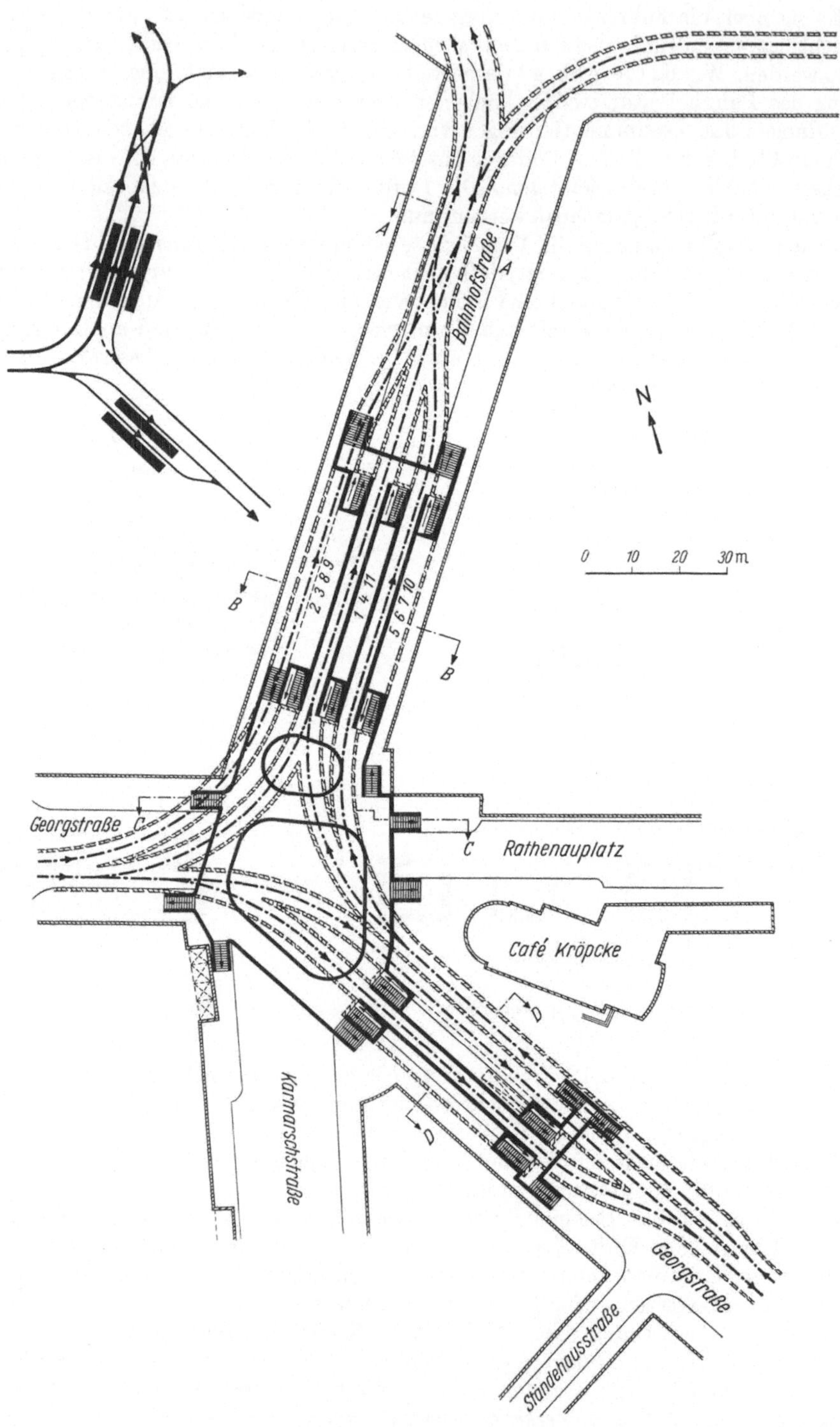

Abb. 44. Grundriß des Bahnhofs Kröpcke bei „Ringlösung"

Straßenbahnmäßigen verhafteten Denken loslösen und ihre Linienführung und ihre Netzgestaltung nach U-bahnmäßigen Gesichtspunkten ausrichten. Nur eine in „U-Bahnmanier“ entworfene U-Straßenbahn, bei der auf niveaugleiche Kreuzungen und niveaugleiche Abzweigungen und Zusammenführungen[1] *verzichtet wird, kann die Leistungsfähigkeit und Betriebssicherheit erreichen, die angestrebt werden muß.* Diese Ansicht wird durch das Studium der Planungen anderer Städte bestätigt (vgl. die Beispiele S. 140ff.).

Geht man noch einen Schritt weiter und bringt auch die bei U-Bahnen gebräuchlichen Trassierungselemente (Krümmungshalbmesser, U-Bahn-Tunnelquerschnitt und -Bahnsteiglängen) zur Anwendung, so besteht die Chance — sie sollte bei Städten mit über 500000 Einwohnern nicht übersehen werden —, daß später einmal der Tunnelkörper ohne bauliche Veränderungen auch für eine U-Bahn verwendet werden kann. Niemand weiß heute, wie sich unsere Städte entwickeln werden; sicher ist aber, daß die Stadtgröße, von der ab U-Bahnen verkehrlich notwendig und vertretbar werden, mit der fortschreitenden Motorisierung immer weiter nach unten rückt.

Die Anwendung des *U-Bahn-Tunnelquerschnitts* erfordert nur relativ geringe Mehrkosten, erspart aber bei einer späteren Umstellung die sicher ganz erheblichen Umbaukosten. Geht man von einer Wagenbreite von 2,35 m bei der Straßenbahn und von 2,70 m bei der U-Bahn aus, dann ergibt sich bei zweigleisigem Tunnel eine Mehrbreite von 70 cm (Abb. 45). Die Höhe des Tunnels muß wegen der Straßenbahn-Stromabnehmer — bei Anwendung einer Sonderkonstruktion — um etwa 25 cm größer gewählt werden.

Bei U-Straßenbahnen, die nach U-Bahnmanier gebaut werden, bestehen vom Standpunkt der Betriebsführung und der Sicherheit aus keine Bedenken, im Tunnel links zu fahren. Es können deshalb auch beim Betrieb mit Einrichtungs-Straßenbahnwagen *Bahnhöfe mit Mittelbahnsteigen* vorgesehen werden, die weniger Raum benötigen als Bahnhöfe mit Außenbahnsteigen. Der Bahnhof mit Mittelbahnsteig kann in Straßen von 20 m lichter Breite noch gut ohne Anschneiden der Bebauung eingeplant werden. Auch sonst bietet der Mittelbahnsteig, z. B. im Hinblick auf die Sperrenanlagen, beachtliche Vorteile. Für die Bahnhöfe der neuen U-Bahnstrecken in Berlin und Hamburg ist deshalb grundsätzlich der Mittelbahnsteig gewählt worden.

Die Verschränkung der Gleise von Rechts- auf Linksbetrieb wird am Anfang und Ende der Tunnelstrecken *mittels versetzter Rampen* durchgeführt (Abb. 46). Die Überkreuzung der Gleise erfolgt dabei *niveaufrei* und mit Vorteil an einer Straßenkreuzung. Die versetzten Rampen haben auch den Vorteil, daß sie weniger Straßenbreite erfordern als Parallelrampen.

Die *Haltestellenabstände* sind bei den alten U-Bahnen meist erheblich größer als bei den Oberflächenverkehrsmitteln. Es besteht aber die Tendenz, in Zukunft kürzere Abstände anzuwenden, da die *Untergrundbahn nicht mehr, wie dies bisher meist der Fall war, nur ein zusätzliches Schnellverkehrsmittel sein soll, sondern die Aufgabe erhält, den öffentlichen Oberflächenverkehr weitgehend zu ersetzen.* Bei den Erweiterungsbauten in Berlin und Hamburg sind bereits kürzere Haltestellenabstände angewandt worden. Im Stadtinnern werden zweifelsohne die für die U-Straßenbahnen vorgesehenen Abstände der Bahnhöfe auch bei der späteren U-Bahn tragbar sein.

Zusammenfassend kann festgestellt werden, daß die Anlage einer U-Straßenbahn in U-Bahnmanier gegenüber einer Anlage in Straßenbahnmanier folgende Vorteile bietet:

---

[1] Gleisvereinigungen sind nur nach einem Bahnhof tragbar

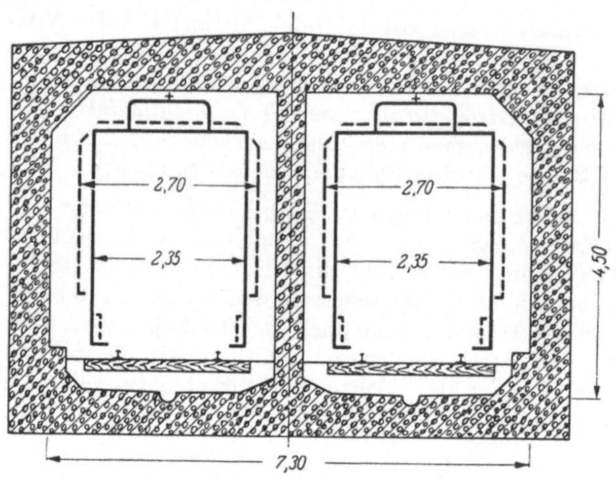

Abb. 45. Tunnelquerschnitt für U-Straßenbahn- und U-Bahnbetrieb

1. *Die Leistungsfähigkeit der Strecke reicht an den theoretisch möglichen Höchstwert heran. Der Verkehrswert liegt demnach höher als bei einer Anlage in Straßenbahnmanier.*

2. *Die Betriebssicherheit ist wesentlich höher.*

3. *Die Signal- und Sicherungsanlagen werden einfacher.*

4. *Es lassen sich im Linksbetrieb auch bei Einrichtungswagen Mittelbahnsteige verwenden.*

5. *Die Tunnelkosten werden zwar höher liegen, andererseits werden aber die Kosten für die Bahnhofsanlagen mit Mittelbahnsteigen geringer sein.*

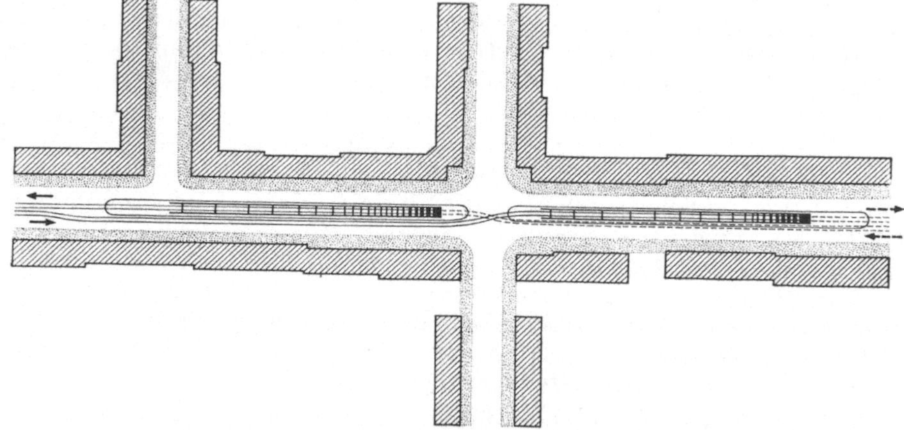

Abb. 46. Versetzte Rampen, Übergang von Rechts- auf Linksverkehr

6. *Ein späterer Übergang zum U-Bahnbetrieb ist ohne bauliche Änderung am Tunnel möglich, wenn Tunnelquerschnitt, Krümmungshalbmesser und der Raum für eine Verlängerung der Bahnsteige von vornherein auf den U-Bahnbetrieb abgestellt sind.*

G. U-Straßenbahnplanung Hannover (derzeitiger Stand)

Die Anwendung der U-Bahnmanier auf die *U-Straßenbahnplanung Hannover* führte zu dem in Abb. 47 dargestellten Streckennetz mit drei Einzelstrecken und einer Gesamtlänge von etwa 6,8 km. Da alle niveaugleichen Kreuzungen und Überschneidungen im Normalbetrieb vermieden sind, kann mit einem Höchstmaß an Leistungsfähigkeit gerechnet werden. Die Haltestellenabstände liegen zwischen 400 und 780 m, die Abstände der Bahnhofszugänge zwischen 300 und 680 m. Die Strecke 3 ist bewußt nicht im Zuge der Georgstraße geführt, sondern nach Süden ausgeschwenkt, um eine günstige Verteilung der Bahnhöfe über den Raum der Innenstadt zu erreichen, wie Abb. 48, auf der die Einflußflächen dargestellt sind, zeigt. Dabei ergibt sich der Vorteil, daß die repräsentative Georgstraße, die durch den individuellen Verkehr besonders stark belastet ist, durch den U-Straßenbahnbau nicht in Mitleidenschaft gezogen wird. Da

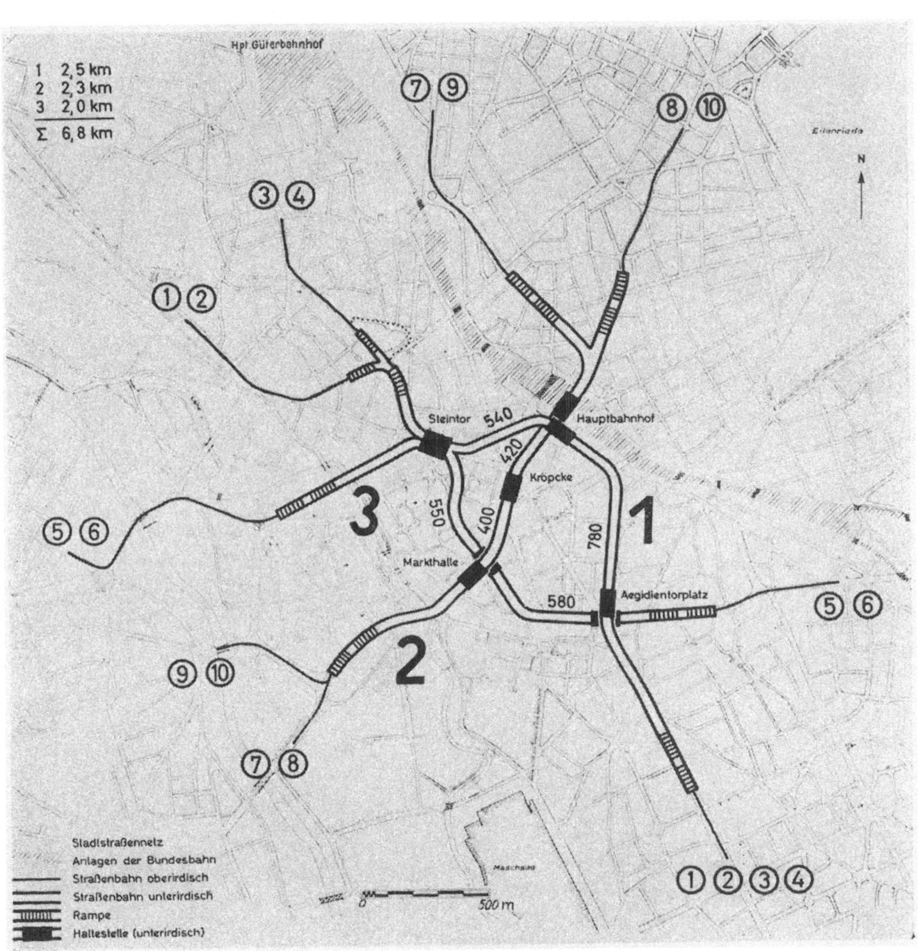

Abb. 47. Hannover, geplantes U-Straßenbahnnetz in U-Bahnmanier

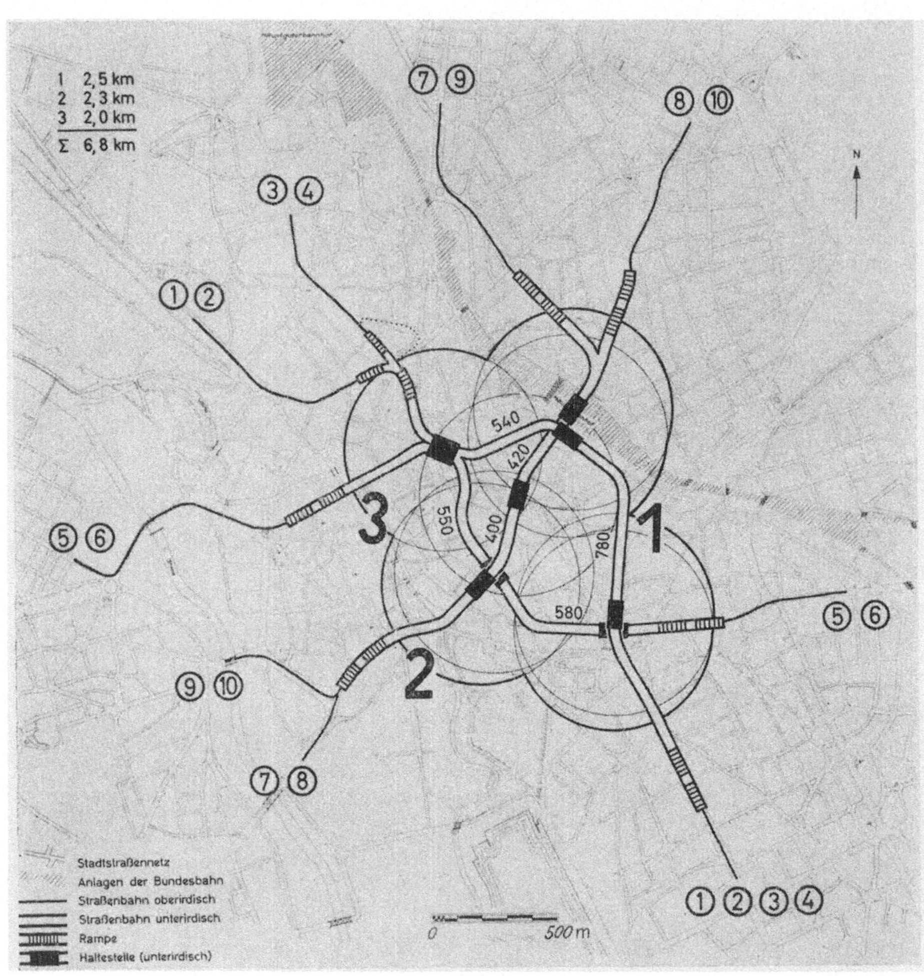

Abb. 48. Hannover, geplantes U-Straßenbannetz in U-Bahnmanier; Einflußbereiche der Bahnhöfe, Radius = 400 m

sich am Hauptbahnhof zwei Strecken kreuzen, kann ein großer Teil des Stadtgebietes von hier aus ohne Umsteigen erreicht werden. Die Strecke 1 wird während der Messe den gesamten Verkehr zum Messegelände übernehmen.

Am Aegidientorplatz, an der Marktkirche und am Hauptbahnhof entstehen Kreuzungsbahnhöfe, während der Bahnhof Steintor als Berührungsbahnhof mit zwei parallelen Bahnebenen ausgebildet werden kann; am Kröpcke (Abb. 49) ist ein einfacher Bahnhof vorgesehen, der zum größten Teil in der Karmarschstraße und unter dem Kröpckeplatz liegt. Der Kreuzungsbahnhof am *Hauptbahnhof* (Abb. 50) kann baulich

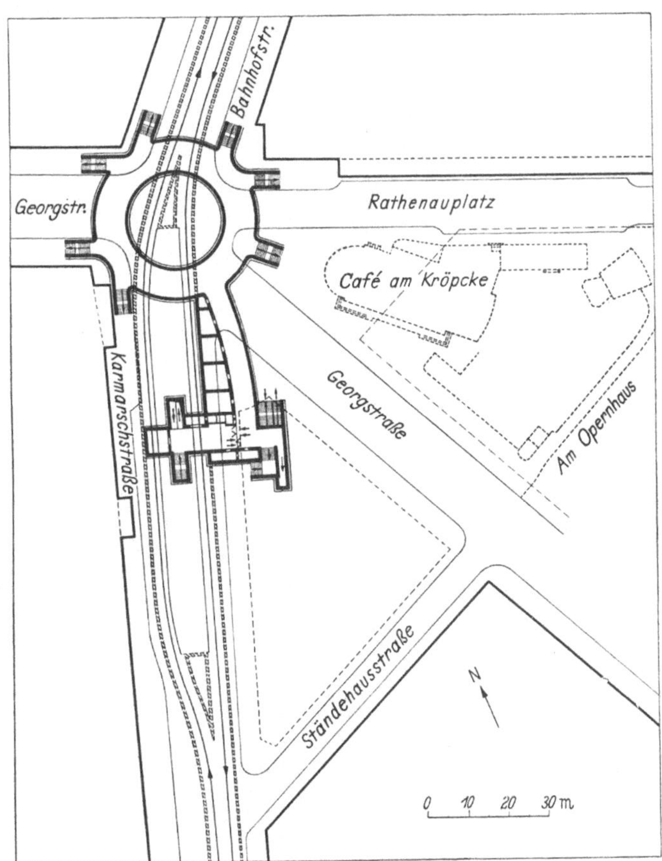

Abb. 49. Grundriß des Bahnhofs Kröpcke

so gestaltet werden, daß die Bahnsteige der Strecke 2 unter die Bahnhofshalle zu liegen kommen. Von der Halle ist ein unmittelbarer Zugang zu den Bahnsteigen der Strecken 1 und 2 über eine Passerelle möglich. Da auf dem Raschplatz ein Omnibusbahnhof angelegt werden soll, ergeben sich geradezu ideale Übergangsverhältnisse zwischen dem Fern- und Vorortverkehr der Bundesbahn, dem Verkehr der Überlandlinien und den innerstädtischen Verkehrsmitteln. Die Passerelle, die sich über die beiden Bahnhofsvorplätze erstreckt, kann als Fußgängertunnel benutzt werden, so daß die beiden Plätze auch von Fußgängern weitgehend entlastet werden. Da der unter dem Empfangsgebäude liegende U-Strab-Bahnsteig tiefer liegt als der Querbahnsteig unter dem Ernst-August-Platz, steht über dem Tunnel ein freier Raum zur Verfügung, der für die

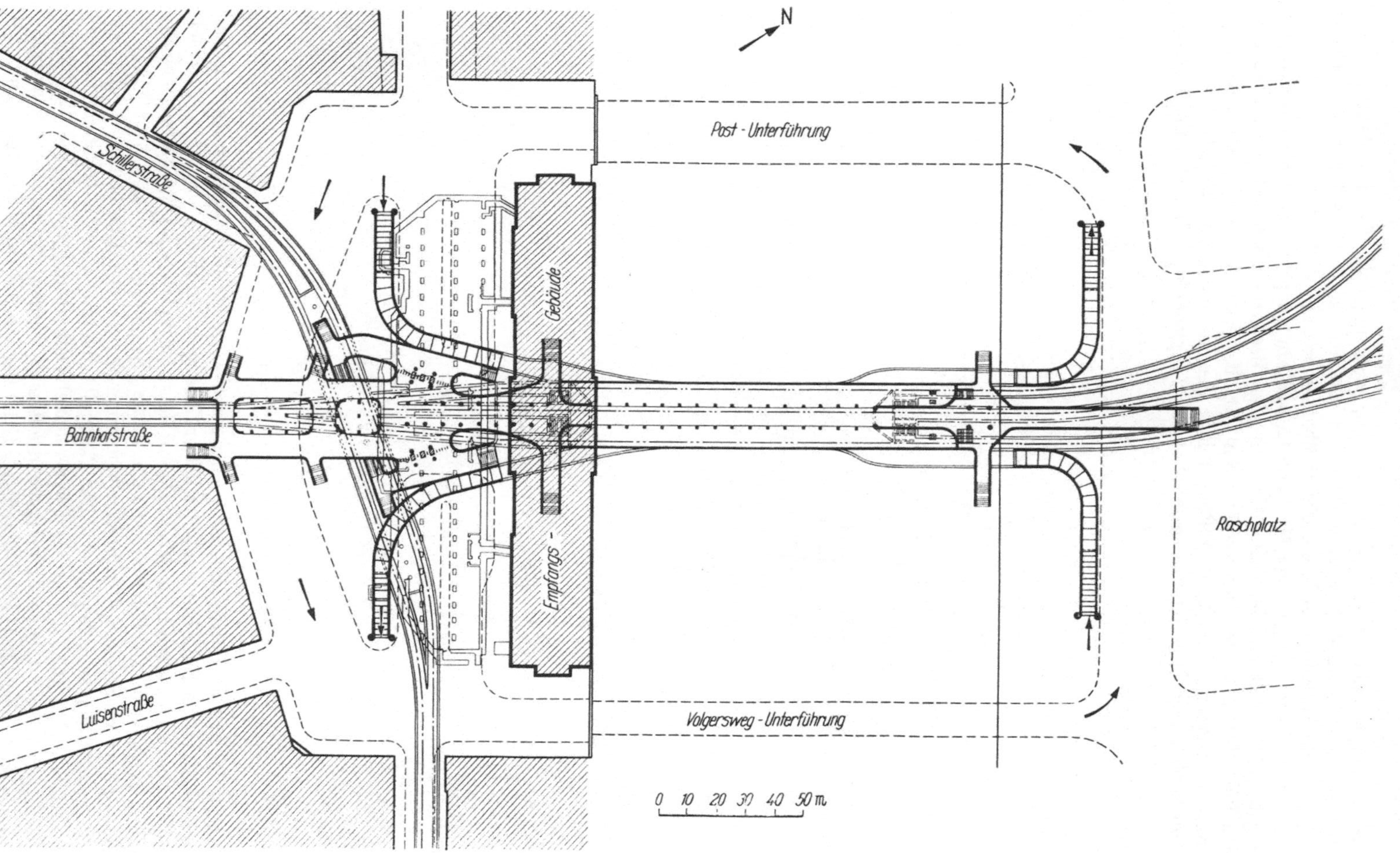

Abb. 50. Planung im Raum Ernst-August-Platz, Raschplatz; Grundriß des Kreuzungsbahnhofs am Hauptbahnhof

unterirdische Auto- und Taxenvorfahrt und zum Aufstellen von Fahrzeugen genutzt werden kann. Vom Autotunnel sind Zugänge zur Empfangshalle vorgesehen. Diese Lösung stellt eine Parallele zur sog. Autobrücke dar, bei der die Autos über eine Brücke an die Bahnsteige herangeführt werden (vgl. Planung Hauptbahnhof München).

Die Untersuchungen über die Linienführung und die Dimensionierung der Bahnhofsanlagen (Sperren, Treppen, Verbindungstunnel usw.) sind noch im Gange; sie basieren auf einer Fahrgastflußzählung, die im Frühjahr 1957 durchgeführt wurde. Bei diesen Untersuchungen muß natürlich auch die zukünftige Stadtentwicklung, insbesondere die Siedlungs- und Industrieplanung, weitgehend berücksichtigt werden. Um alle Verkehrsbedürfnisse zu befriedigen, muß das Netz in den Gebieten, die außerhalb des Stadtkerns liegen, durch Omnibuslinien ergänzt werden.

Als erste Baustufe ist die Strecke 1 vorgesehen, die allein bereits eine verkehrstüchtige Lösung darstellt, da sie eine beachtliche Entlastung des Aegidientorplatzes und des Hauptbahnhofsplatzes vom Oberflächenverkehr bringen wird. Das U-Straßenbahnnetz bildet den Kern eines späteren U-Bahnnetzes, das der Struktur Hannovers entsprechend radial orientiert ist und nach den gegenwärtigen Erkenntnissen etwa die Form erhalten wird, die Abb. 51 zeigt.

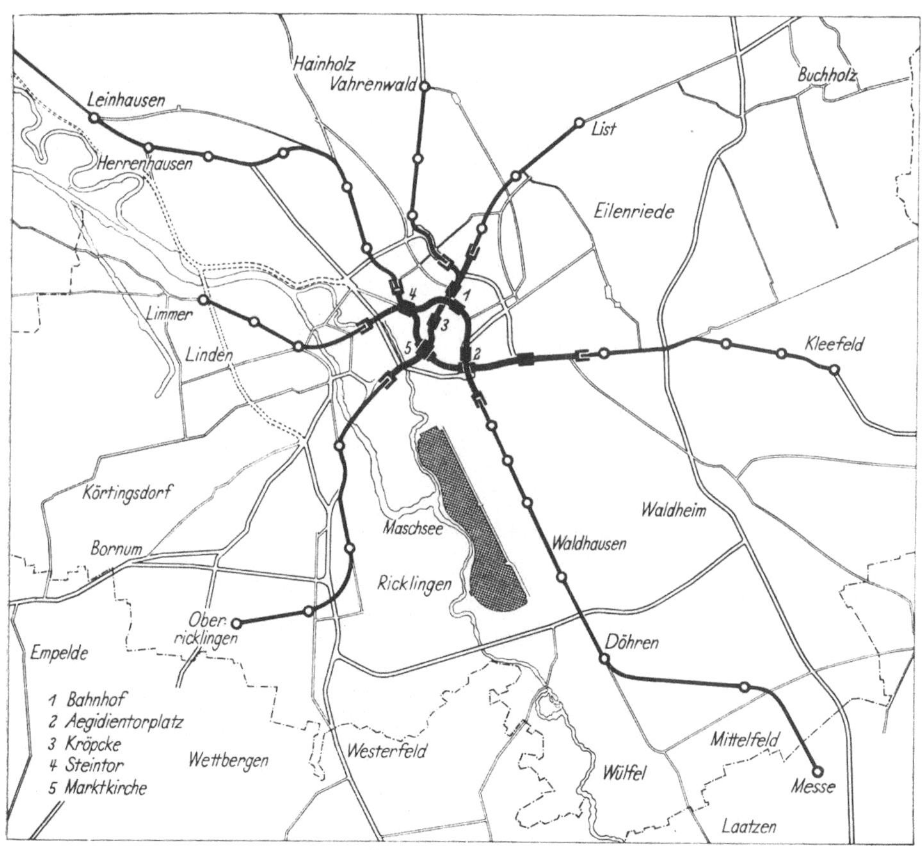

Abb. 51. Verkehrsplanung Hannover, Vorschlag für ein U-Bahn-System

H. Weitere Beispiele von U-Straßenbahnplanungen

Die bisher vorliegenden U-Straßenbahnplanungen sind meist in *Straßenbahnmanier* durchgeführt. Die Erkenntnisse, die in dieser Studie niedergelegt sind, haben aber einzelne Betriebe veranlaßt, ihre bisherigen Entwürfe erneut zu überprüfen. Die nachfolgenden Beispiele stellen deshalb noch keine endgültigen Planungen dar, sondern sollen nur den derzeitigen Stand veranschaulichen.

1. Planung Zürich

Abb. 52 zeigt einen Vorschlag zur baulichen Gestaltung der Bahnhöfe *Paradeplatz* und *Hauptbahnhof* nach der Planung PIRATH/FEUCHTINGER[1]. Die große Zahl niveaugleicher Überschneidungen, Kreuzungen und Zusammenführungen von Gleisen auf freier Strecke bedarf zweifellos einer weitgehenden Sicherung, die aber auf Kosten der Leistungsfähigkeit gehen wird. Auch müssen vom Standpunkt der Betriebssicherheit aus Bedenken erhoben werden. Man darf nicht übersehen, daß im Tunnel — auch bei Beleuchtung — die Gefahrenmomente anders zu werten sind als auf der Oberfläche. Es bleibt dahingestellt, ob für das vorgeschlagene System die Bezeichnung „*unterirdische Schnellstraßenbahn*“ berechtigt ist.

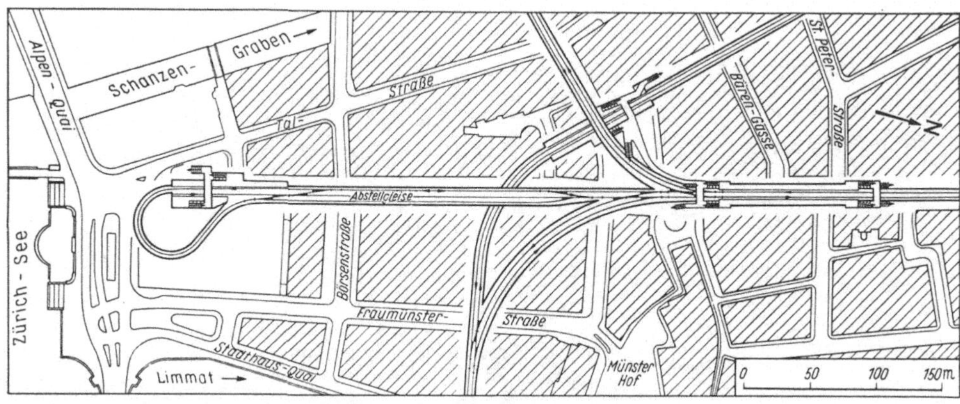

Abb. 52. U-Straßenbahnplanung Zürich, Ausbildung eines Trennungs- und eines Kreuzungsbahnhofes

[1] Vgl. Gutachten PIRATH u. FEUCHTINGER: „Generalverkehrsplan für die Stadt Zürich“

2. Planung Basel

Auch dieser Planungsvorschlag spricht gegen die einfache Projizierung der Straßenbahn in die zweite Ebene (Abb. 53). An den Knotenpunkten Aeschenplatz und Barfüßerplatz sind komplizierte unterirdische Gleisanlagen vorgesehen. Die zahlreichen Kreuzungen, Überschneidungen, Schleifen usw. sind sicherungsmäßig nur auf Kosten der Leistungsfähigkeit zu meistern. Es muß bezweifelt werden, daß das vorgeschlagene unterirdische System in der Lage sein wird, den Verkehr der oberirdisch geführten Straßenbahnen voll aufzunehmen und ihn schneller, reibungsloser und sicherer als bisher durch die Innenstadt zu führen.

Abb. 53. Verkehrsplanung Basel, Vorschlag für ein U-Straßenbahn-System

3. Planung München

Im Hinblick auf die Größe der Stadt (1 Million Einwohner) ist die Planung von vornherein auf die spätere Umstellung auf U-Bahn abgestellt worden. Abb. 54 zeigt den Plan des ersten Bauabschnittes, der aus zwei Ästen besteht. Am Karlsplatz soll ein Kreuzungsbahnhof mit zwei Ebenen entstehen. Die geplante U-Straßenbahn bildet das Kernstück eines späteren U-Bahnnetzes (Abb. 55), das aus vier Strecken besteht und eine Gesamtlänge von 56 km aufweist.

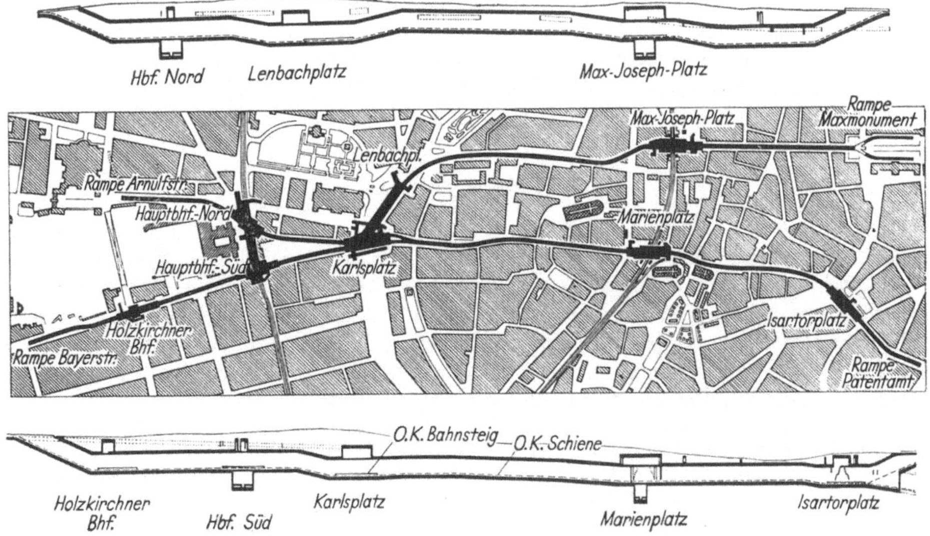

Abb. 54. Verkehrsplanung München, Vorschlag für ein U-Straßenbahn-System

Abb. 55. Verkehrsplanung München, Vorschlag für ein U-Bahn-System mit 4 Strecken

Ob es in München zum Bau einer U-Straßenbahn kommen wird, läßt sich noch nicht übersehen, zumal neben der Verwirklichung der städtischen Pläne auch eine unterirdische Verbindung des Hauptbahnhofs mit dem Ostbahnhof[1] durch den Stadtkern angestrebt wird. Insbesondere ist noch offen, welchem Verkehrsmittel die Trasse über den Marienplatz zugesprochen werden soll. Die Entscheidung darüber wird wohl davon abhängen, welcher Verkehrsträger zuerst in der Lage sein wird, die Mittel für den Bau dieser Tunnelstrecke aufzubringen. Überhaupt sinkt für München die Chance, eine U-Straßenbahn zu bauen, in dem Maße, in dem die Entscheidung hinausgeschoben wird.

4. Planung Bremen

Den Stand der derzeitigen Planung zeigt Abb. 56. Die Straßenbahn wird im Kerngebiet in *Ost-Westrichtung* unterirdisch durch die Stadt geführt. Der Querverkehr in *Nord-Südrichtung* taucht kurz vor dem Bahnhof unter, so daß der Bahnhofsvorplatz frei vom oberirdischen Straßenbahnverkehr wird. Durch eine Änderung der Linienführung (Abb. 57) kann der unterirdische Bahnhof als Berührungsbahnhof ausgebildet werden. Dies ist ein schönes Beispiel für eine Vereinfachung, die sich hinsichtlich der Baukosten und der Betriebsgestaltung vorteilhaft auswirken wird.

[1] Die *unterirdischen Verbindungen von Bundesbahnhöfen* sind aus der Gesamtsicht des öffentlichen Verkehrs nur zu begrüßen. Die in und durch die Stadt geführten Vorortbahnzüge entlasten den Stadtverkehr und ersparen den Fahrgästen das Umsteigen. Beispiele von unterirdischen Einführungen des Eisenbahnverkehrs sind die S-Bahnverbindung Anhalter Bahnhof — Stettiner Bahnhof in Berlin und die vor kurzem erst in Betrieb genommene Verbindung der Gare du Nord und der Gare du Midi in Brüssel

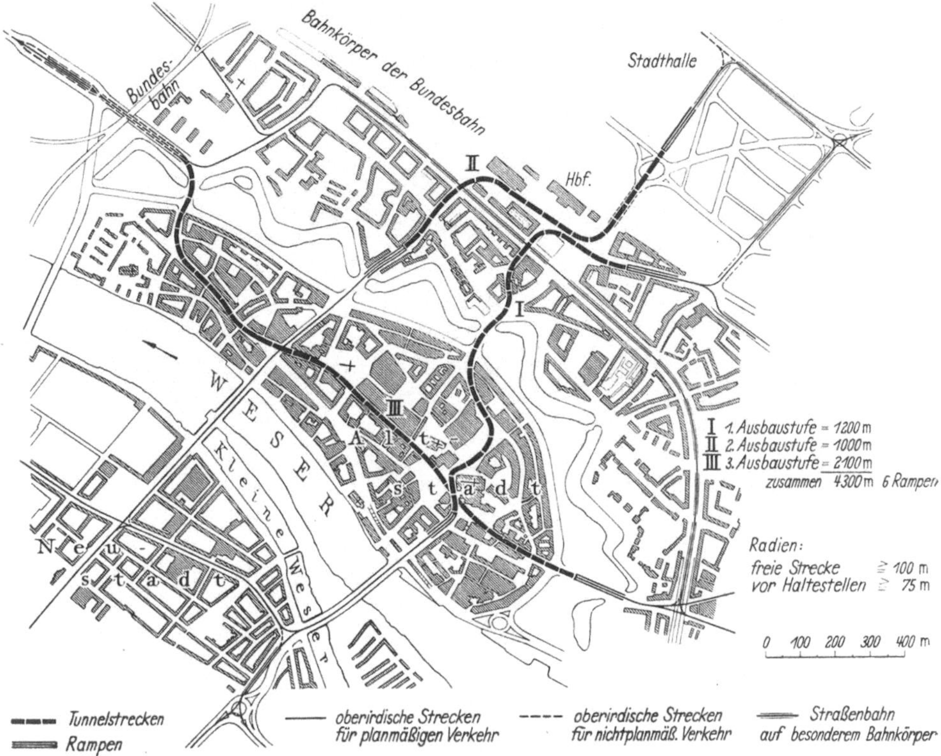

Abb. 56. Vorschlag für die unterirdische Führung der Straßenbahn in der Innenstadt von Bremen

5. Planung Stuttgart

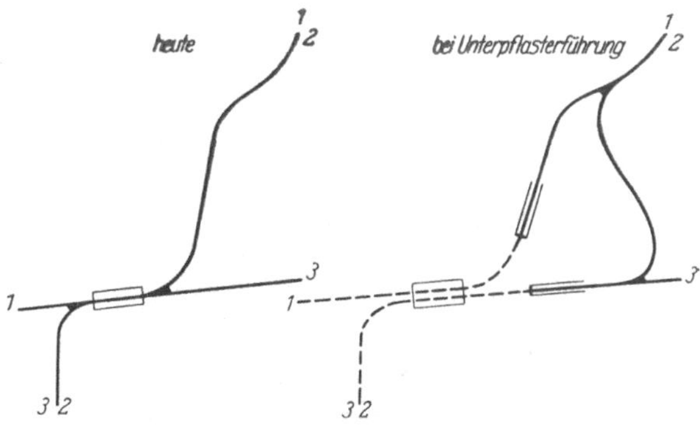

Abb. 57. U-Straßenbahnplanung Bremen, Auflösung eines Kreuzungsbahnhofes in einen Berührungsbahnhof

In Stuttgart gilt es, in erster Linie die Königstraße zu entlasten, die einen außerordentlich starken Straßenbahnverkehr mit einer Zugfolge von etwa 30 s in der Spitze zu bewältigen hat. Die ursprüngliche Absicht, in dieser Straße die Straßenbahn unterirdisch zu führen, ist wieder aufgegeben worden, weil man befürchtet, daß die Tunnelstrecke nicht in der Lage sein wird, den anfallenden Verkehr aufzunehmen. Man will nunmehr ein kombiniertes System von Unterpflasterstrecken und besonderem Bahnkörper anwenden. Der Hauptteil der geplanten Unterpflasterstrecken liegt in der Neckarstraße. Einige kritische Verkehrsknoten, wie z. B. am Hauptbahnhof, sollen unterfahren werden. Der Kraftverkehr soll vorwiegend auf die straßenbahnfreien Straßen verwiesen werden (Abb. 58).

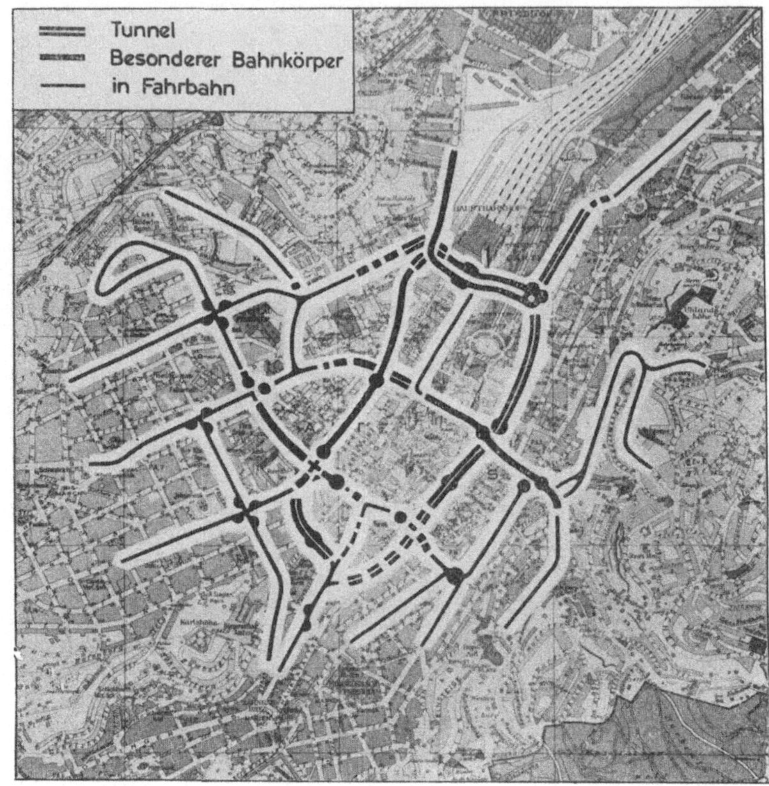

Abb. 58. Verkehrsplanung Stuttgart, Vorschlag für ein U-Straßenbahn-System

6. Planung Köln

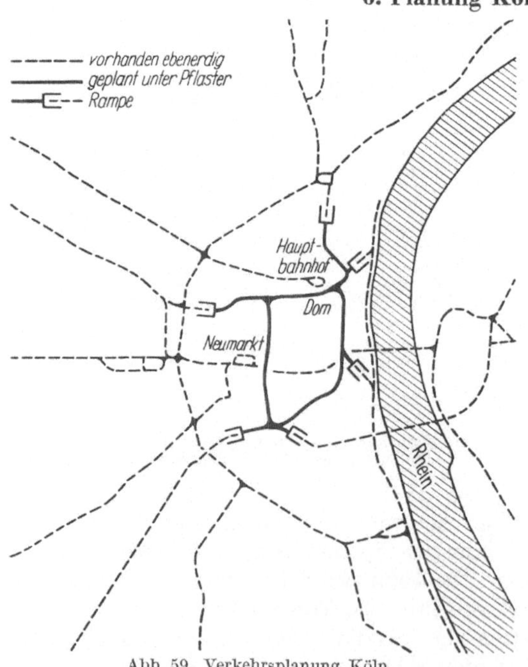

Abb. 59. Verkehrsplanung Köln, Vorschlag für ein U-Straßenbahn-System

Eine Planungsstudie zeigt Abb. 59. Das in Straßenbahnmanier entworfene U-Straßenbahnnetz liegt innerhalb der von den Ringen umschlossenen Altstadt. Seine Länge beträgt rd. 6,3 km. Da bei der Größe Kölns und seines Einflußgebietes mit einer späteren Umstellung auf U-Bahn gerechnet werden muß, wird erwogen, die Planungsuntersuchungen auf späteren U-Bahnbetrieb auszudehnen.

7. Planung Oslo

Die Holmenkolbahnen werden heute bereits unterirdisch bis zum Nationaltheater in die Innenstadt eingeführt. In ähnlicher Weise beabsichtigt man, auch die anderen weit nach außen greifenden Bahnen, die alle mehr oder weniger Überlandcharakter

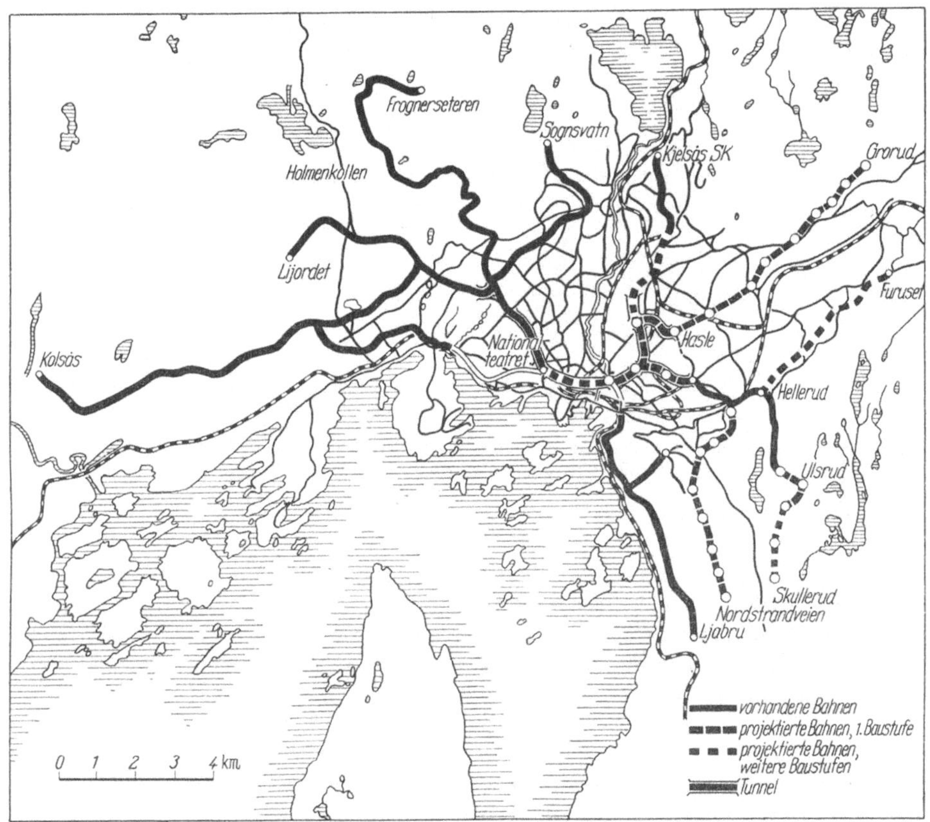

Abb. 60. Verkehrsplanung Oslo, Vorort- und Tunnelbahnen

haben, zusammengefaßt in den inneren Stadtraum einzuführen (Abb. 60). Sie sollen später mit der Holmenkolbahn verbunden werden. Die Vorarbeiten zur Verwirklichung dieser Planung sind fast abgeschlossen.

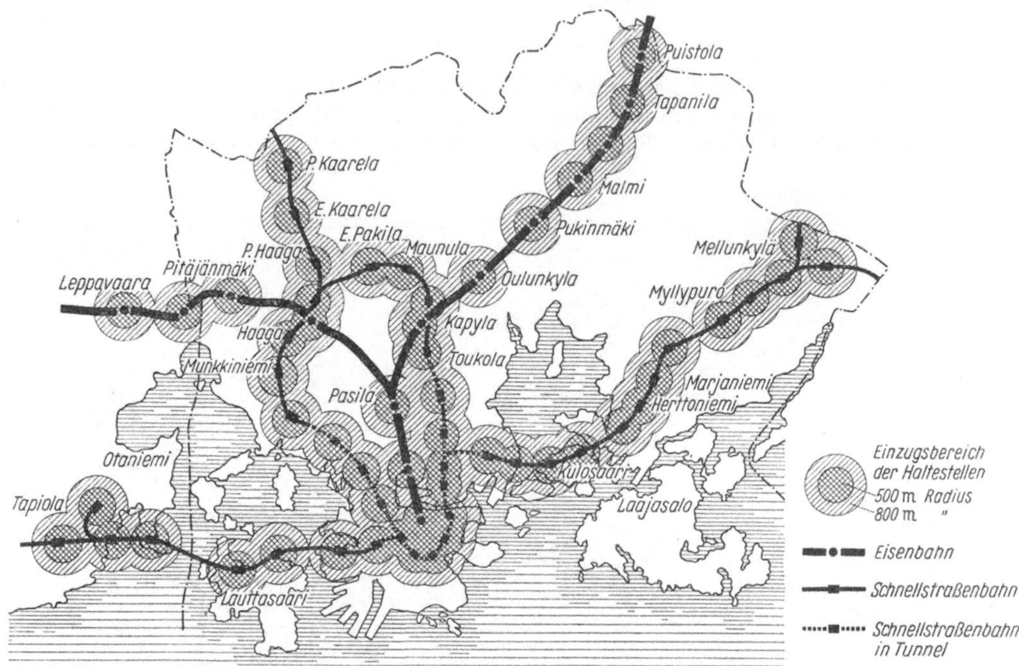

Abb. 61. Verkehrsplanung Helsinki (Quelle: Denkschrift über die Neugestaltung der Landeshauptstadt Helsinki, 1954)

8. Planung Helsinki

In einer Denkschrift über die Neugestaltung der Landeshauptstadt Helsinki aus dem Jahre 1954[1] ist der Vorschlag unterbreitet, den innerstädtischen Straßenbahnring in dem südlichen Kernbereich der Stadt unterirdisch zu führen. In diesem Teil des Ringes werden auch die von Mellunkylä und Tapiola kommenden Straßen unterirdisch eingeführt (Abb. 61).

J. Anlage- und Betriebskosten, Finanzierung

Lambert hat in einer sehr dankenswerten Arbeit[2] die *Anlagekosten* von unterirdischen Schienenbahnen in Großstädten bei verschiedenen Ausführungsformen und Untergrundverhältnissen zusammengestellt (vgl. Tabelle). Die ermittelten Werte können als Richtwerte gelten, bei deren Anwendung allerdings die besonderen örtlichen Gegebenheiten und die inzwischen eingetretenen Lohn- und Preiserhöhungen zu berücksichtigen sind.

In Berlin (U-Bahn nach Tegel) kostet z. Z. 1 km zweigleisige Tunnelröhre bei den sehr günstigen Bodenverhältnissen (Sand) als Unterpflasterbahn gebaut etwa 16 Millionen DM; in Hamburg rechnet man bei den schwierigen Bodenverhältnissen, den umfangreichen Leitungsverlegungen und den nicht unbeträchtlichen Anliegerentschädigungen im Durchschnitt mit rd. 20 Mill. DM je km[3], das ist etwa das Vierfache des Betrages, der seinerzeit im Jahre 1934 beim Bau der Strecke Jungfernstieg — Kellinghusenstraße aufgewandt wurde. Nach einer überschläglichen Kalkulation für das hannoversche Netz muß für die 6,8 km lange Tunnelstrecke mit fünf Bahnhöfen mit einem Gesamtaufwand von rd. 200 Mill. DM gerechnet werden. Der Kapitalaufwand ist also ganz enorm hoch.

[1] Helsingin Kaupungin Julkaisuja Nr. 3 Keskusalueen Asemakaavaehdotus 1954

[2] Lambert: Nahverkehrsbahnen der Großstädte (Raum- und Kostenprobleme der vertikalen Auflockerung). Berlin/Göttingen/Heidelberg: Springer, 1956

[3] In der Innenstadt liegen die Anlagekosten erheblich höher (35 Mill. DM je km und mehr)

Anlagekosten von unterirdischen Schienenbahnen in Großstädten nach LAMBERT. *Kosten je km doppelgleisiger Strecke mit Bahnhöfen, einschließlich Grunderwerb*

	Mill. DM	Mill. DM
I. *Unterpflasterbahn*	ohne	im
Herstellung der Baugrube: (Rammträgerbohlwand mit Fahrbahnabdeckung)	Grundwasser	
1. Schnellstraßenbahn	10,8	13,1
2. U-Bahn	16,0	18,6
3. S-Bahn	20,9	25,7
II. *Tunnelbahn*	Gebirgsstruktur	
(Bergmännische Bauweise)	hart	mild-gebräch
	Wasserandrang	
	keiner	mittlerer
2. U-Bahn	11,9	16,7
3. S-Bahn	14,7	20,7

PIRATH ist nun der Ansicht, daß die Ersparnisse an *Betriebskosten*, die durch die Herausnahme der Straßenbahn aus dem Störungsfeld der Oberfläche erzielt werden, ausreichen, um den gesamten Kapitaldienst für eine etwa 7 km lange unterirdische Strecke zu decken[1]. Dieser irrigen Ansicht muß mit allem Nachdruck widersprochen werden. *Die inzwischen durchgeführten Untersuchungen haben die vom Verfasser immer wieder vertretene These, nach der die Ersparnisse nur einen Bruchteil der Kapitalkosten auszugleichen vermögen, voll bestätigt.* Geht man z. B. von einem Aufwand von 20 Mill. DM allein für den Tunnelkörper aus, so würde der Kapitaldienst bei einer Verzinsung von 7% und einem Abschreibungssatz von 1,5% rd. 1,0 Mill. DM je km betragen. Demgegenüber könnten die Betriebskosten im günstigsten Falle um rd. 80000 DM je Linie jährlich verringert werden, da bei den kurzen unterirdischen Streckenabschnitten kaum mehr als ein Zug je Linie eingespart werden kann. Von diesen Einsparungen wird ein Teil aber wieder aufgezehrt, da der U-Strabbetrieb auch zusätzliche Kosten verursacht, so z. B. für die Unterhaltung und Wartung der Bahnhöfe, der Tunnelanlagen, gegebenenfalls auch für den Sperrendienst. Auch ist ein in Anlage und Unterhaltung kostspieliges Sicherungssystem erforderlich, auf das bei unterirdisch geführten Straßenbahnen ebensowenig verzichtet werden kann wie bei U-Bahnen. Lediglich bei kurzen, geraden Tunnelstrecken mit ausreichender Beleuchtung könnte das Fahren auf Sicht verantwortet werden. Eine Durchrechnung für Hannover hat gezeigt, daß sich bei voller Auslastung der Tunnelstrecke die Betriebskosten um etwa 700000 DM jährlich verringern würden, während für den Kapitaldienst rd. 10 Mill. DM aufgebracht werden müßten.

Bei dieser Sachlage bedarf es kaum der Begründung, daß die Anlagekosten für die unterirdische Streckenführung der öffentlichen Verkehrsmittel keinesfalls von den Verkehrsbetrieben selbst getragen werden können. Eine solche Belastung würde weit über ihre Finanzkraft hinausgehen. *Es muß Aufgabe der Städte sein, den Bau der Tunnelstrecken zu finanzieren.* Sie sollten dabei bedenken, daß unter Umständen teure Straßendurchbrüche und schwere Eingriffe in die städtebauliche Substanz überflüssig werden und daß überhaupt nur so die Stadtkerne und die Innenräume unserer Städte gerettet werden können.

[1] PIRATH: Das Grundproblem des öffentlichen Personen-Nahverkehrs in europäischen Großstädten und seine Lösungsmöglichkeiten. Zeitschrift für Verkehrswissenschaft, 1954, Heft 3/4

Reuter schreibt bereits 1928:

„Das Schnellbahnnetz ist nichts anderes als ein durch die Entwicklung des Oberflächenverkehrs notwendig gewordenes zweites Straßennetz“,

und Giese führt in einem 1931 für die BVG erstatteten Gutachten aus:

„Es ist eine städtische Pflicht, Untergrundbahnen als Entlastungswege zu bauen.“

Kürzlich hat auch Lambert zu diesem Problem Stellung genommen und ausgeführt:

„Wenn die Anlage von Straßenverbreiterungen und Entlastungsstraßen eine Pflicht der öffentlichen Hand ist, dann kann in gleicher Weise von ihr die Übernahme mindestens der Baukosten für den Fahrweg, d. h. im vorliegenden Fall der Rohbaukosten für den Tunnelkörper, verlangt werden.“

In Berlin und in Hamburg wird der unterirdische Tunnelkörper den Verkehrsbetrieben zur Verfügung gestellt. Auch im Ausland, in Stockholm, in Oslo und anderwärts verfährt man ähnlich. In den Städten, die nunmehr über kurz oder lang an die U-Straßenbahn herangehen müssen, wird es keinen anderen Weg geben. Bei der angespannten Finanzlage werden aber nur wenige der Städte in der Lage sein, ohne Hilfe des Bundes die erforderlichen Mittel aufzubringen. *Die Forderung nach einer Beteiligung des Bundes an diesen innerstädtischen Aufgaben ist heute nicht mehr unbillig.* Außer dem Verkehr auf Bundesstraßen und Autobahnen bedarf der innerstädtische Verkehr, und hier wiederum der öffentliche Verkehr, in Zukunft einer besonderen Förderung. Von seinem ordentlichen Funktionieren hängt das Wohl und Wehe unserer Städte ab; wenn er versagt, werden 70% der Bevölkerung betroffen. Es sollte dabei auch nicht übersehen werden, daß 80% aller Unfälle im Bundesgebiet auf die Städte (genauer auf die geschlossene Ortslage) entfallen.

„Wohl allzu spät beginnen wir zu erkennen, daß der Entwurf von Autobahnen (express highways) ohne entsprechende Sorge für den öffentlichen Verkehr in den größten Stadtbezirken ein schwerer Fehler war. Die Begeisterung für den Bau von Autostraßen hat uns den Überblick über die Gesamtheit der Verkehrsbedürfnisse der modernen Stadt genommen.“ (Plan of Washington)

Möge diese Erkenntnis aus den USA bei uns nicht unbeachtet bleiben!

Der öffentliche Verkehr wird auch in Zukunft in unseren Städten die Hauptlast des Verkehrs zu tragen haben. Um ihn leistungsfähig zu erhalten, sehen wir bei einem weiteren Fortschreiten der Motorisierung über kurz oder lang keinen anderen Weg mehr, als ihn wenigstens in den Innenräumen in eine andere Ebene zu verlegen. In den Städten mit über 500000 Einwohnern wird die U-Straßenbahn eine brauchbare und glückliche Lösung darstellen, wenn vielleicht in einigen Fällen auch nur als Zwischenlösung. Ihre Vorteile kommen den öffentlichen Verkehrsunternehmen selbst, den Fahrgästen und nicht zuletzt dem Stadtorganismus zugute:

den *Verkehrsunternehmen*, weil sie ihren Betrieb in den Stadtinnenräumen frei von den Störungen der Oberfläche abwickeln und auch weiterhin ihren Fahrzeugpark, in dem erhebliche Werte investiert sind, nutzen können;

den *Fahrgästen*, weil sie unabhängig von den Verkehrsstockungen auf der Oberfläche wieder pünktlich und schnell ihre Ziele erreichen können und nach wie vor in ungebrochener Fahrt befördert werden;

dem *Stadtorganismus*, weil Raum für den Kraftverkehr frei wird, weil die Leistungsfähigkeit der Knoten und Kreuzungen mit starkem Straßenbahnverkehr durch die Gewinnung von Aufstellspuren steigt, weil der Stadtkern mit dem Schienennetz des übrigen Stadtraumes verbunden bleibt und deshalb nicht dem wirtschaftlichen Verfall ausgesetzt ist, der ihm bei einer Erdrosselung des öffentlichen Verkehrs auf der Oberfläche drohen würde.

Nur dort, wo der öffentliche Verkehr frei und ungehindert pulsieren kann, werden die Innenräume unserer Großstädte lebensfähig und gesund bleiben.

V. Berechnung und Ausgestaltung der Straßenverkehrsanlagen in der Stadt

Von Dr.-Ing. P. A. Mäcke

Oberingenieur am Institut für Stadtbauwesen und Siedlungswasserwirtschaft an der Rhein.-Westf. Technischen Hochschule, Aachen

Mit 17 Abbildungen

Berechnung und Ausbau — in dieser Reihenfolge entsteht jedes Bauwerk, seit der Ingenieur die Zweckbauten unserer Zivilisation der Produktion und des Verkehrs in wirtschaftlicher und sicherer Weise zu errichten hat. Und es ist undenkbar, daß heute bei der Motorisierung breitester Volksschichten und angesichts des immer knapper werdenden Verkehrsraumes in der Stadt sich diese Entwicklung nicht auch auf die Straßenverkehrsbauten, also auf die Straßen mit ihren Spuren für den fließenden, ruhenden und arbeitenden Verkehr und auf die Straßenknoten aller Art, erstrecken sollte.

Gestern noch rein intuitiv aus dem vorhandenen Freiraum herausgeschnittene und gestaltete Straßenanlagen sind *heute* schon überholt, weil hinsichtlich Leistungsfähigkeit und Sicherheit unzulänglich, und *morgen* undenkbar. Bereits in den zwanziger Jahren unseres Jahrhunderts ahnte man, daß diesen Dingen nach Maß und Zahl beizukommen wäre, aber erst im letzten Jahrzehnt hat sich die verkehrstechnische Berechnung der Straßenverkehrsanlagen in aller Welt durchgesetzt.

Wie die Lastannahmen in der Statik oder vorgegebene Wassermengen in der Hydraulik sind *Prognose-Verkehrsmengen* in der *Verkehrstechnik* Kriterium für die Dimensionierung des Bauwerks. Eingehende Untersuchungen im Rahmen einer Planungsmethodik nach Diagnose und Prognose der Verkehrsströme im Planungsraum haben demnach jeder verkehrstechnischen Berechnung vorauszugehen, die ihrerseits im Verein mit der Ausbaugestaltung den letzten Schritt, die Verkehrstherapie, ausmacht.

Was ist nun eine verkehrstechnische Berechnung? — Sie ist nichts weiteres als die Zusammenstellung — möglichst in bequemer Listenform — der für den Planungsfall maßgebenden Grundgesetze des Verkehrsablaufs, die für die gegebene Prognose-Verkehrsmenge (z. B. für die der 30. Stunde des Jahres) erfüllt sein müssen. Als Maßstab der ausreichenden Dimensionierung dient dabei vor allem die *Leistungsfähigkeit* der entworfenen Anlage, die der Sollbelastung aus der Prognose gegenübergestellt wird und logischerweise größer oder gleich der letzteren sein muß, wenn man sich nicht mit einem Zwischenausbauzustand begnügt.

Was verstehen wir unter diesem Begriff der Leistungsfähigkeit einer Straßenverkehrsanlage? — In der Technik ist Leistung bekanntlich eine in der Zeiteinheit geleistete Arbeit oder im übertragenen Sinne, z. B. bei der Förderleistung eines Transportbandes oder eines Wasserrohres, in der Zeiteinheit geförderte Gewichte oder Volumina. In Analogie dazu bezeichnen wir mit *Leistungsfähigkeit* einer Straße deren Fähigkeit, in der Zeiteinheit ein bestimmtes Verkehrsvolumen zu bewältigen. Es ist ein Grenzwert, der bei optimaler Auslastung des jeweils durch spezifische Verkehrsbedingungen und durch den betrieblichen Verkehrsablauf charakterisierten Straßenabschnittes oder -knotens eintritt; eine Vergrößerung des Verkehrsanfalls erhöht die Leistung nicht, sondern führt im Gegenteil zu Verstopfungen und Leistungsminderungen; eine Verringerung des Verkehrsanfalls drückt sich in verminderter Wagenförderung, unter Umständen aber erhöhter Beweglichkeit des Einzelfahrzeuges aus. Die Maßzahl für das in der Zeiteinheit geförderte Verkehrsvolumen, demnach auch für die

Leistungsfähigkeit selbst, ist die sog. *Verkehrsmenge M* mit der Dimension [PKW-Einheiten/h].

Die Grundgesetze des Straßenverkehrsablaufs, die wir für unsere Berechnungen zu Rate ziehen müssen, stehen demnach in irgendeiner Form in funktionellem Zusammenhang mit dieser zu bewältigenden Verkehrsmenge M auf der Straße und am Knoten.

A. Freie Strecke

Am einfachsten läßt sich ein solches Gesetz zunächst für die freie Strecke entwickeln:

$$L\,[\mathrm{PKW/h}] = D\,[\mathrm{PKW/km}] \cdot \overline{V}\,[\mathrm{km/h}]$$

L = Leistungsfähigkeit
D = Verkehrsdichte
$\overline{V}$ = mittlere Verkehrsgeschwindigkeit

So einfach diese Beziehung erscheint, so schwierig ist sie auszuwerten. Die Verkehrsdichte selbst ist ja eine Funktion von $\overline{V}$ und nicht ohne weiteres bekannt! Kraftfahrzeugbau, Straßenbau, Verkehrslenkung und Fahrgewohnheiten sind dauernd im Fluß, die Topographie, das Klima und die Sichtverhältnisse haben einen derartigen Einfluß auf den Zusammenhang zwischen Verkehrsdichte und -geschwindigkeit, daß exakte Leistungsfähigkeitszahlen nur zeitlich und örtlich zu definieren wären.

Und dennoch hat man sich dauernd bemüht, Grundlagen zum Entwerfen zu erhalten. Das gelingt zunächst theoretisch, wenn wir den Kehrwert von D einsetzen, das ist das anschauliche als Kopfabstand oder *virtuelle Wagenlänge* bekannte Maß a:

$$L\,[\mathrm{PKW/h}] = \frac{1000\,\overline{V}\,[\mathrm{km/h}]}{a\,[\mathrm{m/PKW}]}$$

a ist ebenfalls eine Funktion von der mittleren Geschwindigkeit $\overline{V}$, aber man konnte sich schon früh zurechtlegen, wie sich dieser Wert mit $\overline{V}$ verändert. In a als Wegstrecke steckt nämlich die Wagenlänge selbst (konstant mit $\overline{V}$), eine Sicherheitsstrecke für die Auswirkzeit (Wahrnehmen, Reagieren, Ansprechen des Fahrzeugs), die linear mit $\overline{V}$ wächst, schließlich eine Sicherheitsstrecke, die dem Bremsweg entspricht (quadratisch mit $\overline{V}$ wachsend). Viele Leistungsfähigkeitsformeln entstanden auf dieser Basis und wurden als Diagramme der Form Abb. 1 aufgetragen (s. entsprechende Kurven der RAL 1937).

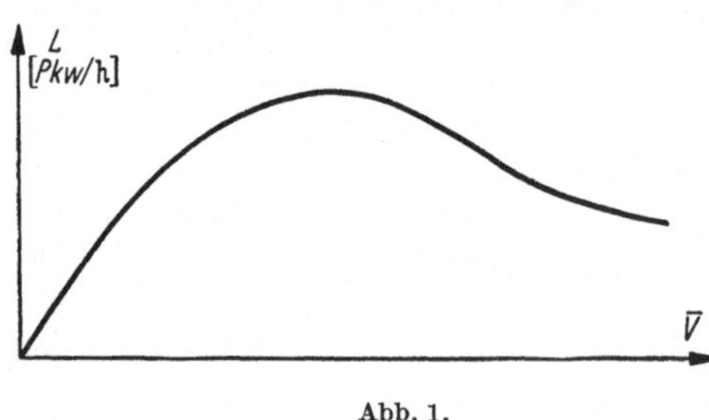

Abb. 1.

Verkehrsbeobachtungen zeigten jedoch bald, daß in der Praxis theoretische Fahrzeugabstände nicht eingehalten werden. Das *Highway Research Board* in USA hat kurz nach dem Kriege Leistungsdiagramme herausgebracht (s. Kap. VII. Abb. 3), die aus beobachteten Mindestabständen aufeinanderfolgender Kraftfahrzeuge auf Landstraßen bei der jeweiligen mittleren Verkehrsgeschwindigkeit entwickelt wurden. Es zeigt sich, daß bei niederen Fahrgeschwindigkeiten die eingehaltenen Fahrzeugabstände größer als die theoretischen Abstände sind, während bei größeren Geschwindigkeiten dichter aufgefahren wird als die theoretischen Formeln erlauben.

Die Kurve aus *Highway Capacity Manual* stellt aber nur einen aufsteigenden Ast dar, der seinen Höchstwert bei 40—50 km/h hat. Es ist fraglich, ob beobachtete Mindestabstände und die Voraussetzung eines allgemeinen Fahrens mit diesen Mindestabständen (also *Kolonnenfahrt*) wirklich so bedeutsam für die Beurteilung der Leistungsfähigkeit von Straßen ist. Es herrscht ja, besonders in unseren Städten, eine beträchtliche Fahrzeug- und Geschwindigkeitsmischung vor.

Die Amerikaner haben daher gleichzeitig das Problem von einer ganz anderen Seite angefaßt; sie versuchten den freien Verkehrsfluß auf Straßen

a) hinsichtlich Geschwindigkeitscharakteristik in Abhängigkeit von der Verkehrsmenge,

b) hinsichtlich der zeitlich-räumlichen Verteilung der Fahrzeuge in Abhängigkeit von der Verkehrsmenge

zu analysieren, und kamen auf neue Grundgesetze, für die inzwischen auch europäische Untersuchungen (vor allem des *British Road Research Laboratory*) vorliegen.

Zunächst etwas über den Zusammenhang zwischen Leistungsfähigkeit und Geschwindigkeiten auf Straßen.

Stellen wir uns vor, es fahren nur wenig Fahrzeuge auf einem betrachteten Straßenabschnitt: die Fahrzeuge beeinflussen sich dann gegenseitig nicht oder wenig, als Geschwindigkeitscharakteristik bekommen wir eine weit auseinandergezogene Geschwindigkeitsverteilungskurve. Vergrößert sich die Verkehrsmenge, so werden sich mehr und mehr Fahrzeuge behindern. Diese Behinderung führt zur immer größer werdenden Einengung der Geschwindigkeitsstreuung. Amerikanische, englische, auch bestätigende deutsche und belgische Beobachtungen stellen fest, daß die *Geschwindigkeitsstreuung linear mit wachsender Verkehrsmenge* abfällt. In gewissen Grenzen fällt auch die mittlere Verkehrsgeschwindigkeit mit Zunahme der Verkehrsmenge. Ist die Verkehrsmenge schließlich so groß geworden, daß keine Möglichkeit zu freier Geschwindigkeitswahl mehr gegeben ist, dann fahren alle Fahrzeuge mit der *gleichen* Geschwindigkeit. (s. Abb. 2).

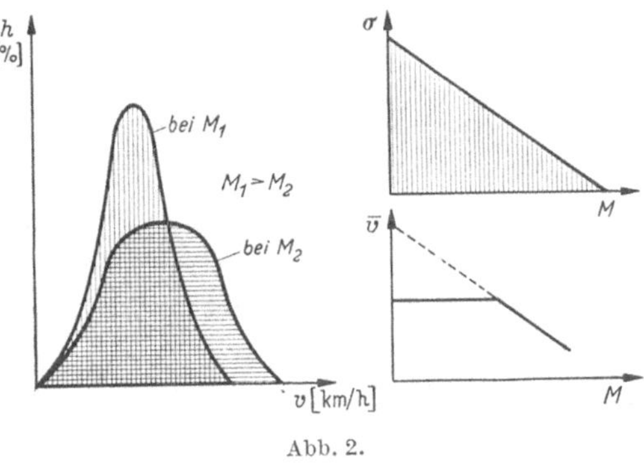

Abb. 2.

Bei der kritischen Geschwindigkeit, bei der Kolonnenfahrt einsetzt, d. h. keine Geschwindigkeitsstreuung mehr vorherrscht, wird die maximal mögliche Verkehrsmenge auf der Straße befördert; sind die Fahrbahn- und Verkehrsbedingungen *ausgezeichnet*, so ist diese identisch mit der Grundleistungsfähigkeit des Straßentyps.

Wird die Verkehrs*dichte* noch größer, bleibt die *Kolonnenfahrt*, aber die Geschwindigkeit sinkt, die Leistung geht zurück, es besteht Verstopfungsgefahr. Wir bewegen uns auf dem eingangs betrachteten Ast der Leistungsfähigkeitskurve, der aus den bei der jeweiligen Geschwindigkeit gefahrenen Mindestabständen entstanden ist:

Die aus solchen Überlegungen und Beobachtungen hervorgegangenen Leistungsfähigkeitskurven können uns als Dimensionierungsgrundlagen dienen.

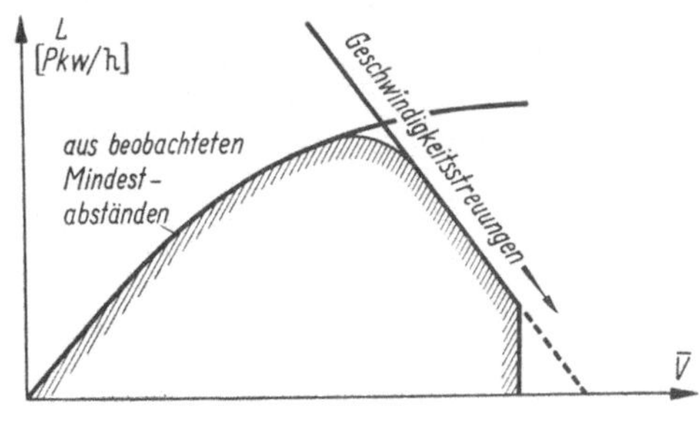

Nach wie vor sind die Leistungsfähigkeitskurven nach *Highway Capacity Manual* verwendbar, bei denen zahlreiche Angleichungsfaktoren beim Dimensionieren die Einflüsse der Örtlichkeit und die Eigenheiten des Verkehrsstroms berücksichtigen lassen[1].

[1] Siehe dazu die handlichen Diagramme des Highway Research Board, USA, die 1956 veröffentlicht wurden.

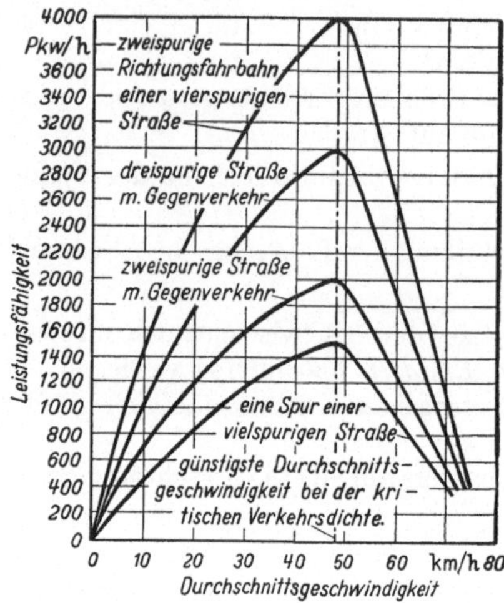

Abb. 3. Leistungsfähigkeit von Landstraßen bei ununterbrochenem Verkehrsfluß und ausgezeichneten Fahrbahnbedingungen (nach Highway Capacity Manual)

Abb. 4. Leistungsfähigkeit von zweispurigen Richtungsfahrbahnen vierspuriger Straßen unter verschiedenen Bedingungen [1]

Einzelheiten der Rechnung sind im Handbuch Korte, *Grundlagen der Straßenverkehrsplanung in Stadt und Land* zu finden[1]. Hier nur das charakteristische Diagramm (Abb. 3):

Auch für europäische Verhältnisse, selbst für Stadtstraßen, dürften die gewonnenen Leistungsfähigkeitszahlen bis zum Vorliegen besserer Unterlagen brauchbar sein, wie die folgenden Abb. 4 und 5 zeigen.

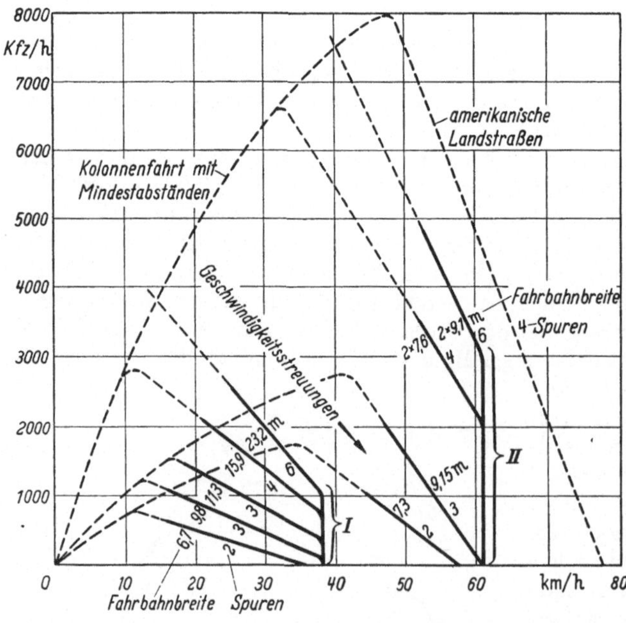

Abb. 5. (British Road Research Laboratory u. Highway Capacity Manual)

In Europa scheint eine lineare Abhängigkeit zwischen Verkehrsmenge und mittlerer Verkehrsgeschwindigkeit im unteren Kurvenbereich nicht zu gelten. Bei der Dimensionierung ist dieser Kurvenbereich aber uninteressant, da wir mit praktisch möglichen Verkehrsmengen rechnen wollen, die im mittleren Bereich der Kurven liegen[2].

Allerdings dürfen wir auch den Maximalwert, die Grundleistungsfähigkeit bei der kritischen Verkehrsgeschwindigkeit, nicht als praktische oder planerische Leistungsfähigkeit zugrundelegen, denn die gegenseitige

[1] Korte: Grundlagen der Straßenverkehrsplanung in Stadt und Land. Wiesbaden: Bauverlag.

[2] Eine gute Übereinstimmung der amerikanischen Beobachtungen mit schweizerischen Verhältnissen ist nachzulesen in Straße und Verkehr Nr. 9, 1957: Rotach, Messungen zur Bestimmung der Leistungsfähigkeit von Überlandstraßen.

Behinderung und ausgeschlossene Geschwindigkeitsstreuung birgt die Latenz einer hohen Verstopfungsgefahr in sich. Nebenströme können nicht mehr in einen solchen Strom einfädeln oder ihn kreuzen. Überholen ist unmöglich.

Als praktische Leistungsfähigkeit müssen wir daher Verkehrsmengen ansetzen, bei denen noch

a) Geschwindigkeitsstreuung auftritt und

b) noch Zeitlücken zum Einfädeln und Queren vorhanden sind.

Das bringt uns auf die Zeitlückenfrage und den zweiten Grundkomplex des Verkehrsablaufs auf Straßen.

Die Fahrzeuge sind auf der freien Strecke — auch im Zwischenblock der Stadt — mehr oder weniger zufällig verteilt. Wäre die *Zufälligkeit* vollkommen erfüllt, so würden sich die Häufigkeiten (d. h. wegen Gültigkeit der Wahrscheinlichkeitstheorie die Wahrscheinlichkeit des Auftretens) der nach Dauer gestaffelten zeitlichen Lücken zwischen aufeinanderfolgenden Fahrzeugen gemäß dem *Poisson-Gesetz* ergeben, das lautet:

$$p(x, t) = e^{-m} \cdot \frac{m^x}{x!}$$

$$m = \frac{M \cdot t}{3600}$$

$$p(o, t) = e^{-\frac{M \cdot t}{3600}}$$ als Gleichung der Zeitlückenverteilung, wobei t = variabel

Abweichungen vom Poisson-Gesetz treten um so stärker auf

a) je schwieriger die Trasse zu befahren ist (z. B. parkende Wagen in Stadtstraßen);

b) je inhomogener der Verkehr ist (Rudelbildung!);

c) je größer die Verkehrsmenge ist, d. h. je mehr Fahrzeuge sich gegenseitig beeinflussen;

d) je mehr künstliche Steuerungen den Verkehr beeinflussen.

Die Hauptanwendung zur Bestimmung der Leistungsfähigkeit von Straßen finden die Zeitlückenuntersuchungen bei der Betrachtung der Einfädelungs- und Kreuzungsvorgänge an nichtsignalgesteuerten Konfliktpunkten, bei der Verkehrsplanung von *morgen* also vor allem an den Einfädelungsstellen der Stadtschnellstraßen.

Aber auch bei signalgesteuerten Verkehrsknoten taucht dieses Grundgesetz der Fahrzeugverteilung auf Straßen auf. In der Praxis — selbst in der Stadt, wenn man von Straßenzügen mit koordinierter Signalsteuerung absieht — gilt dabei für Dimensionierungszwecke genau genug das Poisson-Gesetz, wie letzlich vor allem die Engländer in London gefunden haben[1, 2].

Zuvor noch etwas über die Ausgestaltung der Straße: wir führen Spuren nach Maßgabe der Dimensionierung parallel und sorgen durch Entmischung der Verkehrsarten für sicheren, leistungsfähigen *laminaren* Fluß (z. B. besonderer Bahnkörper, Fahrspuren, Standspuren, Radweg, Fußweg).

B. Kreuzungen

Die Ausbauelemente der Kreuzungen — in der Stadt interessieren in erster Linie die der signalgesteuerten — ergeben sich aus der Funktion dieser Verkehrsanlagen. Ich möchte dabei *positive* und *negative* Ausbauelemente unterscheiden, wobei die positiven

---

[1] British Road Research Laboratory.

[2] Ein Forschungsauftrag des Ministeriums für Wirtschaft und Verkehr des Landes Nordrhein-Westfalen, der am hiesigen Institut Ende 1957 abgeschlossen wurde, zeigt ähnliche Ergebnisse.

den Verkehrsfluß tragen, sich also aus parallel geführten oder sich kreuzenden Fahrspuren zusammensetzen. Die negativen Ausbauelemente ergeben sich bei der Ausbauplanung gleichsam *von selbst* als Negativ der optimal zu gestaltenden Fahrbahnfläche und werden als Leitinseln, Fahrbahnteiler, Bordsteinführungen aller Art, sowie Fahrbahnmarkierungen gestaltet. Ich darf auf die diesbezüglichen Ausführungen von Herrn Prof. Korte verweisen. Ich brauche daher hier nur auf die positiven Elemente einzugehen.

Entwickeln wir also eine typische Kreuzungszufahrt. Gegeben sei eine vierspurige Straße:

Bei der Entwicklung der Kreuzungszufahrt schließen wir zunächst an das Profil der freien Strecke mit ihren Spuren und Richtungsfahrbahnen an. Ein Hinweisschild oder Vorwegweiser löst das Vorsortieren der Fahrzeuge, unterstützt durch sinnvolle Fahrbahnmarkierung aus. Das eigentliche Sortieren und Aufstellen geschieht im erweiterten Rückstau- und Überfallraum, anschließend erfolgt das Kreuzen auf der jeweils zweckmäßig ausgebildeten Kreuzungsfläche (Abb. 6).

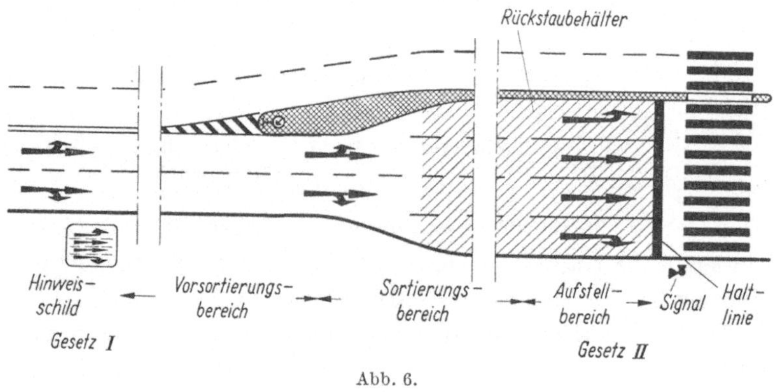

Abb. 6.

Wie können wir eine solche Kreuzungszufahrt dimensionieren? — Maßgebend sind *drei* Gesetze, die es zu erfüllen gilt:

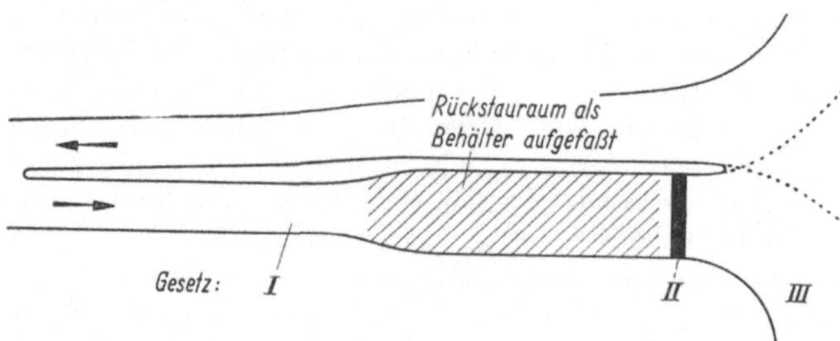

Gesetz I. Dieses beschreibt die zeitlich-räumliche Verteilung der ankommenden Fahrzeuge. Für praktische Zwecke, insbesondere, wenn es sich um solche Zeitintervalle handelt, wie sie als Phasen und Perioden in die Rechnung eingehen, darf die zufällige Verteilung der ankommenden Fahrzeuge angenommen werden. Es gilt dann das uns schon von der freien Strecke her bekannte Poisson-Gesetz

$$P(x, C) = \frac{e^{-m} \cdot m^x}{x!},$$

$$\text{wobei } m = \frac{M \cdot C}{3600}$$

und C = Periode der Signalsteuerung.

Gesetz II. Dieses beschreibt das Anfahren der stehenden Fahrzeugkolonnen nach Wechsel auf Grün und wurde in den Vereinigten Staaten von Greenshields erstmals näher untersucht[1].

In Deutschland und in der Schweiz wurde es durch zahlreiche Untersuchungen — auch durch eigene Untersuchungen in Aachen und Düsseldorf — in seiner Gültigkeit mehr oder weniger bestätigt; jeder Verkehrsingenieur kann mit einfachen Mitteln die für seine Stadt gültigen Anfahrtsreaktionen ermitteln.

Greenshields kam zu folgenden Werten: (*Traffic Performance at Urban Street Intersections*):

Nr. des anfahrenden Fahrzeugs	Zeitabstand sek	Zeit bis zum Überfahren d. Haltlinie sek
1		3,8
	3,1	
2		6,9
	2,7	
3		9,6
	2,4	
4		12,0
	2,2	
5		14,2
	2,1	
6		16,3
	2,1	
7		18,4
	2,1	
8		20,5
	2,1	
9		22,6
	2,1	
10		24,7
	usw.	

Diese Tabelle sagt aus, wie groß die Leistungsfähigkeit einer Grünphase je Spur ist. Z. B. ist die Fahrzeugnummer 4 identisch mit der Leistungsfähigkeit einer Zufahrtsspur während einer 12 sek-Grünphase. Sollen jedoch 8 Fahrzeuge in dieser Phase bewältigt werden, hat man räumlich zu erweitern, d. h. zwei Zufahrtsspuren anzuordnen, oder zeitlich zu erweitern, d. h. gemäß der Tabelle die Grünzeit auf 20,5 sek zu verlängern. Die Tabelle liefert auch die Grundleistungsfähigkeit einer Zufahrtsspur, wie sie in *Highway Capacity Manual* festgelegt ist, wenn man die ersten zehn Fahrzeuge betrachtet:

$$\frac{3600}{24/10} = 1500 \text{ PKW/Gr. h.}$$

In Wirklichkeit aber darf man diese Grundleistungsfähigkeit nicht als planerische Leistungsfähigkeit einsetzen (ausgenommen grüne Welle), da wir die mittleren Wartezeiten der Fahrzeuge in erträglichen Grenzen halten müssen. Dies beweisen die Abb. 7 und 8.

Aus den Abbildungen geht hervor, daß bei Erreichen der Grundleistungsfähigkeit oder *Sättigungsverkehrsmenge* die Zeitverluste und Rückstaulängen asymptotisch nach ∞ gehen.

Wir dürfen also keinen ständigen Rückstau ansetzen, der die Zufahrt dergestalt speist, daß das Greenshieldssche Gesetz erfüllt wird. Das wäre gleichbedeutend mit Verstopfung und Erlahmen des Stadtverkehrs. Vielmehr gibt nun das Gesetz I, das uns die zufällige Verteilung der ankommenden Fahrzeuge beschreibt, das Kriterium für die planerische Leistungsfähigkeit. *Wir fordern, daß bei gegebener Verkehrsmenge die Wahrscheinlichkeit dafür, daß die Anzahl der in einer Periode ankommenden Fahrzeuge nicht größer als die Leistungsfähigkeit der Grünzeit ist, mindestens 90—95% ist.* Wenn diese Forderung erfüllt ist, bleiben die Aufenthaltszeiten in erträglichen Grenzen; i. M. Wartezeit = eine Periode.

[1] „Traffic Performance at Urban Street Intersections". Yale Bureau of Highway, Traffic Technical Report Nr. 1, New Haven, 1947.

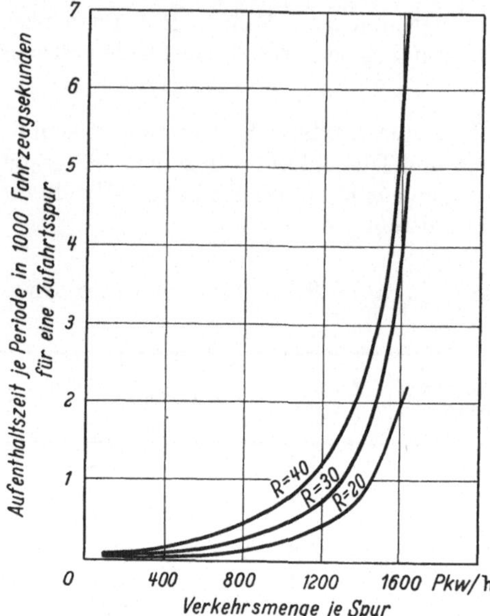

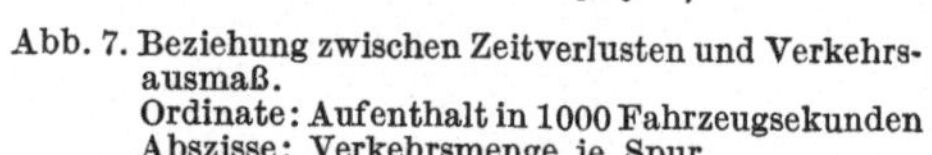

Abb. 7. Beziehung zwischen Zeitverlusten und Verkehrsausmaß.
Ordinate: Aufenthalt in 1000 Fahrzeugsekunden
Abszisse: Verkehrsmenge je Spur
Parameter: Rotzeiten in sek

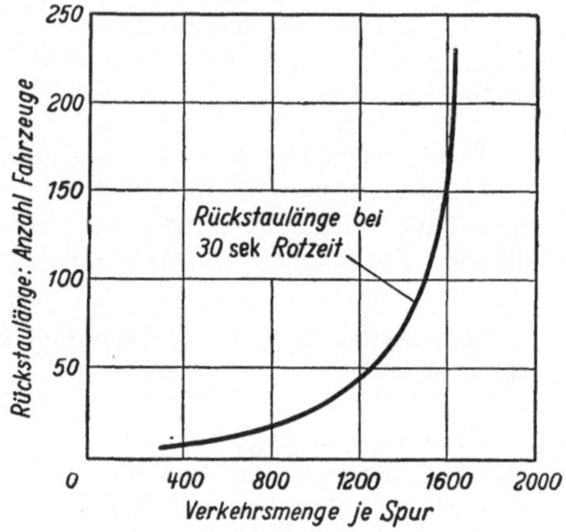

Abb. 8. Mittlere Rückstaulänge.
Ordinate: Rückstaulänge ausgedrückt in Fahrzeuganzahl bei 30 sek Rot
Abszisse: Verkehrsmenge je Spur

Gesetz III. Einzugehen hat als dritter Komplex in die verkehrstechnische Berechnung der signalgesteuerten Kreuzung der *Verkehrsablauf auf der Kreuzungsfläche* selbst. Im wesentlichen handelt es sich um die Ermittlung der Kreuzungsräumzeiten aus den zurückzulegenden Wegen und den Fahrgeschwindigkeiten der letzten Fahrzeuge der Grünzeitkolonnen, also reine Zeit-Weg-Beziehungen, die ich hier nicht weiter behandeln brauche. Die ermittelten Kreuzungsräumzeiten vermindern die effektiven Grünzeiten jeder Periode und werden in Gelb- und Rotzeiten, für den Querverkehr in Rot- und Rotgelbzeiten untergebracht.

Wie gehen wir nun bei der Planung vor? — Die Prognosebelastungsspinne gibt uns die zu bewältigende Verkehrsmenge M vor. Phasenablaufplan und Phasenberechnung, die nach den im „Handbuch"[1] erläuterten Verfahren durchgeführt werden können, berücksichtigen das Gesetz III und liefern uns absolute Grünzeiten für jeden Fahrzeugstrom. Es sind noch die Gesetze I und II in einer Berechnungstabelle wie folgt zu kombinieren:

Anzahl der Spuren	Periode C	Grünzeit G	Leistung der Grünzeit = x	Durchschnittszahl der ankommenden Fahrzeuge je Periode m	Wahrscheinlichkeit, daß die in einer Periode ankommenden Fahrzeuge x nicht überschreiten P
—	sek	sek	PKW/G	PKW/C	—
1	2	3	4	5	6
1	60	20	8	5	0,94

Beispiel: M = 300 PKW/h; C = 60 sek; G = 20 sek

$$m = \frac{300 \cdot 60}{3600} = 5 \text{ PKW/C}$$

[1] s. Fußnote [1] S. 152

Die Wahrscheinlichkeit der Spalte 6 errechnet sich wie folgt:

$$p(0) = e^{-m} = e^{-5} = \qquad 0{,}007$$
$$p(1) = e^{-m} \cdot m = e^{-5} \cdot 5 = \qquad 0{,}034$$
$$p(2) = e^{-m} \frac{m^2}{2!} = e^{-5} \frac{25}{2} = \qquad 0{,}085$$
$$\vdots \qquad\qquad \vdots$$
$$p(8) = e^{-m} \frac{m^8}{8!} = e^{-5} \frac{390625}{40320} = \qquad 0{,}068$$
$$\text{Summe P} \qquad 0{,}939$$

$$\text{also } P = \sum_{n=0}^{n=x} p(n) \approx 0{,}94$$

Die Leistungsfähigkeitskurven der Abb. 9 beruhen auf solchen Rechnungen.

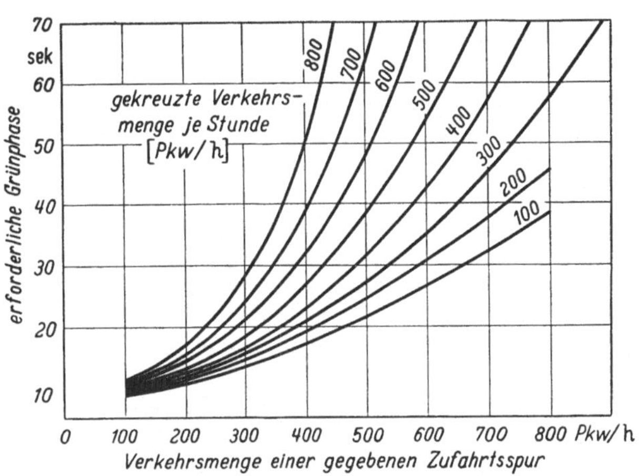

Abb. 9. Theoretische Grünzeiten für die Bewältigung gegebener Verkehrsmengen einer maßgebenden Zufahrtsspur in Abhängigkeit von der Belastung der maßgebenden Kreuzungsspur (Traffik Engineering)

Hat man es mit den üblichen Störungen, also praktischen Verhältnissen der Innenstadt zu tun, empfiehlt sich nach wie vor die Rechnung auf Grund der Werte von *Highway Capacity Manual*, wie wir bereits bei der ersten Tagung *Stadtverkehr heute und morgen* im Januar 1954 berichtet haben; die Wahrscheinlichkeit bei Anwendung der Poisson-Formel und der Greenshieldsschen Zahlenreihe für das Nicht-Eintreten von Rückstauverstopfungen ist dann hoch und liegt bei 0,95—0,98; wir bleiben also auf der sicheren Seite, dürfen zeitweilige Überlastung in Kauf nehmen und haben Reserven für praktische Verhältnisse[1].

Hier nochmals die charakteristischen Bilder aus *Highway Capacity Manual* (Abb. 10 und 11).

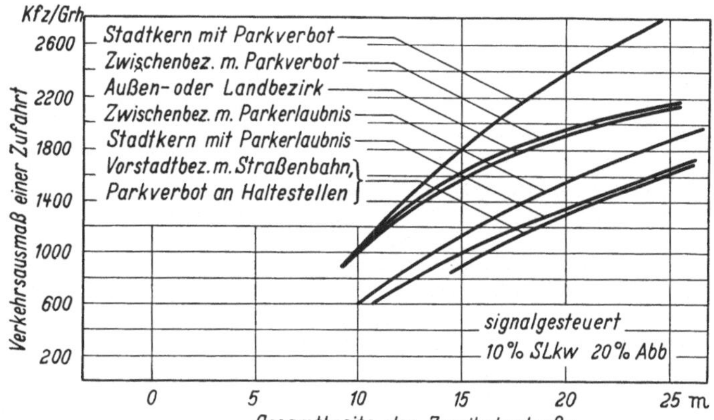

Abb. 10. Leistungsfähigkeit einer Kreuzung, Zweibahnstraße (Highway Capacity Manual)

[1] Die Rechnung mit der Zahlenreihe nach Greenshields gilt nur für Pkw-Geradeausverkehr; Angleichungsfaktoren für Linksabbieger und Lkw sind dubiös.

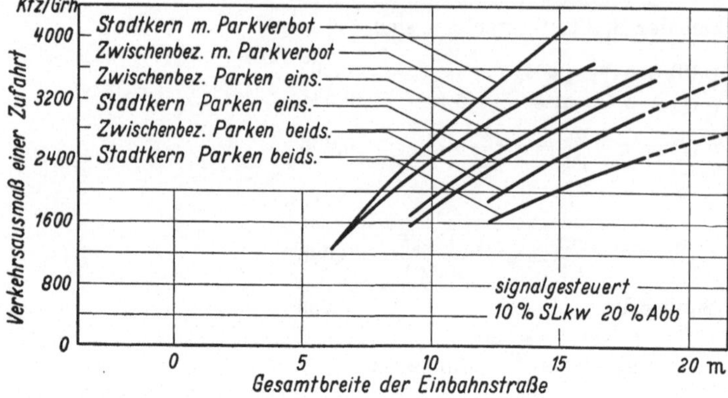

Abb. 11. Leistungsfähigkeit einer Kreuzung, Einbahnstraße (Highway Capacity Manual)

An dieser Stelle muß zunächst auf die Studien eingegangen werden, die die Engländer (*British Road Research Laboratory*) vor allem im Londoner Stadtverkehr betrieben haben. Die meisten Signale in England sind fahrzeugabhängig gesteuert[1].

Bei verkehrsabhängigen Signalsteuerungen wird ein Anfangs-Intervall, die *Mindestgrünzeit*, festgelegt, das so lang ist, daß Fahrzeuge einer gegebenen Kolonne sich in Fahrt setzen können. Nach Ablauf dieser Zeit wird durch jedes Fahrzeug, das innerhalb einer vorgegebenen Zeitlücke nachfolgt und durch eine Kontaktschwelle einen Impuls auslöst, die Grünzeit um einen bestimmten im Zusammenhang mit Spurenzahl und Betrag um das sog. *Einzelfahrzeug-Grünintervall* ausgedehnt. Werden die Zeitlücken größer als dieses Intervall, kann, wenn erforderlich, d. h. wenn es von Fahrzeugen der anderen Zufahrten durch Kontaktimpuls angefordert wird, eine andere Zufahrt Grün erhalten. Die Grünzeit wird allerdings in der Länge durch die sog. *maximale Grünzeit* begrenzt, um zu verhindern, daß bei ständigem Fluß in der Hauptrichtung die Fahrzeuge der Querstraße unbestimmte Zeit warten müssen. Wenn der Verkehr in beiden bzw. sämtlichen Phasen stark ist, können die Grünzeiten mehr und mehr ihre Maximalzeit erreichen, und im Sättigungszustand arbeiten verkehrsabhängig gesteuerte Anlagen praktisch wie festzeitgesteuerte. Ihre Dimensionierung, d. h. die Festlegung der Maximalgrünzeiten im Zusammenhang mit Spurenzahl und Rückstaulänge, was ja nach einer maßgebenden Prognosebelastungsspitze geschieht, ist also genau wie bei festzeitgesteuerten Anlagen durchzuführen. In Zeiten außerhalb des Spitzenverkehrs werden Kreuzungsanlagen allerdings im allgemeinen nicht bis zum Höchstmaß ausgenutzt und bei verkehrsabhängiger Steuerung ist der Zeitverlust der Fahrer im Durchschnitt geringer als bei festzeitgesteuerten. Nun haben die Engländer mit Hilfe einer elektronischen Rechenmaschine, die den Verkehrsfluß an einem gesteuerten Knoten unter Annahme der Poisson-Verteilung der ankommenden Fahrzeuge nachahmt, einzelsignalisierte festzeitgesteuerte und verkehrsabhängig gesteuerte Signalanlagen miteinander verglichen (Abb. 12):

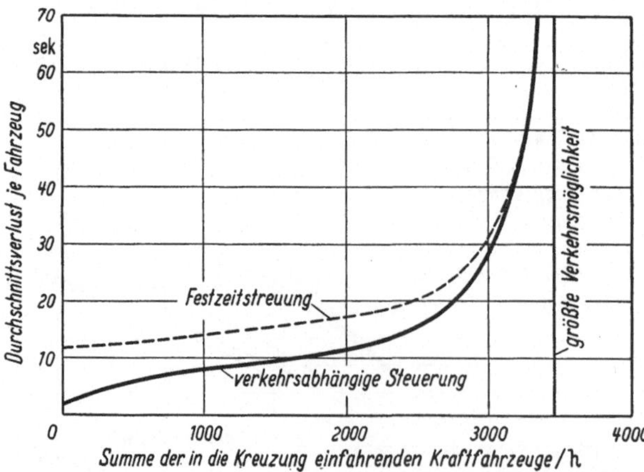

Abb. 12. Vergleich von Festzeitsteuerung und verkehrsabhängiger Steuerung hinsichtlich errechneter Durchschnittsverluste (Webster, British Road Research Laboratory)

[1] WEBSTER: Bericht zur Internationalen Studienwoche für Verkehrstechnik in Stresa, Italien 1956.

Der Vergleich fällt zugunsten der verkehrsabhängigen Steuerung aus, wenn die Belastung schwach ist, obwohl hier die Zeitverluste der festzeitgesteuerten Anlagen auch nicht übermäßig groß sind. Verkehrsabhängige Anlagen sind gut bei isolierten Anlagen, z. B. in Außengebieten, wenn Sicherheitsgründe eine Rolle spielen, bei Einschaltung von Bedarfsphasen für Nebenströme, Straßenbahn, Fußgänger. Festzeitgesteuerte Anlagen sind jedoch in Großstädten vorzuziehen, da sie Koordinierung vieler signalgesteuerter Anlagen erlauben.

Die Engländer haben weiterhin empirisch-mathematische Formeln für den durchschnittlichen Zeitverlust je Fahrzeug, für optimale Umlaufzeit und Grünzeiten entwickelt, die ich jedoch hier nicht im einzelnen darlegen möchte, da dieses Verfahren dem Praktiker die Arbeit nicht erleichtert und auch Werte enthält, wie die *Sättigungsverkehrsmenge*, für die man bei Planungen nicht ohne weiteres Zahlen zur Hand hat. Das Wertvollste, was wir an dieser Stelle finden, ist die Tabulierung von durchschnittlichen Zeitverlustwerten in Abhängigkeit von M, G und C, ferner des kritischen Maximal-Fahrzeugstaus, wie er sich empirisch mit der Modellanlage ergeben hat.

Der Maximal-Fahrzeugstau ist ja ein weiteres Dimensionierungskriterium für unsere Verkehrsanlage, da sich die Stauraumlänge daraus ableiten läßt. Aus Wirtschaftlichkeitsgründen wird man als Maximalstau vielleicht den ansehen, der nur einmal in 20 Umläufen, also bei 5% aller Fälle, überschritten wird. Durch großen rechnerischen Aufwand hat Greenshields versucht, dem Stauraumproblem nahezukommen. Diese Verfahren, niedergelegt in seinem Buch *Traffic Performance at Urban Street Intersections*, sind für den Praktiker nicht zu empfehlen[1]. Die englische Art, das Problem durch eine Modellanlage zu lösen, hilft uns dagegen weiter[2].

Anscheinend tritt bei knapper Dimensionierung für die Spitzenbelastung sehr leicht langer Rückstau auf. Kein Wunder, daß die von den Amerikanern gelieferten Dimensionierungswerte so niedrig liegen. Sie kennen alle den Einwurf, daß die empfohlenen Werte hierzulande überschritten würden. Selbstverständlich haben die Amerikaner ebenfalls festgestellt, daß den Fahrern in der Praxis meist ziemlich lange Wartezeiten zugemutet werden und die Leistungsfähigkeiten oft höher als die praktischen nach Highway Capacity Manual sind, aber es wurde drüben bereits angeregt, den Faktor $\frac{\text{(beobachtete Leistung)}}{\text{(prakt. Leistungsfähigkeit)}}$ als Kriterium für die Verstopfungsgefahr in Städten anzusehen, so kritisch und empfindlich ist der Verkehrsfluß, wenn die praktischen Leistungsfähigkeiten wesentlich überschritten werden.

Nun muß ich auf die *koordinierte* Signalsteuerung zu sprechen kommen. Eine solche steigert die Leistungsfähigkeit einer Straße im engeren Sinne[3] nicht, aber drückt die Reisezeiten der Fahrzeuge gewaltig herunter, sie stellt daher eine große Verbesserung im Stadtverkehr dar und kann als Schritt zur *Stadtschnellstraße* angesehen werden.

Die im Zuge einer Straße liegenden Signalanlagen werden also im Sinne einer flüssigen Durchfahrt zweckmäßig koordiniert. Hierzu sei vorweg bemerkt, daß dieser Versuch nicht immer restlos gelingt, denn die vorgegebenen Straßenabstände, das Verhältnis der Querverkehre, die Abwicklung des Gegenverkehrs, abbiegende Straßenbahnen u. a. verhindern oft einen 100%igen Erfolg. Aber selbst dann, wenn nur etwa 70 oder 80% aller Fahrzeuge eine längere Zwischenstrecke zügig durchfahren können, ist eine derartige Anlage lohnend. Das Mehr an Betriebskosten fällt im Vergleich zu denen einer *wilden Signalisierung* kaum ins Gewicht und wird durch den volkswirtschaftlichen Nutzen verkürzter Reisezeiten mehr als wettgemacht.

---

[1] Trotz erheblichen Rechenaufwandes werden nur Durchschnittswerte erhalten, oder aber Maximalwerte unter der Voraussetzung, daß bei Abschluß der Grünzeit alle Fahrzeuge geräumt haben, was aber nach der Forderung auf S. 155 in 5 bis 10% aller Fälle nicht zutrifft. Für den wahren Sachverhalt wird von Greenshields ein Ansatz ohne Auswertung gemacht.

[2] Siehe Fußn. [1], S. 158.

[3] [Pkw-Einheiten/h] am Straßenquerschnitt.

Das Prinzip der *koordinierten Signalsteuerung* (Grüne Welle) beruht auf der Abstimmung einer Folge von Verkehrssignalen eines Straßenzuges in einer Form, die ein ungehindertes Fließen des Hauptanteils des Verkehrs gewährleistet.

Voraussetzung hierfür ist die Möglichkeit, die absolute Dauer der Signalperioden aller Kreuzungen gleichzumachen.

Anzustreben ist, ebenso wie bei der Einzelkreuzung, eine möglichst kurze Periode. (Vorteil: geringer Stauraumbedarf und besserer Abfluß der Linksabbieger. Nachteil: stärkere prozentuale und damit leistungsmindernde Auswirkung der Gelbzeiten.)

a) *Grundfaktoren:*

1. Vorgegeben und fest ist der Abstand der zu koordinierenden Kreuzungen.

2. Festzulegen ist die Geschwindigkeit, mit der eine Fahrzeugkolonne ohne Unterbrechung den Straßenzug befahren soll. Sie ist auf keinen Fall frei wählbar, sondern muß der für die Örtlichkeit *natürlichen* Geschwindigkeit entsprechen. Diese natürliche Progressivgeschwindigkeit schwankt im Tagesablauf unter dem Einfluß der gemäß der Tagesganglinie wechselnden Verkehrsdichte. Ein Straßenzug ist daher unter Umständen für verschiedene Geschwindigkeiten zu koordinieren (flexibles System).

3. Die Periodendauer muß für alle Kreuzungen gleich sein. Ihre absolute Dauer ist in gewissen Grenzen variabel.

4. Für die Aufteilung der Periode in die Einzelphasen sind die für die Kreuzung allgemein geltenden Gesichtspunkte maßgebend.

b) *Arbeitsmethode:*

Zur Entwicklung der grünen Welle als natürliches Progressivsystem dient das Zeit-Weg-Diagramm. Der Arbeitsgang wurde bereits bei der Tagung 1954 *Stadtverkehr heute und morgen* vorgetragen.

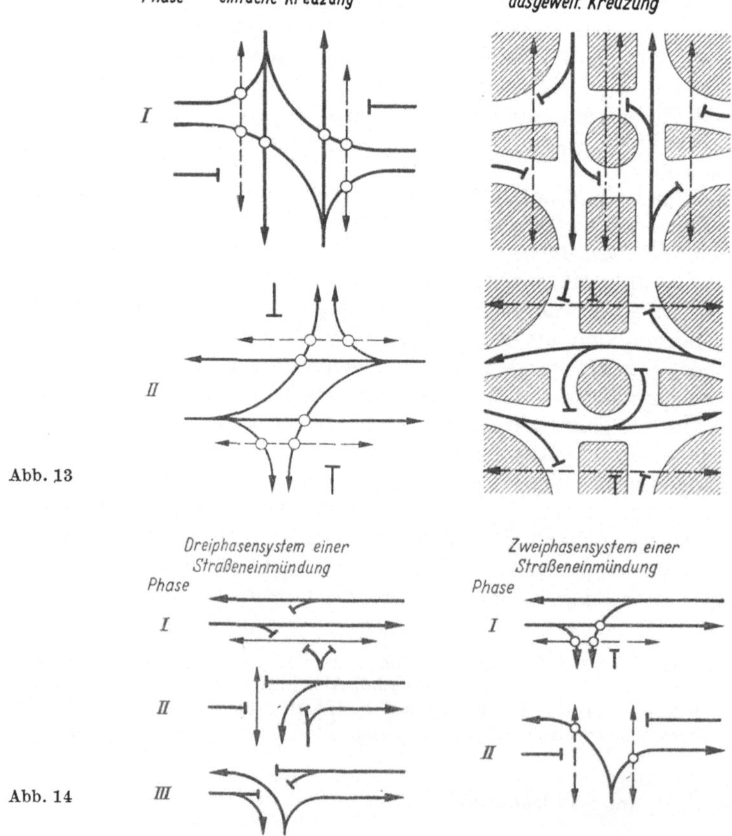

Abb. 13

Abb. 14

Bei Straßenzügen in Großstädten, mit vielen mehr oder weniger wichtigen Kreuzungen über lange Strecken hin, gelten bei der Einrichtung einer *Grünen Welle* unter Umständen andere Gesichtspunkte als bei der Koordinierung individuell behandelter Verkehrsknoten. Man verfolgt dann zweckmäßigerweise nur den *grünen Fahrstrahl* (Zeit-Weg-Band) der Hauptstraße und versucht, diesen mit allen Mitteln in konstanter Breite zu halten (z. B. mit Hilfe von Zwischensignalen).

Untergeordnete Straßen, deren Abstand geringer als ein von der Geschwindigkeit abhängiger Mindestabstand ist, müssen dabei oft abgeschnürt werden.

Schließlich ist es zur Erzielung eines optimalen Erfolges notwendig, bei der Einfahrt in die *Grüne Welle* die Verkehrsgeschwindigkeit auf die gewünschte Progressivgeschwindigkeit zu bringen. Bekannt sind die wertvollen Versuche in dieser Richtung mit dem sog. *Grünen Trichter* in Düsseldorf[1].

Bei bestimmten konstanten Straßenabständen sind weitere Abstraktionen des natürlichen Progressivsystems insofern möglich, als sich oft ganz einfache Schaltungssysteme wie z. B. das *Simultansystem* oder das *Wechselsystem* anbieten.

Die verkehrstechnische Berechnung von Stauräumen und Überfallbreiten gilt nur für die Einfahrt in die Grüne Welle sowie für Querverkehre, die nicht ihrerseits wieder einer grünen Welle angehören. Beobachtungen über den effektiven Einfluß eines Grünen Trichters auf die zeitliche Verteilung der eintreffenden Fahrzeuge stehen noch aus. Die Dimensionierung einer Straßenstrecke mit Grüner Welle geschieht nach den Gesichtspunkten, die bei der Gestaltung von Kreuzungsflächen gelten, nämlich reibungslose Abführung der Grünzeitkolonnen in voller Breite.

Bis jetzt haben wir hauptsächlich die Kreuzungszufahrten betrachtet: sie sind bei der Planung ja die besonderen Sorgenkinder.

Vielleicht zur Erinnerung an die frühere Tagung noch etwas über den Phasenablauf (Abb. 13 und 14).

C. Kreuzungsabfahrt

Die Abfahrt von einer Kreuzung muß so viele Fahrspuren besitzen, daß die Kreuzungsfläche während der Grünzeit schnell geräumt werden kann.

Eine Kreuzungsabfahrt stellt also zunächst ein *Auffangbecken* dar, das nach einer genügend langen Übergangsstrecke wieder dem Straßenprofil der freien Strecke angepaßt wird.

Die Übergangsstrecke dient dazu, die stoßweise auftretende geschlossene Grünzeitkolonne nach Maßgabe der Geschwindigkeitsverteilung der Fahrzeuge mehr oder weniger auseinanderzuziehen und wiederum einen möglichst kontinuierlichen Fahrzeugfluß auf der kreuzungsfreien Strecke zu erzeugen.

Am Übergangsprofil der Ausgleichsstrecke sollen die dazu notwendigen Einfädelungsvorgänge abgeschlossen sein, was im Verein mit der Geschwindigkeit einen Anhaltspunkt für deren Länge gibt.

Die Ausgleichs- oder Übergangsstrecke kann nie großzügig genug sein, da nach dem Verlassen der Kreuzung die Fahrgeschwindigkeiten schnell ansteigen.

Das Ende einer Zusatzspur muß als Ablösungspunkt klar erkenntlich sein, um das Einkeilen von Fahrzeugen zu vermeiden. Ein Fahrer, dem aus Gründen der Verkehrsbedingungen das Einscheren in die Durchgangsspur bis dorthin nicht gelungen ist, muß aus Sicherheitsgründen u. U. anhalten. Auch *und gerade* in der Übergangsstrecke müssen Spurtrennmarkierungen eindeutig durchgeführt werden.

Im innerstädtischen Gebiet fällt die Zweckbestimmung der Ausgleichsstrecke mehr oder weniger fort. Das Auffangbecken entwickelt sich hier oft gleich weiter in die Sortieranlage der nächsten Straßenkreuzung. Das Zusammenhalten der Grünzeit-

[1] Dr. v. Stein, Düsseldorf: „Neuerungen bei der Signalregelung im Stadtverkehr", Vortrag gehalten im Haus der Technik, Essen.

kolonnen ist dem bebauten Stadtkern gemäß (u. U. *grüne Welle*) und kommt den Fußgängern auch in Blockmitte zugute (wandernde künstliche Zeitlücke).

D. Der Fußgänger

Als Voraussetzung für die verkehrsgerechte Lösung sei hier besonders die Notwendigkeit einer sinnvollen Einordnung der Fußgängerphasen in den Phasenablauf der Gesamtanlage betont. Bei der normalen Kreuzung ist dieses einfach; aber auch an komplexeren Verkehrsanlagen sind die gleichen Bedingungen zu erfüllen.

Überschneidungen zwischen Fußgängerverkehr und Rechts- bzw. Linksabbiegeverkehr lassen sich an der normalen Kreuzung kaum vermeiden; Sonderphasen gestatten wir nur in Ausnahmefällen.

Im allgemeinen kann ein Kreuzen des Fußgängerverkehrs mit den genannten Abbiegeverkehren in Kauf genommen werden. Falls dieses wegen der Stärke der Verkehrsströme nicht möglich ist, erhalten entweder die Fußgänger eine Sonderphase oder der abbiegende Verkehr wird innerhalb der Kreuzungsanlage nochmals angehalten (ausgeweitete Kreuzung) oder kanalisiert. Stauräume für wartende Fußgänger sind vorzusehen. Spezielle Stauräume dieser Art, die die Fluktuation aus der Abfertigung der öffentlichen Nahverkehrsmittel und der Signalsteuerung aufnehmen müssen, sind Haltestelleninseln. Diese müssen leicht von Fußgängerüberwegen aus erreichbar sein.

Bei hochbelasteten Anlagen sind Fußgängertunnel in Betracht zu ziehen. Richtige Lage und kurze Wege sind dann besonders wichtig. (Gute Beleuchtung, Läden, Schaufenster, u. U. Rolltreppen erhöhen die Wirksamkeit der Anlage.)

E. Dimensionierung der Fußgängerüberwege

Bei signalisierten Überwegen kann die Leistungsfähigkeit rechnerisch erfaßt werden.

Maßgebende Faktoren sind:

a) Länge des Überweges L (m)
b) Breite des Überweges B (m)
c) Dauer der Fußgängerphase t (sek)
d) Anzahl der Signalperioden je Zeitstunde (P/h)

Aus Verkehrsbeobachtungen erhält man die Anzahl der Fußgänger pro Stunde (F/h), den Abstand der Fußgänger (in der Kolonne) $l = 1{,}0$ m, sowie den seitlichen Abstand der Fußgänger $b = 0{,}75$ m und die Marschgeschwindigkeit der Fußgängerkolonne $v = 4$ km/h $= 1{,}2$ m/sek.

Nach FEUCHTINGER ist die Leistung eines Fußgängerüberweges:[1]

$$F/h = \frac{t - \frac{L}{v}}{\frac{l}{v}} \cdot \frac{B}{b} \cdot P/h .$$

Diese Formel gilt für eine ungestörte Fußgängerphase, wobei die Reibung der beiden gegenläufigen Fußgängerströme durch einen Abminderungsfaktor zu berücksichtigen ist.

Wird der Fußgängerstrom durch Kfz-Verkehr gestört (z. B. Abbiegeverkehr), so ist die errechnete Leistungsfähigkeit des weiteren um einen entsprechenden Prozentsatz abzumindern, und zwar logischerweise in dem Verhältnis der ungestörten (nicht durch Kfz versperrten) Grünzeit zur gesamten Grünzeit.

Dieser Rechenweg soll Anhaltspunkt für eine planerische Leistungsfähigkeit des Fußgängerweges geben, entspricht natürlich nicht exakt dem wirklichen Verkehrs-

[1] FEUCHTINGER: Die Berechnung signalgesteuerter Knotenpunkte des Straßenverkehrs, Heft 12, Bielefeld: Kirschbaum 1953.

ablauf. Die Störungsdauer ist jeweils örtlich festzulegen. Zu beachten ist, daß bei dichter werdendem Kfz-Verkehr die Stördauer sinkt (zweites, drittes Fahrzeug geben z. B. nur Zusatzstörungen von 2 sek).

Eine andere Dimensionierungsmöglichkeit fußt auf amerikanischen Untersuchungen über die Relation zwischen der Leistung eines Gehweges pro Fußbreite und der Fußgängergeschwindigkeit im Ablauf des Tages.

Es wurde beobachtet, daß mit zunehmender Dichte des Fußgängerverkehrs seine Geschwindigkeit (infolge gegenseitiger Behinderung) sinkt. Daraus kann man umgekehrt schließen, daß mit sinkender Geschwindigkeit die Leistungsfähigkeit bis zu einem gewissen Maximalwert steigt, um danach wieder stark abzufallen (analog Kfz-Leistungskurve).

Der der amerikanischen Beobachtungskurve entnommene Wert von 550 Fußgängern pro Fuß und Stunde darf als praktische Leistungsfähigkeit angesprochen werden.

F. Der Radverkehr

Möglichkeiten zur Führung der Radwege

Auf der Landstraße, der kreuzungsfreien Strecke bzw. den Zwischenstrecken zwischen wichtigen Kreuzungen ist die Ausbildung des Radweges kein Problem. Nach Maßgabe der Geschwindigkeitsverteilung über das Straßenprofil gehört der Radfahrer rechts heran und wird am besten auf eigenen Wegen geführt. Wie soll er nun an der Kreuzung weiterlaufen? — Es läßt sich heute grundsätzlich noch keine allgemeingültige Lösung angeben, wenn man auf niveaufreie Führung verzichtet.

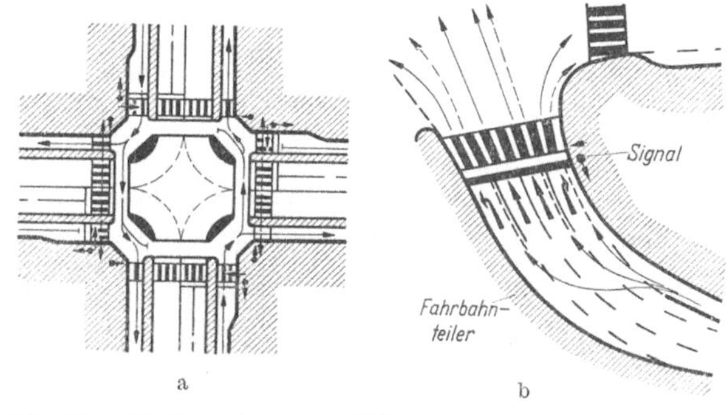

Abb. 15. a Radweg als starre „Schiene"; b Radverkehr in der Sortieranlage

Die gesuchten Lösungsmöglichkeiten müssen

1. im Einklang mit der Betriebsform des Verkehrsknotens stehen,

2. sich nach der Machtstellung des Radfahrers im Gesamtverkehr richten. Es bieten sich dann verschiedene Möglichkeiten an, je nachdem, ob der Radfahrer

a) in sich eine Macht darstellt, die sich selbst in Kolonnen erhält und schützt,

b) zu schwach dazu ist und als gefährdete und gefährdende Gruppe geschützt werden muß.

Zu a): Stellt der Radverkehr einen erheblichen Anteil des Verkehrsausmaßes an einer Kreuzung dar, kann er u. U. mit dem Kraftverkehr zusammen behandelt werden. In diesem Falle mündet der Radweg in die Sortieranlage des Kraftverkehrs ein.

Zu b): In diesem Fall wird — mit Ausnahme etwa möglicher planfreier Führungen — kein anderer Weg bleiben, als den Radweg streng wie einen Schienenweg an der Kreuzung mit allen Abbiegemöglichkeiten durchzuführen und den Radverkehr mit dem Fußgängerstrom gemeinsam zu signalisieren.

Der Radweg wird an der Sortieranlage wie auf freier Strecke durchgeführt und erweitert sich im Bereich der Aufstellboxen zu einem Stauraum. Die Haltlinie des Kraftverkehrs gilt in gleicher Höhe auch für den Radfahrer, ebenso das sich hier befindende Signal. Die weitere Führung läßt sich am besten skizzenmäßig an Hand der Abb. 15 verfolgen.

Der Leistungsfähigkeitsnachweis bzw. die Dimensionierungsrechnung bei signalgesteuerten Radweganlagen kann analog den Rechnungen für den Kraftverkehr geführt werden. In erster Näherung können die Zufallsverteilung der eintreffenden Radfahrer und Zeitbedarfswerte für die nach Wechsel auf Grün anfahrenden Radfahrer angesetzt werden. Zeitbedarfswerte für eine anfahrende Radfahrerkolonne ergeben sich nach ersten Beobachtungen zu etwa 0,53 mal den Greenshieldschen Werten für PKW.

G. Der Straßenbahnverkehr

Die Bedeutung des Straßenbahnverkehrs an Kreuzungen, insbesondere an signalgeregelten, verlangt eine zweckmäßige Einordnung in den Verkehrsablauf mit rechnerischem Nachweis.

Es ist im allgemeinen vorteilhaft, die Straßenbahn in Straßenmitte zu führen. Besteht kein Haltebedürfnis vor einer Kreuzung und ist die Gleiszone eingepflastert, berücksichtigt man den Straßenbahngeradeausverkehr für den einfachen Fall am bequemsten in der Verkehrsberechnung, indem man für die Straßenbahnzüge PKW-Einheiten ansetzt und die Leistungsfähigkeitsberechnung wie gewohnt durchführt.

In vielen Fällen ergeben sich während einer Grünphase Kollisionspunkte zwischen Straßenbahn- und Individualverkehr. Im Normalfall (Mittellage der Straßenbahn, 2-phasig geregelte normale Kreuzung) z. B. folgende:

Straßenbahn	*kollidiert mit Individualverkehr*
Geradeausverkehr	Linksabbieger beider Richtungen
Rechtsabzweigung	Geradeausverkehr der eigenen Richtung und Linksverkehr beider Richtungen
Linksabzweigung	Gegengeradeausverkehr

Wie ist die Straßenbahn in diesen Fällen planerisch in den Verkehrsablauf einzubauen? — Bei geringen Belastungen wird man versuchen, den Straßenbahnverkehr in der normalen Grünphase zu bewältigen. Wechselseitige Störungen zwischen Straßenbahn- und Kraftfahrzeugverkehr sind unvermeidlich. Der einfachste Weg, die damit verbundene Leistungsminderung in etwa zu erfassen, ist das Einsetzen von mehr oder weniger PKW-Äquivalenten für jeden Straßenbahnzug, die den Störungen gerecht werden (Überschlagsrechnung gemäß Störzeiten erforderlich).

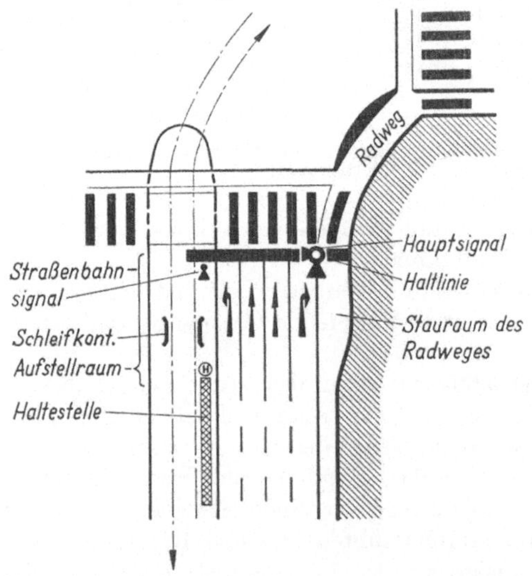

Abb. 16. Behandlung von Straßenbahn- und Radverkehr an einer signalgesteuerten Kreuzung

Bei dichter werdendem Verkehr wird man bestrebt sein, der Straßenbahn in irgend einer Form den Vorrang zu geben, damit sie — insbesondere bei Abbiegebewegungen — nicht von vorfahrenden Kraftfahrzeugen zum Warten gezwungen wird und die Kreuzung zusätzlich verstopft. Das kann geschehen durch Erlaubnis des Anfahrens (*Vorlauf*) der Straßenbahn in der Gelbzeit oder in einer kurzen Zwischenphase. Dadurch wird erreicht: die Störungen werden verringert und wirken sich ausschließlich auf den Kraftverkehr aus. Die verbleibenden Störzeiten (Reaktionszeit der Straßenbahn fällt fort, dazu 2 bis 3 sek schon an Anfahrzeit gewonnen) sind berechenbar und eine verbleibende ausnutzbare Grünzeit für den Kraftfahrzeugstrom ist zu definieren. Die verkehrstechnische Berechnung erfaßt somit

a) in einer Sonderrechnung die Straßenbahn;

b) den individuellen Verkehr in der gewohnten Listenrechnung, wobei die Grünzeiten um die Störzeiten zu vermindern sind.

Ingenieurmäßig am saubersten ist die Lösung mit einer Bedarfsphase für die Straßenbahn mittels Fahrdrahtoberleitungskontakten. Vorgang: Der ankommende Straßenbahnzug löst den Kontakt aus. Der im Grundprogramm umlaufende Periodenturnus wird beim nächsten Phasenwechsel gestoppt und eine Straßenbahnphase eingeschaltet. Der Straßenbahnzug fährt durch und läßt die Signalanlage durch Berühren eines zweiten Kontaktes hinter der Kreuzung in das Grundprogramm zurückfallen (Abb. 16).

H. Verflechtungsstrecke

Die Verflechtungsstrecke, wie sie beim Kreisverkehr zur Anwendung kommt, setzt sich aus Spuren zusammen, die von verschiedenen Richtungen kommen, eine Strecke parallel laufen und schließlich nach verschiedenen Zielen wiederum auseinanderlaufen. Berechnung und Ausbau erfolgen im Einklang mit den Gesetzmäßigkeiten parallel geführter Spuren[1].

J. Gesetzmäßigkeit des Verkehrsablaufes auf parallelen Spuren

Die Grundbewegungen der Fahrzeuge auf parallelen Spuren sind:

a) Fahren, Beschleunigen, Verzögern, Halten in einer vorgezeichneten Spur;

b) Spurwechsel von einer klar vorgezeichneten Spur in die andere.

Zu a): Das je nach Verkehrsmenge mehr oder weniger unbehinderte Fahren auf Spuren läßt typische Geschwindigkeitsverteilungen registrieren; das zeitliche Eintreffen von Fahrzeugen am Beobachtungsquerschnitt ist mehr oder weniger zufällig.

Zu b): Spurwechsel können nur vollzogen werden, wenn in der Nachbarspur eine genügend große Lücke für den Vollzug des Spurwechselvorganges vorhanden ist. Bei Kenntnis der gefahrenen Geschwindigkeiten (Spurwechseldauer) und der räumlich-zeitlichen Verteilung der Fahrzeuge gemäß Verkehrsmenge läßt sich die maximal mögliche Anzahl von Spurwechseln einschätzen.

Fahren unter gleichförmiger oder ungleichförmiger Bewegung und *Spurwechselvorgänge* sind alleinige Voraussetzung für alle Gesetzmäßigkeiten und Leistungsfähigkeitsaussagen bei kontinuierlichem Verkehrsfluß auf parallelen Spuren.

Wo treffen wir beim Ausbau von Straßenverkehrsanlagen auf parallel zu führende Spuren? — Parallel geführte Spuren setzen

1. *die freie Strecke* einer Straße zusammen. Hier spielt der Überholvorgang eine Hauptrolle, der bei Landstraßenverhältnissen aus zwei Spurwechseln des überholenden Fahrzeuges besteht. Überholen ist nur möglich bei vorhandenen Mindestzeitlücken in der Nachbarspur und nur erforderlich bei einem sich aus der Geschwindigkeitsstreuung ergebenden Überholbedarf.

Als parallel an eine Hauptfahrbahn geführte Spuren sind

2. *Beschleunigungs- und Verzögerungsspuren* auszubilden. Der Betriebsablauf ist durch einen Spurwechsel in oder aus dem Hauptstrom gekennzeichnet. Für die mögliche Anzahl von Spurwechseln von der Nebenspur in einen Hauptstrom ist dessen Zeitlückenverteilung maßgebend. Die Mindestzeitlücke zum Einscheren ist abhängig von der Differenzgeschwindigkeit der sich vereinigenden Ströme. Beschleunigungsspuren sollen daher eine solche Länge erhalten, daß die Differenzgeschwindigkeit klein ist.

---

[1] Ausbaubeispiele wurden an Hand von Diapositiven erläutert; siehe dazu die Veröffentlichungen der Arbeits- und Forschungsgemeinschaft für Stadtverkehr und Verkehrssicherheit, Köln, Universitätsstraße 22 (bisher 3 Bände).

3. Parallel geführte Spuren sind auch die *Vorsortier- und Sortierspuren* vor signalgesteuerten Straßenknoten. Der Betriebsablauf ist gekennzeichnet durch konsequente Spurwechsel in vorgezeichnete Geradeaus- und Abbiegespuren hinein und das Verzögern bis zum Halt der Sperrphasen. Hinsichtlich Aufeinanderfolge der Spurwechselstellen und Länge der Verzögerungsstrecke ist demnach die Geschwindigkeitscharakteristik des einfahrenden Verkehrsstromes maßgebend. Die Leistung wird jedoch durch die Gesetzmäßigkeit der anschließenden Kreuzung bestimmt.

4. Was uns schließlich hier besonders interessiert: auch die *Verflechtungsstrecke* setzt sich aus parallelen Spuren zusammen. Der Betriebsablauf ist gekennzeichnet durch Spurfahrt von nichtverflechtenden Fahrzeugströmen und alternierendes Spurwechseln von Fahrzeugen zweier sich verflechtender, möglichst mit gleicher Geschwindigkeit fahrender Ströme. Leistungsaussagen gehen also auch hier auf die Gesetzmäßigkeiten paralleler Spuren zurück: Die Verflechtungs*länge* hängt mit der Geschwindigkeitsverteilung der Ströme zusammen; die mögliche *Anzahl* von Spurwechseln ergibt sich aus der Zeitlückenverteilung der in benachbarten Spuren fahrenden Ströme. Verflechtungsstrecken, u. U. mit der Möglichkeit von Mehrfachverflechtungen, erlangen immer größere Bedeutung auch bei niveaufreien Verkehrsführungen, darüber hinaus ist jede Straßenstrecke zwischen Knoten gleichzeitig Verflechtungsstrecke.

Die *Verflechtungsstrecke* findet ihre Anwendung, wenn ein echtes Kreuzen, mit anderen Worten: zeitweiliges Anhalten der Fahrzeuge eines Stromes oder alternierendes Anhalten auf kleiner Kreuzungsfläche vermieden und wie beim Kreisplatz ein ständiger Verkehrsfluß erzielt werden soll; ferner beim nichtsignalgesteuerten Straßenversatz, der häufig durch die städtebauliche Grundkonzeption bestimmt ist, oder an komplizierten Verkehrsknoten, wenn diese durch Einschalten einer Verflechtungsstrecke verkehrsgünstiger zu lösen sind.

Ein Hauptanwendungsgebiet werden Verflechtungs- und Mehrfachverflechtungsstrecken im Stadtverkehr *morgen* im Zusammenhang mit niveaufreien Straßenverkehrsanlagen erhalten.

Da die Sprachverwirrung gerade auf dem Gebiet der parallel geführten Spuren groß ist, sei an dieser Stelle eine kurze Klarstellung der Begriffe gebracht:

1. Einfädeln (Einscheren, Einordnen):

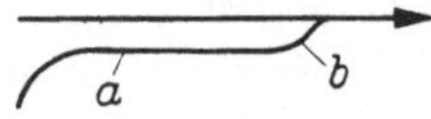

2. Einfädeln mit Beschleunigung (*a* Beschleunigungsspur; *b* Spurwechsel):

Die früheren Autobahnlösungen stellen ein Zwitterding zwischen 1 und 2 dar. Für heute und morgen ist bei allen Stadtschnellstraßen die Lösung 2, d. h. die Addition einer klar kenntlichen Beschleunigungsspur zur Hauptspur auf ausreichender Länge zu fordern.

3. Ausfädeln (Ausscheren):

4. Ausfädeln mit Verzögerung *a*) Verzögerungsspur; *b*) Spurwechsel):

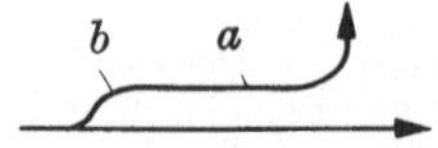

5. Einfädeln und Ausfädeln:

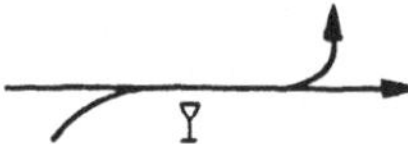

nur in schwachbelasteten Erschließungsnetzen zu empfehlen.

6. Einfädeln mit Beschleunigung und Ausfädeln mit Verzögerung:

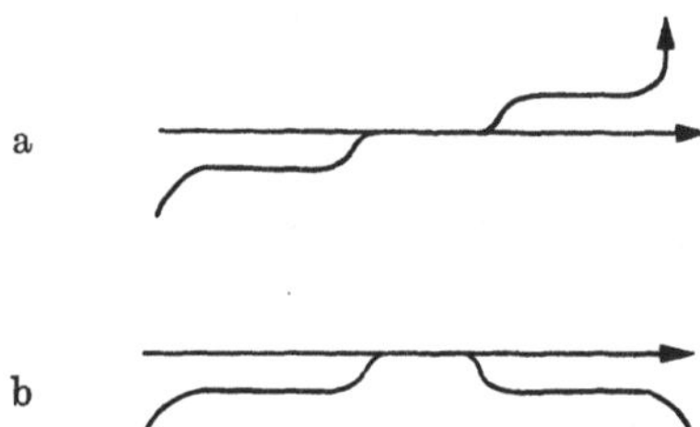

oder

für Landstraßenverhältnisse. Bei stärkeren Verkehrsbelastungen, z. B. in der Stadt, sollte die Form b) als Verflechtungsstrecke ausgebaut werden:

7. Verflechtungsstrecke (mindestens zwei Parallelspuren, die sich addieren und wieder trennen):

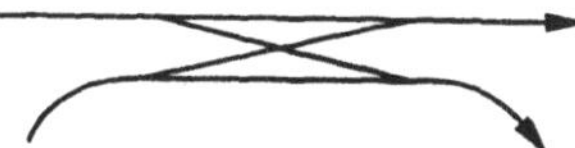

oder allgemein (zwei gleichberechtigte Spuren):

8. Verflechtungsstrecke (Sonderspuren für die nichtverflechtenden Verkehrsanteile):

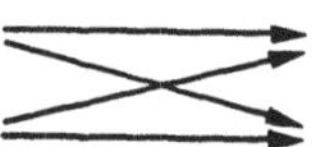

Grundschema der Verflechtungsstrecke

9. Mehrfachverflechtungsstrecken (als Beispiel Zweifachverflechtung):

Das hier symbolhaft angedeutete schleifende Kreuzen geschieht in Wirklichkeit durch Spurwechselvorgänge; eine klar durchgeführte Spurtrennmarkierung gehört daher zum Ausbau bei allen Anlagen, die sich aus parallel geführten Spuren zusammensetzen.

Kreisplätze, gestern und heute meist nach dem Einfädelungsprinzip gestaltet (Vorfahrt der Ringfahrbahn unmittelbar an der Einmündung) sollten heute und morgen nur noch nach dem Verflechtungsprinzip ausgebaut werden.

Die Berechnung und der Ausbau von Verflechtungsstrecken, vor allem die Anwendung beim Kreisplatz, wurden hier bereits bei der ersten Tagung *Stadtverkehr heute und morgen* 1954 erläutert; das Gesagte gilt im wesentlichen heute noch.

Als Abschluß sei eine Leistungsfähigkeitsübersicht der wichtigsten Arten der Straßenknoten gegeben (Abb. 17).

Leistungsf. *)	Flächenbedarf				
Pkw/h	klein	mittel z.B. Fahrbahnteiler	groß z.B. Insel	sehr groß z.B. große Insel	riesenhaft
1	2	3	4	5	6
unter 750	unger. Krzg.		Kreisplatz		
750 — 1000	ger. Krzg.		Kreisplatz		
1000 — 1200	ger. Krzg.			Kreisplatz	
1200 — 1500	ger. Krzg.	ger. Krzg.		Kreisplatz	
1500 — 2000	ger. Krzg.	ger. Krzg.		Kreisplatz	
2000 — 3000		ger. Krzg.	ausgew. Krzg.	Kreisplatz	Kreispl. mit
3000 — 5000		ger. Krzg.	ausgew. Krzg.		Mehrfachverfl.
über 5000			ausgew. Krzg.		
weit über 5000			direkte Kanalisierung		
			niveaufr. Lösung (Brückenbauw. erf.)		

▤ u.U. kombiniert mit niveaufreien Führungen z.B. stärkster Linksabbieger
*) Summe aller Zufahrten

Abb. 17. Leistungsfähigkeit der Straßenknoten

VI. Anlagen für den ruhenden Kraftverkehr

Von Dr.-Ing. **B. Wehner**
o. Professor an der Technischen Universität Berlin.
Direktor des Instituts für Straßen- und Verkehrswesen

Mit 15 Abbildungen

In den folgenden Ausführungen sollen Fragen behandelt werden, die die Planung, den Bau und den Betrieb von Anlagen des ruhenden Kraftverkehrs betreffen.

A. Das wirtschaftliche Problem

Mit der Zunahme des motorisierten Verkehrs wird die Befriedigung des Parkbedürfnisses in unseren Innenstädten und Geschäftsbezirken der Städte zu einem immer ernsteren Problem. Die Ermittlungen in einer Reihe von Großstädten haben angezeigt, daß, wenn das Parken nur ebenerdig erfolgen soll, erhebliche Flächen der Innenstadt als Parkfläche benötigt werden. Hamburg rechnet bei einer zukünftigen Zahl von 25000 Stellplätzen mit einem Flächenbedarf von rd. 30% der Grundfläche, Köln bei 20000 Stellplätzen mit etwa 13,7% der Grundfläche, Stockholm bei 20000 Stellplätzen mit 35% der Grundfläche der Innenstadt. Dabei ist für Hamburg in Aussicht genommen, ein Viertel der zukünftig erforderlichen Parkstände an den Rand des Kerngebietes mit Umsteigemöglichkeiten zu öffentlichen Verkehrsmitteln zu legen. In Stockholm wird ein Drittel der Parkplätze für die Innenstadt als Randparkplätze ausgebildet werden, weil die City keine ausreichenden Flächen zur Verfügung stellen kann. In amerikanischen Städten schwankt der *heute* für Parkflächen in Anspruch genommene Platz zwischen 7,0—14,9% der Gesamtfläche der Innenstadt je nach Stadtgröße[1] (Tab. 1). Dabei ist zu bedenken, daß das vorhandene Parkbedürfnis bei weitem nicht befriedigt werden kann. Als Vergleichswert sei hier angeführt, daß die Fahrbahnflächen in den Innenstädten durchschnittlich etwa 18—20% der Gesamtfläche einnehmen[2].

Mit der Zunahme der Verkehrsbelastung wird die Straßenfläche in immer stärkerem Maße für den fließenden Verkehr benötigt, so daß die Zahl der Parkstände, die bisher längs der Bordkanten zur Verfügung stand, in den nächsten Jahren wesentlich abnehmen wird. Außerdem ist zu bedenken, daß der Parkstand an der Bordkante im Straßenraum für den Straßenbaulastträger besonders aufwendig ist.

Wenn es uns nicht gelingt, die benötigten Parkflächen in den Innenstädten für den Einzelhandel, aber auch für die Geschäftsbetriebe, Verwaltungen und Vergnügungsunternehmen zur Verfügung zu stellen, wird das wirtschaftliche Leben in diesen Gebieten in stärkstem Maße beeinträchtigt werden. Ein besonders warnendes Beispiel sollte uns hierbei die Entwicklung in den Vereinigten Staaten von Nordamerika sein, wo wegen des Mangels an Parkflächen in den Citygebieten neue Einkaufszentren in den Außenbezirken der Großstädte als sog. *Shopping Centres* entstehen, die den Charakter der Großstädte strukturell grundlegend ändern und die Citygebiete bis zum wirtschaftlichen Ruin treiben können (Abb. 1 und 2). Die Zahl der Einzelhandelsgeschäfte in den Großstädten sank von 1939 bis 1948 um 8,6%, in den Randbezirken war dagegen eine Zunahme von 5,6% zu verzeichnen. Um Los Angeles herum z. B. sind inzwischen 48,

---

[1] Parking Guide for Cities, Bureau of Public Roads, Washington 1956.

[2] K. Leibbrand: Motorisierung und Städtebau „Plan“, Schweizerische Zeitschrift für Landes-, Regional- und Ortsplanung, Heft 5/51.

Abb. 1. Neues Einkaufszentrum (Shopping-Centre) bei Detroit

Abb. 2. Shopping-Centre bei St. Louis

in Pittsburg 32 Shopping Centres entstanden[1]. Zwischen den Vorstädten und dem Citygebiet ist nach einer amerikanischen Formulierung *ein nicht erklärter Handelskrieg* entstanden.

Wichtig ist in diesem Zusammenhang auch für die Wirtschaft die Feststellung, daß die durchschnittlichen Einkaufssummen des Automobilisten höher sind als die der

[1] Von S. 171.

Tabelle 1. *Durch Parkstände in Anspruch genommene Grundfläche im zentralen Geschäftsgebiet US-amerikanischer Städte*

Einwohnerzahl	Zahl der untersuchten Städte	Fläche des zentralen Geschäftsgebietes	Gesamte durch Parkstände in Anspruch genommene Fläche des zentralen Geschäftsgebietes	Prozentanteil der Gesamtfläche, eingenommen durch Parkstände				
				am Bordstein	Park-plätze	Park-häuser	ins-gesamt	Straßen
in Tausend		km²	km²	%	%	%	%	%
5— 10	2	0,23	0,03	5,8	1,2	0,0	7,0	31
10— 25	13	0,31	0,03	5,6	2,0	0,2	8,8	32
25— 50	11	0,47	0,05	5,2	3,2	0,4	8,8	31
50— 100	2	0,75	0,08	5,9	3,7	0,5	10,1	28
100— 250	12	0,96	0,08	3,9	4,4	0,6	8,9	27
250— 500	3	1,40	0,16	4,6	6,2	0,7	11,5	29
500—1000	4	1,37	0,21	3,5	9,2	2,2	14,9	31
über 1000	3	2,54	0,34	2,1	10,3	1,7	14,1	25

Quelle: Parking Guide
US Bureau of Public Roads 1956

Käufer, die mit anderen Verkehrsmitteln oder zu Fuß zu den Einzelhandelsgeschäften kommen. Nach einer Studie für mehrere Großstädte liegt der Warenwert, den der Automobilist kauft, um 85% über dem der übrigen Kunden[1].

Die oft wiederholte Forderung, unsere Innenstädte für den individuellen Kraftverkehr zu sperren, wird sich daher kaum in die Wirklichkeit umsetzen lassen, da durch solche Maßnahmen die Tendenz zur sekundären Citybildung in den Außenräumen der Stadt noch wesentlich vergrößert werden würde. Bisher ist kein Beispiel bekannt, wo dem privaten Personenkraftwagen mit Erfolg der Zugang zu ganzen Stadtgebieten verwehrt worden ist.

Absurde Formen hat das amerikanische Prinzip des *Drive-in* angenommen. Beispiele von Kinos, Restaurants, Banken, Geschäftshäusern lassen erkennen, daß der Kunde um die Filmvorführung zu erleben, eine Erfrischung einzunehmen, seinen Bankscheck einzulösen oder seinen Einkauf zu tätigen, nicht einmal mehr seinen Kraftwagen zu verlassen braucht. Einen derartigen Service für den Kraftfahrer müssen wir als Übertreibung bezeichnen. Andererseits sollten wir aber nach unseren Erfahrungen, wenn die Parkflächen wirklich angenommen werden sollen, dem Kraftfahrer von seinem parkenden Fahrzeug bis zu der Stelle, wo er seinen Einkauf tätigen oder seinen Geschäftsbesuch erledigen will, keinen Weg über eine Entfernung von 200 bis maximal 300 m zumuten.

Wenn wir die amerikanische Entwicklung in unseren Stadtgebieten verhindern wollen, müssen wir rechtzeitig dafür Sorge tragen, nicht nur dem fließenden Verkehr leistungsfähige Wege zur Verfügung zu stellen, sondern vor allem auch die Flächen für den ruhenden Verkehr zu schaffen, die im Interesse der wirtschaftlichen Prosperität der einzelnen Stadtgebiete erforderlich sind. In diesem Zusammenhang ist wieder eine amerikanische Studie von Interesse, die einen

[1] Dr. Dole: Innerstädtische Verkehrsgestaltung in den USA, Mitteilungen der Industrie- und Handelskammer zu Köln, Heft 4/57.

Anhalt gibt über den wirtschaftlichen Wert von Parkständen für den Einzelhandel. So gibt die Handelskammer der USA in Washington nach Erhebungen aus 18 Städten an, daß der Einzelhandelsumsatz, der auf einen Parkstand entfällt, ungefähr bei 20000 Dollar liegt.

B. Ermittlung des Parkbedürfnisses

Für die Festlegung der zu treffenden Maßnahmen ist die Ermittlung des Parkbedürfnisses von größter Bedeutung. Hierbei ist zunächst das *gegenwärtige* Parkbedürfnis klarzustellen. Nach einem Erfahrungssatz, der in Deutschland und in anderen europäischen Ländern, ebenso wie in Amerika ermittelt worden ist, gibt das *Merkblatt Parkflächen* der Forschungsgesellschaft für das Straßenwesen als ungefähre Zahl der für die Innenstadt erforderlichen Parkstände P die Formel $P = \frac{E}{K \times D}$ an. Hierin bedeuten:

E = Einwohnerzahl der gesamten Stadt,
D = Kraftwagendichte (Anzahl der Einwohner auf einen Kraftwagen),
K = Ortskoeffizient.

Dieser Ortskoeffizient schwankt im allgemeinen in den Grenzen zwischen 5 bis 8. Der Bestand der im Stadtgebiet zugelassenen Kraftfahrzeuge muß für diese überschlägliche Rechnung bekannt sein.

Ein anderes Verfahren führt über die Zahl der in der Innenstadt Berufstätigen, um den Parkplatzbedarf zu ermitteln. Hier ist die Zahl der im Citygebiet Erwerbstätigen zu bestimmen, die für die Fahrt zur Arbeitsstätte einen Kraftwagen benutzen. Damit hat man vorzugsweise die Dauerparker erfaßt. Hinzu kommen weitere Plätze für Lieferwagen für den allgemeinen Geschäftsverkehr und besonders für den Einkaufsverkehr. Auch die so gewonnenen Zahlen können nur einen sehr überschläglichen Anhalt vermitteln, weil hierbei Sonderheiten nicht erfaßt sind, die sich durch spezielle Formen, etwa des Vergnügungs-, Ausflugs- oder des Messeverkehrs ergeben und die eine erheblich größere Zahl von Parkständen an bestimmten Schwerpunkten erforderlich machen können.

Die Frage der Verteilung der Parkflächen in den in Betracht kommenden Gebieten spielt naturgemäß eine ganz wesentliche Rolle, weil je nach der Struktur der einzelnen Bezirke und Baublöcke dieses Bedürfnis starken Schwankungen unterliegt. Die größten Schwierigkeiten zur Befriedigung des Parkbedürfnisses treten im allgemeinen in den Bezirken der City auf, wo die Einzelhandelsgeschäfte konzentriert sind (Tab. 2). Nach amerikanischen Ermittlungen werden in den Konzentrationspunkten der City, die im Mittel rund 26% der Fläche des Citygebietes in Anspruch nehmen, rd. 67% der Fahrzeuge abgestellt[1].

Tabelle 2. *Zahl der Fahrzeugwechsel auf Parkständen im zentralen Geschäftsgebiet während 8 Stunden (von 10—18 Uhr) in US-amerikanischen Städten*

Einwohnerzahl in Tausend	Zahl der untersuchten Städte	Fahrzeugwechsel: Bordsteinparken	Parken außerh. des Straßenraumes: Parkflächen	Parkhäuser	insg. außerh. des Straßenr.	Gesamtsumme
unter 25	17	5,7	2,3	0,9	2,1	4,3
25— 50	16	5,6	1,9	1,3	1,8	4,1
50— 100	5	5,7	2,2	1,0	2,0	4,0
100— 250	13	5,8	1,6	1,0	1,5	3,3
250— 500	7	5,5	1,5	1,2	1,5	2,6
500—1000	4	6,9	1,6	1,2	1,5	2,9
über 1000	3	4,4	1,7	1,3	1,6	2,0

Quelle: Parking Guide
US Bureau of Public Roads 1956

[1] S. Fußn. [1], S. 171.

Eine Berechnungsmethode, die im Gegensatz zu den angeführten Verfahren auch für begrenzte Bezirke Angaben liefert, geht von den vorhandenen Büro- und Geschäftsflächen aus, für die nach den Daten der Reichsgaragenordnung ein bestimmtes Parkbedürfnis festgelegt ist. Diese Werte sind in der Zwischenzeit durch Erfahrungszahlen bestätigt worden oder müssen entsprechend geändert werden. Aus dem Bedürfnis und der Größe der Geschoßflächen wird dann der Parkplatzbedarf überschläglich er-

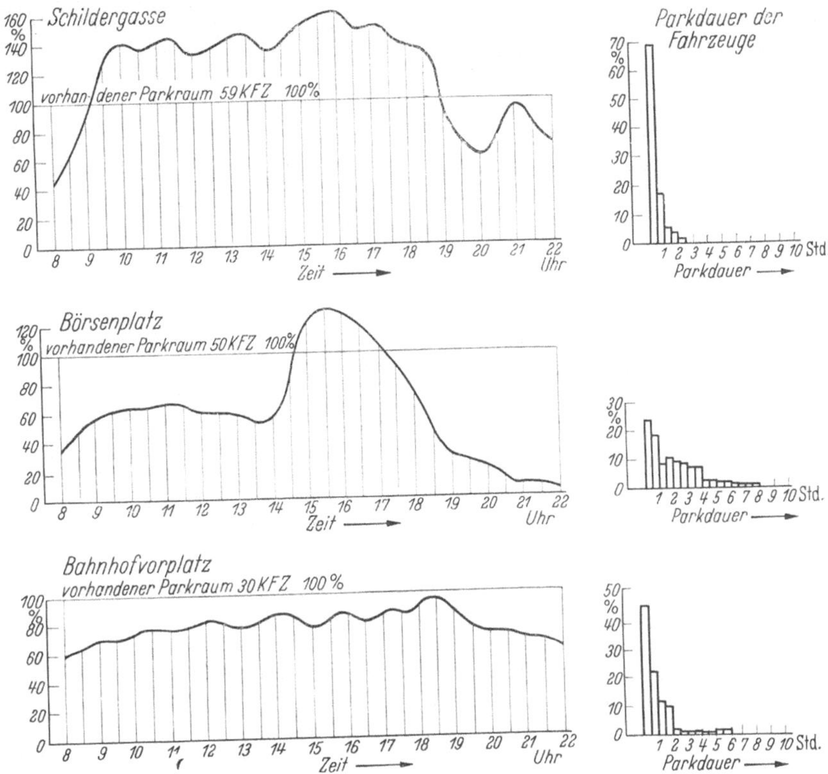

Abb. 3. Typische Parkraumbesetzung im Geschäftsgebiet von Köln (Quelle: Tiefbauamt Köln)

Abb. 4. Parkplatz für die im Pentagon in Washington/USA arbeitenden Angestellten

mittelt. In der gleichen Form wird auch in USA und in England der zukünftige Parkplatzbedarf nach dem *Floor Space Index* bestimmt, wobei man von der im Leitplan vorgesehenen zukünftigen Bebauung und dem Parkbedürfnis je Geschoßfläche ausgeht.

Den besten Anhalt zur Ermittlung des gegenwärtigen Parkflächenbedarfs ergeben Zählungen der abgestellten Kraftfahrzeuge (Abb. 3 und 4). Hierfür gibt es wieder eine Reihe von Möglichkeiten, die im *Merkblatt Parkflächen*[1] dargestellt sind.

Die Ermittlung des *zukünftigen* Parkflächenbedarfs muß mit Rücksicht auf die gestellte Aufgabe, ob es sich um den Parkplatzbedarf für einzelne Unternehmen, einzelne Gebiete oder die gesamte Stadtfläche handelt, nach einem der erwähnten Verfahren erfolgen. Um aus Zählungen auf den künftigen Bedarf schließen zu können, sind diese in regelmäßigen Abständen zu wiederholen und die Prognosen dem sich laufend ändernden tatsächlichen Bedürfnis anzupassen. Die Anwendung der Maßzahlen nach der Reichsgaragenordnung gestattet die Ermittlung des zukünftigen Parkplatzbedürfnisses unter Zugrundelegung der geplanten Bebauung.

Bei der Bemessung der erforderlichen Zahl von Parkständen ist davon auszugehen, daß 10 bis 15% Parkstände mehr angeboten werden sollten als nach dem jeweiligen Bedürfnis benötigt werden, damit der Kraftfahrer ohne zu große Schwierigkeiten in der Lage ist, einen Parkplatz zu finden.

C. Die verschiedenen Formen des Parkens

Für die Lösung des Parkproblems sind in erster Linie die folgenden Grundsätze zu beachten:

1. Die Straßenfläche muß zunächst dem fließenden Verkehr zur Verfügung stehen. Längs der Bordsteinkante können 130 bis 140 Pkw je km Parkstreifen aufgestellt werden. Dabei ist zu bedenken, daß auf diesen Parkstreifen bei fließendem Verkehr etwa die 9fache Verkehrsmenge je Stunde abgewickelt werden kann.

2. Wenn Parkstände längs der Bordkante vorhanden sind, dann sind sie zuerst für jene Verkehrsteilnehmer freizuhalten, die diese Parkstände für die kürzeste Zeit benötigen.

3. Schräges und senkrechtes Parken in verkehrsreichen Straßen beeinträchtigt die Verkehrssicherheit. In Straßen mit starkem Verkehr kann daher schräges und senkrechtes Parken nur zugelassen werden, wenn genügend breite Straßen vorhanden sind.

1. Parken längs der Fahrbahnkante

Große Schwierigkeiten bereitet meist das Überwachen der Parkdauer beim Parken längs der Bordkante, wenn die Parkstände nur für Kurzparker zur Verfügung gestellt werden sollen. Leider blockieren die Dauerparker die Parkplätze besonders stark. Aus diesem Grunde wird man nicht umhin können, in noch stärkerem Maße als bisher durch polizeiliche Beschränkungen und durch Aufstellen von Parkuhren die Parkzeiten zu begrenzen und das Einhalten dieser Zeiten zu überwachen. Sobald die erforderliche Leistungsfähigkeit von Straßen nicht mehr gegeben ist, wird man Park- bzw. Halteverbote erlassen. Zur Vermeidung von Unzuträglichkeiten hilft in vielen Fällen nur der Erlaß von Halteverboten, weil die Parkverbote leider allzu oft von den Fahrern nicht beachtet werden. In solchen Fällen sind dann auch die Geschäftsbetriebe gezwungen, das Ent- und Beladen außerhalb der Verkehrszeiten vorzunehmen.

In einzelnen Städten ist man jetzt dazu übergegangen, verbotswidrig parkende Wagen abschleppen zu lassen. Der Fahrer kann dann seinen Wagen nur gegen Entrichtung der Abschleppgebühren und einer Ordnungsstrafe wieder zurückerhalten. In der allgemeinen Verwaltungsvorschrift der Straßenverkehrsordnung ist diese Möglichkeit des Abschleppens auf Kosten des Halters ausdrücklich festgelegt, sofern Fahrzeuge unter Verletzung der Vorschriften über das Halten und Parken abgestellt sind und die Flüssigkeit oder Leichtigkeit des Verkehrs beeinträchtigen.

[1] Merkblatt Parkflächen, Ausgabe 1956, Forschungsgesellschaft für das Straßenwesen.

Die in den letzten Jahren auch in Deutschland eingeführten Parkuhren haben sich bewährt, obgleich anfangs von Kraftfahrern und Automobilklubs gegen diese Einrichtung Einspruch erhoben worden ist. Es erscheint zweckmäßig, die Parkgebühren, soweit sie nicht für die Amortisation und die Unterhaltung der Parkuhren selbst benötigt werden, zweckgebunden für die Beschaffung von Parkflächen außerhalb des Straßenraumes zu verwenden. Wenn es sich hierbei zunächst auch nur um kleinere Summen handelt, so sollte doch dem Kraftfahrer aus psychologischen Gründen gezeigt werden, daß seine Gebühren insgesamt zur Verbesserung der Parkeinrichtungen verwendet werden (Abbildung 5).

Abb. 5. Parkuhr vor einem Einzelhandelsgeschäft (die Gebühren werden dem Kunden erstattet)

2. Parkflächen

Zur Entlastung des Straßenraumes wird das Hauptbestreben in den nächsten Jahren darauf gerichtet sein müssen, Parkflächen außerhalb der öffentlichen Straßenflächen zu schaffen. Dabei besteht grundsätzlich die Möglichkeit, diese Flächen durch die öffentliche Hand, also normalerweise durch die städtische Verwaltung, dem Verkehr unentgeltlich oder gegen Entrichtung einer Gebühr bereitzustellen. Die Parkflächen können auch von privater Seite erworben und von einem privaten Parkunternehmen betrieben werden, oder der Einzelhandel als Interessenvertretung erwirbt derartige Parkflächen und betreibt sie im Auftrage der Einzelmitglieder eines Interessenverbandes.

Ferner muß bei allen Baugenehmigungen die Bauaufsicht darum besorgt sein, daß die Forderung der Reichsgaragenordnung nach Schaffung von Einstellplätzen eingehalten wird, wobei diese Forderung, wie ja in einer Reihe von Grundsatzurteilen festgestellt worden ist, auch beim Wiederaufbau kriegszerstörter Gebäude gestellt werden kann. In diesem Zusammenhang interessiert die neuerdings geübte Praxis, in einer Reihe von Städten anstelle der Naturalerfüllung durch Schaffung von Parkständen auf eigenem Gelände eine Geldleistung zu zahlen, wenn der Bauherr auf seinem eigenen Grundstück keine Einstellplätze anlegen kann. Wichtig ist, daß Geldbeträge, die hierfür als Abfindung gefordert werden, mit einer Zweckbindung versehen sind. In dem Urteil eines bayerischen Verwaltungsgerichtes ist eine solche Lösung als äußerst vernünftig und gesetzlich einwandfrei bezeichnet worden. Im übrigen scheinen hierüber aber noch unterschiedliche Auffassungen zu bestehen, so daß noch weitere Urteile in dieser Frage zu erwarten sind.

Durch die zunehmende Bebauung von Trümmergrundstücken wird in den meisten deutschen Großstädten die Zahl der jetzt zur Verfügung stehenden Parkflächen in den Innenstädten geringer werden. Es wird daher eine vordringliche Aufgabe der städtebaulichen und verkehrlichen Planung sein, rechtzeitig derartige Flächen dort auszuweisen, wo ein Parkbedürfnis vorliegt.

Wichtig ist, daß sich die Höhe der Parkplatzgebühren in angemessenem Rahmen hält, damit der Kraftverkehr die Stände, für die Gebühren erhoben werden, tatsächlich annimmt. Sinnvoll ist eine Staffelung, bei der auf Parkplätzen am Rande der City die geringsten oder gar keine Gebühren erhoben werden und sich der Betrag nach der City zu steigert. Die höchsten Gebühren wären dort zu erheben, wo der ruhende Verkehr am unerwünschtesten ist.

3. Parkhäuser

Wenn wegen zu hoher Bodenpreise ebenerdige Parkplätze zu aufwendig werden und Grundstücksgröße und Flächenzuschnitt geeignet sind, kommt die Einrichtung mehrstöckiger Parkhäuser in Betracht. Parkhäuser werden vom Kraftfahrer allerdings erst dann aufgesucht, wenn alle ebenerdigen Parkmöglichkeiten in der näheren Umgebung des Fahrzieles restlos in Anspruch genommen sind. Derartige Parkhäuser können entweder als offene oder als geschlossene Bauwerke errichtet werden (Abb. 6 und 7). Bei ihrem Entwurf sind vorzugsweise die folgenden Grundsätze zu beachten:

Abb. 6. Parkhaus mit Wendelrampen in Köln

Abb. 7. Parkhaus mit außenliegender Rampe in Düsseldorf

1. Es sind möglichst viele Pkw auf möglichst engem Raume unterzubringen.

2. Die Verkehrsflächen dürfen andererseits nicht zu knapp bemessen sein, weil sonst leicht Beschädigungen an den Fahrzeugen eintreten können.

3. Zur Vermeidung von Schwierigkeiten während der Hauptverkehrszeiten soll für das Einstellen und das Abholen ein möglichst geringer Zeitaufwand erforderlich werden.

4. Parkhäuser sollen Zugang von Nebenstraßen haben. Bei unmittelbarem Anschluß an Hauptverkehrsstraßen entsteht leicht eine Beeinträchtigung des fließenden Verkehrs.

Zu unterscheiden sind Parkhäuser mit Rampen und mit mechanischer Bedienung.

a) Parkhäuser mit Rampen

Für Parkhäuser soll möglichst eine Mindestgrundstücksfläche von etwa 1000 bis 1200 qm zur Verfügung stehen. Das Hauptaugenmerk ist auf die Ausbildung der Rampen zu legen, die einen erheblichen Anteil der gesamten Grundfläche in Anspruch nehmen. Der Fahrweg soll ebenso wie der Fußweg für den Fahrer von und zu dem Fahrzeug möglichst kurz gehalten werden. Die Rampenausbildung soll das Zusammentreffen entgegenkommender oder ein- und ausbiegender Fahrzeuge vermeiden. Gerade Rampen haben gegenüber gewendelten Rampen den Vorteil der besseren Sicht und der geringeren Baukosten. Sie lassen sich aber in vielen Fällen wegen Platzmangel nicht entwickeln. Der Platzbedarf je Stellplatz einschließlich Zu- und Abfahrten beträgt durchschnittlich 25 qm und mehr. Für das Einstellen im Parkhaus einschließlich des Zurückkehrens des Fahrers bis zum Ausgang bzw. für das Abholen eines Wagens vom Eintritt in das Parkhaus bis zum Verlassen des Gebäudes rechnet man durchschnittlich mit einem Zeitaufwand von 4 Minuten. Für Einstellen und Abholen des Wagens wird also insgesamt eine Zeit von rd. 8 Minuten benötigt.

Die Kosten für Parkhäuser betragen zur Zeit mindestens etwa 3000 bis 5000 DM je Stellplatz bei mehrstöckigen Hochbauten, während die Kosten für unterirdische Parkstände wesentlich höher liegen und meistens mehr als den doppelten Betrag ausmachen. Parkhäuser mit Rampen sollen möglichst nicht höher als 4 Stockwerke sein, weil das zu lange Fahren auf Rampen für den Kraftfahrer recht lästig ist.

Häufig vergeht eine gewisse Zeit, bis Parkhäuser vom Verkehr in der gewünschten Weise angenommen werden. Dieser Tatsache muß man bei allen neuen Verkehrsanlagen Rechnung tragen. Es sei nur auf die entsprechenden Anfangsschwierigkeiten bei der Einführung der Lichtsignalsteuerung, der Parkuhren usw. hingewiesen, die heute allgemein anerkannt sind, nachdem sie in der ersten Zeit bei vielen Kraftfahrern und in der Presse Proteste hervorgerufen hatten.

Interessant ist in diesem Zusammenhang eine amerikanische Angabe über die in amerikanischen Groß- und Mittelstädten vorhandenen Parkhäuser in den Innenstadtgebieten, wonach diese durchschnittlich zu rd. 60% während des durchschnittlichen Geschäftstages ausgenutzt sind. Die durchschnittliche Aufenthaltsdauer der Fahrzeuge in Parkhäusern betrug 4,9 Stunden je Fahrzeug[1].

b) Parkhäuser mit Aufzügen

Die für Fahrspuren einschließlich Rampen benötigten Flächen in Parkhäusern sind recht erheblich. Bei zweckmäßiger Ausbildung rechnet man, daß etwa 50% der Flächen für Fahrspuren und 50% für Stellplätze zur Verfügung stehen müssen. Zur Einsparung der Plätze für die Zu- und Abfahrten ist in den letzten Jahren eine Reihe von Systemen entwickelt worden, die gestatten, den Boxen von Parkhäusern die Kraftfahrzeuge mit Hilfe von Aufzügen zuzuführen. Die Personalkosten beim Betrieb von Parkhäusern spielen in den Rentabilitätsbetrachtungen eine ausschlaggebende Rolle. Deshalb ist

[1] S. Fußn. [1], S. 171.

man zur Ersparnis von Arbeitskräften im Ausland auch dazu übergegangen, den Kraftwagen auf heb- und senkbare Schemel oder auf Rollstraßen zu setzen, die automatisch bedient werden können, so daß das Fahrzeug ohne Mitwirkung des Fahrers in den einzelnen Boxen abgestellt werden kann. Grundsätzlich können die folgenden Systeme unterschieden werden:

a) feste Aufzüge und feste Boxen,
b) verfahrbare Aufzüge und feste Boxen,
c) feste Aufzüge und bewegliche Boxen,
d) feste Aufzüge und feste Boxen mit verfahrbarer Plattform. (Abb. 8, 9 und 10)

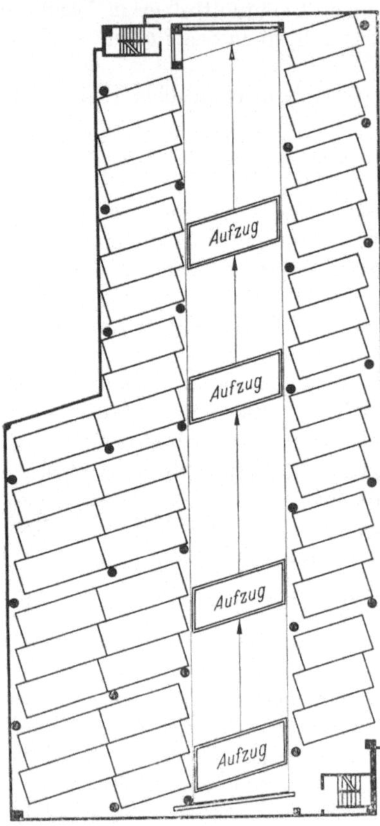

Abb. 8. Grundriß des Obergeschosses eines Parkhauses mit schräggestellten Aufzügen (Quelle: Bureau of Public Roads, Washington D. C.)

Abb. 9. Blick in den Schacht eines verfahrbaren Aufzuges in einem Parkhaus (Bowser-System)

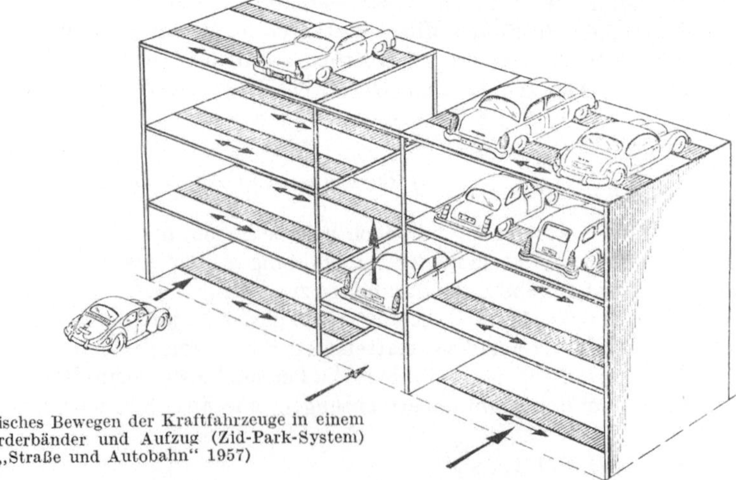

Abb. 10. Vollmechanisches Bewegen der Kraftfahrzeuge in einem Parkhaus mittels Förderbänder und Aufzug (Zid-Park-System) (Quelle: „Straße und Autobahn" 1957)

Neben den einfachsten Hebeeinrichtungen nach Art der Gabelstapler und Aufzüge wird in den Vereinigten Staaten meist das sog. Bowser System oder das Pigeon Hole System angewendet. In europäischen Ländern werden die verschiedensten mechanischen Systeme propagiert. Derartige Einrichtungen in Parkhäusern können u. U. vollautomatisch betrieben werden, wie dies bereits an einigen Stellen in USA geschieht.

Bei allen mechanischen Systemen muß beachtet werden, daß der Kraftfahrer in den Hauptverkehrszeiten nicht zu lange auf die Abfertigung seines Wagens warten muß.

Bei der Ausbildung unterirdischer Parkeinrichtungen ist zu bedenken, daß für den Betrieb recht kostspielige Belüftungsanlagen benötigt werden. Aus diesem Grund wird meist angestrebt, bei unterirdischen Parkständen vollautomatische Systeme anzuwenden.

c) Parkhäuser in Kombination mit sonstigen Anlagen

Neuerdings ist man bestrebt, zentrale überdachte Parkplatzanlagen in den Innenstadtgebieten häufig mit anderen baulichen Anlagen zu kombinieren. So werden in der Schweiz und in Schweden an verschiedenen Stellen in den Innenstädten unterirdische Großluftschutzräume geplant und z. T. bereits auch schon gebaut, die in case of emergency für Luftschutzzwecke bestimmt sind. Ein interessantes Beispiel für die Schaffung von Wagenplätzen stellt die Parkplatzanlage der neuen Liederhalle in Stuttgart dar, wo 200 überdachte Parkstände für die unmittelbar benachbarte Verwaltung der Firma Bosch gebaut wurden. Diese Parkstände stehen während der Abendstunden für die Veranstaltungen der Konzerthalle zur Verfügung. Eine andere Möglichkeit besteht darin, derartige Parkhäuser mit Bahnhofsanlagen oder mit Hubschrauberstart- und -landeplätzen zu kombinieren. Als Beispiel sei erwähnt, daß neuerdings in Kassel ein Parkhaus existiert, dessen Dachfläche als Hubschrauberlandeplatz eingerichtet ist.

D. Parkplätze an End- oder geeigneten Zwischenhaltepunkten der öffentlichen Verkehrsunternehmen

Neuerdings versucht man sowohl in der Neuen Welt wie auch in einigen europäischen Ländern, der Parkraumnot in den Innenstädten dadurch wirksam zu begegnen, daß man an geeigneten Haltestellen der öffentlichen Verkehrsmittel in den Außenbezirken Parkplätze anlegt. Die Gebühr für den Parkplatz ist dann mit in dem Fahrpreis des öffentlichen Verkehrsunternehmens einbegriffen. So will man dem Kraftfahrer einen Anreiz geben, für das Aufsuchen seines Zieles in der Innenstadt auf dem letzten Wegabschnitt möglichst ein Massenverkehrsmittel zu benutzen. In den neuen Wohngebieten in den weiten Außenbezirken der amerikanischen Großstädte ist diese Art des gebrochenen Verkehrs Pkw/Eisenbahn oder Pkw/Subway oder Pkw/Bus bereits seit einer Reihe von Jahren üblich. In den Vorstädten New Yorks, Bostons und anderer großer Städte haben sich so überall an den Vorortstationen große Parkplätze entwickelt.

Neuerdings versucht man, diese Tendenz des Umsteigens auf das öffentliche Verkehrsmittel durch zweckentsprechende Maßnahmen zu fördern. So bieten Einzelhandelsgeschäfte ihren Kunden die Rückzahlung des Fahrpreises auf dem öffentlichen Verkehrsmittel an. In anderen Fällen haben sich große Geschäftsunternehmen zusammengetan und einen kostenlosen Pendelomnibusverkehr von Großparkplätzen am Rande des Innenstadtgebietes in die City eingerichtet. Auch für den Berufsverkehr sind ähnliche Einrichtungen geschaffen, wobei sich der Fahrer verpflichten muß, jetzt seinen Kraftstoff bei der betreffenden Tankstellenfirma zu tanken, wo er seinen Wagen abstellt. Er hat dann die Möglichkeit, von dem Parkplatz der Tankstelle aus mit einem Omnibus in die Innenstadt zu gelangen.

Diese Einrichtung des Park-and-Ride-Verkehrs, die sich in amerikanischen Städten zunehmender Beliebtheit erfreut, macht neuerdings auch in Westeuropa Schule. So hat das Londoner Verkehrsunternehmen (London Passenger Transport Board) z. Z. 40 Parkplätze an Außen- und Endhaltestellen in Betrieb, auf denen über 1900 Kraftfahrzeuge abgestellt werden können. Dabei ist für die nächste Zukunft eine wesentliche Ausweitung dieser Parkplätze geplant. Es dürften sich auch für uns noch Möglichkeiten bieten, von der Einrichtung von Parkplätzen an geeigneten Haltestellen der öffentlichen Verkehrsunternehmen in stärkerem Maße Gebrauch zu machen, um die Innenstadt nach Möglichkeit zu entlasten (Abb. 11). Hier sei auf entsprechende Planungen der Hamburger Baubehörde hingewiesen.

Abb. 11. Übersteigestelle von Parkplatz auf öffentliche Verkehrsmittel (Park-and-Ride-System)

E. Sonstige Anlagen für den ruhenden Verkehr

1. Park- und Ladestraßen

Bereits in den letzten Jahren ist man vielerorts dazu übergegangen, im Zuge von stark belasteten Straßen der Innenstadt das Be- und Entladen zu bestimmten Tageszeiten ganz zu untersagen. Es dürfte daher richtig sein, immer wieder darauf hinzuweisen, daß bei Neuplanungen innerhalb der Baublöcke Flächen vorgesehen werden, die dem Ladegeschäft dienen können und die Zu- und Abfahrten zu Nebenstraßen haben. Die lobenswerte Tendenz, Straßen als reine Geschäftsstraßen nur für den Fußgängerverkehr während der Hauptgeschäftszeiten freizuhalten, sollte dadurch unterstützt werden, daß parallel laufende Straßen als Ladestraßen und als Parkstraßen für diese Geschäfts- und Fußgängerstraßen ausgebildet werden. In diesem Zusammenhang sei nur auf die Beispiele der Hohen Straße in Köln, Salzstraße in Münster und Kettwiger Straße in Essen hingewiesen, wo die Straßen für den Fahrverkehr während der Hauptverkaufszeiten gesperrt sind und die Zulieferung von den rückwärtigen Seiten der Geschäfte aus angestrebt wird.

2. Tankstellen

Bei einer Betrachtung des arbeitenden Verkehrs müssen auch die Tankstellen behandelt werden, die im Interesse des Kraftverkehrs erforderlich sind. Die Sicherheit und Leichtigkeit des Verkehrs muß durch zweckmäßige Platzwahl und Ausbildung der Tankstellen gewährleistet sein. Die Tankstellenbetriebe bevorzugen aus Gründen des Wettbewerbs häufig Plätze im Brennpunkt des Verkehrs, wo die Tankstellenzu- und abfahrten meist den Verkehr stärker behindern. Es ist daher wichtig, sich die Gesichtspunkte klarzumachen, die für die Standortwahl von Tankstellen im gesamtverkehrlichen Interesse zu beachten sind. Die Behinderung des durchgehenden Verkehrs muß auf ein Mindestmaß beschränkt bleiben.

Richtig dürfte es in allen Fällen sein, Tankstellen an Ortsein- und -ausgängen in die Nähe des Beginns der freien Strecke zu legen, weil innerhalb der Ortsdurchfahrten die Kraftfahrzeuge aus verkehrlichen Gründen sowieso ihre Geschwindigkeit herabsetzen. Die Errichtung von Tankstellen an oder in unmittelbarer Nähe von Straßenkreuzungen oder Straßeneinmündungen ist zu vermeiden. Sie stellt eine Gefährdung des Verkehrs dar und beeinträchtigt die Sichtverhältnisse. In dieser Hinsicht sind spitzwinklige Kreuzungen und Einmündungen besonders unangenehm (Abb. 12).

Abb. 12. Verkehrlich unzweckmäßige Anordnung einer Tankstelle an einer stark belasteten Straßeneinmündung (Quelle: Mineralölwirtschaftsverband Hamburg)

In besonderen Fällen kann allerdings auch die Anordnung an Straßenkreuzungen oder -einmündungen mit nur geringem Kreuzungs- oder Einmündungsverkehr in Betracht kommen, wenn hierdurch eine Vermehrung der Störungspunkte für den durchgehenden Verkehr vermieden wird. Der Kraftfahrer hat an diesen Stellen dann sowieso mit ein- und ausbiegendem Verkehr zu rechnen. Die Tankstelle wird in solchem Fall zweckmäßig vor der Kreuzung angeordnet, weil dann der stärkere Verkehr die Anfahrt von der Hauptstraße benutzt und über die Nebenstraße abfährt. Unzweckmäßig ist in allen Fällen die Anordnung von Tankstellen in Innenkurven mit kleinen Radien.

Besondere Aufmerksamkeit muß der Platzwahl von Tankstellen an Schnellstraßen und Nur-Autostraßen zugewendet werden. Der Verkehrswert eines solchen mit erheblichem Kostenaufwand ausgebauten Straßenzuges darf auf keinen Fall durch unzureichende Zu- und Abfahrten von Tankstellen herabgemindert werden. Tankstellenzu- und -abfahrten müssen im Zuge derartiger Straßen mit Beschleunigungs- und Verzögerungsspuren ausgerüstet werden in der gleichen Form, wie wir das für die Anlagen auf der Autobahn kennen.

Straßen, die besonders stark belastet sind, können die doppelseitige Anlage von Tankstellen erforderlich machen, um zu vermeiden, daß der die Tankstelle anfahrende Verkehr die Straße kreuzen muß.

In den Innenstädten können Tankstellen auch abseits der Hauptverkehrsstraßen als sog. Hoftankstellen oder im Zusammenhang mit Parkplätzen, Parkhäusern oder größeren Autoreparaturwerkstätten ausgebildet werden.

3. Omnibushaltestellen

Im Zusammenhang mit dem arbeitenden Verkehr müssen auch die Fragen der Haltestellen für Massenverkehrsmittel auf der Straße erörtert werden, von denen hier nur die Omnibusse erwähnt werden sollen. Die folgenden Zahlen mögen Aufschluß geben über die heutige Bedeutung des Omnibusverkehrs. Die Verkehrsleistung des Omnibusses im städtischen Nahverkehr machte im Jahre 1956 31,6% der Gesamtverkehrsleistung bei den im Verband der öffentlichen Verkehrsbetriebe zusammengeschlossenen Verkehrsunternehmen aus[1]. Hinsichtlich der Gesamtleistung teilten sich im westdeutschen Bundesgebiet Omnibus und Schiene im Jahre 1955 den Personenverkehr im Verhältnis 27 : 73, bezogen auf die Zahl der geleisteten Personenkilometer[2]. Aus einer Repräsentativerhebung im Lande Nordrhein-Westfalen war zu entnehmen, daß der Omnibusverkehr im Jahre 1954 mit rd. 12% aller Personenkilometer am Landverkehr beteiligt war[3].

Abb. 13. Omnibushaltebucht in Essen

Omnibushaltestellen sollen in der Regel hinter die Kreuzungen oder Einmündungen gelegt werden, da hier die Straße weniger stark belastet ist als vor Verkehrsknoten. Wenn der Verkehr dazu zwingt, am Fahrbahnrand keine Haltestelle mehr anzulegen, um den übrigen Fahrverkehr nicht zu beeinträchtigen, müssen Haltebuchten angelegt werden. Die Verkehrsunternehmen befürworten nicht in allen Fällen die Anlage einer Bucht neben der Fahrbahn und zwar besonders dann nicht, wenn zu befürchten ist, daß in den Hauptverkehrszeiten das Einfädeln der wiederanfahrenden Omnibusse in den allgemeinen Verkehr Zeitverluste mit sich bringen könnte. In diesen Fällen muß zwischen den Interessen des individuellen Verkehrs und des öffentlichen Verkehrs ein Ausgleich gefunden werden, wobei die Gesichtspunkte der Sicherheit, aber auch die gebotene Rücksicht auf die Massenverkehrsmittel im Vordergrund stehen sollten (Abb. 13).

Während die dem Gemeingebrauch dienende Straße vom Baulastträger gebaut und unterhalten werden muß, bestehen über die Aufbringung der Kosten für die Haltebucht unterschiedliche Auffassungen. Die Straßenverwaltungen weisen z. B. bei Bundesstraßen auf § 8, Abs. 5 des Bundesfernstraßengesetzes hin: *Wenn eine Bundesfernstraße wegen der Art des Gebrauches durch einen anderen kostspieliger hergestellt werden muß, als dies sonst notwendig wäre, hat der andere dem Träger der Straßenbaulast die Mehr-*

---

[1] Verkehr und Technik, Jahrgang 1956.

[2] W. Oppelt: Der entgeltliche Straßenpersonenverkehr 1955 „Der Personenverkehr", Heft 9, 1956.

[3] Dr. Rogmann: Fahrleistungen der Kraftfahrzeuge und Straßenverkehrsunfälle Nordrhein-Westfalens 1949 bis 1954. Technische und volkswirtschaftliche Berichte des Wirtschafts- und Verkehrsministeriums Nordrhein-Westfalen, Nr. 39, 1956.

kosten für den Bau und die Unterhaltung zu vergüten. Von den Verkehrsunternehmen wird dagegen meist die Verpflichtung zur Übernahme der Kosten für Haltebuchten abgelehnt, weil sich nach ihrer Auffassung der Omnibuslinienverkehr im Rahmen des Gemeingebrauchs der Straße abwickelt und nicht als eine Sondernutzung anzusehen ist.

Bei der Ausbildung von Haltebuchten ergeben sich recht erhebliche Flächen. Eine nach den Grundlagen des Merkblattes Omnibushaltestellen der Forschungsgesellschaft für das Straßenwesen[1] angelegte Bucht benötigt z. B. für einen Omnibus und für eine Bemessungsgeschwindigkeit von 60 km/h 120 m² zusätzlich befestigte Fläche, die einschließlich der Folgeeinrichtungen durchschnittlich etwa 4000 bis 5000 DM je einseitige Haltestelle kostet. Aus diesem Grunde ist verständlich, wenn sich die Omnibusunternehmen nicht leicht dazu bereitfinden, alle Kosten für die Anlage der Haltebuchten zu übernehmen.

Wie wichtig jedoch deren Anlage oftmals ist, zeigen Beispiele aus der Praxis, wo selbst an neuen Straßen, deren Querschnitte nach modernen Gesichtspunkten festgelegt wurden, auf die Anlage besonderer Haltebuchten für den Omnibusverkehr verzichtet worden ist. Die am Fahrbahnrand haltenden Omnibusse verursachen dann häufig eine nicht unerhebliche Leistungsminderung von sonst großzügig ausgebauten Verkehrswegen.

4. Bushöfe

Im Rahmen der Betrachtungen des Personenmassenverkehrs auf der Straße kommt auch den Omnibussammelhaltestellen und den sog. Bushöfen eine besondere Bedeutung zu. Bushöfe werden zweckmäßig im Schwerpunkt des Verkehrsaufkommens angelegt und dienen vorzugsweise dem Bezirks- und Fernverkehr. Im allgemeinen wird ihr Standort in enger Verbindung mit dem Hauptbahnhof zu wählen sein, wobei anzustreben ist, die Anlage wenn möglich am Bahnhofsvorplatz unterzubringen, um günstige Überteigemöglichkeit zur Schiene und zum Netz der Nahverkehrsmittel zu haben. Die bisherige Entwicklung von Bushöfen hat besonders unter dem Mangel

Abb. 14. Omnibusbahnhof in Chicago (im 2. Untergeschoß). Im 1. Untergeschoß liegen die Verteileranlagen für den Publikumsverkehr, Warteräume, Restaurants usw. (Quelle: „L'architecture Francaise" 1953)

[1] Merkblatt für die Platzwahl und Ausbildung von Haltestellen für Omnibuslinien an öffentlichen Straßen, Ausgabe 1956. Forschungsgesellschaft für das Straßenwesen e. V.

gelitten, daß die Länge der Züge, die 20 m betrug, sehr platzaufwendige Lösungen erfordert hat. Deutschland war bisher eines der wenigen stärker motorisierten Länder, das überhaupt einen Anhängerbetrieb im Omnibusverkehr zugelassen hat. Der Anhängerbetrieb ergibt größere Wendekreisdurchmesser, größere Breite der Fahrspur bei Kurvenfahrten und gestattet meist nicht das Zurückstoßen der Wagenzüge.

Jedem Bushof muß auch eine Wartefläche für länger abgestellte Fahrzeuge zugeordnet werden, die meist nicht unmittelbar dem Bushof angegliedert werden kann, weil dort wegen der hohen Grundstückpreise eine zu große Ausweitung der Verkehrsflächen unerwünscht ist (Abb. 14).

5. Anlagen für den gewerblichen Güterfernverkehr

Ein großer Teil der auf der Straße transportierten Güter wird von Fahrzeugen befördert, die im gewerblichen Güterfernverkehr eingesetzt sind. Hierbei sind in den einzelnen Großstädten Büros eingerichtet, wo der von der Wirtschaft gesuchte Transportraum für Wagenladungen oder Stückgut zu bestimmten Tageszeiten an die Fahrzeuge des gewerblichen Güterfernverkehrs vermittelt wird. Die Fahrzeuge müssen dann mitunter längere Zeit warten, um eine geeignete Ladung zu erhalten Es ist daher zweckmäßig, diese sog. Laderaumverteilungsstellen so auszubilden, daß sie gleichzeitig mit Parkflächen für die Lastzüge und mit Aufenthalts- und Unterbringungsräumen für das Fahrpersonal verbunden sind. Damit ist die Möglichkeit geschaffen, den öffentlichen Straßenraum von parkenden Lkw zu entlasten.

Derartige Anlagen von Autohöfen sind bereits in einer großen Zahl von deutschen Städten entstanden. Sie werden meist von den Straßenverkehrsgenossenschaften des gewerblichen Güterfernverkehrs betrieben. Schwierigkeiten bereitet häufig der Erwerb des benötigten Geländes. Hier sollten die Städte helfend eingreifen, weil durch solche Anlagen zweifellos eine verkehrliche Entlastung des Straßenraumes eintritt und weil im Interesse der Sicherheit des Verkehrs hier dem fahrenden Personal auch die nötigen

Abb. 15. Autohof Ruhrgebiet in Gelsenkirchen (Anlage vorzugsweise für den gewerblichen Güterverkehr). Cekade Luftbild Nr. Cr. 6134. Freigeg. Min. f. Wirtsch. u. Verkehr NRW. Quelle: Foto Cramers Kunstanstalt K. G. Dortmund

Ruhepausen vermittelt werden können. Autohöfe entstehen meistens am Rande der Städte in möglichst guter Lage zu dem Netz der Fernstrecken. Dabei ist auch zu beachten, daß sie in nicht zu großer Entfernung von dem Aufkommen und den Zielorten der Ladungen und der entsprechenden Industriegebiete angelegt werden müssen, da die Fahrer, nachdem sie einen Auftrag für eine Ladung erworben haben, bei den Verfrachtern erst vorfahren müssen (Abb. 15).

6. Sammelhaltestellen für die Zubringerlinien des Luftverkehrs

Heute sind in den Großstädten die Abfertigungsbüros der verschiedenen Luftfahrtgesellschaften über das Gebiet der Innenstadt verstreut. Die im Zubringerdienst eingesetzten Omnibusse halten meist vor den Stadtbüros der Luftfahrtgesellschaften und beeinträchtigen in vielen Fällen den Ablauf des Verkehrs in den Hauptstraßen. Hinzu kommt, daß die ortsunkundigen Reisenden häufig Schwierigkeiten haben, die Büros der Luftverkehrsgesellschaften aufzufinden. Aus diesem Grunde scheint das amerikanische und englische Beispiel beachtenswert, die Abfertigungsanlagen der Luftfahrtgesellschaften im Stadtgebiet in zentraler Lage zusammenzufassen und ihnen eine Omnibushaltestelle zuzuordnen, von wo aus die Reisenden dann zum Flugplatz befördert werden. Der Vorteil derartiger Anlagen liegt darin, daß der Verkehr in den Hauptstraßen von den haltenden Omnibussen der Zubringerlinien entlastet wird und daß die Reisenden auf einfachstem Wege mit öffentlichen Verkehrsmitteln zu diesen Sammelhaltestellen mit Abfertigungsanlage befördert werden können. Es sei daher hier auf das Beispiel in London hingewiesen, wo von der Stadtverwaltung in Zusammenarbeit mit der British European Airways ein zentraler Air Terminal ausgebildet worden ist. Ein ähnlicher zentraler Air Terminal existiert in Paris in unmittelbarer Nähe des Dôme des Invalides. Der Abfertigungsanlage sind Standplätze für die Zubringerlinien zugeordnet, die von hier unmittelbar nach dem London Central Airport bzw. Paris-Orly laufen. Ähnliche Überlegungen werden z. Z. auch in einigen westdeutschen Städten angestellt, wo man im Interesse des Straßenverkehrs und auch im Interesse der Flugreisenden bestrebt ist, derartige Anlagen zu erstellen. Wenn Städte über 500000 bis 600000 Einwohner einen eigenen Flughafen haben, wird es im allgemeinen zweckmäßig sein, hier besondere Air Terminals in der Innenstadt anzulegen, die in vielen Fällen auch zweckmäßig mit dem Hauptbahnhof gekoppelt werden können. In kleineren Städten, die einen Zubringerdienst zu weiter entfernt liegenden Flugplätzen laufen lassen, wäre zu erwägen, derartige Anlagen mit dem zentralen Busbahnhof zu kombinieren.

F. Zusammenfassung

Bei allen Betrachtungen über die im Zusammenhang mit dem ruhenden und arbeitenden Verkehr anstehenden Probleme steht naturgemäß in vorderster Linie die Frage der aufzuwendenden Kosten. Aber auch wenn die erforderlichen Aufwendungen noch so erheblich sind, ist doch zu bedenken, daß wir den wirtschaftlichen Charakter unserer Städte erhalten müssen. Wir dürfen nicht zulassen, daß die in vielen Generationen gewachsenen Innenbezirke unserer Städte durch eine ungesteuerte Entwicklung der benötigten Flächen für den ruhenden und arbeitenden Kraftverkehr nach und nach ihre Wirtschaftskraft einbüßen.

Die Planung und Bereitstellung dieser Flächen ist nicht allein eine Aufgabe der Stadtplanung, der Tiefbauämter und der Polizei. Auch die Wirtschaft hat an diesem Problem das allerstärkste Interesse. Hier sei nochmals auf die Verhältnisse in der Neuen Welt hingewiesen, die uns hinsichtlich des jetzigen Zustandes auf dem Gebiet des Straßenverkehrs in den Innenstädten alles andere als ein Vorbild sein kann. Aber nicht nur aus den dort begangenen Fehlern, auch aus den Arbeitsmethoden und der Technik, wie man heute versucht, der so riesenhaft gewachsenen Probleme Herr zu werden, können wir zumindest viele Anregungen übernehmen. Dort sind häufig besondere

Zweckverbände gegründet worden, an denen neben der öffentlichen Hand die örtlichen Industrie- und Handelskammern, Einzelhandelsverbände und u. U. auch Automobilklubs beteiligt sind. Diese Zweckverbände, sog. *Parking Authorities*, haben sich zum Ziel gesetzt, in der Öffentlichkeit immer wieder für den Gedanken der Schaffung von Parkflächen in der Innenstadt zu werben und alle Maßnahmen zur Planung und zum Bau von Parkflächen zu unterstützen.

Als erste Maßnahme muß allen Erörterungen die Ermittlung des Parkbedürfnisses vorangehen, wozu, wie bereits ausgeführt wurde, nicht unerhebliche technische Vorarbeiten zu leisten sind. Im allgemeinen fehlt es bei uns heute schon an den Mitteln zur Durchführung dieser Vorarbeiten. In USA werden hierzu sehr häufig Planungsmittel aus dem sog. *Federal Aid Highway Act* verwendet, die den Städten aus Bundeszuschüssen im Rahmen der allgemeinen Straßenverkehrs- und Straßenbauplanung gezahlt werden, wobei sich die Städte dann verpflichten müssen, 50% der erforderlichen Planungskosten selbst aufzubringen. Es ist auch nicht damit getan, eine einmalige Untersuchung anzustellen. Vielmehr ist erforderlich, diese Erhebungen mit der Zunahme des Verkehrs auf dem laufenden zu halten und für bestimmte Schwerpunkte, wo örtlich besondere Notstände vorliegen, wie z. B. für neue Großbauten (Verwaltungsgebäude, Theater usw.), ggf. Sondererhebungen durchzuführen.

Zweifellos bietet uns das Park-and-Ride-System, der gebrochene Verkehr zwischen dem privaten Personenwagen und dem öffentlichen Verkehrsmittel, eine Möglichkeit, weitgehend die Innenstädte von parkendem Verkehr zu entlasten. Es setzt dies eine verständnisvolle Mitwirkung der öffentlichen Verkehrsunternehmen voraus, die von den Parkplätzen zu den Innenstadtgebieten leistungsfähige und bequeme Fahrmöglichkeiten anbieten müssen. Hier sollten wir auch im Zusammenhang mit den vielerorts laufenden Planungen für Schnellstraßen in Stadtgebieten dazu übergehen, in unmittelbarer Nähe der Schnellstraßen, wo diese in das innere Stadtgebiet vorstoßen oder dicht an das innere Stadtgebiet heranreichen, Großparkplätze vorzusehen, damit der Verkehrsanfall an diesen Übersteigepunkten den Einsatz leistungsfähiger und komfortabler Massenverkehrsmittel lohnt.

Auch die großen Mineralölfirmen haben in den letzten Jahren bei der Platzwahl und der Ausbildung ihrer Tankstellen weitgehend auf die verkehrstechnischen Erfordernisse Rücksicht genommen. Wenn aus Wettbewerbsgründen mitunter Lösungen vorgeschlagen werden, die nicht im allgemeinen verkehrlichen Interesse liegen, ist es Aufgabe der öffentlichen Hand, hier regelnd einzugreifen.

Für die zweckmäßige Ausbildung der Zu- und Abgangsstellen für den Omnibusverkehr ist eine besonders enge Zusammenarbeit zwischen dem Verkehrsunternehmer und dem Straßenbaulastträger erforderlich. Die Frage der Aufbringung der Kosten für Haltebuchten und Sammelhaltestellen muß einer Klärung zugeführt werden. Auf alle Fälle dürfte es keinem Zweifel unterliegen, daß bei allen Neuplanungen und Umbauten von Straßen die Omnibusanlagen von vornherein mit in die Planung einzubeziehen und sie als Bestandteil der Gesamtanlage der Straße aufzufassen sind.

Die Notwendigkeit für die verkehrstechnischen Planungsarbeiten wird bei uns häufig nicht klar genug erkannt. Hier liegt m. E. auch eine Aufgabe der Wirtschaft und besonders des Einzelhandels, sich dieser Probleme in eigenstem Interesse anzunehmen.

Im Vergleich zum konstruktiven Ingenieurbau befindet sich die Straßenverkehrstechnik in einer ungleich schwierigeren Lage. Während man bei jedem Ingenieurbauwerk weiß, welche umfangreichen Vorarbeiten die Gründung und die statische Berechnung erfordern, für die auch bestimmte Prozentsätze der Bausumme bereitgestellt werden müssen, glaubt man häufig, die verkehrstechnischen Arbeiten sehr am Rande erledigen zu können. Meist übersieht man erst längere Zeit nach Fertigstellung den Schaden, der durch eine fehlende oder mangelhafte verkehrstechnische Planung an der Straße und an ihren Nebenanlagen entsteht. Auch für die Anlagen des ruhenden und arbeitenden Verkehrs sind derartige umfangreiche Vorarbeiten für die Planung zu leisten.

VII. Straßenverkehrsforschung

Von Dipl.-Ing. **R. Lapierre**
Institut für Stadtbauwesen und Siedlungswasserwirtschaft
an der Rhein.-Westf. Technischen Hochschule, Aachen

Mit 39 Abbildungen

Obschon wir den Verkehr in all seinen Formen täglich erleben, fällt es uns schwer, ihn zu verstehen.

Diese einleitenden Worte einer verkehrswissenschaftlichen Untersuchung in Amerika charakterisieren in treffender Weise das Problem und die Aufgaben der verkehrstechnischen Forschung.

Tag für Tag erleben wir in Stadt und Land die Auswirkungen der Motorisierung im positiven und negativen Sinne. Wir beobachten den zügig dahinfließenden Kraftfahrzeugverkehr auf modernen Schnellverkehrsstraßen, den in rhythmischer Folge wechselnden Verkehrsablauf an signalgesteuerten Verkehrsknoten und verfolgen die langen Fahrzeugkolonnen, die sich auf viel zu engen Straßen nur langsam fortbewegen und vor schlecht ausgebauten Kreuzungsanlagen stauen.

Wir erkennen in verkehrsgerecht ausgebauten Stadtgebieten ein harmonisches Zusammenspiel zwischen öffentlichem und individuellem Verkehr und finden an anderer Stelle gerade das Gegenteil. Wir erfahren von den bedeutsamen Leistungen und Bemühungen der öffentlichen und privaten Stellen um einen geordneten und sicheren Verkehrsablauf, sehen die großzügigen Straßenbauten und Verkehrsplanungen, hören die Schlagrufe von der Sicherheit, Leistungsfähigkeit und Wirtschaftlichkeit im Straßenverkehr und erleben dennoch das immer wieder erschütternde Ergebnis der Unfallstatistik.

Und wir fragen nach der Ursache dieser so verschiedenen Merkmale und Auswirkungen im Verkehrsablauf und versuchen, sie zu erkennen und zu verstehen.

Wenn es das Ziel der Straßenverkehrsplanung ist, eine Harmonie im Raumleben von Stadt und Land wieder herzustellen, so ist es die Aufgabe der Verkehrsforschung, die Gesetzmäßigkeiten und charakteristischen Merkmale im Straßenverkehrsablauf zu erfassen und der Planung nutzbar zu machen; denn die Verkehrsplanung, die ja auf das dynamische Moment des menschlichen Lebens und Handelns abgestimmt sein muß, kann nur dann echt und von Erfolg sein, wenn sie auf jenen Gesetzmäßigkeiten aufgebaut ist, d. h. wenn sie dem *natürlichen* Verkehrsbedürfnis entspricht.

Dem Verkehrsbedürfnis entsprechen aber bedeutet die *Natur des Straßenverkehrs* kennen.

Sie ist die primäre Grundlage für eine optimale verkehrstechnische Dimensionierung und Gestaltung von Straßenverkehrsanlagen, die im Sinne der Sicherheit und Leistungsfähigkeit von Straße und Knoten einen hochwertigen Ausbau, im Hinblick auf die Wirtschaftlichkeit aber ebensosehr einer weisen Beschränkung unterliegen sollen.

Es kommt eben darauf an, aus den Gesetzmäßigkeiten des Straßenverkehrsablaufs einwandfreie Maßstäbe und Richtwerte herzuleiten, die in fachgerechter, ingenieurmäßiger Anwendung auf den jeweiligen Planungsfall meist mit vertretbarem Aufwand die *Verkehrssynthese* ermöglichen.

Mit Verboten der verschiedensten Art ist der Verkehr nicht verbessert; sondern die praktischen Schwierigkeiten sind lediglich in reglementäre Schwierigkeiten umgewandelt. Verbote sind nur ein notwendiges Übel, das aus dem bestehenden Mißverhältnis zwischen Verkehrsvolumen und Straßenleistung und nicht zuletzt aus der vielfach mißverstandenen Freiheit des Individualverkehrs entstanden ist.

Unsere Arbeit aber muß eine *heilende* sein, nicht eine verbietende; denn letzteres löst die Probleme nicht. Man denke nur an das Beispiel mit dem Kranken, der, wenn er stirbt, zwar nicht mehr krank, aber auch nicht geheilt ist.

Wir müssen also den Verkehr erkennen und verstehen lernen. Erkennen aber bedeutet *forschen*. Das weitgespannte Thema *Verkehrsforschung* sei im folgenden dadurch sinn- und zweckvoll behandelt, daß ich meine Ausführungen auf einige wesentliche Beobachtungsmethoden und Meßverfahren, sowie deren Auswertung und Anwendung auf die praktische Planungsarbeit beschränke.

Wenn wir von den Gesetzmäßigkeiten im Straßenverkehr sprechen, so verstehen wir darunter die Zusammenfassung einer Vielzahl von Vorgängen im individuellen Verkehrsablauf, die in ihrer Art und Eigenart gleichartig sind.

Jeder dieser Einzelvorgänge ist durch das komplexe dynamische Kräftespiel, das die *Natur des Straßenverkehrs* beeinflußt, mit einem besonderen charakteristischen Merkmal behaftet.

So kennen wir z. B. das Merkmal der *Verkehrsart*. Es ist charakterisiert durch die Lage, Art und Größe der Intensitätszentren in einem Verkehrsbereich, die als Stadt, Stadtteil, Industriefläche oder als Erholungs- und naturbevorzugtes Gebiet mit besonderer Anziehungskraft die Quell- und Zielpunkte des Verkehrs und damit die Verkehrsströme bilden.

Wir kennen weiter das Merkmal der *Verkehrszusammensetzung*, das durch die Art der Straße als Verbindung zwischen den Intensitätszentren, ferner durch den Einfluß des jeweiligen Bevölkerungswohlstandes, der Topographie der Landschaft, der tageszeitlichen Verkehrsschwankungen u. a. bestimmt ist; oder das Merkmal der *Geschwindigkeitsverteilung*, das von der Fahrzeuggröße, der Motorstärke, dem Straßenausbau, der Verkehrsbelastung, dem Gelände und dem Temperament der Fahrer abhängt, und weiter das Merkmal der *Häufigkeits-* und *Zeitlückenverteilung* der Fahrzeuge, das wiederum durch die Geschwindigkeit, die Fahrzeugart, die Verkehrsdichte u. a. charakterisiert ist.

Es würde zu weit führen, all diese Merkmale, die den Verkehr *in sich* beschreiben, hier näher zu untersuchen.

Es möge vorerst genügen festzuhalten, daß der individuelle Straßenverkehrsablauf durch eine Vielzahl dieser verschiedenen Merkmale charakterisiert ist, die in ihrer Zusammenfassung in Gruppen gleichartiger Elemente die Gesetzmäßigkeiten des Straßenverkehrs offenbaren.

Unter diesen allgemein möchte ich nun grundsätzlich unterscheiden

a) die äußeren und

b) die inneren Gesetzmäßigkeiten.

Zur ersten Gruppe gehören die Ergebnisse von Verkehrserhebungen, die schon durch einfache, manuelle Auswertung gewisse Gesetzmäßigkeiten erkennen lassen, wie sie bereits bei der Arbeitsmethode in Diagnose, Prognose und Therapie behandelt wurden[1].

In die Gruppe der *inneren* Gesetzmäßigkeiten seien die mathematisch statistischen Gesetzmäßigkeiten im Verkehrsablauf eingeordnet, die mit Hilfe statistischer Verfahren bestimmbar und mit wahrscheinlichkeitstheoretischen Begriffen ableitbar sind.

Ich möchte Ihnen nun an Hand einiger Beispiele aus der verkehrstechnischen Forschung über den Wert und die Bedeutung derartiger Verfahren zur Untersuchung der *inneren* Gesetzmäßigkeiten berichten.

Vielfach wird diesen Arbeiten nicht das Interesse entgegengebracht, das ihnen gebührt, sind doch gerade wir Ingenieure es meist gewöhnt, mit exakten und festen Werten zu arbeiten. Jedes Materialstück, das wir für unsere Konstruktionen verwenden, betrachten wir als gleichwertig, sowohl in seinem Verhalten wie in seiner Festigkeit.

---

[1] KORTE, J. W.: Grundlagen der Straßenverkehrsplanung in Stadt und Land. Wiesbaden: Bauverlag.

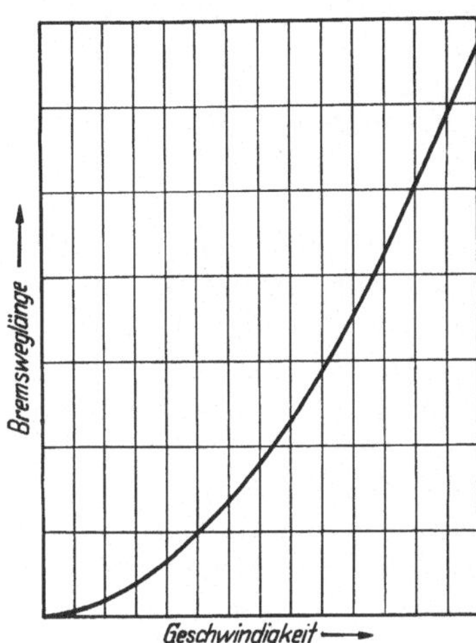

Abb. 1. Theoretische Bremsweglänge in Abhängigkeit von der Geschwindigkeit

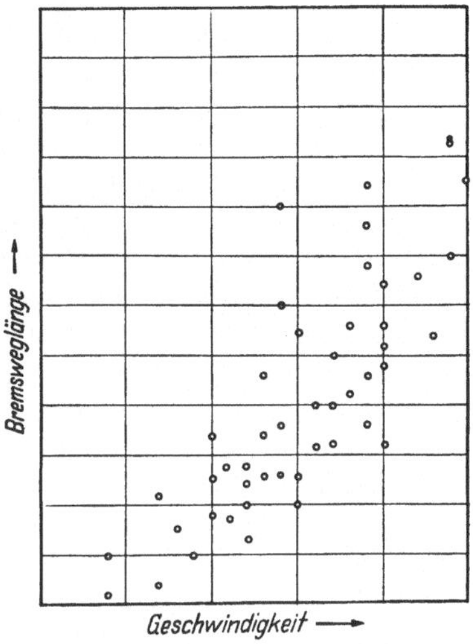

Abb. 2. Beobachtete Bremsweglänge in Abhängigkeit von der Geschwindigkeit (Linder: Stat. Methoden)

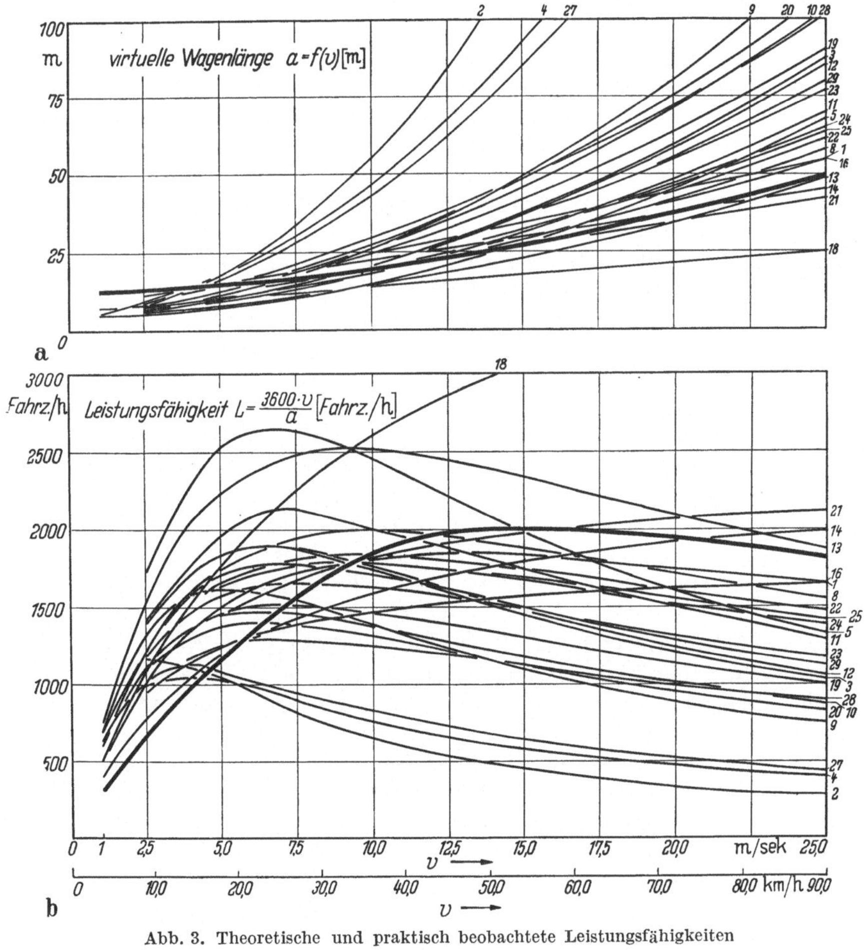

Abb. 3. Theoretische und praktisch beobachtete Leistungsfähigkeiten

Wir wissen aber, daß gerade der Verkehrsablauf von einer Vielzahl von Faktoren beeinflußt wird.

Schon durch den Menschen in seiner psychologischen und physiologischen Verschiedenheit mit der er das Fahrzeug steuert, es beschleunigt oder verzögert, kann das individuelle Straßenfahrzeug niemals zu einem völligen Mechanismus werden.

Betrachten wir z. B. die folgenden Diagramme. Die Abb. 1 zeigt die *theoretisch* berechnete Bremsweglänge in Abhängigkeit von der Geschwindigkeit. Im ersten Moment scheint es sich hier um eine rein *funktionale* Beziehung zu handeln, bei der die variable Größe der Bremsweglänge eine Funktion der Geschwindigkeit ist.

Stellt man dem gegenüber die Abb. 2 mit der *praktisch* beobachteten Bremsweglänge, so zeigt sich an Stelle der mathematisch exakten Kurve ein Punkthaufen in einem mehr oder weniger ausgeprägten Streubereich; zu jeder Fahrgeschwindigkeit nämlich gehören verschiedene Bremsweglängen und umgekehrt.

Bei dieser Art der Beziehung zwischen zwei Variablen, die von der funktionalen wesentlich verschieden ist, spricht man von einer *stochastischen* Abhängigkeit, bei der den vielen möglichen Werten der *Stochastik-Variablen* ein wahrscheinlicher Wert P zugeordnet ist, der zwischen 0 und 1 liegen kann. Wir erkennen also schon aus dieser Betrachtung, daß wir gar nicht umhin können, uns der mathematisch-statistischen Verfahren zu bedienen, wenn wir die Gesetzmäßigkeiten des Straßenverkehrsablaufes richtig erfassen und eine echte Lösung der Probleme erzielen wollen, d.h. es müssen charakteristische und meßbare Größen gefunden werden, aus denen sich mathematische Relationen ableiten lassen.

Eine wichtige Aufgabe der ingenieurmäßigen Verkehrsforschung ist es also, durch wissenschaftliche Untersuchungen Methoden zu entwickeln, die es ermöglichen, in Analogie zur praktischen Wirklichkeit des Verkehrsablaufs die bisher mehr oder weniger intuitive Verkehrstechnik durch exakte, auf den Gesetzmäßigkeiten des Straßenverkehrs aufgebaute Berechnungen zu ersetzen. Letztlich sind diese nicht *nur* ein Beweis für die fachliche Richtigkeit einer Planungsmaßnahme, sondern ebensosehr ein Beleg für deren Wirtschaftlichkeit.

Verfolgt man z. B. die Entwicklung der verkehrstechnischen Forschung hinsichtlich der Leistungsfähigkeit von Straßen, so findet man eine verwirrende Fülle der verschiedenen, zum größten Teil theoretischen Darstellungen in Bezug auf die Abhängigkeit zwischen der Geschwindigkeit und dem Verkehrsausmaß unter Berücksichtigung der virtuellen Wagenlänge (Abb. 3).

1934 war die amerikanische Verkehrsforschung so weit, daß mit Hilfe von geeigneten Instrumenten wesentliche Merkmale des *praktischen* Verkehrsablaufs erfaßt werden konnten, worüber WEHNER schon 1939 in seinem für die damalige Zeit wegweisenden Werk *Die Leistungsfähigkeit von Straßen* berichtete[1].

Heute wissen wir, daß mit zunehmender Geschwindigkeit die Fahrzeugabstände größer werden, aber sie ändern sich nicht linear mit dieser. Von dem Moment an, wo der Abstand um einen größeren Betrag wächst als die Geschwindigkeit, ist die dem maximalen Verkehrsvolumen entsprechende, *optimale* Geschwindigkeit erreicht.

Auch hier haben wir wieder ein Beispiel dafür, daß bei der Vielzahl der Faktoren, die den Verkehrsablauf beeinflussen — denken wir wieder an die anfangs gezeigte stochastische Abhängigkeit — dieser nicht durch den Bewegungsvorgang des Einzelfahrzeuges charakterisiert werden kann.

Erst als man erkannte, daß der Verkehr eine *Massenerscheinung* und das Verhalten der Fahrer dem Zufall unterworfen ist, daß sich ferner bestimmte Merkmale im Verkehrsablauf durch die mathematische Wahrscheinlichkeit, die ja Grundlage der statistischen Theorie ist, beschreiben lassen, lernte man mit Hilfe derartiger Verfahren die *inneren* Gesetzmäßigkeiten des Verkehrsablaufes mehr und mehr verstehen.

---

[1] WEHNER, B.: Die Leistungsfähigkeit von Straßen. Berlin: Volk und Reich Verlag 1939.

Ihre Bedeutung zur Untersuchung verkehrstechnischer Probleme wurde eigentlich schon in den zwanziger Jahren von KINZER in Amerika erkannt. Spätere Untersuchungen stützen sich primär auf die von ADAMS (England) 1936 begründete Hypothese[1], wonach sich die Verteilung der Fahrzeuge in einem ungestörten Verkehrsstrom durch das *Poissongesetz* darstellen läßt. Die Amerikaner GREENSHIELDS u. a. stellten dann in dem wertvollen Forschungsbericht *Traffic Performance at Urban Street Intersections* 1947 die Gültigkeit dieses Gesetzes auch für Stadtstraßen fest, soweit die einzelnen Kreuzungen nicht direkt einander beeinflussen[2].

Es scheint mir wesentlich, auf diese grundlegenden Untersuchungen hinzuweisen, die für die Entwicklung der verkehrstechnischen Forschung bis zur Gegenwart wegweisend waren und die für das Verstehen der komplexen inneren Zusammenhänge des Verkehrsablaufs auf Straßen und Knoten unbedingt studiert werden müssen.

Wenn auch nur wenige von Ihnen sich mit diesen Problemen eingehender beschäftigen werden und können, so ist die Betrachtung einiger typischer Merkmale und Erkenntnisse für die praktische Planungsarbeit dennoch sehr wesentlich.

A. Die Anwendbarkeit mathematisch-statistischer Verfahren

Beim Ablauf des ungestörten Straßenverkehrs allgemein handelt es sich also um Bewegungsvorgänge, die überwiegend zufällig sind, verschiedene physikalische und dynamische Merkmale aufweisen und sich in großer Zahl wiederholen, so daß ihnen der Charakter einer Massenerscheinung eigen ist, der dem *rationellen* Wahrscheinlichkeitsbegriff entspricht.

Dieses Merkmal der weitgehenden Wiederholbarkeit und Massenhaftigkeit gestattet es, den Verkehrsablauf auf wahrscheinlichkeitstheoretische Gesetzmäßigkeiten hin zu untersuchen.

Zunächst betrachtet man den Einzelvorgang — in diesem Falle das Fahrzeug in seiner Verkehrsbewegung — und beobachtet, je nach dem Untersuchungsziel, bestimmte Verkehrseigenschaften, die sich dann durch das sog. *Merkmal* unterscheiden.

Eine Gesamtheit von Vorgängen mit gleichem Merkmal nennen wir ein *Kollektiv*.

Die folgende Definition läßt dieses sofort klar werden[3]:

Ein Kollektiv ist eine Massenerscheinung oder ein Wiederholungsvorgang bzw. eine lange Folge von Einzelbeobachtungen, bei der die Vermutung berechtigt erscheint, daß die relative Häufigkeit des Auftretens jedes einzelnen Beobachtungsmerkmals einem bestimmten Grenzwert zustrebt.

Der Terminus *Grenzwert* hat hier keine andere Bedeutung als die, daß sich von irgend einem Zeitpunkt unserer Beobachtungen ab die *relative Häufigkeit* eines Merkmals nicht mehr verändert. Daher ist die *relative Häufigkeit* der Quotient aus der Anzahl der beobachteten Merkmale und der Gesamtzahl der Beobachtungen.

Das Gesagte möge an dem folgenden Beispiel erklärt werden:

Als Merkmal des Verkehrsablaufs sei die Häufigkeit des Auftretens von Fahrzeugen in einem bestimmten Zeitintervall untersucht. Hierzu wird an einem Straßenquerschnitt mittels Timerecorder oder Stoppuhr die Zahl der Fahrzeuge festgestellt, die während eines vorgegebenen Zeitintervalls den Meßquerschnitt passiert. Eine gewisse Zahl von Beobachtungen läßt dann erkennen, in wi viel Intervallen 0, 1, 2 oder n Fahrzeuge erschienen sind.

---

[1] W. F. ADAMS: Road Traffic considered as a Random Series, Journal of the Institute of Civil Engineers, London 1936.

[2] B. D. GREENSHIELDS, D. SCHAPIRO u. E. L. ERICKSON: Traffic Performance at Urban Street Intersections, Technical Report, Nr. 1, Yale Bureau of Highway Traffic, New Haven, Conn., 1947.

[3] R. v. MISES: Wahrscheinlichkeit, Statistik und Wahrheit. Wien: Springer 1951.

Nehmen wir an, bei einer Reihe von n_1 Beobachtungen sei die Häufigkeit der Intervalle, in denen *2* Fahrzeuge auftraten, mit n_2 festgestellt worden, dann ist der Quotient n_2/n_1 die *relative Häufigkeit* (Abb. 4).

Bei einer Beobachtungsdauer von einer Stunde beträgt die Zahl der beobachteten 5-sek-Intervalle 720.

Man trägt auf der Abszisse die Zahl der Beobachtungen n_1 auf, auf der Ordinate den Quotienten n_2/n_1, in diesem Fall die relative Häufigkeit des Merkmals *2 Fahrzeuge je Intervall.*

Man erkennt deutlich die im Bereich der geringen Beobachtungen starken Streuungen, die sich mit wachsender Beobachtungszahl mehr und mehr einer Horizontalen nähern, deren Ordinate nun der Grenzwert der *relativen Häufigkeit* ist.

Ein Vergleich für die Übereinstimmung mit der Theorie ergibt sich aus dem Poissonschen Verteilungsgesetz.

Die Konvergenz der praktisch beobachteten und der theoretischen Werte ist offensichtlich.

Für den Verkehrsingenieur ist die Feststellung derartiger Gesetzmäßigkeiten insofern von außerordentlicher Bedeutung, als sie dem tatsächlichen Verkehrsablauf in all seinen Erscheinungsformen entsprechen, so wie diese in physikalischer Hinsicht durch Fahrzeug und Weg und in psychologischer Hinsicht durch das Individuum selbst bestimmt werden.

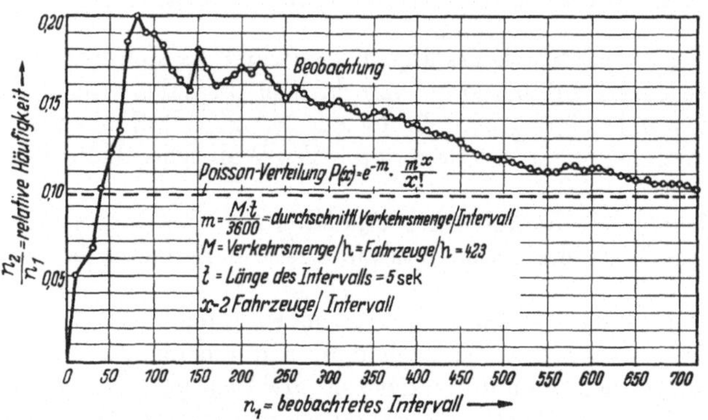

Abb. 4. Grenzwert der relativen Häufigkeit

Wir wissen, daß die Auswirkungen der unterschiedlichen psychologischen und physiologischen Eigenschaften des Menschen diesen als einen wesensverschiedenen Verkehrsteilnehmer charakterisieren. Er beeinflußt den Verkehrsablauf durch sein Reaktionsvermögen, seine Geschicklichkeit, seine Aufmerksamkeit und Einstellung zum Verkehr überhaupt. Diese Auswirkungen in ihrer Gesamtheit zu erfassen und bei der verkehrstechnischen Arbeit zu berücksichtigen, ist unsere Aufgabe.

In den vorgenannten Untersuchungen wird daher der Verkehrsteilnehmer mit seinem Durchschnittsverhalten innerhalb eines Kollektivs von Beobachtungen erfaßt. Gerade darin aber liegt auch deren Bedeutung.

Den Ingenieur, hier speziell den Verkehrsingenieur, interessiert ja die Wahrscheinlichkeitstheorie nur in ihrer Analogie zur praktischen Wirklichkeit des Verkehrsablaufs.

Mit dem Diagramm der Abb. 4 hatten wir einleitend die Gültigkeit des Poisson-Gesetzes an dem Beispiel der Häufigkeitsverteilung von Fahrzeugen in einem Verkehrsstrom festgestellt. Natürlich ist die Anwendbarkeit nicht auf diesen Fall begrenzt, sondern vor allem dann zweckmäßig, wenn es sich um die Prüfung der Zufälligkeit bestimmter Ereignisse einer Beobachtungsreihe handelt oder um die Vorhersage bestimmter Gesetzmäßigkeiten auf Grund von Basisbeobachtungen.

Somit lassen sich mit Hilfe der Poissonverteilung eine Vielzahl von Gesetzmäßigkeiten im Straßenverkehr bestimmen.

Für den Verkehrsingenieur ist es wichtig, die Verteilung der Zeit- oder Weglücken zwischen einander folgenden Fahrzeugen zu kennen.

Das Vorhandensein entsprechend großer Zeitlücken im Gegenverkehr ist z. B. bei einer zweispurigen ungeteilten Straße eine Voraussetzung für die Möglichkeit zum Überholen.

Darüber hinaus ist die Zeitlücke im Verkehr notwendig, damit die Bewegungsvorgänge im Verkehrsablauf wie Kreuzen, Verflechten und Einfädeln durchgeführt werden können.

Nach dem über die Häufigkeitsverteilung von Fahrzeugen Gesagten ist nun die Wahrscheinlichkeit dafür, daß das Merkmal einer Weg- oder Zeitlücke von gegebener Größe eintritt, gleich der Wahrscheinlichkeit, daß kein Fahrzeug in dem gegebenen Intervall erscheint.

Wir schreiben also: $$P_{(o)} = \frac{e^{-m} \cdot m^o}{O!} = e^{-m},$$

wobei m wiederum der Durchschnittswert ist.

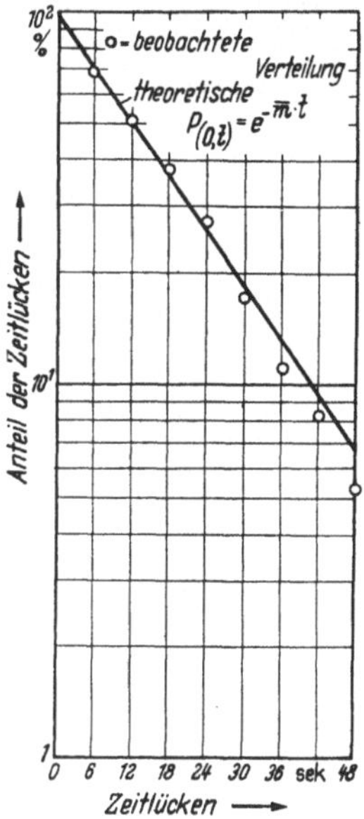

Abb. 5. Zeitlückensummenlinie M = 204 Fzg./h

Diese Gleichung, auf halblogarithmischem Papier aufgetragen, ergibt eine Gerade, wobei der Exponent ($-$ m) ausdrückt, daß die Neigung derselben negativ ist. Die Abb. 5 zeigt eine in Aachen beobachtete Zeitlückensummenlinie[1]. Auf der Ordinate ist der Anteil der Zeitlücken gleich oder größer als eine bestimmte Zeitlücke in Prozent aufgetragen, auf der Abszisse die Zeitlücken in sek.

Beobachtungen über die Zeitlückenverteilung in einem fließenden Verkehrsstrom lassen erkennen, daß diese kein spezieller Fall der Poissonverteilung ist, die durch die Exponentialkurve e^{-m} dargestellt werden kann. Greenshields stellte bereits fest, daß zwar die beobachtete Zeitlückensummenlinie für kleine Verkehrsmengen und auf vierspurigen Straßen auch für größere Verkehrsmengen genügend genau dieser Geraden folgt, auf zweispurigen Straßen mit Gegenverkehr jedoch im Bereich 4 bis 6 sek ein Knick entsteht[2].

Es bestehen also zwei Verteilungen, eine für Zeitlücken, die kleiner als etwa 5 sek sind, eine andere für größere Zeitlücken, wie es die Abb. 6 einer Studie aus den USA für verschiedene Verkehrsmengen M zeigt. In den letzten Jahren wurde mehrfach versucht, eine Theorie zu finden, die auch die Abweichungen der Verteilung beobachteter Zeitlücken zwischen aufeinanderfolgenden Fahrzeugen von der Poisson-Verteilung erfaßt: Dissertation W. Grabe, T. H. Hannover, 1954; Dissertation W. Leutzbach, T. H. Aachen, 1956 und Dissertation Krell, T. H. Darmstadt, 1957.

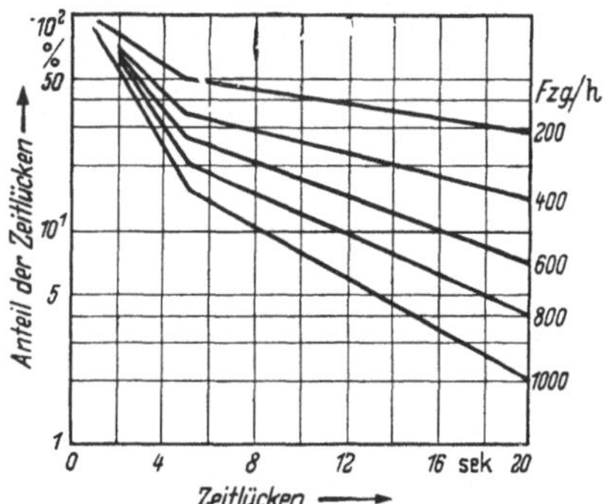

Abb. 6. Zeitlückensummenlinien für verschiedene Verkehrsmengen M auf einer zweispurigen Landstraße (Statistics with Applications to Highway Traffic Analyses)

Leutzbach stützt seine Untersuchungen auf eine Vielzahl von Zeitlückenbeobachtungen und entwickelt eine Theorie zur Beschreibung gestörter Zeitlückenverteilungen.

Grabe behandelt die Leistungsfähigkeit nicht lichtsignalgesteuerter Verkehrsknoten[3], indem er das Verfahren in die Berechnung der jeweiligen Einfädelungs- und

[1] Korte, J. W.: Die Leistungsfähigkeit von Verkehrsanlagen des motorisierten städtischen Straßenverkehrs, Forschungsbericht 293 des Wirtschafts-und Verkehrsministeriums NW. Köln und Opladen: Westdeutscher Verlag 1956

[2] Greenshields, B. D. u. F. M. Weida: Statistics with Applications to Highway Traffic Analyses, The Eno Foundation for Highway Traffic Control, Saugatuck, Conn. 1952

[3] Grabe, W.: Leistungsermittlung von nicht lichtsignalgesteuerten Knotenpunkten des Straßenverkehrs, Forschungsarbeiten aus dem Straßenwesen, Neue Folge Heft 11. Bielefeld: Kirschbaum 1954

Kreuzungsvorgänge aufgliedert und so von der Form des Knotens mehr oder weniger unabhängig wird. Die Kreuzungs- bzw. Einfädelungsvorgänge im Verkehrsablauf sind ja abhängig von den zur Verfügung stehenden ausreichenden Zeitlücken der betreffenden Ströme. Für die Berücksichtigung des Einflusses gestörter Ströme bei der Berechnung der Leistungsfähigkeit nicht lichtsignalgesteuerter Verkehrsknoten ist besonders die Arbeit von KRELL wertvoll.

Es ließen sich noch viele Beispiele zur Anwendung des Poisson-Gesetzes in der Straßenverkehrsforschung aufzeigen. GREENSHIELDS untersuchte auf dieser Basis den Verkehrsablauf an lichtsignalgesteuerten Kreuzungszufahrten. Die neuesten Erkenntnisse zur Berechnung von Kreuzungen bauen darauf auf[1].

TANNER berechnete damit die Wartezeit von Fußgängern, die eine Straße bei gegebenem Verkehrsstrom überqueren wollen und findet eine gute Übereinstimmung der theoretischen Werte mit praktischen Beobachtungen[2].

Auch die Wahrscheinlichkeit für das Auffinden einer freien Parkstelle an festzeitbegrenzten Parkstreifen läßt sich mit Hilfe des Poisson-Gesetzes bestimmen, um nur einige Fälle zu nennen.

Nach dieser einführenden Übersicht, mit der ich die Anwendbarkeit mathematisch-statistischer Verfahren am Beispiel der Gegenüberstellung praktischer und theoretischer Verteilungen im Verkehrsablauf kurz zeigen wollte, nun zu einigen speziellen Untersuchungen.

Im Hinblick auf die Problematik des Zusammenspiels zwischen dem Fahr- und Fußverkehr in einem Verkehrsbereich greife ich daher bewußt zwei Beispiele heraus, die sich mit Untersuchungen zur Feststellung

a) des Einflusses der Geschwindigkeit im motorisierten Straßenverkehr und

b) der Gesetzmäßigkeiten im Fußgängerverkehr

befassen.

B. Das Merkmal „Geschwindigkeit“ im motorisierten Straßenverkehr

An einem Straßenquerschnitt wird das Merkmal der Geschwindigkeiten der Fahrzeuge beobachtet.

Die Einzelwerte der Variablen, hier die Geschwindigkeit, nehmen innerhalb gewisser Grenzen verschiedene Werte an, die wir in sog. Klassen zusammenfassen. Wird nun die gesamte Meßzeit in 1-Stundenintervalle unterteilt, so ist der Kollektivumfang jeweils gleich der Verkehrsmenge M [Kfz/h].

Die Tab. I zeigt die listenmäßige Erfassung der Beobachtungsergebnisse zur Ermittlung der Geschwindigkeitsverteilung. Gesamtzahl der beobachteten Fahrzeuge $M = 687 = n$.

In Spalte 1 sind die einzelnen Klassenwerte (5 km/h), in Spalte 2 die Klassenhäufigkeiten f_i absolut, in Spalte 3 noch der Prozentanteil der f_i-Werte eingetragen. Die Spalte 4 gibt die relative Häufigkeit $\frac{f_i}{n}$ der jeweiligen Klasse an, die für die spätere Auswertung benötigt wird. Die summierten Häufigkeiten in den Spalten 5 und 6 charakterisieren die Geschwindigkeitsverteilung in einer Form, die z. B. folgendes besagt:

4,5% der beobachteten Fahrzeuge passierten den Meßquerschnitt mit einer Geschwindigkeit $\leqq 35$ km/h, 62,6% mit einer Geschwindigkeit $\leqq 65$ km/h oder 100 — 96,3 = 3,7% der Fahrzeuge fahren mit einer Geschwindigkeit > 85 km/h.

---

[1] MATSON, SMITH u. HURD; Traffic Engineering, McGraw Hill Series in Civil Engineering. New York 1955.

[2] TANNER, J. C.: The Delay to Pedestrian Crossing a Road, Biometrica, Vol. 38, London 1951.

Tabelle 1

Geschwindigkeitsbeobachtung Dortmund, Westfalendamm 273
Meßtag: 21. 6. 1956; Meßdauer: 16,45—17,45 Uhr
Stromrichtung: stadtauswärts; Verkehrsmenge M = 687 FZG/h
Verkehrszusammensetzung: 69,1% Pkw, 13,8% Lkw, 10,2% Krad, 6,8% Moped

V-Klasse km/h	Häufigkeit f_i	Klassenhäufigk. in Prozent $100 \cdot f_i/n$	Relative Häufigkeit f_i/n	Summen-Häufigkeit f_s	Summenhäufigk. in Prozent $100 \cdot f_s/n$
1	2	3	4	5	6
15,1—20	1	0,1	0,00146	1	0,1
20,1—25	4	0,6	0,00582	5	0,7
25,1—30	8	1,2	0,01164	13	1,9
30,1—35	18	2,6	0,02620	31	4,5
35,1—40	24	3,5	0,03493	55	8,0
40,1—45	44	6,4	0,06405	99	14,4
45,1—50	49	7,1	0,07132	148	21,6
50,1—55	80	11,6	0,11645	228	33,2
55,1—60	92	13,4	0,13392	320	46,6
60,1—65	110	16,0	0,16012	430	62,6
65,1—70	89	13,0	0,12955	519	75,7
70,1—75	66	9,6	0,09607	585	85,2
75,1—80	52	7,6	0,07569	637	92,7
80,1—85	25	3,6	0,03639	662	96,3
85,1—90	13	1,9	0,01892	675	98,3
90,1—95	8	1,2	0,01164	683	99,4
95,1—100	1	0,1	0,00146	684	99,5
100,1—105	3	0,4	0,00437	687	100,0
Summe	n = 687	99,9	1,00000		

Durch das Klassenintervall ist also der Häufigkeitsverteilung der jeweiligen Klasse eine bestimmte Grenze gesetzt. Die Einzelwerte einer Variablen innerhalb eines Klassenintervalls werden dabei durch den *Mittelwert des Klassenintervalls* ersetzt, wobei die Zahl dieser Einzelwerte die *Klassenhäufigkeit* genannt wird.

Die graphische Darstellung ergibt dann die bekannten Häufigkeitskurven der Geschwindigkeitsverteilung (Abb. 7).

Aus dieser Verteilungskurve läßt sich nun direkt ablesen:

a) Die *häufigste* Geschwindigkeitsklasse, die sich aus dem Maximum der Kurve ergibt (Gesamtverkehrsmenge 687 Kfz/h, davon 110 Kfz zwischen 60 und 65 km/h

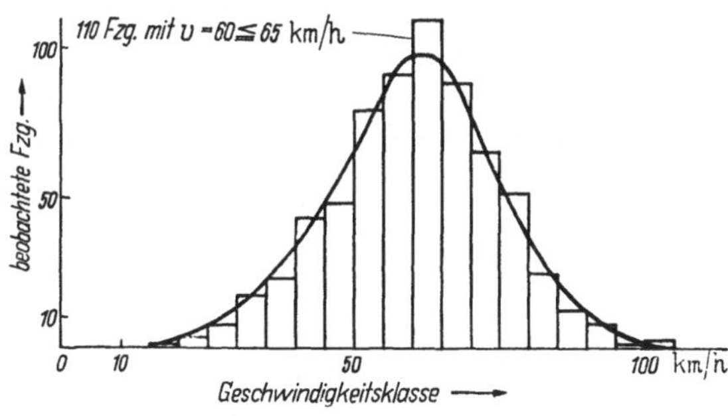

Abb. 7. Geschwindigkeitsverteilung. Häufigkeitslinie

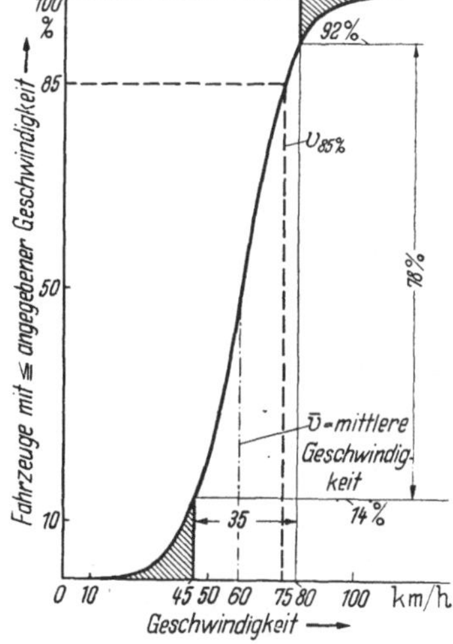

Abb. 8. Geschwindigkeitsverteilung. Summenlinie

b) Die Verschiedenheit der Geschwindigkeiten, die sich aus den Geschwindigkeitsdifferenzen ergibt.

Durch Summierung der Häufigkeitswerte wird die Geschwindigkeitssummenlinie erhalten (Abb. 8). Die Einzelhäufigkeiten werden aufeinanderfolgend addiert, wobei der Maximalwert der Ordinate wiederum der Gesamthäufigkeit n gemäß Spalte 6 der Tab. 1 entspricht. Die Geschwindigkeitssummenlinie gibt an, wieviel Prozent der beobachteten Fahrzeuge schneller bzw. langsamer als eine angegebene Geschwindigkeit fahren.

Die Klassenhäufigkeiten lassen sich absolut, prozentual oder als relative Häufigkeit angeben (Spalten 2, 3, 4). Aus der Summenlinie der Abb. 8 z. B. kann nun abgelesen werden:

a) 78% der beobachteten Fahrzeuggeschwindigkeiten verteilen sich in einem Bereich von 35 km/h zwischen 45 und 80 km/h.

b) Der Bereich der geringen Fahrzeuggeschwindigkeiten liegt zwischen 20 und 45 km/h, der Bereich der hohen Fahrzeuggeschwindigkeiten zwischen 80 und 105 km/h.

c) Die 85%-Geschwindigkeit liegt bei 75 km/h. Sie ist für die Festsetzung sinngemäßer Geschwindigkeitsbeschränkungen wichtig, wie noch gezeigt wird.

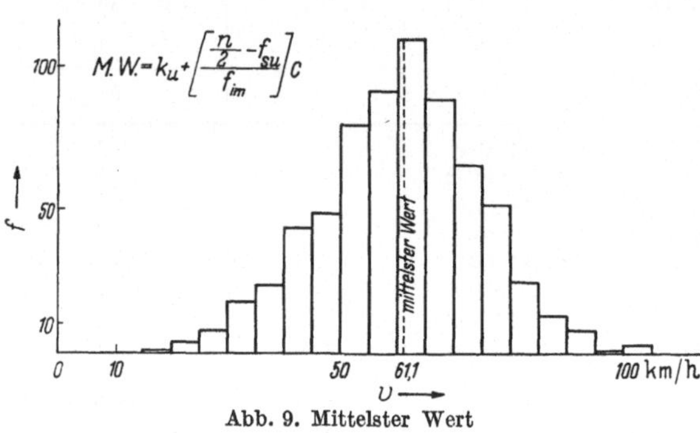

Abb. 9. Mittelster Wert

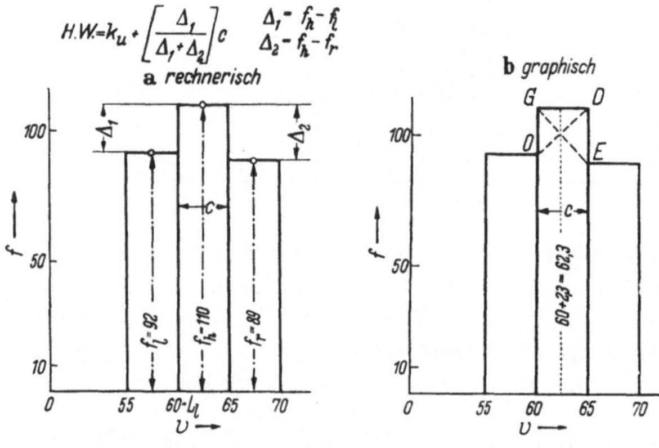

Abb. 10. Häufigster Wert

Die *Geschwindigkeitsverteilung* ist ein sicherer Maßstab für die Beurteilung des wirklichen Verkehrsablaufs auf einer Straße insofern, als die Vielzahl von Einzelfaktoren, die eben diesen Verkehrsablauf beeinflussen (Mensch — Fahrzeug — Weg — Verkehr), am deutlichsten durch die tatsächlich gefahrenen Geschwindigkeiten zum Ausdruck kommen.

Die mathematisch-statistische Auswertung der Beobachtungsergebnisse erfolgt mit Hilfe der statistischen Maßzahlen, d. h. die gefundene Verteilungskurvenform ist mit Hilfe der statistischen Maßzahlen zu charakterisieren[1].

Für die Betrachtung der Geschwindigkeitsverteilung sind besonders *Mittelwert* und *Streuung* von Interesse. Algebraisch gesehen ist das arithmetische Mittel $\overline{X}$ die Summe aller Einzelwerte $x_1, x_2, \cdots x_n$ einer Variablen, dividiert durch die Gesamtzahl der Werte n.

Für den vorliegenden Fall — gleich große Klassenintervalle — lautet die Formel für das arithmetische Mittel

$$\overline{X} = D + \frac{c}{n} \sum_{i=1}^{k} f_i \cdot z_i$$

mit D = ein nahe dem Mittelwert gelegener Wert,
c = Größe des Klassenintervalls,
f_i = Häufigkeit des jeweiligen Klassenintervalls,
z_i = Nummer des Klassenintervalls im positiven oder negativen Bereich von D aus betrachtet,
k = Gesamtzahl der Klassenintervalle.

[1] Korte, J. W. u. R. Lapierre: Speed in Road Traffic, An Illustration of Methods used in Road Traffic Research, International Road Safety and Traffic Review, OTA London, Vol. V.-Nr. 2, 1957.

Die Ausrechnung und das Ergebnis zeigt die Tab. 2.

Das *arithmetische Mittel* beträgt für das betrachtete Beispiel $\overline{X} = 60{,}47$ km/h und ist die durchschnittliche Geschwindigkeit, die von einem Fahrzeug am Beobachtungsquerschnitt gefahren wird.

Für die exakte Betrachtung der Geschwindigkeitsverteilung[1] sind vielfach noch der *mittelste Wert* (Medianwert) und der *häufigste Wert* (Modus) von Interesse.

Der *mittelste Wert* einer Häufigkeitsverteilung ist der Punkt auf der Abszisse, dessen Ordinate die Fläche unter der Häufigkeitskurve in zwei gleiche Teile teilt. Er wurde im vorliegenden Beispiel mit 61,1 km/h gefunden (Abb. 9).

Der *häufigste Wert* ist der Wert einer Variablen, der am häufigsten vorkommt, d. h. der Punkt auf der Abszisse, für den die Häufigkeit ein Maximum hat, hier 62,30 km/h (Abb. 10).

Welche Schlußfolgerungen ziehen wir nun aus dieser Betrachtung der Mittelwerte:

Tabelle 2. *Arithmetisches Mittel der Geschwindigkeitsverteilung*

	V-Klasse km/h	Häufigkeit f_i	z_i	$f_i z_i$
	1	2	3	4
	15,1—20,0	1	—9	—9
	20,1—25,0	4	—8	—32
	25,1—30,0	8	—7	—56
	30,1—35,0	18	—6	—108
	35,1—40,0	24	—5	—120
	40,1—45,0	44	—4	—176
	45,1—50,0	49	—3	—147
	50,1—55,0	80	—2	—160
	55,1—60,0	92	—1	—92
D = 62,5	60,1—65,0	110	0	0
	65,1—70,0	89	1	89
	70,1—75,0	66	2	132
	75,1—80,0	52	3	156
	80,1—85,0	25	4	100
	85,1—90,0	13	5	65
	90,1—95,0	8	6	48
	95,1—100,0	1	7	7
	100,1—105,0	3	8	24
	Summe	687		—279

Stellen wir das *arithmetische Mittel*, den *mittelsten Wert* (Medianwert) und den *häufigsten Wert* (Modus) ein und derselben Meßreihe gegenüber, so sind gewisse Wertunterschiede offensichtlich.

Für die betrachtete Meßreihe fanden wir:

Arithmetisches Mittel $\overline{X}$ = 60,5 km/h
mittelster Wert = 61,1 km/h
häufigster Wert = 62,3 km/h

$$\overline{X} = D + \frac{c}{n} \cdot \sum_{i=1}^{k} f_i z_i$$

$$= 62{,}5 + \frac{5}{687} \cdot (-279) = 62{,}5 - 2{,}031 = \underline{60{,}469}$$

Die Feststellung, daß der häufigste Wert von 62,3 km/h größer als das arithmetische Mittel ist, ist für das Studium des Verkehrsablaufs sehr wichtig. Wir ersehen daraus, daß ein größerer Anteil der Fahrzeuge den Beobachtungsquerschnitt mit einer höheren Geschwindigkeit passiert, als es der durchschnittliche Wert des arithmetischen Mittels angibt.

Da das arithmetische Mittel jeden Einzelwert einer Beobachtung berücksichtigt, ist es für die sensible Beschreibung einer Meßreihe besonders geeignet.

Der Mittelwert einer Geschwindigkeitsverteilung kann diese jedoch nur in Verbindung mit dem Streuungsmaß in einer echten Form charakterisieren.

Die *Streuung* ist in der Statistik definiert als eine Maßzahl, die die Schwankungen der Einzelwerte um einen Mittelwert angibt. Es ist z. B. möglich, daß zwei verschiedene Meßreihen das gleiche *arithmetische Mittel* und den gleichen *mittelsten Wert* haben, sich aber die Einzelwerte der einen Reihe sehr dicht und die der anderen Reihe sehr breit um den Mittelwert scharen.

[1] Lapierre, R.: Mathematisch-statistische Grundlagen der Straßenverkehrstechnik, Schriftenreihe der Arbeits- und Forschungsgemeinschaft für Stadtverkehr und Verkehrssicherheit, Band III, Köln 1957.

In der Statistik wird die *mittlere quadratische Abweichung* σ^2 kurz die *Streuung* genannt.

σ^2 bedeutet die Summe der Quadrate der Abweichungen der Einzelwerte vom arithmetischen Mittel, dividiert durch die Gesamtzahl der Einzelwerte n.

$$\sigma^2 = \frac{1}{n} \sum_{i=1}^{k} f_i \left[(X_i - D) - (\overline{X} - D)\right]^2$$

Solche Untersuchungen der Geschwindigkeitsverteilung lassen sich zweckmäßig nach der in Tab. 3 angegebenen Form durchführen.

Tabelle 3. *Geschwindigkeitsbeobachtung Dortmund, Westfalendamm 273*
Verkehrsmenge: M = 687 FZG/h
Verkehrszusammensetzung: 69,1% Pkw, 13,8% Lkw, 10,2% KRAD, 6,8% Moped
Meßtag: 21. 6. 1956; Meßdauer: 16,45—17,45 Uhr
Stromrichtung: stadtauswärts

V-Klasse km/h	Klassenmittel v_i	Häufigkeit f_i	Relative Häufigk. $h_i = f_i/n$	Σh_i	$v_i - v_o$	$(v_i - v_o)^2$	$h_i(v_i - v_o)$	$h_i(v_i - v_o)^2$
1	2	3	4	5	6	7	8	9
15,1— 20,0	17,5	1	0,00146	0,00146	— 45	2025	— 0,0657	2,957
20,1— 25,0	22,5	4	0,00582	0,00728	— 40	1600	— 0,2328	9,312
25,1— 30,0	27,5	8	0,01164	0,01892	— 35	1225	— 0,4074	14,259
30,1— 35,0	32,5	18	0,02620	0,04512	— 30	900	— 0,7860	23,580
35,1— 40,0	37,5	24	0,03493	0,08005	— 25	625	— 0,8733	21,831
40,1— 45,0	42,5	44	0,06405	0,14410	— 20	400	— 1,2810	25,620
45,1— 50,0	47,5	49	0,07132	0,21542	— 15	225	— 1,0698	16,047
50,1— 55,0	52,5	80	0,11645	0,33187	— 10	100	— 1,1645	11,645
55,1— 60,0	57,5	92	0,13392	0,46579	— 5	25	— 0,6696	3,348
60,1— 65,0	62,5	110	0,16012	0,62591	0	0	0	0
65,1— 70,0	67,5	89	0,12955	0,75548	5	25	0,6478	3,238
70,1— 75,0	72,5	66	0,09607	0,85153	10	100	0,9607	9,607
75,1— 80,0	77,5	52	0,07569	0,92722	15	225	1,1354	17,030
80,1— 85,0	82,5	25	0,03639	0,96361	20	400	0,7278	14,556
85,1— 90,0	87,5	13	0,01892	0,98253	25	625	0,4730	11,825
90,1— 95,0	92,5	8	0,01164	0,99417	30	900	0,3492	10,476
95,1—100,0	97,5	1	0,00146	0,99563	35	1225	0,0511	1,789
100,1—105	102,5	3	0,00437	1,00000	40	1600	0,1748	6,992
Summe 110		n = 687					— 2,0303	204,112

$$v_0 = 62,5 \text{ km/h}$$

$$\overline{V} = v_0 + \sum_{i=1}^{k} h_i \cdot (v_i - v_0) = 62,5 - 2,0303 = 60,469 \text{ km/h}$$

$$\bar{v} - v_0 = -2,0303 \qquad (\bar{v} - v_0)^2 = 4,122$$

$$\sigma^2 = \sum_{i=1}^{k} h_i \cdot (v_i - v_0)^2 - (\bar{v} - v_0)^2 = 204,112 - 4,122 = 199,990$$

$$\sigma = \sqrt{200,000} = 14,14 \text{ km/h}$$

Mit Hilfe der aus Tab. 3 erhaltenen Werte können wir nun die Geschwindigkeitsverteilung des betrachteten Beispiels wie folgt charakterisieren:

a) Das arithmetische Mittel $\overline{V}$ besagt:

Das Kollektiv der Fahrzeuge hat den Beobachtungsquerschnitt mit einer durchschnittlichen Geschwindigkeit von $\overline{V} = 60,50$ km/h durchfahren.

b) Die Streuung σ als Maßzahl für die Abweichung der Einzelgeschwindigkeiten vom arithmetischen Mittel besagt:

Die wahrscheinliche Geschwindigkeit irgend eines Fahrzeuges liegt im Bereich $\overline{V} - \sigma$ und $\overline{V} + \sigma$, d. h. zwischen 60,5 — 14,1 = 46,4 km/h und 60,5 + 14,1 = 74,6 km/h.

Aus der Tab. 1 ergibt sich:

a) Spalte 3: etwa 70% der beobachteten Fahrzeuge fahren eine Geschwindigkeit in diesem Bereich oder

b) Spalte 4: Die Wahrscheinlichkeit dafür, daß ein Fahrzeug den Beobachtungsquerschnitt mit einer Geschwindigkeit zwischen 46 und 74 km/h passiert, beträgt rd. 70%.

Die Untersuchungen zur Feststellung derartiger Gesetzmäßigkeiten beziehen sich natürlich nicht nur auf eine einzelne Meßreihe. Ähnlich, wie es bereits bei der Abhängigkeit des Bremsweges von der Geschwindigkeit festgestellt wurde, besteht auch zwischen der Verkehrsmenge M, dem arithmetischen Mittel $\overline{V}$ und der Streuung σ ein *stochastischer* Zusammenhang.

Nun beobachten wir ohnehin an einem Straßenquerschnitt über einen längeren Zeitraum hinweg. Theoretisch ließen sich diese Messungen unendlich oft wiederholen und zu einer *Grundgesamtheit* zusammenfassen.

Abgesehen davon, daß uns hierbei gewisse Grenzen gesetzt sind, müssen wir natürlich bestrebt sein, mit einem Minimum an Aufwand ein Höchstmaß an Erkenntnissen zu gewinnen.

Bei den hier beschriebenen Geschwindigkeitsmessungen, die durch das Institut für Stadtbauwesen und Siedlungswasserwirtschaft an der T. H. Aachen nach Weisungen seines Direktors auf den Ausfallstraßen von drei westdeutschen Großstädten durchgeführt wurden, betrug die Meßzeit 121 Stunden. Insgesamt wurden 37549 Fahrzeuge erfaßt.

Die Beobachtungsergebnisse an ein und demselben Querschnitt unterliegen also im wesentlichen den gleichen Verkehrs- und Fahrbahnbedingungen; im wesentlichen insofern, als Temperatur- und Witterungseinfluß sowie starke Schwankungen in der Verkehrszusammensetzung während der Beobachtungszeit diese Vorbedingungen empfindlich stören können.

Die Geschwindigkeitsverteilungskurve eines Kollektivs vom Umfange M [Fzg/h] ist also nur als Einzelkurve einer unendlich großen Zahl gleichwertiger Verteilungskurven anzusehen, d. h. Mittelwert und Streuung einer Geschwindigkeitsverteilungskurve sind nur Einzelwerte eines Kollektivs von Maßzahlen, die wiederum unter sich mehr oder weniger stark streuen.

Dies nur der Vollständigkeit halber. Es würde zu weit führen, die mathematischen Einzelheiten hier noch weiter zu behandeln.

Pampel hat in seinem *Beitrag zur Berechnung der Leistungsfähigkeit von Straßen*[1] in anschaulicher Weise das Verfahren zur Bestimmung der Abweichung von Mittelwert, Streuung und Häufigkeitsverteilung von den entsprechenden Werten der Grundgesamtheit dargestellt.

Die bisherigen Untersuchungen stützen sich darauf, daß die praktisch beobachtete Geschwindigkeitsverteilung der Gaußschen Normalverteilung identisch ist, so daß der bei den statistischen Prüfverfahren angewandte Vergleich zwischen dem praktischen Meßergebnis und der theoretischen Verteilung gerechtfertigt scheint.

Weitere Untersuchungen werden beweisen müssen, ob diese Feststellungen auch bei stark gemischter Verkehrszusammensetzung Gültigkeit haben.

[1] Pampel: Ein Beitrag zur Berechnung der Leistungsfähigkeit von Straßen, Forschungsarbeiten aus dem Straßenwesen, Heft 15. Bielefeld: Kirschbaum 1955.

Aus den Ergebnissen solcher Untersuchungen lassen sich für den Verkehrsingenieur wertvolle Erkenntnisse gewinnen zur Beurteilung des Verkehrsablaufs in einem Beobachtungsbereich wie

a) Geschwindigkeitsverteilung und -streuung allgemein,

b) Durchschnittsgeschwindigkeit,
Häufigste Geschwindigkeit,
Minimale und maximale Geschwindigkeiten,
Differenzgeschwindigkeiten,

c) Anteil der Fahrzeuge, die in einem bestimmten Geschwindigkeitsbereich fahren.

Diese charakteristischen Merkmale in Abhängigkeit von der Verkehrsmenge und der Verkehrszusammensetzung betrachtet, lassen wichtige Rückschlüsse zu im Hinblick auf die Überholbedürfnisse und den Verkehrsfluß, also auf die Sicherheit und Leistungsfähigkeit einer Straße.

Es sei jedoch darauf hingewiesen, daß auf Straßen mit stark wechselnden Fahrbahnbedingungen derartige Untersuchungen auf einen größeren Streckenabschnitt auszudehnen sind, weil hier die Querschnittsmessung nicht mehr zureicht.

Wir haben bereits früher festgestellt, daß die Streuung im Hinblick auf den Verkehrsablauf insofern von Bedeutung ist, als sie ein Maß für die Bewegungsfreiheit des Einzelfahrzeuges innerhalb eines Kollektivs von der Verkehrsmenge M [Fzg/h] darstellt.

Wird M größer, so wird auch die Streuung geringer, weil sich mehr und mehr die Fahrzeuge einer Geschwindigkeit anpassen müssen, die nahe dem Mittelwert des Kollektivs liegt.

Mit zunehmender Verkehrsmenge tritt also eine Einschränkung der Bewegungsfreiheit der Fahrzeuge ein, die im Grenzfall gleiche Geschwindigkeit aller Fahrzeuge erzwingt, wobei naturgemäß die Streuung gegen 0 strebt (Abb. 11).

Nun aber zeigen die Untersuchungen über die Relation zwischen Geschwindigkeitsverteilung und Verkehrsmenge bisher nicht immer Ergebnisse, aus denen sich diese Gesetzmäßigkeiten ableiten lassen.

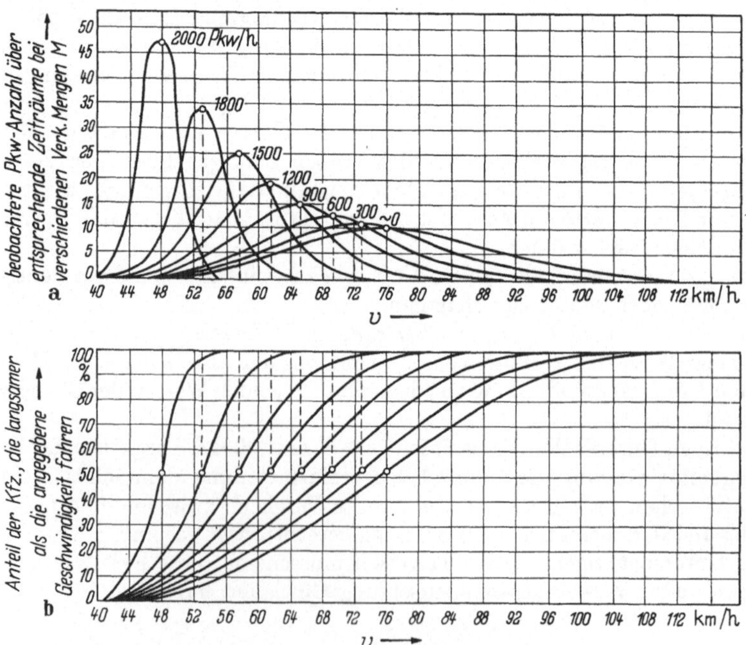

Abb. 11a u. b. Geschwindigkeitsverteilung für verschiedene Verkehrsmengen M

Analog zu den amerikanischen Untersuchungen (Highway Capacity Manual, 1949) bestätigte Pampel bei seinen Beobachtungen an der Autobahn, daß mit wachsender Verkehrsmenge M Mittelwert und Streuung abnehmen. Die erfaßten Verkehrsmengen lagen in einem Bereich von 432 bis 2200 Fzg/h und 302 bis 1248 Fzg/h.

Die amerikanischen Werte erfassen einen Bereich von 300 bis 1800 Fzg/h.

Englische Untersuchungen auf Stadt- und Landstraßen (Wardrop/Duff, Thema VII Internationale Studienwoche für Straßenverkehrstechnik, Stresa, 1956) bestätigen ebenfalls gewisse diesbezügliche Gesetzmäßigkeiten. Es wird festgestellt, daß auf engen Straßen die Mittelwerte der Geschwindigkeit linear mit zunehmender Verkehrsmenge fallen. Auf breiteren Straßen (etwa > 10,00 m) bleiben die Mittelwerte im wesentlichen konstant (im Stadtgebiet bei 38 km/h und auf dem Lande bei 60 km/h) bis zu einer bestimmten Verkehrsmenge, von der ab wiederum die Geschwindigkeit linear abnimmt, und zwar sinkt der absolute Betrag der Abnahme mit wachsender Straßenbreite.

Bei geringeren bis mittleren Verkehrsmengen und breiteren Fahrbahnen finden die englischen Beobachtungen also keine direkte Beziehung zwischen Geschwindigkeit und Verkehrsmenge.

Das gleiche Ergebnis scheint sich auch in Deutschland zu bestätigen. (Untersuchungen des Instituts für Verkehrswirtschaft, Straßenwesen und Städtebau der T. H. Hannover[1] und des Instituts für Stadtbauwesen und Siedlungswasserwirtschaft der T. H. Aachen.) Ein gesetzmäßiger Verlauf der Verteilungskurven in Abhängigkeit von der Verkehrsmenge läßt sich vorerst hier nicht feststellen, wobei allerdings bemerkt werden muß, daß die beobachteten Verkehrsmengen nur im niedrigen Bereich liegen (bis 800 Fzg/h) (Abb. 12 und 13, Beobachtungen des Aachener Instituts).

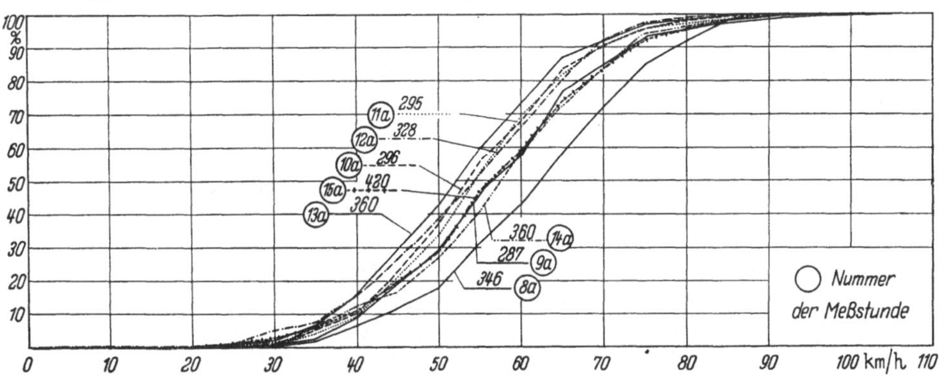

Abb. 12. Summenlinien der Geschwindigkeitsverteilung. Meßstrecke Düsseldorf, Bonner Straße, 26. 10. 1956. Verkehrsmengen von 287 bis 420 Fzg./h

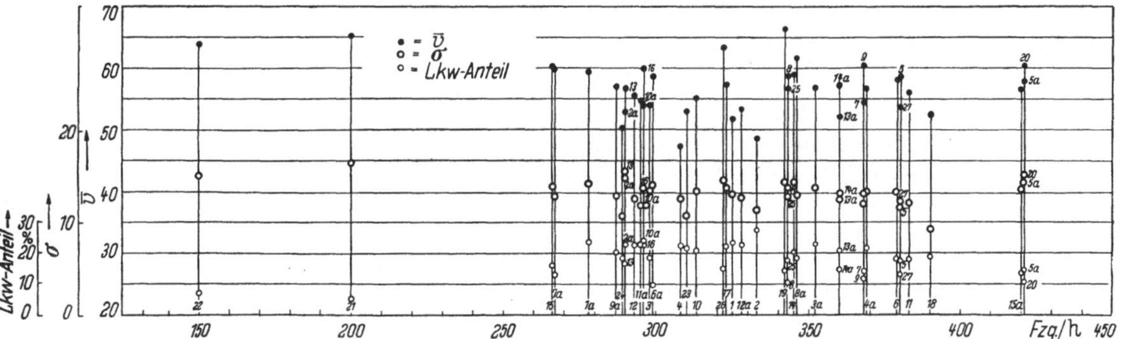

Abb. 13. Mittelwert V̄ und Streuung σ in Abhängigkeit von der Verkehrsmenge M und dem LKW-Anteil. Meßstrecke Düsseldorf, Bonner Straße, 6. 6. bis 9. 6. und 25. 10. bis 26. 10. 1956

[1] Schlums, Untersuchungen des Verkehrsablaufes auf Landstraßen, 1955, Institutsber. I u. II.

Ein weiterer wesentlicher Faktor, der diese Gesetzmäßigkeiten beeinflußt, ist die Verkehrszusammensetzung. Besonders der Anteil des langsamen und schweren Lastverkehrs verursacht eine Verringerung der Geschwindigkeiten. Die bisherigen Erkenntnisse in Europa sind zu sehr auf örtliche Untersuchungen abgestützt und lassen demnach noch keine Schlußfolgerungen zu.

Aber es ist leicht einzusehen, daß bei einem hohen Anteil des Lastwagenverkehrs die Fahrzeuge stark in den Bereich der niedrigeren Geschwindigkeiten gezwungen werden. Diese Verschiebungen streuen natürlich je nach den Fahrbahnbedingungen mehr oder weniger, denn der Einfluß der Langsamfahrzeuge auf Straßen mit Gegenverkehr ist ja infolge der Überholvorgänge weit größer als beispielsweise auf einer vierspurigen Straße mit Richtungstrennung.

Über den Einfluß der Fahrbahnbedingungen hinsichtlich der Einwirkungen bebauter oder nicht bebauter Straßenabschnitte gibt die Abb. 14 Auskunft.

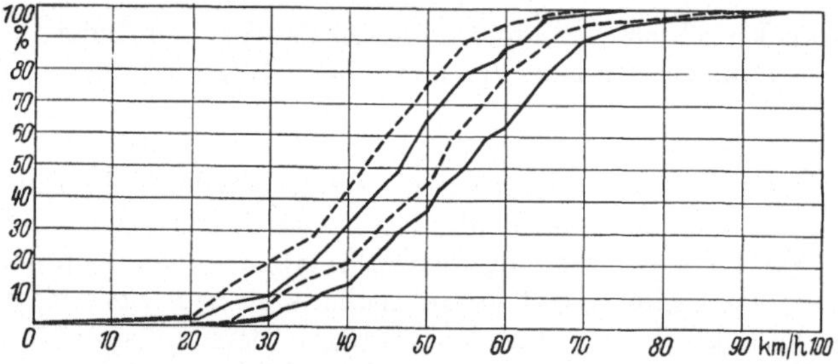

Abb. 14. Summenlinien der Geschwindigkeitsverteilung. Meßstrecke Köln, Brühler Straße
Meßquerschnitt I - - - - - - - - - Meßquerschnitt II ————

In dem beobachteten Straßenzug wurde an zwei Querschnitten gemessen.

Meßquerschnitt I: Straßenabschnitt im bebauten Gebiet mit Anliegerverkehr.

Meßquerschnitt II: Straßenabschnitt ohne Randbebauung.

Die Summenlinien lassen erkennen, daß im Meßquerschnitt II allgemein höhere Geschwindigkeiten gefahren werden als im Meßquerschnitt I.

In dem Diagramm sind für den jeweiligen Querschnitt die Umhüllenden der Summenlinien für mehrere Geschwindigkeitskollektive aufgetragen.

Es ist schwierig, all diesen Einflüssen der zum Teil mehrdeutigen Faktoren Rechnung zu tragen. Der Wert derartiger Erhebungen aber drückt sich nicht zuletzt in den daraus abgeleiteten Leistungsfähigkeitskurven der *freien Strecke* aus, die im gegenseitigen Vergleich schon jetzt gewisse Abgrenzungen gestatten. Gerade hierin aber liegt die Bedeutung der verkehrstechnischen Forschung: durch systematische wissenschaftliche Arbeit mehr und mehr diese Gesetzmäßigkeiten zu erkennen und aus ihnen exakte Dimensionierungswerte abzuleiten, die eine den Forderungen nach Leistungsfähigkeit und Sicherheit im Straßenverkehr gerecht werdende Verkehrsplanung ermöglichen.

Die Sicherheit!

Wie die Ergebnisse der Geschwindigkeitsmessungen erkennen lassen, sind diese ein wertvolles Kriterium zur Festsetzung *sinngemäßer, verkehrsgerechter* Geschwindigkeitsbeschränkungen. Was heißt in diesem Falle sinngemäß bzw. verkehrsgerecht?

Ein Beweis für die Notwendigkeit derartiger Untersuchungen ist schon durch die starken Geschwindigkeitsunterschiede gegeben, die von der Örtlichkeit, der Zeit, sowie den Fahrbahn- und Verkehrsbedingungen abhängen, so daß eine *numerische* Geschwindigkeitsbeschränkung nur schwer befriedigen kann. Die Tatsache, daß heute in vielen Fällen gesetzmäßig festgelegte Geschwindigkeitsbegrenzungen auf bestimmten Straßenabschnitten von einem großen Teil der Fahrer gar nicht beachtet werden, beruht nicht zuletzt auf den nur all zu oft schon nahezu sinnlosen Verbotszeichen, die von den Fahrern eine obere Geschwindigkeitsgrenze fordern, deren Festlegung den wirklichen Verkehrsbedingungen einfach nicht entspricht. Wenn in Deutschland Untersuchungen über die praktische Wirkung von geschwindigkeitsbeschränkenden Verkehrszeichen innerhalb von Ortsdurchfahrten ergaben (vor Einführung der generellen Geschwindigkeitsbeschränkung), daß nur 1 bis 2% der Fahrer während einer Stunde die geforderte Geschwindigkeitsgrenze beachten (bei Polizeinähe 22%), so steht dem gegenüber die bemerkenswerte holländische Feststellung, daß auf Straßen innerhalb bebauter Gebiete, denen ein höhere Geschwindigkeitsgrenze als 40 km/h eingeräumt werden konnte, die Übertretungen nachließen.

Berücksichtigt man die vorhandenen Verkehrsbedingungen im Hinblick auf einen geordneten und sicheren Verkehrsablauf, so ist es immer möglich, in optimaler Weise eine Geschwindigkeitsbegrenzung festzulegen, die nicht nur dem Hauptanteil der Fahrer gerecht wird und die schnelleren Fahrer zur Vorsicht mahnt, sondern auch den rücksichtslosen Fahrer unmittelbar der gesetzlichen Handhabe unterwirft. Die Langsamfahrer dagegen werden zum schnelleren Fahren ermuntert, wodurch sich natürlicherweise ein flüssiger und sicherer Verkehrsablauf einstellt; Tatsachen, die die Bedeutung der in dem Gesetz von 1. September 1957 (Wiedereinführung der Geschwindigkeitsbegrenzung) eingeräumten Möglichkeit zur evtl. Abänderung der generellen Geschwindigkeitsgrenze ganz besonders unterstreichen.

In dieser Hinsicht hat sich die amerikanische Methode der 85%-Geschwindigkeit besonders bewährt, d. h. als optimale Geschwindigkeitsgrenze wird diejenige Geschwindigkeit angesehen, die von 85% der Fahrer nicht überschritten wird.

Die Zweckmäßigkeit dieses Begrenzungsmaßes sei kurz erläutert. Vielfach wird angenommen, daß solche Fahrer, die eine niedrige Geschwindigkeitsbegrenzung übertreten, das gleiche bei einer höheren tun. — Das ist jedoch nicht der Fall, wie amerikanische Beobachtungen schon früh bewiesen haben.

Bei einer Erhöhung von V_{max} um 15 km/h z. B. nahm die 85%-Geschwindigkeit nur um 3 km/h zu. Wurde eine übertrieben niedrige Geschwindigkeitsbegrenzung erhöht, so trat vielfach eine geringere 85%-Geschwindigkeit ein, wie es auch die Abb. 15 zeigt.

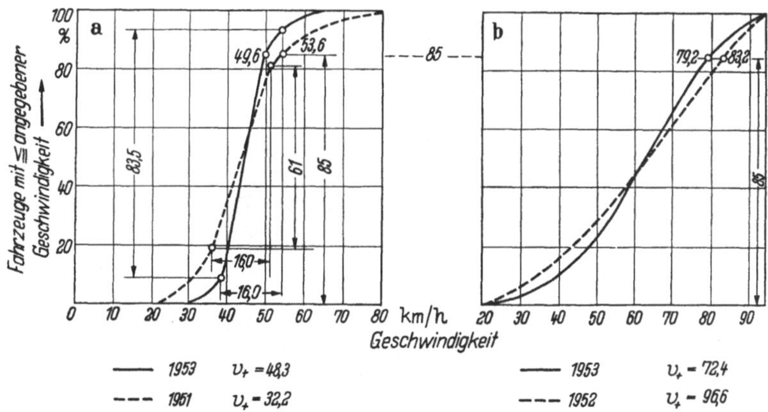

Abb. 15a u. b. Summenlinien der Geschwindigkeitsverteilung bei Geschwindigkeitsbegrenzung

Bei einer oberen Geschwindigkeitsbegrenzung von $V_+ = 32{,}2$ km/h im Jahre 1951 lag die 85%-Grenze bei 53,6 km/h, bei einem größeren V_+ nur bei 49,6 km/h (Diagramm a). Die gleiche Tendenz zeigt sich im Diagramm b), wo V_+ verringert wurde.

Beide Maßnahmen hatten also den gleichen Effekt, nämlich eine Senkung der 85%-Geschwindigkeit

a) bei einer zu niedrigen V-Begrenzung, die erhöht wurde und

b) bei einer zu hohen V-Begrenzung, die gesenkt wurde.

Es wird also festgestellt, daß die Fahrer sich in ihrem Geschwindigkeitsverhalten durch eine vernünftige Geschwindigkeitsbegrenzung günstig beeinflussen lassen. Der Anteil der Fahrzeuge im niedrigen Geschwindigkeitsbereich wird geringer und damit auch die Streuung der Geschwindigkeiten kleiner, wie es aus dem Verlauf der Summenlinien in Abb. 15 ersichtlich ist.

Das beweist auch die folgende Auswertung von Diagramm a): 1951 entfielen auf einen Geschwindigkeitsbereich von 16 km/h (36 bis 52 km/h) 61% der beobachteten Fahrzeuge.

Nach der Verbesserungsmaßnahme 1953 hat sich dieser Anteil für einen gleich großen Bereich (38 bis 54 km/h) auf 83,5% erhöht, d. h. durch die Erhöhung von V_+ von 32,2 km/h auf 48,3 km/h ist der Anteil der Fahrzeuge in einem Geschwindigkeitsbereich von 16 km/h um 22,5% gestiegen.

Die niedrigsten Geschwindigkeiten stiegen von 21 auf 27 km/h, die Höchstgeschwindigkeiten fielen von 81 auf 68 km/h.

Aus den wenigen Beispielen geht bereits hervor, daß eine ordnungs- und zweckmäßige Geschwindigkeitsbeschränkung nur auf der Basis praktischer Geschwindigkeitsbeobachtungen festgelegt werden kann; sei es zur Einführung einer neuen oder zur Verbesserung einer bestehenden Beschränkungsmaßnahme.

Die Geschwindigkeitsmessung, so wie sie der Verkehrsingenieur zur Beobachtung des Straßenverkehrsablaufs an einem Straßenquerschnitt durchführt, erhält damit eine ganz besondere Bedeutung zur Festsetzung von Geschwindigkeitsbeschränkungen, die nur dann ein positives Ergebnis zeigen werden, wenn sie der Natur des Straßenverkehrs entsprechen. Ausführliche Betrachtungen zu diesem Problem machte Herr Prof. KORTE in der Zeitschrift *Straße und Autobahn 1956, Heft 5* unter dem Titel: Die Geschwindigkeit im Straßenverkehrsablauf[1]. Hier wurden, wie in dem Gutachten für den Verkehrsausschuß des Bundestages, differenzierte, und zwar a) generelle, b) örtliche Geschwindigkeitsbegrenzungsmaßnahmen gefordert, die dem örtlichen Verkehrsablauf gemäß sind[2].

Geschwindigkeitsmessungen an verschiedenen großstädtischen Ausfallstraßen, die vom Institut für Stadtbauwesen und Siedlungswasserwirtschaft der T. H. Aachen im Auftrag des Ministeriums für Wirtschaft und Verkehr durchgeführt und nach denen Geschwindigkeitsbegrenzungen auf der 85%-Basis eingeführt wurden, zeigen bisher wertvolle Ergebnisse (Abb. 16).

Eine ausreichende Zahl von Beobachtungen in einem Zeitraum von mehreren Monaten wurde nach der vorhin beschriebenen mathematisch statistischen Methode ausgewertet. Ein Charakteristikum der graphischen Darstellung der Geschwindigkeitsverteilung als Summenlinie ist ein deutliches Abknicken der Kurven im Ordinatenbereich zwischen 80 und 90%, so daß die Zweckmäßigkeit der 85%-Grenze als erstes Kriterium zur Festsetzung der Geschwindigkeitsbegrenzung bewiesen ist.

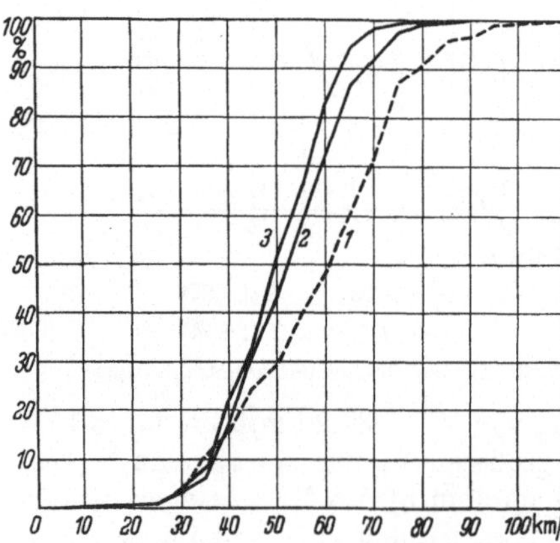

Abb. 16. Summenlinien der Geschwindigkeitsverteilung. Meßstrecke Dortmund, Westfalendamm.
1. M = 555 Fzg./h, 18% LKW, $\bar{V}$ = 58,8 km/h, σ = 16,6 km/h
2. M = 553 Fzg./h, 24% LKW, $\bar{V}$ = 51,9 km/h, σ = 11,9 km/h
3. M = 804 Fzg./h, 7,6% LKW, $\bar{V}$ = 49,6 km/h, σ = 10,9 km/h

Das Ergebnis der Untersuchungen am Westfalendamm in Dortmund (zweispurige Richtungsfahrbahn) war eine 85%-Geschwindigkeit zwischen 70 und 80 km/h, so daß im Einvernehmen mit den örtlichen Stellen eine V-Begrenzung von 70 km/h eingeführt wurde.

Das Diagramm der Abb. 16 zeigt nun die Geschwindigkeitsverteilung

1. vor der Begrenzung,
2. nach der V-Begrenzung und
3. nach der V-Begrenzung mit Polizeikontrolle.

Die weit günstigere Geschwindigkeitsverteilung nach Einführung der Geschwindigkeitsbegrenzung auf 70 km/h ist offensichtlich (Summenlinie 2 und 3). Das arithmetische Mittel $\bar{V}$ und die Streuung σ sind gesunken, d. h.

[1] Der Überholungsvorgang wurde in der gleichen Zeitschrift in den Heften 8/1955, 7 und 8/1956 ausführlich behandelt.

[2] Sachverständigenbericht über die bisherigen verkehrstechnischen Erkenntnisse zur Frage der Bedeutung des Faktors Geschwindigkeit im Straßenverkehr.
Dem Ausschuß für Verkehrswesen des Deutschen Bundestages am 14. 11. 1956 vorgelegt von Professor J. W. KORTE, Aachen.

a) geringere Durchschnittsgeschwindigkeit,
b) geringere Differenzgeschwindigkeit und damit
c) höhere Sicherheit.

Der Streubereich liegt im Falle
1. zwischen 42,2 und 75,4 km/h,
2. zwischen 40,0 und 63,8 km/h,
3. zwischen 38,7 und 60,5 km/h.

80% der beobachteten Fahrzeuge verteilen sich im Falle
1. in einem Bereich zwischen 33 und 80 km/h (47 km/h),
2. in einem Bereich zwischen 37 und 68 km/h (31 km/h),
3. in einem Bereich zwischen 36 und 63 km/h (27 km/h).

Der Anteil der niedrigen Geschwindigkeiten ist gesunken. Man erkennt also, daß trotz der Beschränkungsmaßnahmen ein weit flüssigerer und sicherer Verkehrsablauf erzielt ist, der dennoch im Hinblick auf die vor der Begrenzung gefahrenen Geschwindigkeiten dem Hauptanteil, d. h. den Wünschen der Verkehrsteilnehmer in optimaler Weise entspricht.

Die Befolgung der Beschränkungsmaßnahmen ist auf Grund der sinngemäß festgesetzten Geschwindigkeitsgrenze relativ gut. Der Anteil der Überschreitungen von 8% (Kurve 2) sinkt bei Polizeikontrolle auf 2% (Kurve 3), was letztlich eine Sache der Verkehrsdisziplin ist.

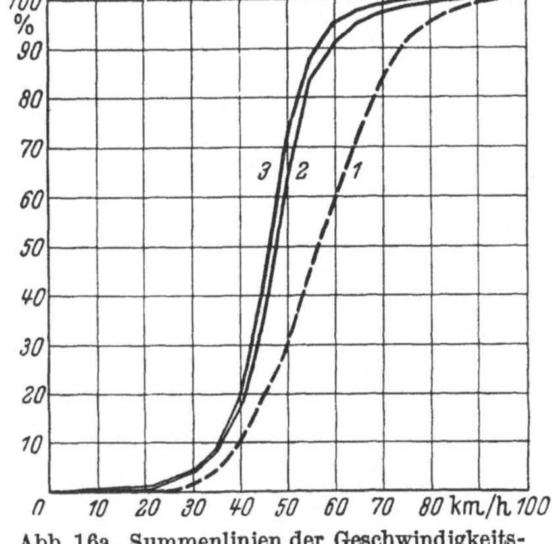

Abb. 16a. Summenlinien der Geschwindigkeitsverteilung
Meßstrecke Düsserdorf, Bonner Straße

Auch die Ergebnisse der Untersuchungen in Düsseldorf auf der Bonner Straße (Ausfallstraße) nach Einführung der gesetzmäßigen Geschwindigkeitsbegrenzung (50 km/h) sind bemerkenswert. Wohl ist hier die Befolgung der Beschränkungsmaßnahme weniger befriedigend als im Beispiel Dortmund. Die Tatsache dürfte dafür bezeichnend sein, daß sich der Kraftfahrer auf Straßen mit geringer Bebauung nur ungern einer niedrigeren Geschwindigkeitsbegrenzung unterzieht. Dennoch ist auch hier ein weit flüssigerer Verkehrsablauf offensichtlich.

Die mittleren Geschwindigkeiten sind niedriger geworden und die Streuungen geringer (s. Abb. 16a).

Es ist beabsichtigt, auf der Bonner Straße die Geschwindigkeitsbegrenzung auf 60 km/h anzuheben, was wiederum mehr der früher gemessenen 85%-Geschwindigkeit entspricht.

Die weiteren Untersuchungen werden sehr aufschlußreich sein im Hinblick auf die Frage, welche Geschwindigkeitsgrenze sich auf den Verkehrsablauf am günstigsten auswirkt. Letztlich sind natürlich die Fahrbahn- und Verkehrsbedingungen maßgebend, die oft eine Begrenzung unter der 85%-Geschwindigkeit notwendig machen.

Die Messungen werden periodisch über ein Jahr lang fortgesetzt, um den Einfluß geschwindigkeitsbeschränkender Maßnahmen auf
a) die Geschwindigkeitsverteilung und den Verkehrsablauf,
b) das Verhalten der Fahrer hinsichtlich der Befolgung dieser Maßnahmen und
c) das Unfallgeschehen

weiter zu analysieren.

Auf Grund dieser *ingenieurmäßigen* Beobachtungen, ihrer wissenschaftlichen Auswertung und der daraus gewonnenen Erkenntnisse wird es möglich sein, auf einer befriedigenden Basis zweckmäßige, der Verkehrssicherheit, den örtlichen Verkehrs- und Fahrbahnbedingungen und damit dem Verkehrsteilnehmer dienliche Geschwindigkeits*zonungen* festzulegen.

Die Beobachtungen lassen erkennen, daß der individuelle Straßenverkehrsablauf in seiner Art eine Massenerscheinung ohne a priori bekannte Weg-Zeit-Beziehungen ist.

Eine Vielzahl von Untersuchungen, gesteuert von zentraler Stelle, im Sinne einer allgemein nützlichen Befriedigung des Verkehrsbedürfnisses sind notwendig, bevor die Probleme eine endgültige Lösung finden können.

C. Gesetzmäßigkeiten im Fußgängerverkehr

Die Tatsache, daß der Fußgänger durch die Entwicklung der Motorisierung mehr und mehr in Bedrängnis geraten ist, zwingt den Städtebauer und Verkehrsplaner dazu, Maßnahmen zu ergreifen, die primär auf die Sicherheit im Fußgängerverkehr abgestimmt sind.

Ursprünglich war das *Gehen* die natürlichste Form des Straßenbenutzens. Mit der technischen Entwicklung aber wechselte diese Fortbewegungsart sehr schnell zum *Fahren* über. Zwar erschöpfte sich dieses vorerst noch weitgehend in einem auf Massentransportmittel konzentrierten Verkehr, dann aber erzeugte die Motorisierung mehr und mehr einen Individualverkehr, der bald ein Vielfaches von dem zur Verfügung stehenden Verkehrsraum beanspruchte und dem Fußgänger in zunehmendem Maße den Primat an der Straßenbenutzung entzog.

Daß sich diese Entwicklung zu einem Problem auswirkte, beweisen nicht zuletzt die Unfallstatistiken mit dem Ergebnis, daß der Anteil der Fußgänger an den durch Verkehrsunfälle getöteten Personen in den meisten Ländern 50% und mehr beträgt.

Man sollte aber auch bei der Analysierung dieses Problems nicht vergessen, daß letztlich der Kraftfahrer wiederum zum Fußgänger gehört, denn es bleibt auch ihm — zum Glück — nicht erspart, einen Teil seiner täglichen Lebensbedürfnisse immer noch fußläufig erledigen zu müssen.

Diese Feststellung nun ist bedeutsam, denn sie beweist, daß Fahrverkehr und Fußverkehr gleichberechtigte Bestandteile des Gesamtstadtverkehrs sind, wobei die Verkehrsteilnehmer selbst im täglichen Verkehrsgeschehen wechselweise der einen oder anderen Verkehrsart angehören. Das bedeutet aber, daß jede Bevorteilung der einen Verkehrsteilnehmergruppe dieser selbst zum Schaden gereicht; eine Tatsache, die mit der weiteren Entwicklung des Kraftverkehrs mehr und mehr zutreffend sein wird.

Im Zusammenspiel der verschiedenen Verkehrsteilnehmergruppen, die sich in einem Verkehrsbereich bewegen, stehen sich jedoch der Fahr- und Fußverkehr als zwei Extreme gegenüber, deren besonderes Merkmal die starke Differenzgeschwindigkeit ist, mit der sie sich auf der Straße bewegen.

Die dem Fußgänger eigenen Bewegungsvorgänge vollziehen sich normalerweise auf dem Gehweg, also außerhalb der dem Kraftverkehr mehr oder weniger vorbehaltenen Fahrbahn, mehr oder weniger insofern, als sich eine gänzliche Vermeidung der Fahrbahn durch den Fußgänger nicht ermöglichen läßt, weil sich dieser

a) mitunter von der einen Fahrbahnseite zur anderen begeben und

b) an den Knoten die sich kreuzenden Straßen überschreiten muß.

Während also der Gehweg einzig und allein dem Fußgänger vorbehalten ist, wird die Fahrbahn notwendigerweise von beiden Verkehrsteilnehmergruppen benutzt.

Somit ist es natürlich, den die Straße überschreitenden Fußgängerstrom an bestimmten Stellen zu konzentrieren, um

a) die Fahrbahn von einem in der Längsrichtung willkürlich verteilten und damit ungeordneten Fußgängerquerverkehr freizuhalten und einen fließenden Verkehr zu ermöglichen,

b) den Fußgänger vor einem unbedachten und damit gefährlichen Überqueren der Fahrbahn zu bewahren und den Kraftfahrer auf die besonderen Übergangsstellen aufmerksam zu machen und damit

c) den Straßenraum im Sinne der Sicherheit und Leistungsfähigkeit in einer dem Verkehrsbedürfnis seiner Benutzer entsprechenden Form aufzuteilen.

Dem Verkehrsbedürfnis entsprechen heißt nun wiederum die Frage klären, bei welchem Verkehrsausmaß sich die Forderungen nach einem natürlichen und reibungslosen Verkehrsablauf noch erfüllen lassen. Wir müssen also

a) die Gesetzmäßigkeiten im Fußgängerverkehr und

b) das Zusammenspiel des Fuß- und Fahrverkehrs

studieren, unter echter Wahrung des jeweiligen Verkehrsbedürfnisses[1].

Untersuchungen über die *Natur* des Fußgängerverkehrs wurden bisher besonders in England und den USA durchgeführt[2].

R. L. Moore hat in seiner wertvollen Fußgängerstudie am British Road Research Laboratory untersucht: Welche Faktoren bestimmen den Entschluß des Fußgängers, die Straße zu überqueren?

Das Diagramm der Abb. 17 gibt Auskunft über die Wahrscheinlichkeit, mit der ein Fußgänger die Straße in Abhängigkeit von der Gehgeschwindigkeit und der Entfernung des Fahrzeugs noch überquert.

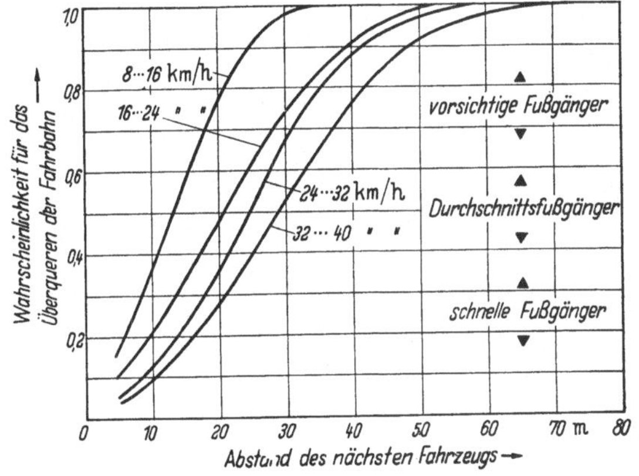

Abb. 17. Fußgängerstudie (nach R. L. Moore)

Danach überschreiten z. B. 70% der Fußgänger die Straße vor einem mit einer Geschwindigkeit von 8 bis 15 km/h herannahenden, noch 18 m von der Übergangsstelle entfernten Fahrzeug.

Bei einer Fahrzeuggeschwindigkeit von 30 bis 40 km/h sind es dagegen nur noch 25%.

Weiter wurde festgestellt, daß der Fußgänger dazu neigt, bei höherer Fahrzeuggeschwindigkeit die Straße schneller zu überschreiten. Das beweist, daß der Fußgänger

1. sich nicht nur nach der Entfernung des herannahenden Fahrzeugs richtet und

2. für die zum Überschreiten der Fahrbahn gewählte Zeitlücke im Verkehrsstrom nicht nur die abgeschätzte Zeit bis zum Eintreffen des Fahrzeugs an der Übergangsstelle berücksichtigt.

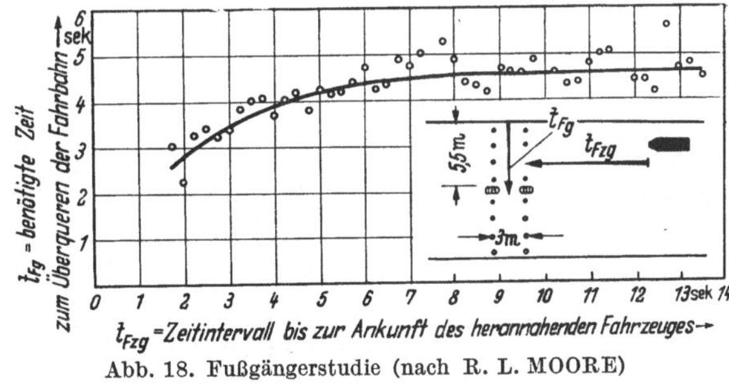

Abb. 18. Fußgängerstudie (nach R. L. Moore)

Vielmehr zeigen die Beobachtungen, daß der Fußgänger seine Gehgeschwindigkeit beim Überschreiten der Fahrbahn der Fahrzeuggeschwindigkeit entsprechend verändert, wie es auch das Diagramm der Abb. 18 bestätigt. Dargestellt ist die Relation

---

[1] Lapierre, R.: Die Behandlung des Fußgängerverkehrs in der Straßenverkehrsplanung, Schriftenreihe der Arbeits- und Forschungsgemeinschaft für Stadtverkehr und Verkehrssicherheit, Band III, Köln 1957.

[2] Siehe Fußn. [1], S. 191; Fußn. [2], S. 193; Fußn. [2], S. 194 und Lapierre: Gesetzmäßigkeiten des fließenden und ruhenden Straßenverkehrs, Schriftenreihe der Arbeits- und Forschungsgemeinschaft für Stadtverkehr und Verkehrssicherheit, Band II. Köln 1956.

zwischen der Zeit, die ein Fußgänger zum Überqueren der Fahrbahn benötigt (Ordinate) und der Zeit bis zur Ankunft des Fahrzeugs an der Übergangsstelle (Abszisse).

Man erkennt, daß bei einem Fahrzeugabstand von 7 sek oder mehr die mittlere Gehgeschwindigkeit des Fußgängers konstant bleibt. Werden die Fahrzeugabstände kürzer, so wächst die Gehgeschwindigkeit weiter an und bei einem 2 sek-Abstand geschieht die Überquerung nur noch im Laufschritt. [1]

Das Erkennen derartiger Gesetzmäßigkeiten ist für die Bestimmung der zum Kreuzen eines Verkehrsstroms durch Fußgänger erforderlichen Zeitlücke sehr wichtig, wie noch näher gezeigt wird.

Beobachtungen an Fußgängerüberwegen, die wir in Aachen durchführten, zeigen ebenfalls eine auffallende Abhängigkeit der Fahrbahnüberquerung durch Fußgänger vom zeitlichen Abstand der Fahrzeuge von der Übergangsstelle.

An einer 5,80 m breiten Richtungsfahrbahn überschreiten ungefähr 50% der beobachteten Fußgänger die Fahrbahn noch vor einem 3 bis 4 sek entfernten Fahrzeug (Abb. 19).

An einer 14,00 m breiten Straße mit Gegenverkehr liegt der 50%-Anteil bei 5 sek (Abb. 20).

Der Bereich für die 100%-Überquerung liegt in beiden Fällen bei etwa 10 sek.

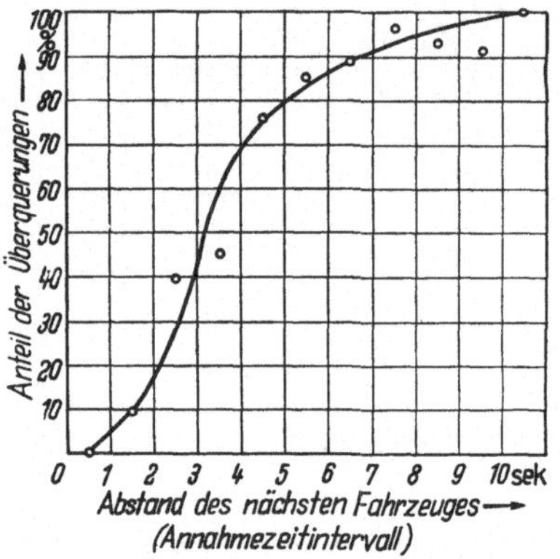

Abb. 19. Überquerung einer Richtungsfahrbahn durch Fußgänger

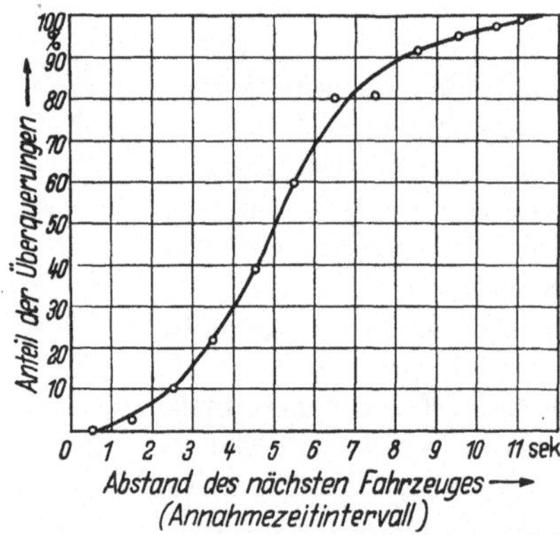

Abb. 20. Überquerung einer Zweibahnstraße durch Fußgänger

Es handelt sich hierbei um das sog. *Annahmezeitintervall*, das jeweils den Anteil der angenommenen Intervalle an der Gesamtzahl der in der jeweiligen Intervallgruppe beobachteten Überquerungen angibt.

Der obengenannte 50%-Anteil entspricht demnach dem sog. *mittleren Annahmezeitintervall*; das ist der Zeitabstand eines Fahrzeugs von der Übergangsstelle, der zu je 50% von den beobachteten Fußgängern zur Überquerung der Fahrbahn angenommen bzw. abgelehnt wird.

Die USA geben für das mittlere Annahmezeitintervall bei Einbahnstraßen 5,7 sek und bei Zweibahnstraßen 7,5 sek an; bei Straßenbreiten von etwa 11,00 m bzw. 13,50 m (Abb. 21). [2]

Ist das mittlere Annahmezeitintervall bekannt, so kann die durchschnittliche Wartezeit der Fußgänger an einer Überquerungsstelle ermittelt werden.

---

[1] Moore, R. L.: Wichtige psychologische Faktoren bei der Straßenverkehrstechnik, Internationale Studienwoche für Straßenverkehrstechnik in Stresa 1956, Thema II, ADAC München.

[2] Robinson, C. C.: Pedestrian Intervall Acceptance, Proceedings 1951, Twenty-Second Annual Meeting. New Haven/Conn: Institute of Traffic Engineers.

Wie wir bereits feststellten, nimmt die Zeitlückengröße in einem Verkehrsstrom mit zunehmender Verkehrsdichte ab. Demzufolge werden also auch die Möglichkeiten zum Überqueren der Fahrbahn geringer, da die Zahl der hierfür erforderlichen, dem mittleren Annahmezeitintervall entsprechenden, Mindestzeitlücken ebenfalls kleiner wird, d. h. die Wartezeit der die Straße überquerenden Fußgänger wächst.

Wir sehen also, daß es sich hier wieder um ein Zeitlückenproblem handelt.

Diese Wartezeiten in Abhängigkeit von der Verkehrsmenge und dem mittleren Annahmezeitintervall (M), also unter Berücksichtigung der Verkehrs- und Fahrbahnbedingungen, lassen sich demnach mit Hilfe des Poissongesetzes bestimmen.[1]

Das Diagramm der Abb. 22 zeigt den bedeutsamen Vorteil der Einbahnstraße (M = 5,7 sek) gegenüber der Zweibahnstraße (M = 7,5 sek).

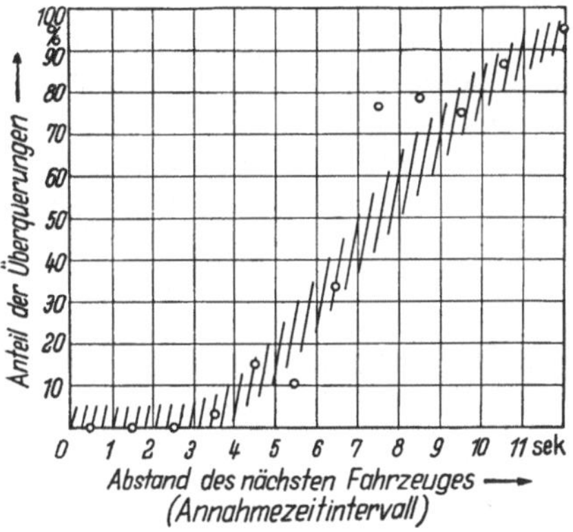

Abb. 21. Überquerung einer Zweibahnstraße durch Fußgänger (nach C. C. ROBINSON

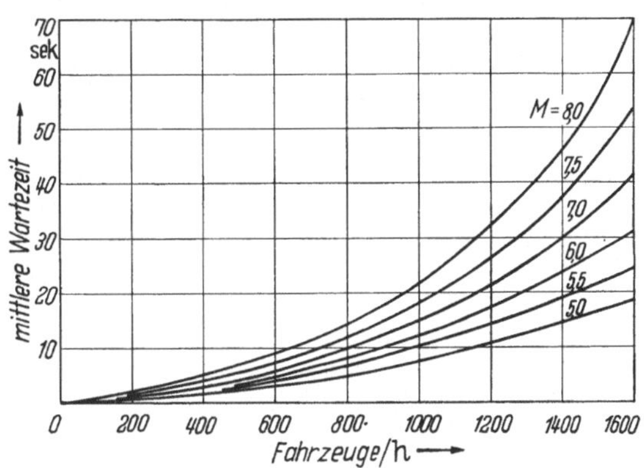

Abb. 22. Fußgängerwartezeiten in Abhängigkeit von der Verkehrsmenge (nach M. S. RAFF)

Bei einem Verkehrsvolumen von 1000 Fzg/h beträgt der durchschnittliche Zeitgewinn bei Einbahnstraßen nahezu 50%. Für den Fußgänger sind also Fahrbahnteiler und Richtungsverkehr von besonderer Bedeutung, weil sie ihm das Überschreiten der Fahrbahn bei größerer Sicherheit und Leistungsfähigkeit erleichtert.

Fragt man nach dem Wert eines festzeitgesteuerten Fußgängersignals, so ist ein Vergleich der Wartezeiten a) mit und b) ohne Signalisierung besonders aufschlußreich.[2]

a) Bei einem Verkehrsvolumen von 250 Fußgängern und 600 Fahrzeugen pro Stunde, einem mittleren Annahmezeitintervall von M = 7,5 sek, beträgt die durchschnittliche Fußgängerwartezeit nach Abb. 22 8 sek; die Gesamtwartezeit für 250 Fußgänger demnach 2000 sek.

Das entsprechende Ergebnis wäre dann

1. bei 700 Fahrzeugen/h 10 sek,
2. bei 1000 Fahrzeugen/h 18 sek,
3. bei 1200 Fahrzeugen/h 26 sek.

Der gleichen Fußgängergesamtwartezeit von 2000 sek/h würde dann im Falle

1. ein Volumen von 200 Fg/h,
2. ein Volumen von 111 Fg/h,
3. ein Volumen von 77 Fg/h

entsprechen, wie es das Diagramm der Abb. 23 zeigt.

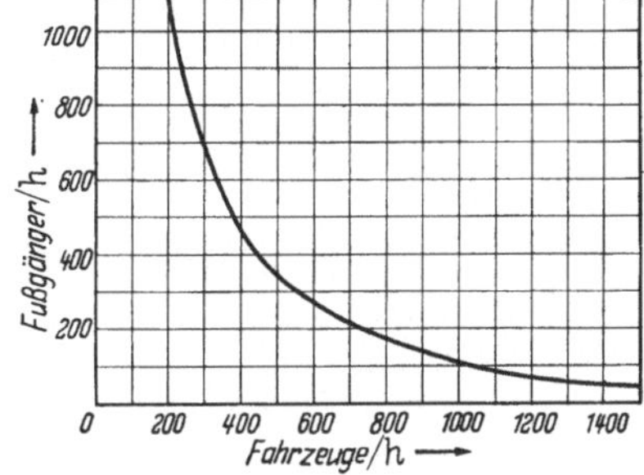

Abb. 23. Fußgänger- und Fahrzeugmenge für M = 7,5 sek. und konstante durchschnittliche Fußgängergesamtwartezeit von 2000 sek. pro Stunde

b) Bei einem festzeitgesteuerten Signal mit einer Periode von 35 sek, einer Fußgängerphase

[1] Fußn. 1, S. 191.

[2] RAFF, M. S.: A Volume Warrant for Urban Stob Signs. Saugatuck/Conn.: The Eno Foundation for Highway Traffic Control, 1950.

von 10 sek und dem obengenannten Volumen von 250 Fußgänger und 600 Fahrzeugen pro Stunde ergibt sich nun folgendes Bild:

$\frac{25}{35} \cdot 250$ Fußgänger sind im Verlauf einer Stunde durch Rotzeiten blockiert. Mit einer durchschnittlichen Wartezeit von 50% der Rotphase ist dann die Gesamtwartezeit 2232 sek, also größer als die in Fall a) ohne Signalanlage mit 2000 sek. Ein weiterer Nachteil ist der, daß während der Fußgängerphase auch noch die Fahrzeuge blockiert werden.

Man sieht, daß hier die Fußgängerphase sowohl dem Fuß- als auch dem Fahrverkehr keine zeitlichen Vorteile bringt. Für die Bewertung der verschiedenen Ausbauelemente geben uns derartige Untersuchungen wertvolle Hinweise. Sie bewahren vor einer falschen Beurteilung und verhelfen damit zu einer verkehrsgerechten planerischen Arbeit unter sinnvoller Berücksichtigung von Sicherheit, Leistungsfähigkeit und Wirtschaftlichkeit.

In den USA hat man der Zeitlückenverteilung in einem Verkehrsstrom zur Bewertung von Fußgängerüberwegen schon lange besondere Beachtung geschenkt. Die Ergebnisse finden bevorzugte Anwendung bei der Beurteilung von Überwegen, die im Bereich der Wege von Schulkindern und Berufsverkehrsströmen liegen. Sie sind ein wichtiger Maßstab für die Notwendigkeit zum Einsatz von Polizei und Lotsendienst.

Aus der Zahl der erforderlichen Möglichkeiten zum Überschreiten der Fahrbahn, die gemäß dem Bedürfnis des Fußgängerverkehrs aus der Diagnose ermittelt wird, läßt sich das sog. *kritische Verkehrsvolumen* definieren, das der Sicherheit des Fußgängers entspricht. Unter Anwendung des Poissongesetzes lautet dann die Gleichung:

$$\frac{3600}{t} \cdot e^{-\frac{V_c \cdot t}{3600}} = N .$$

$\frac{3600}{t}$ = Zahl der t-sek-Intervalle pro Stunde,
t = erforderliche Zeitlücke zwischen den Fahrzeugen [sek],
V_c = kritisches Verkehrsvolumen [Fzg/h],
N = Zahl der erforderlichen Möglichkeiten zum Überqueren der Straße.

Für verschiedene Fahrbahnbreiten, von denen das mittlere Annahmezeitintervall abhängig ist, wurden die kritischen Verkehrsvolumen ermittelt, die in dem Diagramm der Abb. 24 dargestellt sind.

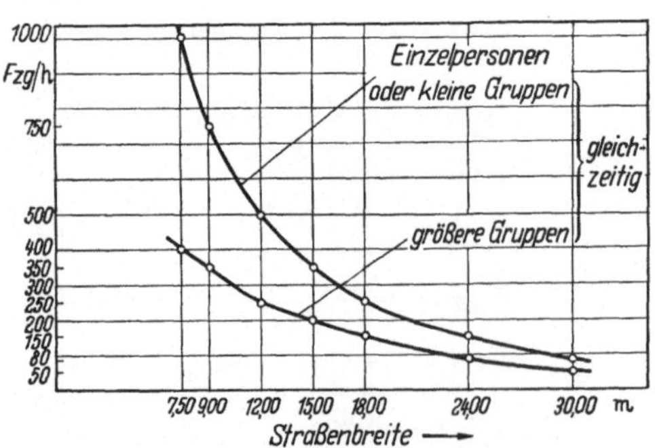

Abb. 24. Maximale Verkehrsmenge einer Zweibahnstraße mit ausreichenden Zeitlücken zum Überqueren der Fahrbahn

Es ließen sich noch etliche Untersuchungsbeispiele zu den Gesetzmäßigkeiten im Fußgängerverkehr anführen, die schließlich alle darauf hinzielen, das Verhalten des zu Fuß gehenden Verkehrsteilnehmers zu studieren und daraus planerische Maßnahmen abzuleiten, die einen *natürlichen* und damit reibungslosen Verkehrsablauf gewährleisten.

Der Kraftverkehr ist ein Ergebnis des technischen Fortschritts und ein nicht mehr wegzudenkender Bestandteil des heutigen Raumlebens, doch er wird und darf den Fußgängerverkehr, ohne den ein gesundes und menschenwürdiges Stadtleben überhaupt nicht möglich ist, niemals verdrängen.

Sorgen wir also dafür, daß die natürlichste aller Fortbewegungsarten, nämlich das *Gehen*, wieder zu ihrem Recht kommt.

D. Beobachtungsmethoden der praktischen Verkehrsforschung

Aus den beschriebenen Beispielen der verkehrstechnischen Forschungsarbeit geht die Bedeutung von Verkehrsbeobachtungen hervor.

Der Ingenieur, der eine Verkehrsanlage plant, wird in der Verkehrstherapie immer auf die Gesetzmäßigkeiten im Straßenverkehrsablauf zurückgreifen müssen, wobei ihm Tabellen, Formeln oder Diagramme zur Verfügung stehen, die das Ergebnis aus vielen Verkehrsbeobachtungen sind.

Zu den wichtigsten Beobachtungen im Rahmen der verkehrstechnischen Forschung gehören:

1. die Geschwindigkeitsmessung,
2. die Zeitlückenmessung,
3. das Messen von Anfahrtsreaktionszeiten an Kreuzungszufahrten,
4. die kinematogrammetrische Untersuchung zur Erfassung komplizierter Verkehrsvorgänge.

Wegen der Wichtigkeit dieser Untersuchungen, die in ihrer Art und Durchführung in Deutschland noch wenig bekannt und nur einzelnen Stellen vorbehalten sind, in Zukunft aber auf breiterer Basis durchgeführt werden müssen, sollen im folgenden in kurzer Form die Arbeitsmethoden und die verwendeten und bewährten Geräte beschrieben werden.

1. Geschwindigkeitsmessungen

Die Geschwindigkeit ist der in der Zeiteinheit zurückgelegte Weg. Sie hat die Dimension $V = \frac{\text{Weg}}{\text{Zeit}} \left[\frac{\text{m}}{\text{sek}}\right]$ bzw. $\left]\frac{\text{km}}{\text{h}}\right]$.

Zur Erfassung der Geschwindigkeit eines Fahrzeugs müssen also Weg und Zeit bekannt sein.

Für überschlägliche Untersuchungen genügen schon Sekundenzeiger oder Stoppuhr und eine vorgegebene Streckenmarkierung im Beobachtungsbereich.

Mittleren Ansprüchen genügen die Stoppuhr in Verbindung mit dem *Enoskop*, einem Spiegel, so genannt zu Ehren des Pioniers der Straßenverkehrstechnik in den USA (Abb. 25).

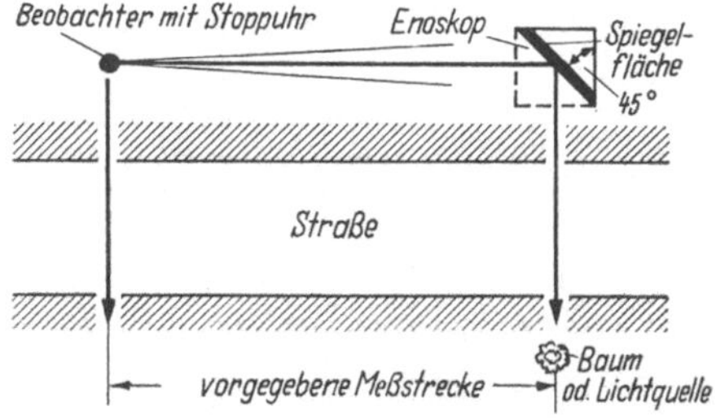

Abb. 25. Einfache Geschwindigkeitsbeobachtung mit Stoppuhr

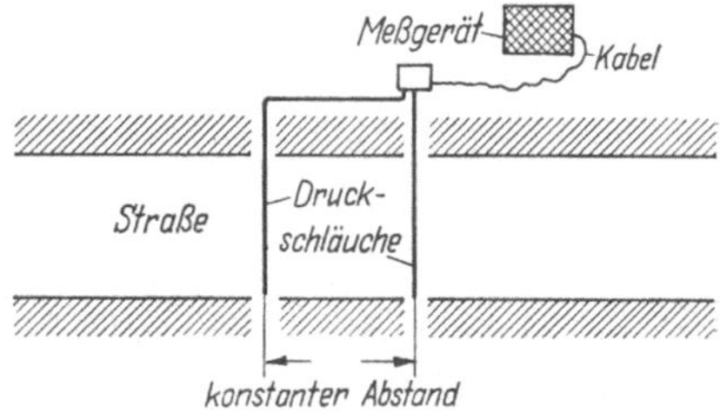

Abb. 26. Exakte Geschwindigkeitsbeobachtung mit mechanisch elektrischer Meßvorrichtung

Bei exakten Geschwindigkeitsmessungen bedient sich die verkehrstechnische Forschung spezieller Geschwindigkeitsmeßgeräte. Bewährt hat sich hier das amerikanische *Ametron Speedmeter* der Fa. Streeter-Amet, Chikago.

Das Gerät erfaßt die Einzelgeschwindigkeiten durch mechanisch-elektrische Impulsübertragung, die beim Überfahren von Druckschläuchen ausgelöst wird.

Durch den Impuls des ersten Schlauches wird ein Kondensator elektrisch geladen, wobei ein Zeiger automatisch die Ladung und damit die verflossene Zeit angibt, während der zweite Schlauch den Zeiger bei der Entladung des Kondensators stoppt, womit auf einer Skala unmittelbar die Geschwindigkeit abgelesen wird.

Die grauen Druckschläuche werden in einem Abstand von 3,30 m senkrecht zur Fahrtrichtung auf der Fahrbahn befestigt (Abb. 26). Die Einzelwerte werden von einem Beobachter auf der Skala abgelesen und von einem Feldbuchführer, getrennt nach Fahrzeugarten und Geschwindigkeitsklassen in vorgezeichnete Strichlisten eingetragen (Abb. 27 und 28).

Abb. 27a. Geschwindigkeitsmessung auf der Brühler Straße in Köln.

Abb. 27b. Geschwindigkeitsmessung am Hofplein in Rotterdam. Unterstützung der Rotterdamer Polizei beim Befestigen der Druckschläuche

Jede Messung dauert eine Stunde; die einzelnen Meßreihen erstrecken sich meist über mehrere Tage.

Ebenfalls auf der Basis mechanisch-elektrischer Impulsübertragung wurde am Institut für Stadtbauwesen und Siedlungswasserwirtschaft der T. H. Aachen von Herrn cand. ing. H. Stelling ein Gerät entwickelt, das den Meßvorgang wesentlich vereinfacht. Erforderlich ist nur ein Beobachter, der lediglich durch Tastendruck die Fahrzeugart auf ein Zählspeicherwerk überträgt, das sofort die Geschwindigkeitsklassenwerte nach Fahrzeugarten getrennt gemäß dem Feldbuchblatt der Abbildung 28 registriert und addiert.

Am Ende der gewünschten Meßzeit werden die Ergebnisse schriftlich oder fotografisch festgehalten, womit ein Teil der Auswertung bereits erledigt ist und die Geschwindigkeitsverteilung sofort aufgetragen werden kann (Abb. 29).

Mit dem Gerät kann gleichzeitig ein Time-recorder für Zeitlückenmessungen gekoppelt werden, womit sich die Verkehrsbeobachtung bei einem Maximum an Meßmöglichkeiten mit einem Minimum an Aufwand erzielen läßt.

Für die Verkehrsüberwachung durch die Polizei, die einen hohen Anspruch an die Unauffälligkeit der Messung stellt, wird sich im Laufe der Zeit wohl ein Geschwindigkeitsmeßgerät auf *Radarbasis* durchsetzen, das auf anderen physikalischen Gesetzen beruht (Dopplereffekt: Die durch einen sich nähernden Gegenstand reflektierten Strahlen sind kurzwelliger, die durch einen sich entfernenden Gegenstand reflektrierten Strahlen sind langwelliger als der ausgesandte Strahl. Die Differenzfrequenz wird vor dem Gerät als Geschwindigkeit in km/h angezeigt).

In Deutschland wurde ein solches Gerät von Telefunken entwickelt (Abb. 30).

	km/h	Pkw	Lkw	Krad	Moped	
	20,0				1	1 (0,1)
22,5	20,1 ··· 25,0				4	4 (0,6)
27,5	25,1 ··· 30,0	1	1		6	8 (1,2)
32,5	30,1 ··· 35,0	4	2	2	10	18 (2,6)
37,5	35,1 ··· 40,0	4	8	2	10	24 (3,5)
42,5	40,1 ··· 45,0	19	14	6	5	44 (6,4)
47,5	45,1 ··· 50,0	21	20	4	4	49 (7,1)
52,5	50,1 ··· 55,0	50	19	6	5	80 (11,6)
57,5	55,1 ··· 60,0	63	18	9	2	92 (13,4)
62,5	60,1 ··· 65,0	91	8	11		110 (16,0)
67,5	65,1 ··· 70,0	71	4	14		89 (13,0)
72,5	70,1 ··· 75,0	58	1	7		66 (9,6)
77,5	75,1 ··· 80,0	45		7		52 (7,6)
82,5	80,1 ··· 85,0	24		1		25 (3,6)
87,5	85,1 ··· 90,0	12		1		13 (1,9)
92,5	90,1 ··· 95,0	8				8 (1,2)
97,5	95,1 ··· 100,0	1				1 (0,1)
102,5	100,1 ··· 105,0	3				3 (0,4)
107,5	105,1 ··· 110,0					
112,5	110,1 ··· 115,0					
117,5	115,1 ··· 120,0					
122,5	120,1 ··· 125,0					
	125,1					
		475 (69,1)	95 (13,8)	70 (10,2)	47 (6,8)	Σ 687

Abb. 28. Geschwindigkeitsbeobachtung. Datum: 21. 6. 1956 Ort: Dortmund, Westfalendamm. Uhrzeit: 16.45 bis 17.45 Uhr. Wetter: trocken. Gerät: Ametron. Beobachter: Schmidt

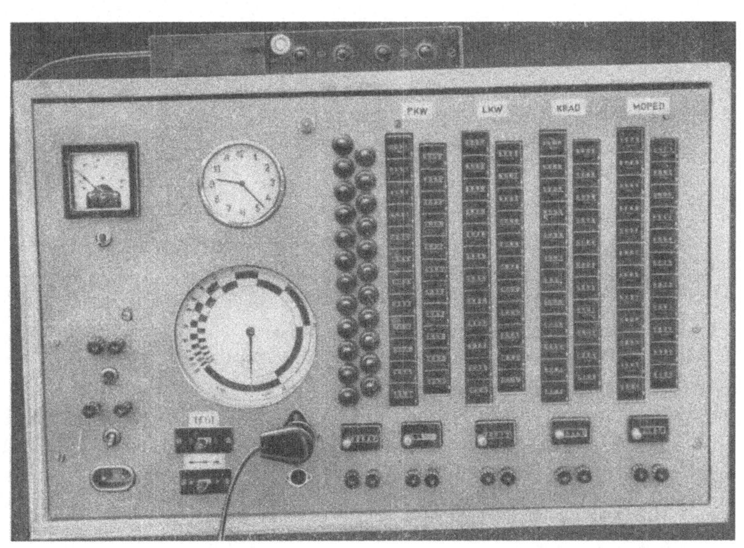

Abb. 29. Geschwindigkeitsmeßgerät mit Zählspeicherwerk

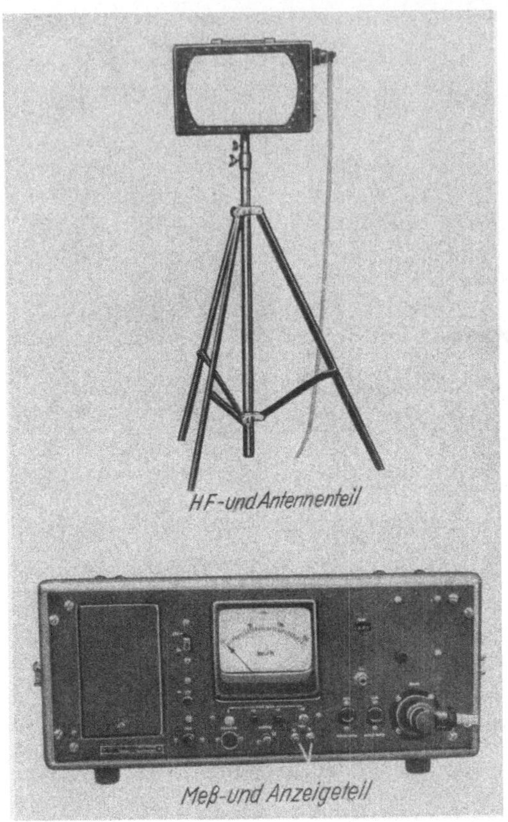

Abb. 30. Geschwindigkeitsmeßgerät (Radar) nach Telefunken

Sollte sich dieses Gerät mit dem eben beschriebenen Zählspeicherwerk verbinden lassen, so wäre ein ideales Forschungs- und Überwachungsgerät geschaffen.

Die Meßergebnisse werden in der vorgenannten Form (Tab. I) ausgewertet.

2. Zeitlückenmessungen

Als Zeitlücke in einem Verkehrsstrom ist der zeitliche Abstand zwischen den Vorderkanten aufeinanderfolgender Fahrzeuge definiert.

Auf einfache Art lassen sich derartige Messungen ebenfalls mittels Stoppuhr und Strichliste durchführen.

Der Meßtrupp besteht aus zwei Personen, dem Zeitansager, der das festgesetzte Zeitintervall ansagt und dem Feldbuchführer, der in eine vorgezeichnete Strichliste die Zahl der jeweils in einem Zeitintervall vorbeifahrenden Fahrzeuge einer Verkehrsrichtung einträgt (Abb. 31). Aus der Zahl der Fahrzeuge pro Intervall kann man dann indirekt auf die Zeitlückenverteilung schließen (vgl. Abb. 5).

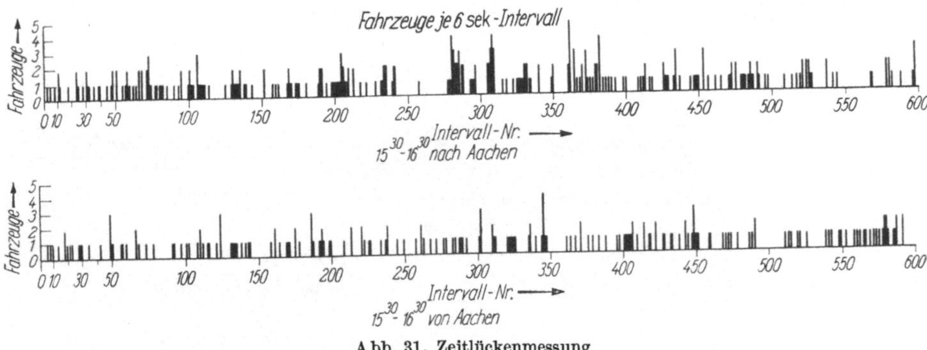

Abb. 31. Zeitlückenmessung

Die direkte Zeitlückenmessung geschieht mit Hilfe des sog. Time-recorders, ein Zehnfachzeitschreiber, der auf einer mit konstanter Vortriebsgeschwindigkeit umlaufenden Papierrolle Beobachtungsimpulse markiert (Abb. 32).

Jedesmal, wenn ein Fahrzeug mit seiner Vorderkante den gewählten Meßquerschnitt überfährt, betätigt der Beobachter einen Druckknopf, der einen Kurzschlußkontakt und damit den Ausschlag eines Schreibstiftes bewirkt. Von dem millimeterunterteilten Papierstreifen lassen sich die Abstände aufeinanderfolgender Impulszeichen unmittelbar ablesen. Die Zeitlücken werden dann durch Division der Abstandwerte (mm) durch die Vortriebsgeschwindigkeit $\left(\frac{\text{mm}}{\text{sek}}\right)$ bestimmt und in Strichlisten eingetragen (Abb. 33).

Hiernach wird die Zeitlückensummenlinie aufgetragen.

Die Zeitlückenverteilung in einem Verkehrsstrom hat vor allem praktische Bedeutung für die Leistungsfähigkeitsberechnung signalgesteuerter und nichtsignalgesteuerter Verkehrsknoten. Darüber hinaus sind Zeitlückenmessungen zur Erfassung der zum Einfädeln und Kreuzen von Verkehrsströmen erforderlichen Mindest- oder Grenzzeitlücken für Kraft-, Rad- und Fußgängerverkehr erforderlich, woraus sich die bekannten Leistungs- und Sicherheitskriterien ableiten lassen.

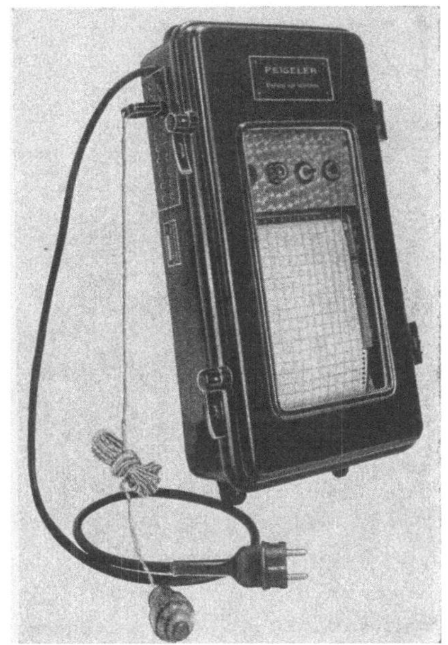

Abb. 32. Time-recorder nach PEISELER

3. Anfahrtreaktionszeiten

Als Anfahrtreaktionszeit ist die Zeit definiert, die ein Fahrzeug einer bei Rot in einer Kreuzungszufahrt wartenden Kolonne nach dem Wechsel auf Grün bis zum Überfahren der Haltlinie benötigt.

Sind diese Zeitbedarfswerte bekannt, so lassen sich wertvolle Aussagen zur Bestimmung der Leistungsfähigkeit signalgesteuerter Kreuzungszufahrten machen.

Mit Hilfe derartiger Messungen an Kreuzungen in Düsseldorf und Aachen[1] wurde eine gute Übereinstimmung mit den von GREENSHIELDS ermittelten Werten in Amerika[2] festgestellt (Abb. 34).

Auch bei diesen Beobachtungen kommt der Time-recorder zur Anwendung.

Jeder Spur der Kreuzungszufahrt ist ein Beobachter zugeteilt, der, wie bei der Zeitlückenmessung, die entsprechenden Fahrzeuge beim Passieren der Haltlinie durch Impuls auf dem Papierstreifen registriert. Ein Feldbuchführer erfaßt zusätzlich die Fahrzeugarten in der Reihenfolge ihrer Ankunft, wobei die Kolonne der zum Anhalten gezwungenen und die während der Grünzeit ankommenden und durchfahrenden Fahrzeuge getrennt im Feldbuch vermerkt werden.

sek	mm	Anzahl	sek	cm	Anzahl
0…1	0…4	18 (100,0)	20…22,5	8…9	12 (15,3)
1…2	4…8	25 (94,5)	22,5…25	9…10	5 (11,6)
2…3	8…12	32 (86,8)	25…27,5	10…11	5 (10,1)
3…4	12…16	22 (77,0)	27,5…30	11…12	2 (8,6)
4…5	16…20	29 (70,2)	30…32,5	12…13	5 (8,0)
5…6	20…24	13 (61,3)	32,5…35	13…14	7 (6,4)
6…7	24…28	16 (57,4)	35…37,5	14…15	1 (4,3)
7…8	28…32	15 (52,4)	37,5…40	15…16	4 (4,0)
8…9	32…36	14 (47,8)	40…42,5	16…17	3 (2,8)
9…10	36…40	13 (43,6)	42,5…45	17…18	
10…11	40…44	10 (39,6)	45…47,5	18…19	2 (1,8)
11…12	44…48	9 (36,5)	47,5…50	19…20	1 (1,2)
12…13	48…52	8 (33,7)	50…52,5	20…21	1 (0,9)
13…14	52…56	11 (31,3)	52,5…55	21…22	1 (0,6)
14…15	56…60	10 (27,9)	55…57,5	22…23	
15…16	60…64	7 (24,8)	57,5…60	23…24	
16…17	64…68	6 (22,7)	60…62,5	24…25	
17…18	68…72	13 (20,9)	62,5…65	25…26	
18…19	72…76	3 (16,9)	65…67,5	26…27	
19…20	76…80	2 (15,9)	67,5…70	27…28	1 (0,3)

Σ 326

Abb. 33. Zeitlückenmessung. Datum: 29. 6. 1955. Ort: Aachen, Saarstraße. Uhrzeit: 7.15 bis 8.15 Uhr. Anfangslücke; 49 mm. Wetter: bedeckt. Gerät: Peiseler. Beobachter: Schmidt. Endlücke: 54 mm

[1] Siehe Fußn. 2, S. 207.
[2] Siehe Fußn. 2, S. 191.

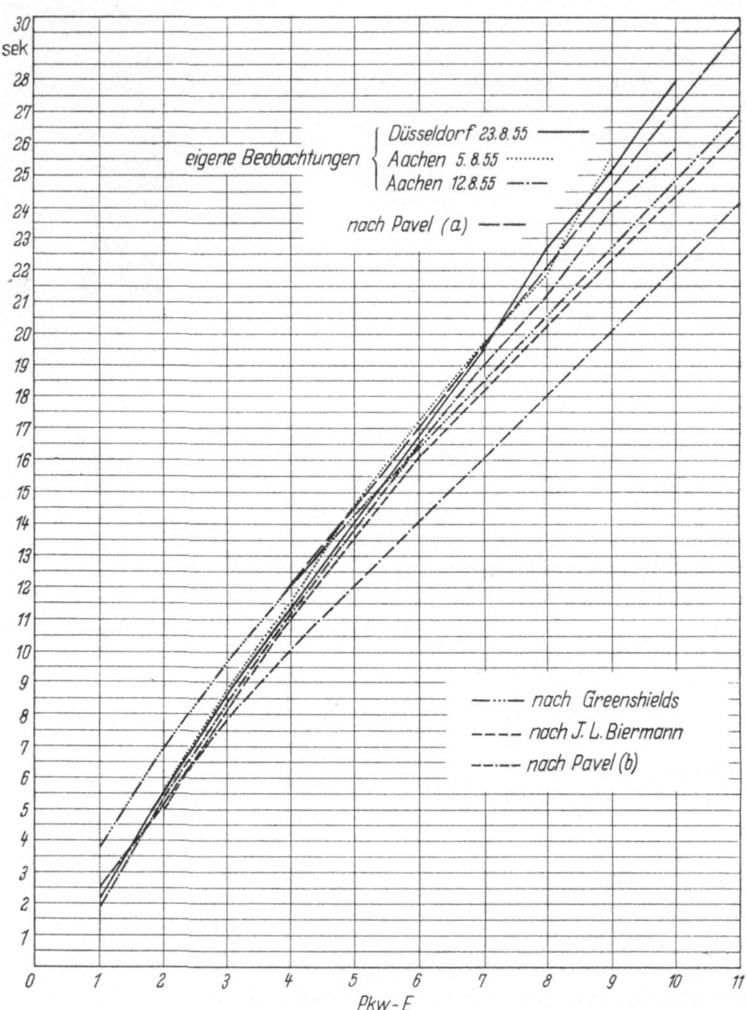

Abb. 34. Gemittelte Zeitbedarfswerte an den Zufahrten lichtsignalgesteuerter Kreuzungen für PKW-Geradeausverkehr

Während der Messung sind die drei Lampen des Zufahrtsignals über Relais mit drei Schreibstiften des Time-recorders verbunden, so daß die Überfallzeiten der einzelnen Fahrzeuge exakt in den Signalzyklus eingeordnet werden können.

Durch Vergleich zwischen Feldbuch und Papierstreifen wird bei der Auswertung jedem Beobachtungsimpuls die entsprechende Fahrzeugart zugeordnet und der Zeitbedarfswert in das Feldbuch eingetragen.

Die Ergebnisse dieser Messungen liefern der Verkehrstechnik wichtige Aussagen zur Bestimmung der Leistungsfähigkeit je Grünphase und Spur und zur Ermittlung der ausreichenden Grünzeit, die die während der Rotzeit blockierten Fahrzeuge ohne ständigen Rückstau verarbeiten muß. Die Beobachtungen der Anfahrtreaktionszeiten an signalgesteuerten Kreuzungszufahrten beschreiben damit ein wichtiges Merkmal des durch Signale unterbrochenen Verkehrsablaufs: das Anfahrtgesetz.

4. Die kinematogrammetrische Verkehrsbeobachtung

Für die Beobachtung komplizierter Vorgänge im Verkehrsablauf ist besonders die Filmkamera geeignet.

Sie ist hinsichtlich der Erfassung das universelle, hinsichtlich der Auswertung aber das langwierigste Beobachtungsgerät.

Nicht immer lassen sich die besonderen Merkmale im Straßenverkehr so einfach erfassen, wie es vielleicht bei den vorgenannten Meßmethoden den Anschein hat. Oft ist der Verkehrsablauf von einer derart verwickelten Form, daß sich nur aus einer Vielzahl von Messungen nach mühsamer Auswertung gewisse Gesetzmäßigkeiten herausschälen.

So wird man z. B. zur Analysierung komplexer Vorgänge, wie sie an Verkehrsknoten, besonders an Kreisverkehrsplätzen, Verflechtungsstrecken, Beschleunigungs- und Verzögerungsspuren vorherrschen, niemals auf die Filmkamera verzichten können. Sie erfaßt den Verkehrsablauf an der Beobachtungsstelle in all seinen Phasen und es lassen sich die Zahl und Art der Fahrzeuge, die Geschwindigkeiten, die Zeitlücken, kurz alle interessierenden Bewegungsvorgänge festhalten, die bei der Auswertung mit beliebiger Geschwindigkeit oder in Form der Einzelbildbetrachtung reproduziert werden können.

Je nach der Größe und Form des Beobachtungsobjektes bereitet vor allem der Aufnahmestandpunkt Schwierigkeiten, da er in der Regel hoch liegen muß (Abb. 35).

Nicht immer lassen sich in dem Aufnahmebereich für die Auswertung bestimmte Streckenabstände markieren. Erforderlich ist dann ein maßstabgerechter Grundrißplan, der gewisse Festpunkte enthält, die auch auf dem Filmstreifen erfaßt sein müssen. Mit Hilfe der geometrischen Perspektive werden dann die Abstände bzw. Auswerteraster auf die Projizierleinwand übertragen (Abb. 36).

Untersuchungen dieser Art, die ich z. Z. am Institut für Stadtbauwesen und Siedlungswasserwirtschaft der T. H. Aachen durchführe, haben das Ziel, die Gesetzmäßigkeiten im Verkehrsablauf an nicht signalgesteuerten Kreisplätzen zur Ermittlung der Leistungsfähigkeit derartiger Verkehrsanlagen festzustellen. Insgesamt wurden an Kreisverkehrsplätzen in Rotterdam, Hannover, München und Frankfurt über 20000 Fahrzeuge erfaßt (Abb. 37).

Abb. 35. Aufnahmestandpunkt am Aegidientorplatz Hannover (vgl. Abb. 37 u. 38)

Der Einsatz der Kamera erfolgte mit weit herabgesetzter Aufnahmegeschwindigkeit, wobei der zeitliche Bildabstand mit Hilfe von Zusatzgeräten wie elektrische Auslöser und Impulsgeber festgelegt wird (Abb. 38).

Wie schon erwähnt, ist die Auswertung äußerst zeitraubend. Sie richtet sich, ebenfalls wie die Beobachtung, nach dem Zweck der Filmanalyse. Es würde zu weit führen, hier über die Methode der Auswertung im einzelnen zu berichten. Mehr oder weniger bleibt es der Findigkeit des Einzelnen überlassen, den bequemsten und rationellsten Weg zu gehen.

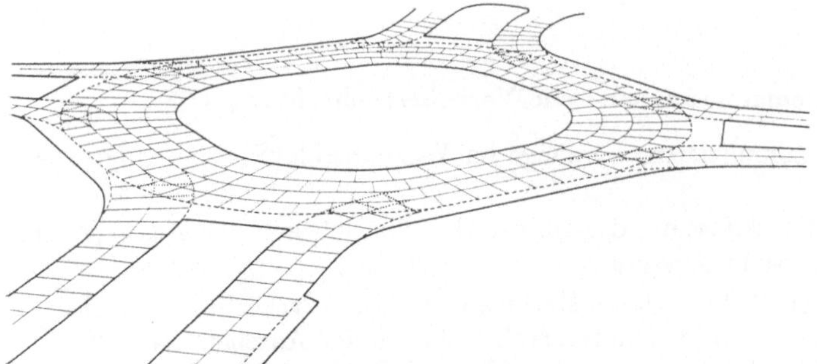

Abb. 36
Kinematogrammetrische Verkehrsbeobachtung (Auswerteraster).

Abb. 37
Aufnahmestandpunkt am Aegidientorplatz Hannover

Abb. 38
Kinematogrammetrische Verkehrsbeobachtung. Meßausrüstung: Filmkamera Bolex H 16 mit Auslösevorrichtung, Impulsgeber, Batterie und Merktafel

E. Verkehrsforschung, eine bedeutsame Gegenwartsaufgabe

Die Betrachtungen zu einigen Gesetzmäßigkeiten im Straßenverkehrsablauf und die Darstellung einiger Verfahren zu ihrer Bestimmung lassen wohl den Wert einer sinnvollen Kombination theoretischer und praktischer Arbeit erkennen.

Bei der Behandlung der Probleme ist die mathematisch-statistische Methode meist rationeller als andere Untersuchungsverfahren. Ihre Bedeutung aber liegt primär in der sinnvollen und zweckdienlichen Anwendung, wobei das Wesentliche der mathematischen Behandlung die geschickte Übersetzung der empirischen Werte in die gesetzmäßigen Regeln ist.

Zwar kann der Aufwand bezüglich der Zahl der Beobachtungen mitunter beträchtlich sein, doch steht dem immer der wesentliche und nicht zu verkennende Vorteil der Erfassung des *tatsächlichen* Verkehrsablaufs gegenüber.

In den USA besteht eine Stiftung, die *Eno Foundation for Highway Traffic Control*, die in vorzüglicher Weise der Erforschung des Verkehrswesens dient und diese finanziell unterstützt.

In England arbeitet das *Road Research Laboratory* mit beachtenswertem Erfolg auf dem Gebiet der verkehrstechnischen Forschung.

In Deutschland leisten auf dem jeweiligen Verkehrssektor die *Forschungsgesellschaft für das Straßenwesen*, die *Arbeits- und Forschungsgemeinschaft für Stadtverkehr und Verkehrssicherheit* sowie der *Verband öffentlicher Verkehrsbetriebe* und dessen Mitgliedsunternehmen wirksame Forschungsarbeit. Eine besondere zentralgesteuerte Einrichtung für die Erforschung des individuellen nichtschienengebundenen Straßenverkehrs gibt es in Deutschland nicht. Daher wird der Hauptteil dieser Forschungen an den Technischen Hochschulen geleistet. Hier werden an den entsprechenden Instituten die Dinge in der Lehre oder im Rahmen von Forschungsaufträgen auf Länder-, Bundes- oder internationaler Ebene weiterentwickelt.

Was jedoch in Deutschland fehlt, ist eine zentrale Forschungsstelle der Straßenverkehrstechnik, welche die zweifellos vorhandenen, aber vielfach verstreuten und nur wenig bekannten wertvollen Einzelarbeiten sammelt und auswertet und nach dem Prinzip des — nun einmal für derartige umfassende Untersuchungen notwendigen — *teamwork* rationale und optimale Forschungsarbeit leistet.

Und die verkehrstechnische Forschung ist zweifellos eine Gegenwartsaufgabe erster Ordnung, denn sie dient der Planung und damit einem öffentlichen Bedürfnis, das zu befriedigen im Hinblick auf die vorhandene Verkehrsnot und ein gesundes Raumleben in Stadt und Land dringend erforderlich ist.

Ich habe daher versucht, an Hand einiger charakteristischer Beispiele einige Möglichkeiten, die der Verkehrsforschung zur Analysierung des Straßenverkehrsablaufs gegeben sind, aufzuzeigen, sowie den Wert und die Bedeutung praktischer Forschungsarbeit für die verkehrsplanerische Arbeit zu beweisen. Dabei wurde auf mathematische Ableitungen und Formeln bewußt verzichtet, da sie nicht Gegenstand einer Tagung sein können.

Wesentlich ist, daß die Forschung ihre Aufgabe klar erkennt. Sie darf niemals zum Selbstzweck werden. So, wie die Planung mit der Entwicklung fortschreiten und den neuesten Erkenntnissen angepaßt sein muß, muß auch die Forschung in ständigem Fluß bleiben, wenn sie einer zeitgemäßen und wirklichkeitsnahen Planungsabsicht dienlich sein soll.

Ich habe daher weiter versucht, in großen Zügen die Entwicklung der verkehrstechnischen Forschung zu streifen. Wenn uns auch nur selten die Möglichkeit gegeben ist, von der Wirkung und dem Erfolg unserer Arbeit selbst Zeuge zu sein — meist überleben wir deren Vollendung nicht — so ist unser ingenieurmäßiges Tun dennoch bis in die Zukunft hinein verpflichtend. Und weil es uns auch nicht gegeben ist, nur aus der Gegenwart allein die notwendigen Erkenntnisse zu schöpfen, so müssen wir Rückschau halten auf das, was geworden ist und sich entwickelt hat, um die Ursache und Wirkung zu erkennen und darauf unsere weitere Forschungsarbeit aufzubauen.

Ihre Bedeutung liegt also primär in der Erfassung von Gesetzmäßigkeiten, im Erkennen und Verstehen des großen dynamischen Kräftespiels, denn nur dann, wenn wir die *Natur des Straßenverkehrs* erkannt haben, können wir den Forderungen nach einer verkehrsgerechten Planung nachkommen.

Halten wir daher abschließend fest:

Verkehrs*planung* heißt, dem Verkehrsbedürfnis entsprechen. Verkehrs*forschung* heißt, die Natur des Straßenverkehrs erkennen. Durch zweckvolle Nutzanwendung der Forschung die Planung befruchten, heißt optimale verkehrstechnische Arbeit leisten.

VIII. Die Sicherung des Straßenverkehrs

Von J. W. Korte

o. Professor an der Rhein.-Westf. Technischen Hochschule Aachen.
Direktor des Instituts für Stadtbauwesen und Siedlungswasserwirtschaft

Mit 4 Abbildungen

Unsere gesamten Planungsmaßnahmen und alle unsere Überlegungen zur Planungsdurchführung sind abgestimmt auf die Bedürfnisse des Menschen und der menschlichen Gesellschaft.

Da der Mensch sein Heil und Unheil im wesentlichen, insbesondere aber im Verkehrsgeschehen, selbst bestimmt, ist es notwendig, ihn über den Sinn der Planung allgemein und über das verkehrsgerechte Verhalten im einzelnen zu unterrichten.

Der Beitrag der städtebaulichen und verkehrstechnischen Planung zur Sicherung des Menschen im heutigen Straßenverkehr liegt neben den übergeordneten Maßnahmen zur organischen Stadt- und Verkehrsnetzentwicklung zunächst in der verkehrsgerechten Gestaltung der Verkehrsanlagen, die für den Gebrauch durch den Verkehrsteilnehmer sozusagen eine *narrensichere* Ausbildung erhalten müssen. Es liegt nun einmal in der Natur des Menschen begründet, daß er sich mit recht unterschiedlichen psychologischen und physiologischen Eigenschaften im Verkehr bewegt und damit den Verkehrsablauf von Fall zu Fall entweder im positiven oder negativen Sinne beeinflußt. Daher muß der Ausbau einer Verkehrsanlage, sowohl in fahrdynamischer als auch in optischer Hinsicht dazu beitragen, diese aus der Unfallforschung her erkannten Unzulänglichkeiten der Verkehrsteilnehmer möglichst klein zu halten und die Wahrscheinlichkeit des Versagens auf ein Minimum zu beschränken.

Demnach lautet die erste Forderung an die verkehrstechnische Planung: In der Einfachheit der Lösung liegt der höchste Grad der Güte, da sie in Bruchteilen von Sekunden erfaßt und genützt werden muß. Der Verkehrsablauf an Verkehrsknoten, besonders an solchen nicht signalgesteuerter Art, unterliegt primär dem individuellen Urteilsvermögen der Fahrer. Der gegebene Ausbau einer Verkehrsanlage beeinflußt daher das Verhalten der Fahrer hinsichtlich ihrer Fähigkeit, frühzeitig die vorhandene Situation zu überblicken, eine schnelle Entscheidung über die vorhandene Fahrmöglichkeit zu treffen und mit Sicherheit ihre Fahrweise danach einzurichten.

Also gilt der eben genannte Grundsatz sowohl für die endgültige Lösung einer Verkehrsanlage, als auch für die technischen Hilfen und Sofortmaßnahmen der Verkehrsplanung, wie ich es bereits gestern morgen im Detail aufgezeigt habe.

Mit zunehmender Verkehrsbelastung wird die Leistungsfähigkeit und Sicherheit eines Verkehrsknotens mehr denn je durch den Ausbau und die Betriebsweise desselben bestimmt. Vorhandene Konfliktpunkte müssen räumlich und zeitlich richtig verteilt oder gänzlich vermieden werden, so daß überall dort, wo durch allzu große Verkehrsmengen die horizontale Ausweitung mit oder ohne Signalisierung versagt, die vertikale Verlagerung der sich kreuzenden Verkehrsströme in Form niveaufreier Lösungen eintreten muß.

A. Unfallstatistik

Die Auswirkungen des menschlichen Verhaltens im Verkehr werden am besten charakterisiert durch die Unfallanalyse, die leider in Deutschland trotz der weitgehenden Bemühungen der hierfür maßgebenden Stellen immer noch nicht ausreichend ist, so daß ich mich, um ein plastisches Bild zu geben, der amerikanischen Unfallstatistik bediene.

Die weitgehende Analyse und übersichtliche Darstellung der *accidents facts* (1953) macht es leicht, die verschiedenen Einflußfaktoren im Unfallgeschehen erkennen zu können (Abb. 1 von links oben nach unten).

1. *Entwicklung der tödlichen Unfälle,* getrennt nach

a) Tote pro 100000 Einwohner,
b) Tote pro 10000 gemeldete Kfz,
c) Tote pro 100 Mill. KFZ-MEILEN.
Allgemein leicht fallende Tendenz.

2. *Entwicklung der tödlichen Unfälle in Stadt und Land*

Tote pro 100 Mill. Fahrzeugmeilen.
Allgemein fallende Tendenz, besonders nach 1945.
Bis 1945 in der Stadt etwa das 1,5fache vom Lande; in den letzten Jahren das Zweifache.

3. *Saisonschwankungen der tödlichen Unfälle pro Tag*

Von 1936 bis 1951 stets ansteigend ab März — April, mit einem Maximum im November—Dezember.

4. *Unfalltagesganglinie*

Ab 6 Uhr ansteigend bis zum Maximum in der Nachmittagsspitze zwischen 17 und 20 Uhr, wo sich neben dem Einfluß der Verkehrsspitzen die Ermüdungen auswirken.

5. *Tödliche Fußgängerunfälle* (vertikale Säulendarstellung)

Diese sind ihrem Anteil nach stärker an Kreuzungen ohne Signalisierung, besonders stark beim Queren zwischen den Kreuzungen auf der freien Strecke (Einfluß der Geschwindigkeit). In der Stadt überwiegen die Unfälle an signalisierten und nichtsignalisierten Kreuzungen, auf dem Land die durch das Queren der Fahrbahn der freien Strecke und das Gehen auf der Fahrbahn.

6. *Die gemeldeten Verstöße der bei tödlichen Unfällen beteiligten Fahrer* (je 100 Fahrer) (horizontale Säulendarstellung)

Die übermäßige Geschwindigkeit ragt sowohl in der Stadt als auch, und hier besonders, auf dem Land heraus.

In der Stadt treten ferner noch das Nichtbeachten der Vorfahrt, der Alkoholeinfluß und Verstöße gegen die Verkehrsregelung stärker in Erscheinung; auf dem Lande ist es die Benutzung der linken Fahrbahn und ebenfalls der Alkoholeinfluß.

Abb. 1 (von rechts oben nach unten):

1. Die bildhafte Darstellung gibt die zahlenmäßigen und finanziellen Opfer der USA im Straßenverkehr 1953 an.

2. *Die Ursachen der tödlichen Unfälle* sind besonders durch die Folgen zu hoher Geschwindigkeit ausgezeichnet.

3. *Arten und Umstände der tödlichen Unfälle in Stadt und Land:*

a) Zusammenstöße mit Fußgängern sind besonders in der Stadt an den Kreuzungen und zwischen den Kreuzungen auf der freien Strecke sehr hoch.

b) Die Zusammenstöße zwischen Kraftfahrzeugen sind frontal auf dem Land sehr stark, die seitlichen Zusammenstöße dagegen überwiegen in der Stadt.

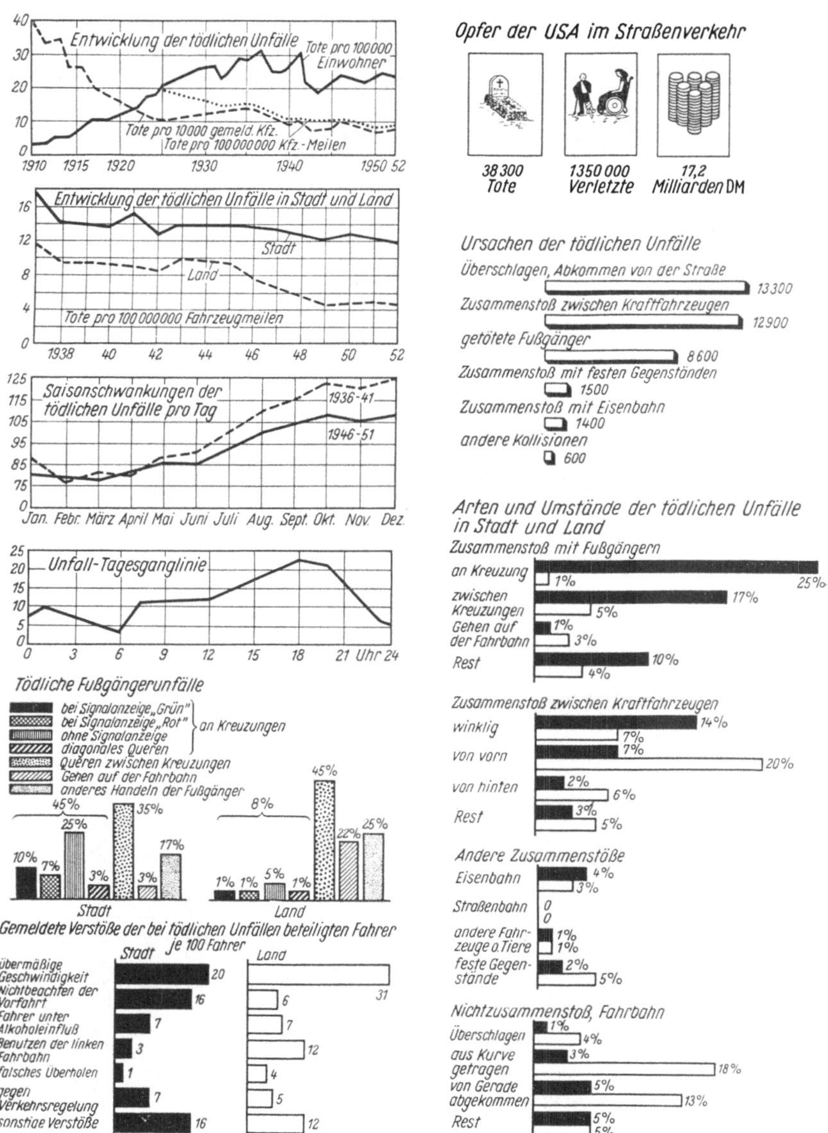

Abb. 1. Auswertung der amerikanischen „Accident Facts“

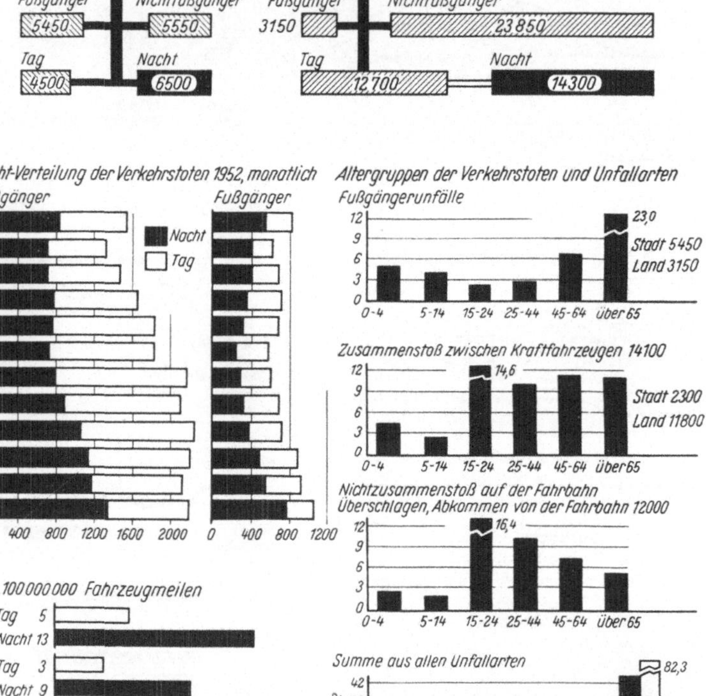

Internationale Unfallstatistik (1950)

Land	Tote	Tote pro 10000 Kfz.
Neuseeland	238	6,3
USA	34763	7,2
Schweden	555	13,6
Belgien	986	20,8
Schweiz	671	29,2
Deutschland	5803	47,4
Japan	3046	73,9

Abb. 2. Auswertung der amerikanischen „Accident Facts“.

c) Zusammenstöße mit der Eisenbahn überwiegen in der Stadt, mit festen Gegenständen auf dem Land.

d) Unfälle durch Überschlagen, aus der Kurve getragen und von der Geraden abgekommen überwiegen sehr stark auf dem Lande, was wieder eine Folge der hohen Geschwindigkeiten ist.

Abb. 2:

1. *Gesamtzahl der Verkehrstoten 1952* (oben Mitte). Die Verkehrstoten überwiegen auf dem Lande, mit Ausnahme der Fußgängerunfälle, die in der Stadt fast doppelt so hoch sind. Die Unfälle bei Nacht sind in beiden Fällen höher als bei Tag.

2. *Die Tag- und Nachtverteilung der Verkehrstoten 1952 nach Monaten* (horizontale Säulen, oben links)

Die höchsten Unfallzahlen werden allgemein in den Wintermonaten bei Nacht festgestellt (Einfluß der frühen Dunkelheit). In den Sommermonaten überwiegen die Unfälle bei Tag.

3. *Tote pro 100 Mill. Fahrzeugmeilen:* Nachtunfälle sowohl in der Stadt als auch auf dem Lande. In der Stadt das 3fache vom Tag, auf dem Land das 2,5fache.

4. *Altersgruppen der Verkehrstoten und Unfallarten* (vertikale Säulen, von rechts oben nach unten)

a) *Fußgänger:* Ganz junge (bis 14) und ältere Jahrgänge (ab 45) überwiegen, größere Zahl in der Stadt.

b) *Zusammenstoß zwischen Kraftfahrzeugen:* Zwischen 15 und 24 Jahren am höchsten. Größere Zahl auf dem Land.

c) *Überschlagen und Abkommen von der Fahrbahn:* Zwischen 15 und 24 Jahren am höchsten.

5. *Zahl der Toten pro E. je Altersgruppe; Summe aus allen Unfallarten:* 1952, 1953: Das Maximum liegt bei der Altersgruppe über 65 Jahre, höhere Unfallzahlen bei 15 bis 24 Jahren.

Letztlich zeigt auf der Abb. 2 die Internationale Unfallstatistik 1950 (unten links): Mit Ausnahme der USA ist die absolute Zahl der Verkehrstoten in Deutschland am höchsten. Bei der Zahl der Toten pro 10000 Kfz liegt Deutschland mit Ausnahme von Japan an der Spitze, dann folgen die Schweiz, Belgien, Schweden, die USA und Neuseeland.

Das Resümee dieser Betrachtung führt zu den folgenden wichtigen Erkenntnissen:

Ein Kausalfaktor im Unfallgeschehen ist die Geschwindigkeit. Die Entwicklung der auf 100 Mill. Fahrzeugmeilen bezogenen Todesrate auf Stadt- und Landstraßen (Abb. 1) zeigt in den USA seit 1945 eine fallende Tendenz. Von dieser Zeit ab sind die gesetzlich verankerten ingenieurmäßigen Geschwindigkeitsbeschränkungen mehr und mehr durchgeführt worden.

In der Stadt, besonders aber auf der Landstraße, stellen die auf übermäßige Geschwindigkeit zurückzuführenden Verstöße der an tödlichen Unfällen beteiligten Fahrer den Hauptanteil. Die tödlichen Unfälle beim Überholen oder Wechseln auf die linke Fahrbahnseite, die zumindest auf der Landstraße einen erheblichen Teil der Unfälle ausmachen, sind hauptsächlich auf die starken Geschwindigkeitsstreuungen zurückzuführen.

B. Die Geschwindigkeit, ein Kausalfaktor im Unfallgeschehen

Ein bezeichnendes Licht auf die Gefährlichkeit von Exzessivgeschwindigkeiten werfen die Arten und Umstände der tödlichen Unfälle in Stadt und Land.

Vor allem auf den Landstraßen ist der Geschwindigkeitsmißbrauch erschreckend.

Frontale Zusammenstöße und solche mit festen Gegenständen, Überschlagen und aus der Kurve getragen werden oder von der Geraden abkommen bilden die Haupttodesursachen und sind die Folgen falschen Überholens, Überschätzung der Geschwindigkeitsmöglichkeiten und Überschreiten der Straßenausbaugeschwindigkeit. Man sieht, daß sich eine entscheidende Hauptgruppe der Unfallursachen mit der Verkehrsgeschwindigkeit in Zusammenhang bringen läßt.

Ohne Geschwindigkeit ist keine Bewegung und damit auch keine Kollision möglich. Aber mit wachsender Geschwindigkeit steigt die Gefährlichkeit des Fahrens und der hierbei entstehenden Unfälle naturgemäß an. Obwohl die Anpassungsfähigkeit des Menschen groß ist, so ist doch bekannt, daß er kein absolutes Gefühl für die Geschwindigkeit hat. Wahrnehmen, Erkennen und Reagieren, alle diese notwendigen Eigenschaften, die unbedingt zu einem sicheren Fahren gehören, werden durch die hohen Geschwindigkeiten eingeengt und beeinträchtigt und wirken sich erschreckend aus, wie es Unfallerhebungen in amerikanischen Städten zeigen: Auf anbaufreien Autostraßen verliefen 5,6% der Unfälle bei Geschwindigkeiten von über 60 Meilen/h tödlich, dagegen nur 2% bei geringeren Geschwindigkeiten. Ferner wurden 53% aller Fahrer, die tödliche Unfälle verursachten, wegen Überschreitung der Geschwindigkeit belangt.

Eine wesentliche Unfallursache auf Straßen mit Gegenverkehr ist das Überholen. Die Abstände und Zeiten, die für das Überholen maßgebend sind, streuen in einem weiten Bereich. Die benötigte Wegstrecke wächst ungefähr linear mit der Geschwindigkeit des überholten Fahrzeugs. Einfachüberholungen benötigen z. B. etwa 125 bis 310 m freie Wegstrecke auf der linken Fahrbahn, wenn die Geschwindigkeit des überholten Fahrzeugs 32 bis 80 km/h beträgt. Erforderliche Überholzeiten streuen von etwa 8 bis 12 sek.

In der Überholungszeit benötigt das überholende Fahrzeug eine freie Wegstrecke in der Gegenverkehrsspur, und zwar so lange, bis es das überholte Fahrzeug gestattet, wieder in die Richtungsspur einzubiegen. Die Gefahr besteht vor allem darin, daß die Geschwindigkeit des Gegenfahrzeuges nicht richtig abgeschätzt wird, wobei besonders die Überholungssichtweite von Bedeutung ist. Diese setzt sich zusammen aus der Wegstrecke während der Wahrnehmungs- und Entschlußzeit vor dem Überholen, der Überholstrecke selbst und der Wegstrecke des entgegenkommenden Fahrzeuges während der Überholzeit.

Erfahrungswerte zeigen, daß für die kritischste Bedingung, d. h. wenn das überholende Fahrzeug zunächst bis auf die Geschwindigkeit des überholten Fahrzeugs verzögert, eine Überholsichtweite von 460 bis 610 m erforderlich ist, um ein Fahrzeug, das mit einer Geschwindigkeit von 72 bis 81 km/h fährt, zu überholen, wobei der Gegenverkehr mit 113 km/h fährt. Man erkennt daraus die Bedeutung der Sichtweite auf Straßen mit Gegenverkehr, aber auch die Gefahr, die bei ungenügender Sichtweite und falschem Abschätzen der Geschwindigkeiten herrscht.

1. Amerika

Wie stellen sich z. B. die USA zum Problem der Geschwindigkeitsbegrenzungen? — Es ist wohl bekannt, daß gerade amerikanische Verkehrstechniker erstaunt und verständnislos zusahen, als die Geschwindigkeitsbegrenzungen 1953 in unserer Bundesrepublik fielen. Denn drüben — im Lande der freien Entwicklungen und einer Nutzung der technischen Möglichkeiten bis zum letzten — *ist die Anwendung von Geschwindigkeitsbegrenzungen ein wichtiges Instrument der Verkehrssicherung.* Man betrachtet diese nicht als unbillige Restriktionen, sondern als Ausdruck der Vernunft hinsichtlich des Gebrauches der Straßen. Allerdings sind Geschwindigkeitsbegrenzungen in Amerika Ausfluß *ingenieurmäßiger und verkehrstechnischer Voruntersuchungen.* (Sie konnten daher auch nicht wie unsere früheren Maßnahmen in Mißkredit geraten). Sie sind, und das ist sehr wichtig, schon seit einem Jahrzehnt in der dortigen Straßenverkehrsgesetzgebung verankert.

Der Motor Vehicle Code Act bestimmt (hier nur sinngemäß) im Artikel XXV:

Abschnitt 1

a) daß jeder Fahrer mit der augenblicklich vernünftigen Geschwindigkeit zu fahren hat,

b) daß im übrigen folgende *generelle Geschwindigkeitsgrenzen* gelten:
   1. 25 mph (= 40 km/h) in jedem Geschäfts- oder Wohnbereich;
   2. 50 mph (= 80 km/h) in den anderen Bereichen während der Tagesstunden.

Abschnitt 2

Auf Landesebene können durch *Geschwindigkeitszonungen*, die auf *ingenieurmäßigen und verkehrstechnischen* Voruntersuchungen beruhen, die vorgenannten Begrenzungen höher oder niedriger gezogen werden, was immer in normgerechter Beschilderung zu erfolgen hat.

Auf Grund dieses Gesetzes spielt drüben der Verkehrsingenieur bei den zur Selbstverständlichkeit gewordenen Geschwindigkeitszonungen eine große Rolle. Die abfallende Tendenz der auf 100 Mill. Fahrzeugmeilen bezogenen Todesrate in Amerika (s. Abb. 1) seit Mitte der vierziger Jahre wird direkt mit den damals in großem Maßstab anlaufenden gemeinsamen Ingenieur- und Polizeiaktionen in Verbindung gebracht. Ein Hauptkriterium für die angemessene Geschwindigkeitsgrenze wird aus der gemessenen Geschwindigkeitsverteilung des betreffenden Straßenabschnitts abgeleitet (meist als sog. 85%-Geschwindigkeit). Ferner spielen bei der Festsetzung die dem Ingenieur bekannten Trassierungselemente, Sichtbehinderungen u. dgl. mehr eine Rolle.

So ausgesprochene Geschwindigkeitsgrenzen werden nicht als unbillig empfunden, da sie den wirklichen Verhältnissen Rechnung tragen, weil die möglichen Geschwindigkeiten auch ausgefahren werden. Mit hoher Geschwindigkeit fahrende Fahrzeuge fühlen sich gewarnt (und werden nicht mehr mit willkürlich niederen Grenzen gefoppt); während langsam fahrende Fahrzeuge ermuntert werden, schneller zu fahren. Diese psychologische Reaktion wurde drüben vielfach festgestellt.

2. England

Anders sieht es in dem uns näherstehenden *England* aus. In diesem Lande der konservativen Beibehaltung alter Vorschriften und der strengen Befolgung gesetzlicher Regeln will man *nicht individuelle* Geschwindigkeitsgrenzen der Einzelstraßenabschnitte einführen. Dieses wird als aufwendig und lästig empfunden. Man blieb daher bei der *generellen* Regelung, die seit über zwei Jahrzehnten ohne Unterbrechung gilt.

Noch in diesem Jahre hat das beratende Komitee für Verkehrsfragen dem Transportminister einen verkehrstechnischen Studienbericht zur Neuordnung der Geschwindigkeitsbegrenzungen unterbreitet, der zu dem Ergebnis kommt, daß sich die *generelle Geschwindigkeitsbegrenzung auf 30 mph (48 km/h) im bebauten Gebiet bewährt hat.* Diese Grenze werde von allen Verkehrsteilnehmern als vernünftig anerkannt. Obwohl sich die Einhaltung der Grenze nicht immer kontrollieren lasse, werde sie im großen und ganzen doch vorbildlich beachtet. Eine Änderung der bestehenden Grenzen kann nicht empfohlen werden.

Allerdings ist auch in England die Tendenz zu verspüren (z. B. durch die Tätigkeit des Road Research Laboratory), immer mehr den Verkehrsablauf nach ingenieurmäßigen Verfahren zu erfassen und zu sichern.

Welche Schlußfolgerungen können wir Deutsche daraus ziehen? — Es wird immer behauptet, unsere Straßenverkehrsverhältnisse seien ganz anders gelagert als die im westlichen Ausland. Sicherlich sind die Amerikaner in vielen Bereichen glücklicher dran als wir (aber längst nicht überall!). Aber gerade die Engländer haben eine noch weitergehende Verkehrsmischung als wir auf ihren Straßen (z. B. 60% Lkw, Lieferwagen, Obusse, Omnibusse und Taxis in London, 30% Lkw und Lieferwagen auf Landstraßen!). *Beide* Länder haben Geschwindigkeitsbegrenzungen. Was *wir* mit diesen Ländern gemeinsam haben ist *der allgemeine Trend der ständig weitergehenden Technisierung.* Wir können uns dem nicht verschließen. D. h., daß auf dem Sektor des

Straßenverkehrs immer mehr die exakte Straßenverkehrstechnik zu Wort kommen muß, die mit Hilfe der Ratio die vielen gegeneinanderstehenden *Gefühls*meinungen der Verkehrsteilnehmer in eine logische Ordnung bringt. Am weitesten auf diesem Gebiete ist der Amerikaner, da er diese Dinge bereits gesetzlich verankert hat. In Bezug auf die wissenschaftliche Erkenntnis haben wir heute bereits die gleichen Möglichkeiten.

3. Deutschland

Wie ist nun der Stand der Erkenntnisse in Deutschland? — Sagte man früher: *Geschwindigkeit an und für sich ist keine Unfallursache*, so muß der Straßenverkehrsingenieur heute bekennen, daß die Geschwindigkeit ein Kausalfaktor bei den meisten Unfällen ist. Praktisch läßt sich jeder Verkehrsunfall auf

1. hohe Geschwindigkeit, zu dichtes Auffahren, falsches Überholen oder
2. Unaufmerksamkeit, Nichtbeachten der Vorfahrt

zurückführen. Dabei läßt die Gruppe 1. einen direkten Zusammenhang mit der Geschwindigkeit erkennen. Kann man diese Gruppe reduzieren, so reduziert man die Straßenverkehrsunfälle zu einem beträchtlichen Teil. Es tritt somit das Problem auf

a) Exzessivgeschwindigkeiten, (zu hohe und zu niedrige Geschwindigkeiten),
b) zu starke Geschwindigkeitsstreuungen,
c) Überschätzungen der örtlichen Möglichkeiten

zu eliminieren. Exzessivgeschwindigkeiten verursachen vor allem *schwere* Unfälle. Die Geschwindigkeits*streuung* ist (wie man verkehrstechnisch-mathematisch ableiten kann) ein Kriterium für den Überholbedarf auf Straßen und damit für die Kollisionsmöglichkeiten überhaupt. Schließlich sind dem Ingenieur bautechnische Daten bekannt, die das Überschreiten einer bestimmten Geschwindigkeit nicht zulassen. Logischerweise müßte man

a) die Exzessivgeschwindigkeiten durch generelle Beschränkung,
b) die Geschwindigkeitsstreuungen und die der Örtlichkeit nicht gemäßen Geschwindigkeiten durch Ingenieur- und Polizeiaktionen

an der Wurzel fassen. Wenn man zu dieser Erkenntnis gelangt, erscheint es am zweckmäßigsten, auch bei uns die *differenzierte* Geschwindigkeitsbegrenzungspraxis, die auf verkehrstechnischen Grundlagen beruht, einzuführen.

Nach allen verkehrstechnischen Überlegungen habe ich daher in einer zusammenfassenden Darstellung in der Zeitschrift *Straße und Autobahn*, Heft 5/1956, *differenzierte*, und zwar a) generelle, b) örtliche Geschwindigkeitsbegrenzungsmaßnahmen gefordert, die dem Verkehrsablauf gemäß sind. Ob man in Deutschland die *generelle* Geschwindigkeitsbegrenzung (in Analogie zur englischen Praxis) nur als Übergang ansehen sollte, ist eine Ermessensfrage der Verkehrspolitik und der Einsatzmöglichkeit von geschultem Personal.

4. Geschwindigkeitsbegrenzung

Die Notwendigkeit von Geschwindigkeitsbegrenzungen leitet sich aus den straßenverkehrstechnischen Definitionen des Geschwindigkeitsbegriffs ab.

An dieser Stelle muß auf die absolute Größe der Geschwindigkeit in km/h eingegangen werden, da auf diesem Gebiet die stärkste Verwirrung zu herrschen scheint. Das Wehren gegen generelle und örtliche Geschwindigkeitsgrenzen geschieht m. E. *nur gefühlsmäßig*, da die Grenzen unter irgendeiner *Wunsch*geschwindigkeit des betreffenden Kraftfahrers liegen, die er sich zu Hause einbildet, aber keine Wirklichkeit sind. Sitzt er hinter dem Steuer, wird er als verantwortlicher Fahrer niemals die natürlichen Grenzen überschreiten. Diese Grenzen müssen wir aber festsetzen, um die rücksichtslosen Ausbrecher, die dem Geschwindigkeitsrausch Verfallenen und die Egoisten besser ausschließen zu können. Wie heute durch scharfe Maßnahmen der Alkoholmißbrauch, das Nichtbeachten von Haltschildern und anderen Vorschriften eingedämmt ist, ferner auf Bundesebene durch Karteiaktion gegen die notorischen *Unfäller* vorgegangen wird, sollte eine exaktere gesetzliche Grundlage geschaffen werden, gegen den Geschwindigkeitsmißbrauch prophylaktisch vorzugehen. Dies kann nur eine festgelegte Geschwindigkeitsgrenze sein. *Und alle diese Begrenzungsmaßnahmen berühren den vernünftigen Fahrer überhaupt nicht. Sie sind keinesfalls Restriktionen seiner Handlungsfreiheit!* Eine Vielzahl von Messungen meines Institutes, über die mein Assistent Dipl.-Ing. LAPIERRE berichtete, geben Auskunft über die wirklich gefahrenen Geschwindigkeiten auf Stadt- und Landstraßen. Die Messungen wurden in Häufigkeits- und Summenlinien aufgetragen, die gestatten, genau den Prozentanteil jeder Geschwindigkeitsklasse anzugeben. Es ist eindeutig aus diesen Erhebungen abzuleiten, daß es keine zahlenmäßig starke Gruppe der Fahrer mit Exzessivgeschwindigkeiten gibt, auf die nach demokratischem Prinzip Rücksicht genommen werden müßte. Die zu erfassenden Ausbrecher und Störer sind in der Minderzahl. Abgeleitete 85%-Geschwindigkeiten liegen in vernünftigen Bereichen, so daß bei notwendigen Begrenzungen auf dieser Basis nicht zur Übertretung Anlaß geboten ist.

Leistungsfähigkeit und Flüssigkeit der Straßenabschnitte leiden unter verkehrstechnisch einwandfreien Geschwindigkeitsgrenzen nicht! Die hinsichtlich der Leistung einer Straße optimalen Geschwindigkeiten liegen nämlich, wie wir gesehen haben, weit unter den gefährlichen Exzessivgeschwindigkeiten.

Geschwindigkeitsbegrenzungen haben ebensowenig einen Einfluß auf die Wirtschaftlichkeit des Straßenverkehrs! — Geschwindigkeiten, die beim Pkw 90, beim Lkw 60 km/h überschreiten, sind auf Grund von Zeitkosten-Brennstoffkostenrechnungen wirtschaftlich unrentabel.

Geschwindigkeitsbegrenzungen, bedingte und absolute Überholverbote verringern die Unsicherheit beim Überholen! — Der mathematisch aus der Geschwindigkeitsverteilungskurve errechenbare Überholbedarf wird bei geringer werdender Geschwindigkeitsstreuung kleiner. Die Eliminierung der Ausbrecher und die Ermunterung der Langsamen sind wichtig.

Geschwindigkeitshöchstgrenzen werden schon durch die Ausbaugeschwindigkeiten unserer Straßen gezogen! — Es ist Pflicht des Staates, diese Grenzen durch Geschwindigkeitsregelungen allen Verkehrsteilnehmern kenntlich zu machen. Nicht bei jedem ist das psychologisch-technische Gefühl für die vorhandenen Möglichkeiten vorauszusetzen. Bei älteren Landstraßen und in Stadtstraßen sind Trassierungselemente vorhanden, denen oft überraschend niedrige Ausbaugeschwindigkeiten zugrundeliegen.

Zusammenfassend muß ich von meinem Standpunkt aus sagen, daß Geschwindigkeitszonungen auf unseren Verkehrsstraßen ein Gebot der Stunde sind. Ich befürworte daher die vorgeschlagenen generellen Geschwindigkeitsbeschränkungen als Sofortmaßnahme der Verkehrssicherung, da uns die Hilfskräfte für die erwünschten Geschwindigkeitszonungen z. Z. noch fehlen. Auf die Dauer jedoch läßt sich die Technik nicht aufhalten — das beweisen ja unsere Sorgen im Zusammenhang mit der steigenden Motorisierung — so daß am Ende auch mit Hilfe exakter technischer Maßnahmen Geschwindigkeits*zonungen* für alle Verkehrsstraßen durchgeführt werden müssen. Die USA sind seit einem Jahrzehnt auf diesem Stande erfolgreich angelangt. In anderen Ländern zeichnet sich die gleiche Entwicklung ab.

Weiter ist festzustellen:

1. Der große Anteil von Unfällen an Straßenkreuzungen in der Stadt weist auf die Unzulänglichkeiten im verkehrsgerechten Ausbau dieser Anlagen hin. Während der Hauptanteil der Unfälle in der Stadt auf der Kreuzung liegt, liegt er auf dem Lande auf der freien Strecke.

2. Die hohe Zahl der an Unfällen beteiligten Fußgänger, besonders die jungen und älteren Jahrgänge, charakterisieren diesen in qualitativer Hinsicht als den schwächsten Verkehrsteilnehmer, obwohl er in quantitativer Hinsicht die größte Verkehrsteilnehmergruppe in der Stadt darstellt.

3. Die Unfallhäufigkeit in den Nachtstunden läßt in aller Deutlichkeit die Gefahren der Dunkelheit erkennen.

Aus dem Ergebnis dieser Unfallstudien ergeben sich die Forderungen nach zweckmäßigen, der Örtlichkeit entsprechenden Geschwindigkeitsbegrenzungen, nach einem verkehrsgerechten Ausbau der Verkehrsknoten, nach einer der Natur des Fußgängerverkehrs entsprechenden sicheren Führung dieses Verkehrsteilnehmers und nach einer gleichmäßigen Ausleuchtung der Fahrbahn, die noch wesentlich verbessert werden muß, wobei die Knoten durch eine andere Behängung oder Beleuchtungsfarbe besonders zu kennzeichnen sind.

Es ist schwierig, die Unfallzahlen Deutschlands mit denen des Auslands zu vergleichen. Ein echter Maßstab ist nur die Zahl der Unfälle bezogen auf die Fahrleistung.

In den USA wurden im Jahre 1925 je 100 Mill. Fahrzeugmeilen 17,9 Personen getötet. Seitdem hat sich diese Zahl von Jahr zu Jahr mehr oder weniger gleichmäßig auf 6,4 im Jahre 1955 verringert. Untersuchungen über die Unfallfolgen auf Bundesstraßen und Autobahnen in Süddeutschland in den Jahren 1951/53 hatten folgendes Ergebnis: Auf 100 Mill. Fahrzeugkilometer auf Bundesstraßen 23 Tote, auf Autobahnen 8 Tote.

Wenn auch ein exakter Vergleich mit den Werten der USA nicht möglich ist, so erkennt man doch den wesentlich höheren Anteil Deutschlands. Die Zahl der Unfälle auf den 2100 km Autobahnen im Bundesgebiet sind trotz der nahezu technischen Vollkommenheit dieser Straßen in den letzten Jahren weiter angestiegen:

1953	6700 Unfälle
1954	8500 Unfälle
1955	10300 Unfälle

Es sind in Deutschland umfassendere Forschungen dringend erwünscht, die sich nicht nur auf die jeweiligen Länder, Städte oder auf spezielle Einzeluntersuchungen stützen, sondern von zentraler Stelle aus unter Berücksichtigung der Verkehrsleistung echte und vergleichbare Maßstäbe entwickeln.

Aus den Ergebnissen in- und ausländischer Unfalluntersuchungen leiten sich die Unfallursachen wie folgt ab:

Die Unfälle sind zu trennen nach
A außerhalb und B innerhalb
der geschlossenen Ortslage, da die Art und Zahl der Unfälle hier und dort sehr unterschiedlich sind.

An Unfallursachen entfallen auf die Gruppen A und B:

1. Fahrer (menschliches Versagen)
2. Fahrzeug (technische Mängel oder Ladung)
3. Fußgänger
4. Straßenverhältnisse
5. Verkehrsverhältnisse
6. Witterungseinflüsse
7. Sonstiges (Tiere, Hindernisse)

Besondere Merkmale zu 1:

1.1 Übermäßige Geschwindigkeit
1.2 Falsches Überholen und Vorbeifahren
1.3 Nichtbeachten der Vorfahrt
1.4 Fahren auf falscher oder außerhalb der Fahrbahn
1.5 Zu dichtes Auffahren
1.6 Alkoholgenuß
u. a.

Besondere Merkmale zu 4:

4.1 Glätte und Schlüpfrigkeit der Fahrbahn
4.2 Bauliche Mängel wie schlechte Fahrbahndecke, Linienführung, Fahrbahnbreite, Sichtverhältnisse, Beschilderung, Leiteinrichtungen, Beleuchtung, Verkehrsknoten
u. a.

Besondere Merkmale zu 5:

5.1 Verkehrszusammensetzung

5.2 Verkehrsregelung u. a.

Gerade für den Ingenieur ist es besonders wichtig zu beachten, daß vieles, was in die Unfallstatistik als „menschliches Versagen" eingeht, durch einen „narrensicheren" Ausbau der Straßenverkehrsanlagen vermieden werden kann. Wie schwierig ist es oft zu entscheiden, ob die tatsächliche Unfallursache auf ein menschliches Versagen oder aber auf den Straßenzustand zurückzuführen ist.

C. Sicherungsmaßnahmen

Um nun den technischen Beitrag zur Verkehrssicherung voll zum Tragen zu bringen, muß die Menschheit von der Notwendigkeit fester *Spielregeln* im Verkehr überzeugt werden. Eine Aufklärung der Öffentlichkeit, und zwar nicht nur der motorisierten Teilnehmer und der Radfahrer, sondern auch der Fußgänger, ist daher von besonderer Bedeutung.

Presse und Rundfunk, die in der Unfallverhütung tätigen Organisationen, die Schule und die Kirche, die die moralische Seite des verkehrswidrigen Verhaltens besonders der Jugend klar machen muß, damit die heute vielfach immer noch herrschende Unwissenheit und Gleichgültigkeit endlich behoben werden kann, haben hier eine besondere Aufgabe.

Darüber hinaus muß der Gesetzgeber den Verkehrsaufsichtsbehörden eine feste Handhabe geben, um die wirklichen Verkehrssünder — so wie es in England der Fall ist, wo der sog. Bobby ein wirklicher *Herrscher im Verkehr* ist, wenn es sich um die öffentliche Sicherheit handelt — erfassen zu können.

Es geht doch schließlich um Menschenleben, d. h. um das Volksvermögen. Die großen Verluste an Menschenleben, menschlichem Potential und von Material in allen motorisierten Ländern durch den Verkehr sind offensichtlich. Die nüchternen Zahlenangaben eines amerikanischen Berichtes auf der internationalen Studienwoche für Straßenverkehrstechnik in Stresa 1956 zeigen ein düsteres Bild: Seit 1925 kamen in den USA jedes Jahr zwischen 20000 und 40000 Personen bei Verkehrsunfällen ums Leben. Für das Jahr 1955 hat man die Zahl der Getöteten auf 38300 und die der Verletzten auf 1,35 Mill. geschätzt.

Die durch diese Unfälle verursachten Kosten betragen nach Schätzungen 4,7 Mrd. Dollar, das sind ungefähr 65 Dollar/Führerschein, eine fürwahr erschreckende Zahl.

Der Verkehrstod ist ein wirtschaftlicher Verlust, welcher mit dem Ausfall eines Produktionsmittels vergleichbar ist, zumal der Anteil der Jugendlichen mit hoher Lebenserwartung an den Unfällen sehr stark ist.

Vielfach werden diese Dinge viel zu wenig beachtet.

D. Finanzierung — Mittelverteilung

Wie ich gestern zeigte, bringt die wachsende Motorisierung eine Um- und Neuordnung unserer Städte mit sich. Dennoch ist es ganz natürlich, daß die Kräfte, die Urheber und Träger dieser Auswirkung sind, auch an der Finanzierung zur Hebung der Verkehrssicherheit mitbeteiligt werden. Das macht eine Zweckbindung der Verkehrssteuern sinnvoll und notwendig.

Dazu kommt, daß infolge der weiter fortschreitenden Differenzierung in allen Lebensbereichen und der arbeitsteiligen Wirtschaft die hierdurch bedingten und notwendig gewordenen *Fließbänder* beschafft werden müssen. Es entspricht also einem zeitgemäßen Denken, wenn die Neuordnung der städtischen Verkehrsnetze, die Anlage und der Ausbau von Hauptverkehrsstraßen und -knoten, wie es in Kapitel I gezeigt wurde, aus den Verkehrssteuern finanziert werden, die zweckgebunden sein müssen.

Die Verteilung der aufkommenden Steuermittel muß dem Verkehrsanfall entsprechend sein, d. h., die Stadt, die — bildlich gesprochen — den Löwenanteil der Verkehre und damit der Unfälle hat, und das meiste der Verkehrssteuern aufbringt, kann nicht mehr wie es bisher geschah, in solch unzureichender Weise (etwa mit 15 bis 20%) abgespeist werden.

Das ist notwendig, weil die Stadt, wir wie sahen, im Gesamtverkehrsnetz wie ein Knoten wirkt mit allen Folgewirkungen aus der verkehrlichen Belastung. Denn der Verkehrsanfall in den Städten ist gegenüber dem Lande viel größer als gemeinhin angenommen wird.

Die Untersuchungen der Stadt Düsseldorf z. B. bezüglich der Fahrtweiten geben hierüber ein deutliches Bild.

Die Anteile der Fahrtweiten im Quellverkehr nehmen schon bei einer Entfernung von über 20 km sehr stark ab. Nur 10% der Fahrzeuge haben ihr Ziel in einer Luftlinienentfernung von mehr als 60 km. Bei 50% des Quellverkehrs liegt die Fahrtweite zwischen 21,5 km und der Stadtgrenze mit etwa 7 km.

Eine Studie aus Bamberg zeigt, daß die Fahrtweiten für 90% des gesamten Pkw-Zielverkehrs bei 75 km liegen. Amerikanische Untersuchungen im Landstraßennetz zeigen ähnliche Ergebnisse: 50% des Landstraßenverkehrs bewegen sich zwischen den Städten, weitere 36% haben die Stadt als Quelle oder Ziel und nur 14% bewegen sich letztlich außerhalb von Städten. Das sind Tatsachen, die die Stadt als Schwerpunkt des verkehrlichen Austausches charakterisieren, wie es die Verkehrsspinne eines größeren Verkehrsbereiches immer wieder beweist.

Da also die Hauptverkehre bevorzugt in den städtischen Regionen liegen und hier wieder bevorzugt an den Intensitäten, muß der in der Vergangenheit eine Rolle spielende Begriff der *Ortsdurchfahrt* fallen, damit ein verkehrsgerechter Ausbau der am stärksten belasteten Verkehrsstraßen erfolgen kann und damit gleichzeitig, da 80% der Unfälle absolut gesehen in den Stadtbereichen liegen, die aus völkischen Gründen notwendige Unfallsenkung wirkungsvoll wird.

Ebenfalls Bestandteil der städtischen Verkehrsinvestitionen müssen die öffentlichen Verkehrsmittel sein. Die Unterpflasterstraßen- und U-Bahn, die in die zweite Ebene gelegt werden, um die Planebene zu entlasten und dem individuellen Verkehr Vorflut zu geben, machen eine Finanzierung der Tunnelröhre aus dem Steuersäckel erforderlich, während der Betrieb eine Angelegenheit der Verkehrsbetriebe bleibt. Für alle Nahverkehrsmittel der Stadt sind Durchmesserlinien anzustreben. Bei der Finanznot unserer Städte und den wechselseitigen städtebaulichen und verkehrlichen Beziehungen gewinnen daher solche Fahrzeuge mehr und mehr an Bedeutung, die sowohl freizügig auf der Straße wie auch gelenkt auf festen Leitvorrichtungen verkehren können (Leitschienenbahn).

Das Raumleben der Städte kann nur gesund erhalten werden, wenn die Lebens- und Stadtform einander entsprechen, mit anderen Worten, wenn mit der neu geordneten und weiter entwickelten Stadtstruktur auch gleichzeitig adäquate Verkehrsräume bereitgestellt werden. Das kann nicht oft genug betont werden.

Ein verkehrsgerechter, der Sicherheit und Leistungsfähigkeit entsprechender Ausbau des Verkehrsnetzes, in sinnvoller Abstimmung auf die Bedürfnisse in Stadt und Land, ist daher ein Gebot der Stunde, das mit zunehmender Motorisierung mehr und mehr an Bedeutung gewinnt.

Das aus den Hauptverkehrsstraßen, Ortsverkehrsstraßen, Wohnsammel- und Wohnstraßen usw. bestehende Stadtstraßennetz muß mit dem Gesamtorganismus der Stadt eine Einheit bilden.

Die *Verkehrs*straße muß dabei am Rande der Konzentrationen liegen und sie in optimaler Weise beschützen und bedienen.

E. Besondere Sicherungsmaßnahmen in Wohngebieten

Bei den *Wohn*straßen, die der Aufschließung der Wohnbereiche dienen, stehen neben den Gesichtspunkten des Wohnens, der Hygiene, der Besonnung, Belüftung und Durchgrünung die der *Sicherheit* im Vordergrund. Die Wohnstraße ist aus den

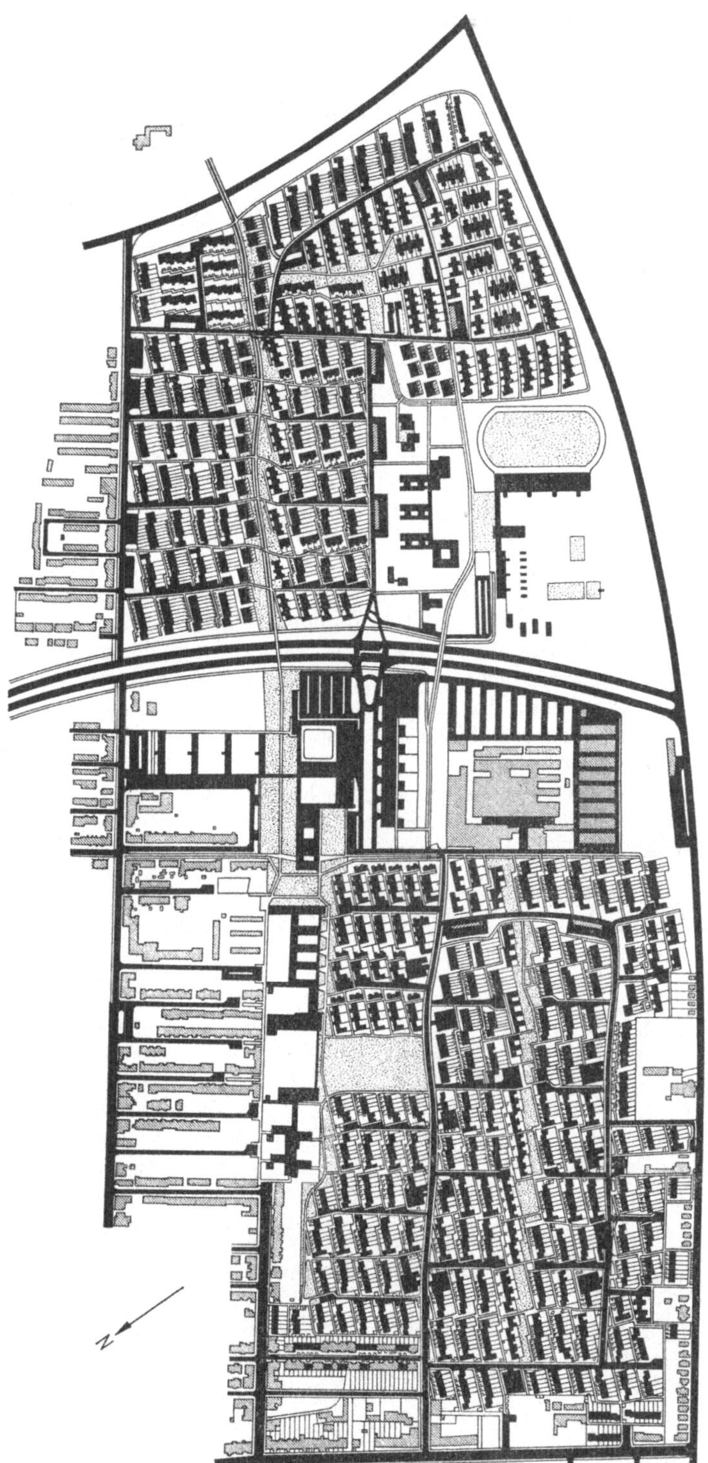

Abb. 3a. Bebauungsplan für Bremen-Süder-Vorstadt (Lehrstuhl für Städtebau u. Wohnungswesen an der T. H. Hannover, 1955)

Bedürfnissen der Wohnzelle zu entwickeln, d. h., sie hat die Funktion der Kommunikation und ist für den Verkehr nur soweit von Bedeutung, als sie die Möglichkeit geben soll, die Wohnung mit einem individuellen Verkehrsmittel zu erreichen bzw. die täglichen Ver- und Entsorgungsbedürfnisse zu befriedigen. Dabei sind die Fahrstraßen von den Fußwegen weitgehend zu trennen, um Störungen zwischen diesen gegensätzlichen Verkehrsteilnehmern zu vermeiden und ein Höchstmaß an Verkehrssicherheit zu gewährleisten.

Für die Gestaltung der Straßen und Knoten in *Wohn*bereichen sind demnach andere Gesichtspunkte maßgebend, die in verkehrstechnischer Hinsicht zweckentsprechende, besondere der *Sicherheit* dienende Ausbauelemente vorsehen. Infolge der geringeren Verkehrsbelastungen in Wohngebieten liegt es nahe, die Erfahrungen der Verkehrstechnik den Aufschließungsplänen der Wohnsiedlungen zugrunde zu legen, so daß hier neben die städtebauliche Trennung und Sortierung der Wohnungs-, Gewerbe- und Erholungseinheiten eine dementsprechende verkehrliche Sortierung tritt. Dabei nimmt die gekreuzte Knotenform, die im Verkehrsstraßennetz mit hohen Verkehrsbelastungen nicht entbehrt werden kann, in ihrer Anwendung zugunsten der T-förmigen Einmündung ab.

Da in diesen Gebieten wegen der schwachen Verkehrsbelastungen meist zügig gefahren wird, aber technische Hilfen, wie sichernde Signalsteuerung oder narrensichere Kanalisierung fehlen, sind die *ungesicherten* Konfliktpunkte unbedingt zu reduzieren.

Daher steht die T-Einmündung hier im Vordergrund, weil sie nur 3 Kreuzungspunkte besitzt, im Gegensatz zur nichtsignalgesteuerten Kreuzung mit 16 Kreuzungspunkten. Wenn auch mit Hilfe der T-Einmündung nicht die Sicherheit von Signalsteuerungen und Kanalisierungen erreicht ist, so bedeutet sie in den ungesicherten Netzen dennoch eine wesentliche Verbesserung der Kreuzung gegenüber. Selbst dann, wenn man die Kreuzung mit 2 T-Einmündungen vergleicht, wie es logisch und richtig ist, so bleibt doch die größere Sicherheit, vorausgesetzt, daß die hierdurch gebildete Versatzstrecke nicht zu klein ist. Das Verflechten im Versatz nämlich wird durch ein Ein- und Ausfädeln in einen bzw. aus einem schwachen Verkehrsstrom ersetzt. Ferner wird durch den zeitlichen Abstand der Konfliktpunkte (mit dem diese Versatzstrecke identisch ist) der Fahrer nicht überbeansprucht.

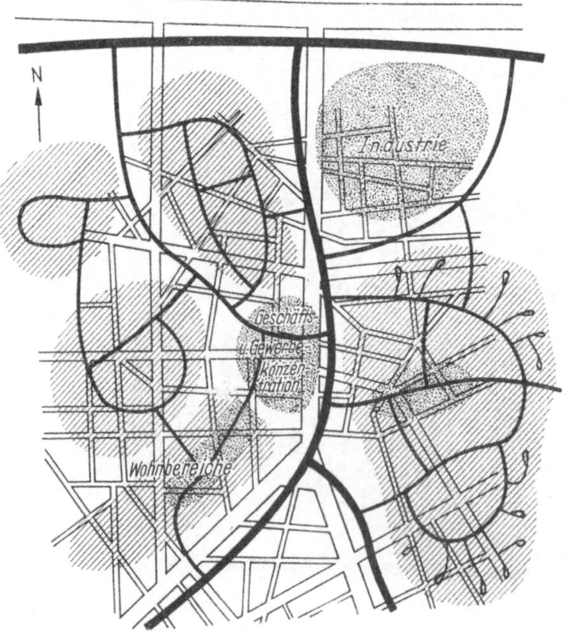

Abb. 3b. Altes und neues Straßenmuster.

England propagiert seit drei Jahrzehnten solche Straßenmuster, die von Hauptverkehrsstraßen mit wenig Einmündungen umspült werden und sich vorwiegend aus T-Knoten zusammensetzen. Auch in den USA und in Deutschland werden Neubaugebiete in dieser Art der sog. organischen Erschließung ausgewiesen (s. Plan Margarethenhöhe Kap. II und Abb. 3a u. 3b).

Eine amerikanische Studie zeigt die Zweckmäßigkeit dieser Aufschließungsweise (Harold Marx in *Traffic Quarterly*, 1957). Verursachen die (fälschlich so genannten) *kreuzungsfreien* Erschließungsmuster auch Anlaufumwege für die Haus-zu-Haus-Bedienung und den Fahrverkehr (nicht Fußverkehr), so ist doch die Verkehrs*sicherheit* so sehr verbessert, daß kleinere Unannehmlichkeiten beim Entwurf keine Rolle spielen sollten (Abb. 4).

Die amerikanische Studie bezog sich auf 86 Wohnbereiche, die eine Bevölkerung von 53000 Einwohnern repräsentieren, und umfaßte 174 km Wohnstraßen mit 660 Straßenknoten.

Die Abb. 4 läßt die viel größere Sicherheit der modernen Straßenmuster mit T-Einmündungen und wenig Einmündungen in Verkehrsstraßen (*limited access*) den alten Rasterformen (*gridiron*) gegenüber erkennen.

Das überwältigende Ergebnis führte zu folgenden Richtlinien für die verkehrlich sichere Gestaltung schwachbelasteter Straßennetze in Wohn- und Gewerbebereichen:

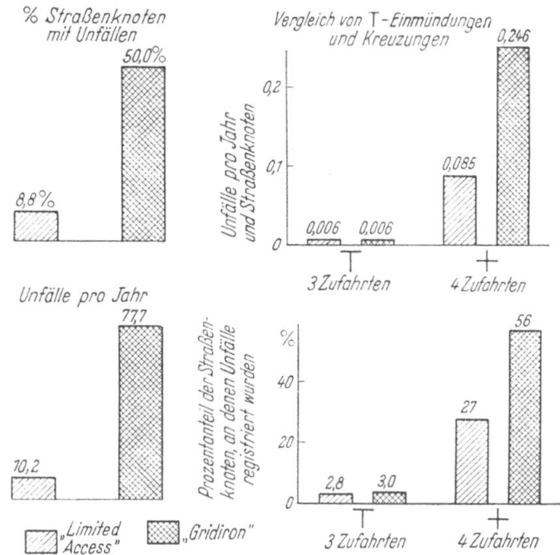

Abb. 4. Beobachtungsergebnisse aus einem Zeitraum von 5 Jahren (nach H. Marx, Traffic Quarterly, 1957).

1. Die Zufahrtsbeschränkung für Verkehrsstraßen ist zu empfehlen. Anschlüsse sollten optimal nur alle 500 bis 600 m erfolgen.

2. Rückanfahrten, Anliegerstraßen, gekrümmte Wohnstraßen oder Stichstraßen sind durchlaufenden Erschließungsstraßen vorzuziehen.

3. Kontinuierlich durchlaufende Straßen von einer Verkehrsstraße zur anderen sollten vermieden werden.

4. Sammelstraßen sind befriedigend, wenn sie keine durchlaufenden Kreuzungsstraßen sind und nur in *eine* Verkehrsstraße einmünden.

5. Straßenkreuzungen sollten nur sparsam verwendet und weitgehend durch T-Einmündungen ersetzt werden; sie sind nicht bedenklich, wo nicht durchlaufende Erschließungsstraßen in Sammelstraßen einmünden.

6. Straßenknoten mit vielen Zufahrten (Sternlösungen), spitzwinklige Überschneidungen, Straßengabelungen (Y-Einmündungen) und kurze Versätze (z.B. zur Betonung eines *Blickpunkts*) sollten vermieden werden.

Neben den ästhetischen, sozialen und hygienischen Gesichtspunkten spielt also heute die Sicherheit im Straßenverkehr und die Wirtschaftlichkeit bei der Beurteilung schwach belasteter Straßennetze eine große Rolle.

Da nun in der deutschen Stadt die Citybildung und die strukturelle Neuordnung der Gesamtstadt die Randgebiete der Kernstadt im Zuge dieser Entwicklung zu Verfallsgebieten werden ließ, treffen und ergänzen sich hier die Forderungen des Verkehrs und der Stadthygiene, mit denen die Probleme reifen und die Einsicht und das Wollen sich zum gesunden und verkehrssicheren Raumleben durch die Bereitstellung der Mittel in die Tat umsetzen lassen.

Schlußwort

Von J. W. Korte

o. Professor an der Rhein.-Westf. Technischen Hochschule Aachen.
Direktor des Instituts für Stadtbauwesen und Siedlungswasserwirtschaft

Die Tagung gab als Rückschau und Rechenschaftsbericht einen Querschnitt durch die Tagesaufgaben des Verkehrsstädtebaus mit einem Wunsch- und Zielbild für die zukünftige Entwicklung unserer Städte. Die Behandlung des Problems durch die einzelnen Vorträge ließ immer wieder den Primat des Städtebaus auch in den Fragen des Stadtverkehrs sichtbar werden. Wir müssen also vom Städtebau ausgehen, d. h. es müssen Stadtentwicklung und Verkehrsraumentwicklung für den öffentlichen und privaten Verkehr adäquat sein und bleiben, weil nur so auf die Dauer unsere Städte lebensfähig sind. Stadt und Verkehr sind daher in ihren Wechselwirkungen und Verflechtungen stets als ein Ganzes zu sehen und ihre natürlichen Entsprechungen mehr als bisher zu beachten. Das zwingt uns zur Durchforschung und Aufdeckung der Wachstumsgesetze beider Teile, die vom Menschen, seiner geistigen und seelischen Haltung, seinem Wollen, seinem Zivilisationsbedürfnis und seinem wirtschaftlichen Existenzbedürfnis beeinflußt werden.

Die Stadtstruktur und ihre Entwicklung bestimmen die Intensitäts- und Lebensräume und damit die Quellen und Ziele des Verkehrs. Aus der Lage, Größe und Art der städtebaulichen Einheiten ergeben sich Richtung, Stärke und Länge der Straßenverkehrsströme und schließlich die Gestalt des gesamten Verkehrsnetzes für den öffentlichen wie für den individuellen Verkehr. Wie wir gesehen haben, sind die Dinge *in der Straße* in Anwendung einer verkehrsstädtebaulichen Arbeitsmethode nach Diagnose, Prognose und Therapie erfaßbar, so daß mit Hilfe der Verkehrstechnik auf Grund von Prognose-Verkehrsmengen, Geschwindigkeiten und Richtungen der Verkehrsströme eine ingenieurmäßige Berechnung und Dimensionierung der Einzelprojekte möglich ist.

Damit haben wir eine wichtige Ausgangsgrundlage für die Planung und Gestaltung von Verkehrsanlagen gewonnen. Nicht so steht es mit den Auswirkungen der Stadtentwicklung und Stadtgestaltung auf den Verkehr, wo wir noch weitgehend Neuland vorfinden, zu dessen Erforschung wir die Planungsämter der Städte sowie die Architekturabteilungen unserer Hochschulen aufrufen. Hier liegt, wie wir sahen, eine echte Tagesaufgabe der städtebaulichen Forschung vor. Die strukturelle Neuordnung unserer Städte, begründet durch die immer stärker sich differenzierende arbeitsteilige Wirtschaft und durch den Wunsch des Menschen nach einem naturnahen Leben, Wohnen und Arbeiten, ist Wirklichkeit und schreitet voran. Ihr hat sich das Straßenverkehrsnetz den Bedürfnissen entsprechend anzupassen.

Zum neuen Bestandteil in der Stadt von morgen wird ohne Zweifel die zweite Verkehrsebene treten. Im öffentlichen Verkehr wird die U-Bahn ähnliche Unterpflasterstraßenbahn die Hauptaktionsbereiche der größeren Großstädte unterfahren und die Riesenstadt durch die Schnellbahn bedient werden, die zur Erfüllung ihrer neuen Aufgabe, der Entlastung der Straßenebene, modernisiert werden muß. Im individuellen Verkehr wird die Stadtschnellstraße die Hauptströme erfassen müssen, die von der Mittel- bis zur Riesenstadt in vielfältigen Formen (planebene bis vollkommen plankreuzungsfreie Lösungen) auszubilden und in jedem Falle unter die neuzeitige Zufahrtskontrolle zu stellen ist.

Die Tagessorge dürfte bevorzugt dem arbeitenden, insbesondere dem ruhenden Verkehr gelten. Hierzu gehören alle Probleme, die sich auf Autohöfe, Busbahnhöfe, Tankstellen, Versorgungs- und Ladestraßen, vor allem auf das Park- und Garagenwesen erstrecken. Die Freihaltung zweckentsprechender und richtig liegender unbebauter Grundstücke, die zunächst ebenerdig, dann mehrgeschossig als Abstell- und Garagenhäuser genutzt werden, sollte die Gegenwartsaufgabe Nr. 1 sein; denn jeder Verkehr beginnt und endet mit dem Halten, so daß zu den Räumen für den fließenden Verkehr nach den unterschiedlichen Umschlagbedürfnissen der städtebaulichen Einheiten die Räume für Abstell- und Parkbedürfnisse kommen müssen, ohne die, wie Herr Prof. WEHNER zeigte, der motorisierte Stadtverkehr nutzlos ist und die Stadtwirtschaft eine erhebliche Belastung erfährt.

Primär gehört zur Lösung der Probleme die Bereitstellung der öffentlichen Mittel, die auch für die Städte aus den zweckgebundenen Verkehrssteuern fließen müssen, die infolge der Auswirkungen des Krieges und der Motorisierung besonders überfordert sind. Wie schon gesagt, müssen die Begriffe *Ortsdurchfahrten* und *Ausfallstraßen* im Denken der Bundes- und Regionalstellen durch Begriffe wie *Hauptverkehrsstraßen*, *Ortsverkehrsstraßen*, *Kernstadttangenten*, *Verteilerstraßen usw.* ersetzt werden, denn letztere tragen den überwiegenden Teil des gesamten Verkehrs in Stadt und Land; und eine Überbewertung der alten Klassifikationen führt nur zu einer Fehlleitung der finanziellen Mittel.

Die Zukunftsaufgabe der Stadt kann also nur bei einer dem Steueraufkommen entsprechenden Mittelverteilung gelöst werden. Das dürfte inzwischen eine allgemeine Erkenntnis sein. Denn die Stadt, das sollte man sich immer wieder vor Augen halten, ist im Straßennetz eines Landes einem hochbelasteten Verkehrsknoten gleich, dessen Leistungsfähigkeit die Gesamtleistung des Landesverkehrssystems bestimmt.

Damit schließt die heutige Tagung. Die hier gewonnenen Erkenntnisse und Planungsmaßnahmen müssen — wie jedes städtebauliche Tun — nach einem gewissen Zeitraum auf ihre Richtigkeit, Tragfähigkeit und ihren Erfolg hin überprüft werden. Das soll wiederum nach einem weiteren Zeitraum von 3 Jahren geschehen, wo wir uns, so Gott will, erneut zu den angeschnittenen Problemen stellen werden.

In der Zwischenzeit müssen Lehre und Forschung weitergehen, zu deren Befruchtung wir Ihre allseitige Mithilfe erbitten; denn nur aus den städtebaulichen Bindungen, Nöten und Problemen der Praxis heraus werden die Probleme und erforderlichen Maßnahmen offenbar, die nur dann eine Lösung finden können, wenn alle an dieser Aufgabe zum Wohl und zum Schutze des Menschen Beteiligten zusammenarbeiten.

Sachverzeichnis

Kursiv gesetzte Seitenzahlen bezeichnen die Stelle, an der das Stichwort ausführlicher behandelt wird

721 / 77 / 57 III-17-127